精细化工专业新工科系列教材

光功能材料理论基础

THEORETICAL BASIS OF OPTICAL FUNCTIONAL MATERIALS

包春燕　武文俊　赵春常　曲大辉　编

化学工业出版社
·北京·

内 容 简 介

《光功能材料理论基础》是根据华东理工大学化学与分子工程学院新工科“精细化工专业”教学基本内容的要求而编写的。主要目的是让学生加深理论基础知识认识的同时，能够对光功能材料的概念、分子设计理论、物理和化学性质，以及它们在集成光学、材料、能源、生物医药方面的应用有一定程度的了解，拓宽学生的知识面，为后续课程的学习与研究打好理论基础。全书总共分为7章，包括量子化学基础、光化学原理、激发态能量转移与电子转移、有机光致变色材料、有机发光材料、有机非线性光学材料和光电转换功能材料。每章末均附有思考题和参考文献。

本书可作为应用化学专业、精细化工专业及相关专业学生学习光功能材料理论知识的教材或教学参考用书，也可供有关科研工作者参考。

图书在版编目（CIP）数据

光功能材料理论基础/包春燕等编. —北京：化学工业出版社，2022. 3

精细化工专业新工科系列教材

ISBN 978-7-122-40502-9

Ⅰ. ①光… Ⅱ. ①包… Ⅲ. ①发光材料—功能材料—高等学校-教材 Ⅳ. ①TB34

中国版本图书馆 CIP 数据核字（2021）第 267859 号

责任编辑：任睿婷 徐雅妮　　装帧设计：李子姮

责任校对：宋 玮

出版发行：化学工业出版社（北京市东城区青年湖南街 13 号 邮政编码 100011）

印 装：北京科印技术咨询服务有限公司数码印刷分部

787mm × 1092mm 1/16 印张 16 字数 395 千字 2022 年 10 月北京第 1 版第 1 次印刷

购书咨询：010-64518888　　售后服务：010-64518899

网 址：http://www.cip.com.cn

凡购买本书，如有缺损质量问题，本社销售中心负责调换。

定 价：59.00 元

前　言

光功能材料（optical function materials）是指在外场（电、光、磁、热、声、力等）作用下，利用材料本身光学性质（如折射率或感应电极化）发生变化的原理，实现对入射光信号的探测、调制以及能量或频率转换的光学材料的统称。光功能材料是当代科学研究的前沿和热点，不仅对现代信息化产业的发展起着重要的支撑作用，也是诸多其他技术革命的先导，被广泛应用于光存储、光信息处理、光电转换材料以及生物医药材料等诸多领域。本书以光化学、量子化学理论为基础，以光、光电转换功能材料作为研究对象，围绕光物理、光化学反应的基本问题，介绍光功能材料的理论基础知识，让读者能够对光功能材料的概念、分子设计理论、物理和化学性质，以及它们在材料、能源、生物医药方面的应用有较全面和一定程度的了解。

本书分 7 章，前 3 章介绍光功能材料涉及的基本理论知识，后 4 章分别选取四类典型的光功能材料进行介绍。第 1 章概述了量子力学基本原理、薛定谔方程、分子轨道理论、价键理论、晶体场理论、密度泛函理论、量子化学计算方法等内容；第 2 章概述了光化学的基本原理、激发态猝灭动力学、超分子光物理与光化学过程等；第 3 章详细讨论了激发态能量转移与电子转移，包括光致电子转移、光致能量转移、能量转移与电子转移的竞争、分子激发态中间体反应动力学研究等；第 4 章介绍了有机光致变色材料的种类和应用；第 5 章介绍了有机发光材料，包括光致发光、电致发光、化学发光和机械发光材料及它们在荧光传感、器件、生物医药材料领域的应用；第 6 章介绍了有机非线性光学材料的基本原理、分子设计和光学器件等内容；第 7 章介绍了光电转换功能材料，包括光电导材料、光电动势（光伏）有机材料及其在太阳能电池上的应用。

本书以光化学基础和功能材料应用研究为主要内容，覆盖多个学科领域，通过参考量子化学和光化学理论基础教科书的有关资料编写而成。其中第 1、5、6 章由华东理工大学包春燕和曲大辉编写；第 2、3 章由华东理工大学赵春常编写；第 4、7 章由华东理工大学武文俊编写。本书的编写得到了华东理工大学化学与分子工程学院精细化工研究所领导和同行的大力支持、关心和鼓励，也得到了出版社编辑的帮助，在此深表感谢！

受作者学术水平所限，书中内容难免存在疏漏之处，恳切希望读者提出宝贵意见，以便再版时纠正。

编　者

2022年3月

目　录

第1章 量子化学基础

1.1 概述

化学一向被认为是一门“实验实践”的学科，而量子化学则以其尽可能确切的道理使化学成为一门更透彻、可预见的学科。量子化学是基于量子力学的规律方法来研究和解决化学问题的一门学科。研究范围包括：稳定和不稳定分子的结构、性能及二者之间的关系；分子与分子之间的相互作用；分子与分子之间的相互碰撞和相互反应等问题。1927年海特勒（Heitler）和伦敦（London）用量子力学基本原理讨论氢分子结构问题（图1-1），说明了两个氢原子能够结合成一个稳定的氢分子的原因，并且利用相当近似的计算方法算出结合能，首次在形式理论的水平上解释了化学键的本质。由此，人们认识到可以用量子力学原理讨论分子结构，这标志着量子化学计算的开始，并逐渐形成了量子化学这一分支学科。随着计算方法的不断完善以及计算机速度的提升，量子化学俨然已成为化学研究人员实验过程中的有力工具。

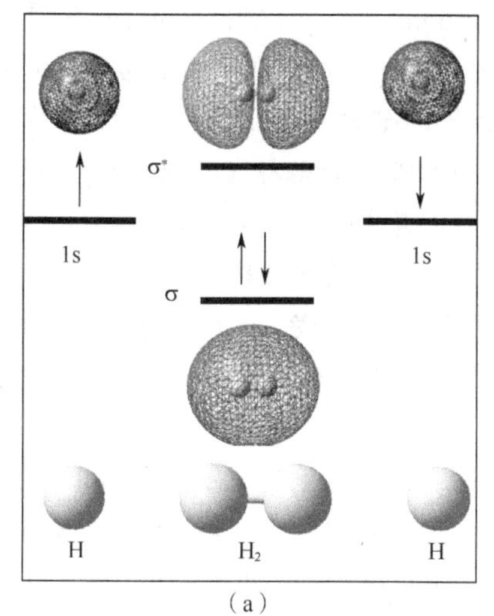

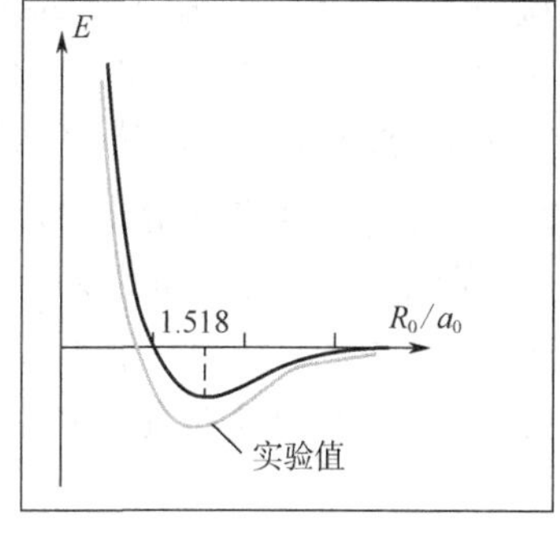

项目	R_0/a_0	解离能E/eV
计算值	1.518	3.14
实验值	1.401	4.48

（a）（b）

图1-1 （a）氢分子轨道和（b）海特勒-伦敦利用量子力学基本原理求解氢分子的波函数和结合能

历史上，在量子力学和量子化学领域曾有多位科学家获得了诺贝尔奖，奖项数目仅次于生物化学，说明量子化学在整个化学领域中具有举足轻重的地位。代表性的有：

① 1918年，普朗克（Planck）因提出能量量子化假设获诺贝尔物理学奖；

② 1921年，爱因斯坦（Einstein）因提出光子假设、成功解释光电效应而获诺贝尔物理学奖；

③ 1933年，薛定谔（Schrödinger）和狄拉克（Dirac）因发现波动力学和创立相对论性的

波动力学方程获诺贝尔物理学奖；

④ 1945年，泡利（Pauli）因发现不相容原理（又称泡利原理）而获诺贝尔物理学奖；

⑤ 1954年，鲍林（Pauling）因在化学键方面的杰出工作获得诺贝尔化学奖；

⑥ 1966年，马利肯（Mulliken）因在化学键和分子轨道理论方面的贡献获得诺贝尔化学奖；

⑦ 1971年，赫尔茨贝格（Herzberg）因分子光谱理论方面的贡献获得诺贝尔化学奖；

⑧ 1981年，霍夫曼（Hoffmann）和福井谦一（Fukui）因前线轨道理论方面的贡献而获得诺贝尔化学奖；

⑨ 1992年，马库斯（Marcus）因电子转移理论方面的贡献获得诺贝尔化学奖；

⑩ 1998年，科恩（Kohn）和波普尔（Pople）因以物理和数学共聚，发展了量子化学理论和计算化学方法方面的贡献而获得诺贝尔化学奖；

⑪ 2013年，卡普拉斯（Karplus）、莱维特（Levitt）和瓦谢尔（Warshel）因在“发展复杂化学体系多尺度模型”方面所做的贡献而获得诺贝尔化学奖。

1.2 量子化学发展历史

量子化学的发展历史可分为两个阶段。

第一个阶段是1927年到20世纪50年代末，其主要标志是分子间相互作用的量子化学研究和三种化学键理论，包括价键理论（valance bond theory，VB）、分子轨道理论（molecular orbital theory，MO）和配位场理论（ligand field theory，LF）的建立和发展。典型的化学键可归为三种，即共价键、离子键和金属键。广义的化学键还可包括分子间的相互作用——范德华力、分子之间或内部的氢键等非共价作用力。价键理论是鲍林（Pauling）在海特勒（Heitler）和伦敦（London）的氢分子结构工作的基础上发展起来的现代化学键理论，其核心思想是电子两两配对形成定域的化学键，每个分子体系可构成几种价键结构，电子可在它们之间共振。价键理论的图像与经典原子价理论接近，为化学家所普遍接受，一开始得到迅速发展，但由于计算上的困难一度停滞不前。分子轨道理论在1928年由马利肯等首先提出，假设分子轨道由原子轨道线性组合而成，允许电子离域在整个分子中运动，而不是在某个特定键上。这些离域的轨道被电子对占据，从低能级到高能级逐次排列。1931年，休克尔（Hückel）提出的简单分子轨道理论对早期处理共轭分子体系起重要作用。分子轨道理论计算较简便，又得到光电子能谱实验的支持，使它在化学键理论中占主导地位。配位场理论由贝特（Bethe）等在1929年提出，最先用于讨论过渡金属离子在晶体场中的能级分裂，后来又与分子轨道理论结合，发展成为现代的配位场理论。

无论哪种化学键理论，都可以用成键三原则来诠释。成键三原则包括原子轨道能量近似原则、原子轨道最大重叠原则和原子轨道匹配原则。

第二个阶段是20世纪50年代以后，计算机的出现为量子化学计算提供了有力工具。主要标志是量子化学计算方法的研究，其中严格计算的从头算方法（abinitio calculation）、半经验计算（semiempirical calculation）的全略微分重叠和间略微分重叠等方法的出现，扩大了量子化学的应用范围，提高了计算精度。从头算的特点是进行全电子体系非相对论的量子力学方程计算，对分子的全部积分进行严格计算，不做任何近似处理，也不借助任何经验或半经验参数。

1928～1930 年海勒拉斯（Hylleraas）计算氦原子，1933 年詹姆斯（James）和库利奇（Coolidge）计算氢分子，均得到了接近实验值的结果。随后，科研人员又对它们进行更精确的计算，得到了与实验值几乎完全相同的结果，使定量计算扩大到原子数较多的分子，并加速了量子化学向其他学科的渗透。20 世纪 70 年代，唐敖庆、徐光宪先生率先在国内开展了量子化学计算的研究工作。20 世纪 80 年代，量子化学的研究对象从中小分子向大分子、重原子体系发展，其中组态相互作用（configuration interaction，CI）、多组态自洽场（multi-configurational self-consistent field，MCSCF）及微扰理论（Moller-Plesset perturbation，MP2-4）等用以校正电子相关能的超自洽场计算得到了发展。随后，以密度泛函（density functional theory，DFT）为基础的方法迅速发展起来，并逐渐成为量子化学计算的一种重要方法。

量子化学的研究结果可在其他分支学科直接应用，并相互交叉形成新的学科，如量子有机化学、量子无机化学、量子生物和药物化学、表面吸附和催化中的量子理论、分子间相互作用的量子化学理论和分子反应动力学的量子理论等。

1.3 量子力学基本原理

1.3.1 波粒二象性

经典物理学发展到 19 世纪末，已经形成一个相当完整的体系，当时经典力学中的研究对象是宏观物体。20 世纪初，物理学的研究从宏观物体逐渐深入到微观物体，然而许多实验结果用经典理论已不能解释，研究微观物体的量子力学理论就在这种背景下发展起来。

量子理论的概念是由普朗克在 1901 年提出的。他提出黑体中的振子具有的能量是不连续的，从而它们发射或吸收的电磁波的能量也是不连续的。如果发射或吸收的电磁辐射的频率为 ν，则发射或吸收的辐射能量只能是 $h\nu$ 的整数倍。

其中 $h = 6.626 \times 10^{-34}\text{J}\cdot\text{s}$。$h$ 为离散能量，称为普朗克常数。

普朗克的量子假说成功解释了黑体辐射定律，这种能量不连续变化的概念是对经典物理概念的革新。

1905 年，爱因斯坦依照普朗克的量子假说提出光子理论。他认为光是一种微粒——光子，光的能量传播也是不连续的，每个光子具有能量 $h\nu$（ν 为频率）。光子理论圆满地解释了光电效应，使人们对光的本性认识前进了一步，即光具有波粒二象性，既不能被看作经典物理中的波，也不能被看作经典物理中的粒子。在他发表的题为《关于光的产生与转化的一个试探性观点》的论文中，他将光电效应作为光子理论的一个实例进行了解释，并从理论上推导出了描述光电效应的光电方程，如式（1-1）。

$$\frac{1}{2}mv^2=h\nu - W_0 = h(\nu - \nu_0) \tag{1-1}$$

式中，$\frac{1}{2}mv^2$ 是初动能；W_0 是一个电子逸出表面所需的最低能量，等于 $h\nu_0$（ν_0 是截止频率或红限频率）；m是光电子质量；v是速度。

爱因斯坦的光量子假说发展和完善了普朗克所创的量子假说，认为光和原子、电子一样也具有粒子性，光就是以光速（3×10^8m / s）运动着的粒子流。每个光量子的能量是$E=h\nu$，每个光子的动量为p，如式（1-2）

$$p=\frac{E}{c}=\frac{h\nu}{c}=\frac{h}{\lambda} \tag{1-2}$$

式中，$\lambda=c/\nu$，λ是波长，c是波速。

1924年，德布罗意（de Broglie）在爱因斯坦光的波粒二象性的启发下提出物质波假说：认为波粒二象性不只是光子才有，一切微观粒子，包括电子、质子和中子，都具有波粒二象性。他指出，质量为m、速度为v的自由粒子，一方面可用能量E和动量p来描述它的粒子性，另一方面可用频率ν和波长λ来描述它的波动性。粒子性和波动性这一对相互对立而又统一的属性，通过德布罗意关系式相联系。

$$\text{德布罗意关系式}\begin{cases}E=h\nu\\ \lambda=h/p=h/mv\end{cases}$$

1927年，戴维逊（Davisson）和革末（Germer）用镍单晶电子衍射，汤姆逊（Thomson）用多晶金属箔电子衍射证实了物质波的存在。如图1-2所示，电子衍射实验证明，电子束加速到一定速度去攻击金属镍的单晶靶，能观察到完全类似X射线的衍射图案，证实了电子确实具有波动性。实验还证明，具有一定速度的电子衍射行为与具有某一波长的光衍射行为相一致。并且由衍射实验确定具有某一速度的电子的波长，与由式子$\lambda=h/p$计算的结果一致。

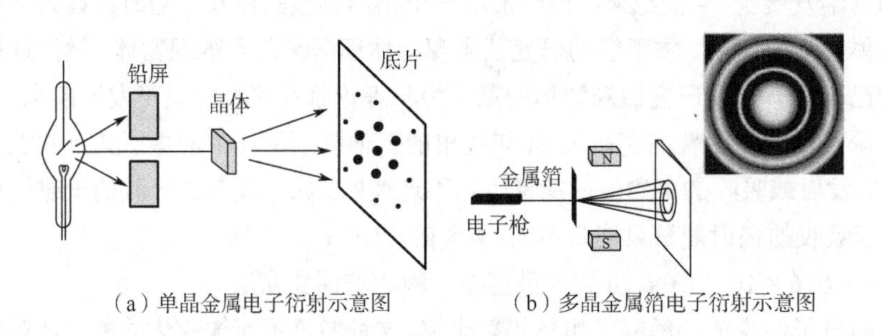

（a）单晶金属电子衍射示意图　　（b）多晶金属箔电子衍射示意图

图1-2　晶体电子衍射实验证实物质波的存在

1.3.2　量子力学的基本假定

（1）假定Ⅰ：状态与波函数

波函数是描述具有波粒二象性的微观客体的量子状态的函数。知道了某微观客体的波函数后，原则上就可得到该微观客体的运动状态，这是量子力学的一个基本假设。波函数通常用ψ来表示，在一维空间里，波函数写成$\psi(x,t)$，在三维空间里写成$\psi(\vec{r},t)$，其自变量为4个：三维空间坐标＋时间。即

$$\psi(\vec{r},t),\vec{r}=(x,y,z)$$

波函数是个复函数，包含了体系所有可测量的性质，也可以叠加（图1-3）。

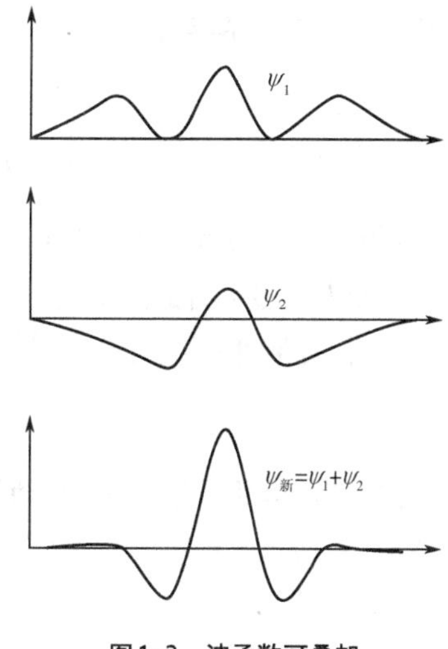

图1-3 波函数可叠加

1926年，玻恩（Born）提出概率波解释，认为描述粒子波动性所用的波函数是概率波，而不是物质波；波函数绝对值的平方$|\psi|^2=\psi^*\psi$表示时刻t时在(x, y, z)处出现的粒子的概率密度，也称为概率幅，ψ^*表示ψ的共轭波函数。在双缝干涉实验中，电子在屏上各个位置出现的概率密度并不是常数：有些地方出现的概率大，即出现干涉图样中的“亮条纹”；而有些地方出现的概率甚至可以为零，没有电子到达，显示“暗条纹”。因此，微观粒子在各处出现的概率密度具有明显的物理意义。

于是，可以用$\mathrm{d}W(r, t)$表示时刻t在空间r附近的一个体积单元$\mathrm{d}\tau=\mathrm{d}x\,\mathrm{d}y\,\mathrm{d}z$找到波函数描写的粒子的概率［式(1-3)］。按上述基本假定，它应当与$|\psi|^2$成正比，则

$$\mathrm{d}W(r, t)=k|\psi(r, t)|^2\mathrm{d}\tau \tag{1-3}$$

式中，k为比例系数。令$\omega(r, t)=\dfrac{\mathrm{d}W}{\mathrm{d}t}$，表示在时刻$t$、空间$r$点附近，单位体积内发现一个粒子的概率，称其为（位置）概率密度或（位置）概率分布函数。

$$\omega(r, t)=k|\psi(r, t)|^2 \tag{1-4}$$

由于粒子在空间总要出现，所以在全空间找到粒子的概率应为1，即

$$\int_\infty \omega(r, t)\mathrm{d}\tau=\int_\infty k|\psi(r, t)|^2\mathrm{d}\tau=1$$

从而得系数k的值为

$$k=\frac{1}{\int_\infty |\psi(r, t)|^2\mathrm{d}\tau} \tag{1-5}$$

如果使波函数ψ满足下式

$$\int_\infty |\psi(r, t)|^2\mathrm{d}\tau=1$$

则

$$k=1$$

将满足上式的ψ称为归一化的波函数。这时，概率密度为

$$\omega(r, t)=|\psi(r, t)|^2 \tag{1-6}$$

函数$\omega(r, t)$又称粒子在空间的概率分布。

（2）假定Ⅱ：力学量与线性厄米（hermite）算符

对于体系的每一个可观测的力学量，都有一个对应的线性厄米算符。简单来说，算符就是一种规则，我们能够用它由某一给出的函数求出相应的函数。算符可用“^”表示。算符服从乘

法结合律，一般不符合乘法交换律。当一个算符 $\hat{G}$ 同时满足式（1-7）和式（1-8）时，则这样的算符为线性厄米算符。

$$\hat{G}[c_1\varphi_1(q)+c_2\varphi_2(q)]=c_1\hat{G}\varphi_1(q)+c_2\hat{G}\varphi_2(q) \tag{1-7}$$

$$\int\varphi_1(q)^*\hat{G}\varphi_2(q)\mathrm{d}\tau=\int\varphi_2(q)[\hat{G}\varphi_1(q)]^*\mathrm{d}\tau \tag{1-8}$$

式中，c_1、c_2 是任意常数；$\varphi_1(q)$ 和 $\varphi_2(q)$ 是任意两个平方可积的函数。

组成力学量算符的规则为：

① 若力学量 G 仅是时空坐标的函数，则其算符 $\hat{G}$ 就是它自己 G，即

$$\hat{G}(q,t)=G(q,t) \tag{1-9}$$

② 若力学量是动量 p，则动量算符 $\hat{p}$ 可写成

$$\hat{p}_x=-i\hbar\frac{\partial}{\partial x},\ \hat{p}_y=-i\hbar\frac{\partial}{\partial y},\ \hat{p}_z=-i\hbar\frac{\partial}{\partial z} \tag{1-10}$$

其中，$\hbar=h/(2\pi)$。

③ 如果力学量 G 是坐标动量的某个函数，那么 $\hat{G}$ 也是对应算符的函数。例如体系的能量等于动能 T 与位能 V 之和，经典力学可写成

$$\begin{aligned}E=T+V&=\left(\frac{1}{2m}\right)p^2+V\\&=\left(\frac{1}{2m}\right)(p_x^2+p_y^2+p_z^2)+V\end{aligned}$$

式中，$V=V(x,y,z)$。将上式动量换成相应的算符，有

$$\hat{H}=-\frac{\hbar^2}{2m}\left(\frac{\partial^2}{\partial_x^2}+\frac{\partial^2}{\partial_y^2}+\frac{\partial^2}{\partial_z^2}\right)+V=-\frac{\hbar^2}{2m}\nabla^2+V \tag{1-11}$$

式中，$\hat{H}$ 是 Hamilton 算符；∇^2 是 Laplace 算符。

（3）假定Ⅲ：力学量的本征函数和本征值

① 若某力学量 G 的算符 $\hat{G}$ 作用到某一个状态函数 $\varphi_n(q,t)$，有

$$\hat{G}\varphi_n(q,t)=G_n\varphi_n(q,t) \tag{1-12}$$

式中，G_n 是常数，这个方程被称为本征方程，力学算符 $\hat{G}$ 的本征值就是 G_n，φ_n 是属于 $\hat{G}$ 算符、本征值为 G_n 的本征函数。表明在物理状态 $\varphi_n(q,t)$ 时，力学量具有确定值。

② 力学量 G 的测定值只能是这些本征值 G_n，全部的本征值构成本征值谱。

③ 本征函数 φ_n 在数学上组成完全集合，任何一个具有相同自变量，在同一定义域满足同样边界条件的连续函数，都可以表示成这些本征函数的线性组合。

（4）假定Ⅳ：力学量的平均值

若某一个体系的可能状态用 φ_1 和 φ_2 表示，那么应有

$$\varphi=c_1\varphi_1+c_2\varphi_2 \tag{1-13}$$

式中，φ 是体系的一个可能状态；c_1、c_2 是常数。这就是量子力学的状态叠加原理。

当存在多个状态时，则

$$\varphi = \sum_n c_n \varphi_n \tag{1-14}$$

在某一时刻力学量的平均值是

$$\overline{G} = \int \varphi^* \hat{G} \varphi \mathrm{d}\tau \tag{1-15}$$

（5）假定Ⅴ：状态随时间变化的薛定谔（Schrödinger）方程

若已知一宏观物体在某一时刻的状态，用牛顿运动方程就可以知道以后任意时刻该物体的状态。类似地，在量子力学中，当微观粒子在某一时刻的状态函数 $\psi(q,t)$ 已知时，以后时间粒子所处的状态也由一个方程来决定。这个方程就是状态随时间变化的薛定谔方程，即

$$\hat{H}\psi(q,t) = i\hbar \frac{\partial}{\partial t}\psi(q,t) \tag{1-16}$$

将式（1-11）代入后得

$$i\hbar \frac{\partial \psi}{\partial t} = -\frac{\hbar^2}{2m}\nabla^2\psi + V\psi \tag{1-17}$$

若所讨论的问题限域具有一定能量的稳定状态（即“定态”）的微观粒子的运动，如果 G 为体系的总能量，则其算符为 Hamilton 算符 $\hat{H}$ ，它的本征值 G 即为体系的总能量 E，于是式（1-12）就可以变为

$$\hat{H}\psi(q,t) = E\psi(q,t) \tag{1-18}$$

要使式（1-11）和式（1-16）同时成立，$\psi(q,t)$ 必须满足

$$\psi(q,t) = \varphi(q)\exp(-\frac{i}{\hbar}Et) \tag{1-19}$$

而 $\varphi(q)$ 必须满足微分方程

$$\left(\frac{\hbar^2}{2m}\nabla^2 + V\right)\varphi = E\varphi \tag{1-20}$$

本征方程式（1-20）就是定态的薛定谔方程，而式（1-19）就是定态的波函数。

那么，得到微观粒子的波函数后，我们可以获得哪些信息呢？以丁二烯为例，用休克尔分子轨道法（HMO）求得丁二烯的 π 分子轨道及能级，如图1-4、图 1-5 所示。

$\psi_1=0.3717\varphi_1+0.6015\varphi_2+0.6015\varphi_3+0.3717\varphi_4$　　$E_1=\alpha+1.618\beta$

$\psi_2=0.6015\varphi_1+0.3717\varphi_2-0.3717\varphi_3-0.6015\varphi_4$　　$E_2=\alpha+0.618\beta$

$\psi_3=0.6015\varphi_1-0.3717\varphi_2-0.3717\varphi_3+0.6015\varphi_4$　　$E_3=\alpha-0.618\beta$

$\psi_4=0.3717\varphi_1-0.6015\varphi_2+0.6015\varphi_3-0.3717\varphi_4$　　$E_4=\alpha-1.618\beta$

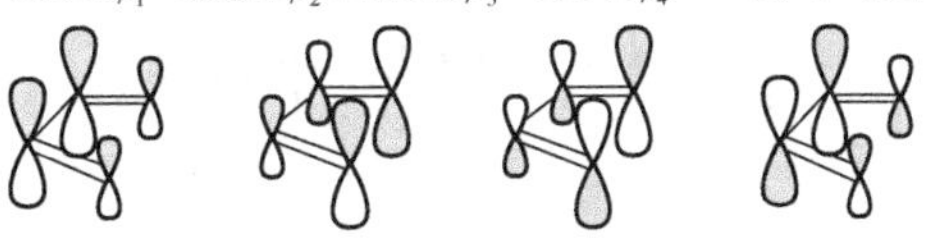

图1-4　丁二烯四个π分子轨道及对应能量

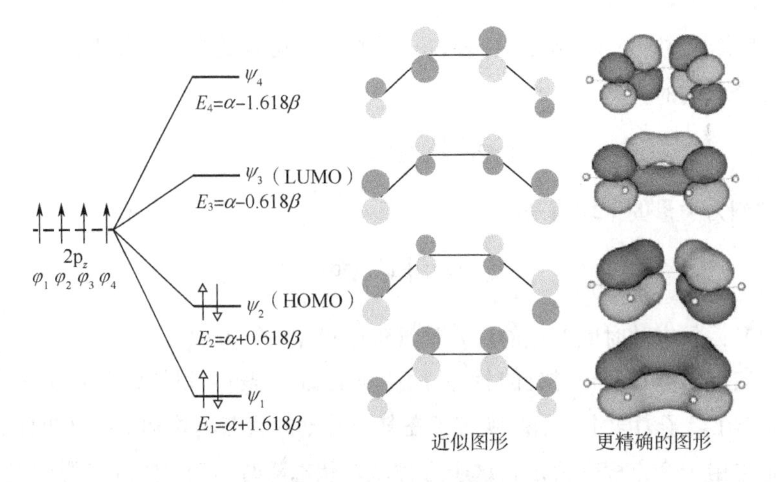

图1-5　丁二烯的能级图

（图中 LUMO 为最低未占分子轨道，HOMO 为最高占据分子轨道）

（1）原子电荷

$$q_r = \sum_i n_i c_{ir}^2$$

式中，q_r 为第 r 个原子上的电荷；n_i 为第 i 个分子轨道上的电子数；c_{ir} 为第 i 个分子轨道中第 r 个原子轨道系数。利用 HMO 法，对丁二烯得

$$q_1 = q_2 = q_3 = q_4 = 1.000$$

即 π 电荷在各原子上平均分配，π 净电荷为 0，π 电子引起的偶极矩为 0。

（2）键序

$$p_{rs} = \sum_j p_{rs}^j = \sum_j n_j c_{jr} c_{js}$$

式中，p_{rs}^j 为第 j 个分子轨道中 r、s 原子间键序，即 $p_{rs}^j = c_{jr}c_{js}$。故 $p_{12} = p_{34} = 0.849$，$p_{23} = 0.447$。说明 2、3 原子之间的 π 键较弱。

（3）自由价

$$F_r = N_{max} - N_r$$

式中，F_r 为原子 r 的自由价；N_r 为和原子 r 相连的所有化学键的键序之和；N_{max} 为三次甲基-甲基中间碳原子的所有化学键的键序之和。作为标准，$N_{max} = 1.732$，$F_1 = 0.838$，$F_2 = 0.391$，说明在丁二烯中易发生 1, 4-加成。

（4）光谱跃迁

由 HOMO（最高占据分子轨道）至 LUMO（最低未占分子轨道）的跃迁是允许的。因 $\psi_1 \times \psi_2$ 为奇函数，而 $\psi_2 \times \psi_3 \times x$ 为偶函数，x 方向偶极矩跃迁概率为 P_{23}。

$$P_{23} \propto \int \psi_2 (ex) \psi_3 \mathrm{d}x = ex_{23} > 0$$

（5）电环和反应

由前线轨道 HOMO（ψ_2）分析知道加热为顺旋。光照后 LUMO（ψ_3）变最高占有轨道为对旋（见图1-5）。

（6）环加成反应

丁二烯与乙烯加成可在加热下进行，而丁二烯与丁二烯生成 1, 5-环辛二烯则需要光照。将原子电荷、键序和自由价画在一张图上，称为分子图。如图1-6 所示，箭头指示为自由价，原子电荷写于原子下，键序写在键上。

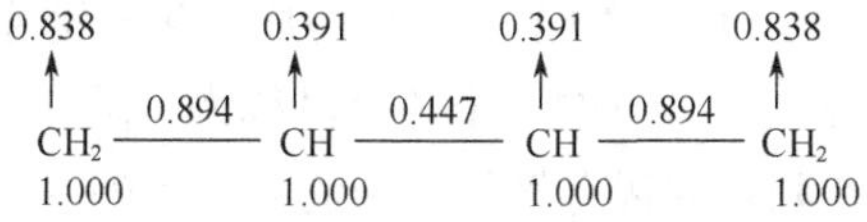

0.838 ↑		0.391 ↑		0.391 ↑		0.838 ↑
CH_2	—— 0.894 ——	CH	—— 0.447 ——	CH	—— 0.894 ——	CH_2
1.000		1.000		1.000		1.000

图1-6　丁二烯的分子图

其他如磁性、旋光、电偶极矩、电四极矩，以及取代丁二烯加成反应中的活性差异等，都可用波函数求出。

1.4　不确定性原理

不确定性原理（uncertainty principle）是量子力学的基本理论之一，由海森堡（Heisenberg）于 1927 年提出。在量子力学里，不确定性原理表明，粒子的位置与动量不可同时被确定，位置的不确定性与动量的不确定性遵守不等式（1-21）

$$\Delta x \Delta p \geqslant \frac{h}{4\pi} \tag{1-21}$$

海森堡曾经提出一个“γ射线显微镜实验”以说明不确定性原理。主要内容包括：为了测定原子中电子的位置，用 γ 光子照射。用波长短的光可以使位置 x 的测量准确，即Δx 小，但照射的光子和电子碰撞时会发生动量交换。γ 光子的动量大，因此使电子动量值发生改变的Δp_x 也大。这个实验突出了“测”字，即在测位置 x 时，为了减少误差Δx 不可避免地会增加动量误差Δp_x，两者误差之积为一常数。

根据式（1-21）即可推导出

$$\Delta E \Delta t \geqslant \frac{h}{4\pi} \tag{1-22}$$

这个公式表明，在能量测定中，如果具有不确定能量ΔE，必须至少占用 $h/(4\pi\Delta E)$的时间间隔Δt，如果一个体系在一个特定运动状态上的时间不长于Δt，则处于该状态的体系至少有 $h/(4\pi\Delta t)$的能量不确定量。这就是光谱自然宽度的来源。

1.5　价键理论

1.5.1　经典共价学说

19 世纪后半叶，化学研究在新有机物以及新元素的发现上有很多的进展，但直到周期律提出后的几十年，化学家脑海中的分子结构模型仍旧是球状或棍状的。直至1911年，卢瑟福（Rutherford）根据α粒子散射实验现象提出原子核式结构模型，“原子上电荷的分布方式”这一基本概念得到纠正，化学家把目光转移到原子核外的电子上，原子和分子结构的研究开始步入正轨。

1916年，继科塞尔（Kossel）的离子键理论，美国物理化学家路易斯（G. N. Lewis）提出：分子中每个原子应具有稳定的稀有气体原子的电子层结构，这种稳定的结构通过原子间共用一对或若干对电子来实现。而这种共用电子对结合而成的化学键称为共价键。路易斯的这种原子和分子模型是将核外电子排在立方体的八个角上，称为八隅体，其理论被称为八隅体理论。在分子中，每个原子均应具有稳定的稀有气体原子的8电子外层电子构型（He为2电子），习惯上称为“八隅体规则”。每一个共价分子都有一种稳定的符合“八隅体规则”的电子结构形式，称为Lewis结构式。

“八隅体规则”沿用至今，可以初步解释大多数主族元素的成键情况，也可分析分子的几何结构。但是Lewis结构式却有诸多的局限性：Lewis结构式并不能说明共价键的本质和特性，特别是不能解释“共用两个电子就是原子结合成分子”；“八隅体规则”也有各种例外，特别是从第三周期开始的元素以及硼元素、部分氮的氧化物等；Lewis结构式也无法解释氧的顺磁性以及三氧化硫、二氧化硫、硝酸根的结构对称性等。因此还需要发展更多的理论来解释原子间的相互作用。

1.5.2 价键理论的源头

20世纪是科学技术高速发展的时代，电子、质子等亚原子粒子的发现使得人类对微观世界的认识不断拓展。在牛顿的经典力学理论难以解释微观粒子的反常行为的大背景下，量子力学理论应运而生。从普朗克为了凑出黑体辐射公式而提出的量子概念到玻尔（Bohr）将其用来解释氢原子光谱，再经过德布罗意、海森堡等的发展，到薛定谔提出著名的Schrödinger方程并证明海森堡的矩阵力学和自己的波动力学是等价的（虽然二者的出发点和数学处理方法迥异，但殊途同归），量子力学理论基本成型。

有了量子力学理论作基础，化学键的新解释当然也会来得很快。德国物理学家海特勒和伦敦把量子力学引入化学，于1927年发表了有关H_2分子形成的著名论文。论文中，他们通过量子力学计算绘制了H_2分子形成过程中的能量变化曲线，指出两个氢原子自旋相反的单电子相互接近时，核间电子密度较大而形成稳定的共价键，直接阐明了共价键的本质，使价键理论从典型的路易斯理论发展到近代价键理论。后来鲍林等加以发展，引入杂化轨道的概念，综合成键理论，将其成功地应用于双原子分子和多原子分子结构，形成了现代价键理论（valence bond theory，VB）的基础。

1.5.2.1 价键法解释H_2分子的结构

H_2分子有2个原子核和2个电子，坐标如图1-7所示。

它的Hamilton算符（以原子单位表示）为

$$\hat{H}=\left(-\frac{1}{2}\nabla_1^2-\frac{1}{r_{a_1}}\right)+\left(-\frac{1}{2}\nabla_2^2-\frac{1}{r_{b_2}}\right)+\left(-\frac{1}{r_{a_2}}-\frac{1}{r_{b_1}}+\frac{1}{r_{12}}+\frac{1}{R}\right)=\hat{H}_a(1)+\hat{H}_b(2)+\hat{H}' \quad (1\text{-}23)$$

式中，$\hat{H}_a(1)$为电子 1 在 H_A 原子中的 Hamilton 算符；$\hat{H}_b(2)$为电子 2 在 H_B 原子中的 Hamilton 算符；$\hat{H}'$ 为两个原子组成氢分子后增加的相互作用的势能算符项，分别为电子 2 受 H_A 核的吸引，电子 1 受 H_B 核的吸引，电子 1、2 之间的排斥及核 H_A 和 H_B 之间的排斥能。

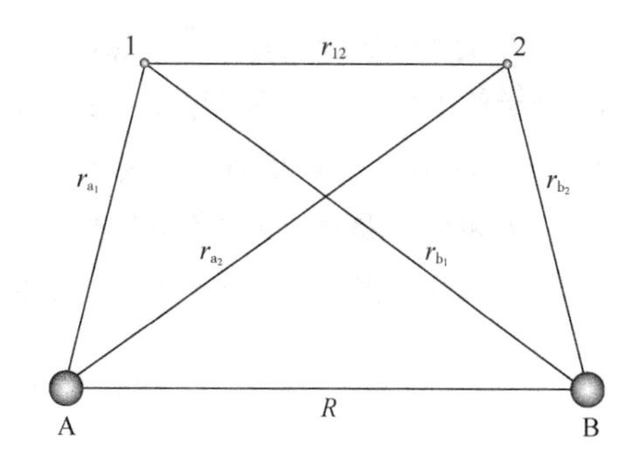

图 1-7　H_2分子的坐标

H_2 分子的波函数 $\psi_a=(1/\sqrt{\pi})e^{-r_a}$ 表示 H_A 原子的基态波函数，$\psi_b=(1/\sqrt{\pi})e^{-r_b}$ 表示 H_B 原子的基态波函数，当两个 H 原子远离、无相互作用时，体系的波函数为

$$\psi_1(1,2)=\psi_a(1)\psi_b(2) \text{ 或 } \psi_2(1,2)=\psi_b(2)\psi_a(1)$$

式中，括号内的 1 或 2 表示第 1 个电子或第 2 个电子的坐标。将两个波函数线性组合，得体系的波函数为

$$\psi(1,2)=c_1\psi_1+c_2\psi_2 \tag{1-24}$$

海特勒和伦敦以 $\psi(1,2)$ 作为 H_2 分子的近似函数，仿照线性变分法得到 H_2 分子的波函数和相应的能量为

$$\psi_+=\frac{1}{\sqrt{2+2S_{12}}}(\psi_1+\psi_2)=\frac{1}{\sqrt{2+2S_{12}}}[\psi_a(1)\psi_b(2)+\psi_a(2)\psi_b(1)]$$

$$E_+=\frac{H_{11}+H_{12}}{1+S_{12}}$$

$$\psi_-=\frac{1}{\sqrt{2-2S_{12}}}(\psi_1-\psi_2)=\frac{1}{\sqrt{2-2S_{12}}}[\psi_a(1)\psi_b(2)-\psi_a(2)\psi_b(1)]$$

$$E_-=\frac{H_{11}-H_{12}}{1-S_{12}}$$

式中，积分 S_{12}、H_{11} 和 H_{12} 可进一步表达为

$$S_{12}=\int\psi_1^*\psi_2\mathrm{d}\tau=\int\psi_a^*(1)\psi_b(2)\mathrm{d}\tau_1\int\psi_a^*(2)\psi_b(1)\mathrm{d}\tau_2=S_{ab}^2\equiv S^2$$

$$H_{11}=\int\psi_1^*\hat{H}\psi_1\mathrm{d}\tau=\int\psi_a^*(1)\psi_b^*(2)\left[\hat{H}_a(1)+\hat{H}_b(2)+\hat{H}'\right]\psi_a(1)\psi_b(2)\mathrm{d}\tau=2E_H+Q$$

$$H_{12}=\int\psi_a^*(1)\psi_b^*(2)\left[\hat{H}_a(1)+\hat{H}_b(2)+\hat{H}'\right]\psi_a(2)\psi_b(1)\mathrm{d}\tau=2E_HS_{ab}^2+A$$

这样

$$E_+=2E_H+\frac{Q+A}{1+S^2},\quad E_-=2E_H+\frac{Q-A}{1-S^2}$$

$$Q=\int\psi_a^*(1)\psi_b^*(2)\hat{H}'\psi_a(1)\psi_b(2)\mathrm{d}\tau$$

$$A=\int\psi_a^*(1)\psi_b^*(2)\hat{H}'\psi_a(2)\psi_b(1)\mathrm{d}\tau$$

Q、A、S 等积分都是核间距 R 的函数，在平衡核间距附近，Q 和 A 均为负值，所以 H_2 分子 ψ_+ 态的能量 E_+ 比两个无相互作用的 H 原子的能量（$2E_H$）低；又由于$|A|>|Q|$，E_- 比 $2E_H$ 高。

E_+ 随 R 变化的曲线上有一最低点，这一最低点对应的 R 即为平衡核间距。海特勒-伦敦法处理 H_2 分子的平衡核间距为 87pm，这时 E_+ 为−303kJ / mol（−3.14 eV），实验值分别为 74.12pm 和−458kJ / mol（−4.75 eV）。这一结果阐明了 H_2 分子稳定存在的原因以及共价键的本质。

ψ_+ 和 ψ_- 仅是轨道运动部分的波函数，考虑泡利不相容原理的要求，包含自旋函数的全波函数应是反对称波函数，能量低的 ψ_+ 是对称的，相应的自旋函数应是反对称的，这样全波函数

$$\psi_{+(\text{全})} = \psi_+ \frac{1}{\sqrt{2}}[\alpha(1)\beta(2) - \alpha(2)\beta(1)]$$

电子在这个态的总自旋角动量为 0，这时两个电子自旋是相反的，自旋角动量沿键轴的分量也为 0，即 $m_s = 0$。

能量高的 ψ_- 是反对称的，相应的自旋波函数应为对称波函数。包含两个电子体系的对称自旋波函数有 3 个

$$\alpha(1)\alpha(2) \qquad m_s = 1$$

$$\beta(1)\beta(2) \qquad m_s = -1$$

$$\frac{1}{\sqrt{2}}[\alpha(1)\beta(2) + \alpha(2)\beta(1)] \qquad m_s = 0$$

它们可分别和 ψ_- 相乘，得到能级差别很小的 3 个反对称全波函数

$$\psi_{-(\text{全})} = \psi_- \begin{cases} \alpha(1)\alpha(2) \\ \beta(1)\beta(2) \\ \dfrac{1}{\sqrt{2}}[\alpha(1)\beta(2) + \alpha(2)\beta(1)] \end{cases}$$

三个轨道能级近似，故 ψ_- 对应的是三重态。

电子在分子中的分布可由空间各点概率密度（$|\psi|^2$）数值大小表示。可以只取波函数的空间部分讨论。对两电子体系，空间波函数 $\psi(x_1, y_1, z_1, x_2, y_2, z_2)$ 在 p_1 点 (x_1, y_1, z_1) 附近 $\mathrm{d}\tau_1$ 内找到电子 1，同时在 p_2 点 (x_2, y_2, z_2) 附近 $\mathrm{d}\tau_2$ 内找到电子 2 的概率为 $|\psi|^2\,\mathrm{d}\tau_1\mathrm{d}\tau_2$。若不论电子 2 在何处，$p_1$ 附近 $\mathrm{d}\tau_1$ 内找到电子 1 的概率为 $\left(\int|\psi|^2\mathrm{d}\tau_2\right)\mathrm{d}\tau_1$，而在 p_1 附近 $\mathrm{d}\tau_1$ 内找到 2 个电子中任意一个电子的概率应为 $2\left(\int|\psi|^2\mathrm{d}\tau_2\right)\mathrm{d}\tau_1$。由于波函数对 2 个电子是等价的，在空间任意一点找到电子 1 的概率等于在该点找到电子 2 的概率。这样，当 H_2 处于平衡核间距时，2 个电子的总概率密度函数为

$$\rho = 2\int|\psi|^2\mathrm{d}\tau_2 = 2\int|\psi|^2\mathrm{d}\tau_1$$

对稳定态

$$\rho_+ = \rho(1) + \rho(2) = \int\psi_+^2(1,2)\mathrm{d}\tau_1 + \int\psi_+^2(1,2)\mathrm{d}\tau_2$$

将上式代入积分中，展开，利用归一化条件化简，得

$$\rho_+ = \frac{1}{1+S}\left(\psi_\mathrm{a}^2 + \psi_\mathrm{b}^2 + 2S\psi_\mathrm{a}\psi_\mathrm{b}\right)$$

$$\rho_- = \frac{1}{1-S}\left(\psi_a^2 + \psi_b^2 - 2S\psi_a\psi_b\right)$$

由于$S = \int \psi_a^* \psi_b \mathrm{d}\tau$，其值为正，故稳定态核间概率密度增加，对2个核产生吸引能，使体系能量降低；而激发态核间概率密度降低，两核外侧增大，体系能量升高，稳定性降低。

1.5.2.2 价键理论的基本要点

价键理论是一种获得分子薛定谔方程近似解的处理方法，又称为电子配对理论。以原子轨道作为近似基函数描述分子中电子的运动规律。在阐述共价键的本质时，根据鲍林原理的要求，当两个具有相反电子自旋的H原子相互靠近时，随着核间距R的减小，两个H原子的1s轨道会发生重叠，从而在两核间形成一处电子概率密度比较大的区域。两个H原子核被这一区域的电子云所吸引，使得系统能量降低。当核间距达到74pm时，系统能量达到最低点，稳定的共价键生成，这种状态被称为H_2分子的基态。

基于共价键成键的过程，成键所用的轨道和未成对电子数是一定的。价键理论还明确共价分子中每个原子的成键总数和其价轨道数密切相关，原子轨道中未成对电子数决定着一个原子所能形成的共价键数，即共价键的饱和性。同时，在满足电子配对的条件下，核间电子云重叠的区域越大，形成的共价键越稳定，分子能量越低，成键的原子轨道重叠部分波函数的符号必须相同，即共价键的方向性。共价键的方向性不仅决定分子的几何构型，而且影响分子的极性以及对称性等性质。

价键理论认为，为增加体系的稳定性，各原子价层轨道中未成对电子应尽可能相互配对，以形成最多数目的共价键，即按照共用电子对的数目共价键可分为单键、双键和三键。在保证原子轨道同号重叠的条件下，原子轨道有着不同的重叠方式：两原子轨道沿核间连线方向以“头碰头”方式发生轨道重叠形成的σ键，键能大，稳定性高，体系能量低；两原子轨道垂直核间连线并相互平行，以“肩并肩”的方式发生重叠形成的π键，重叠程度和键能小于σ键，所以其稳定性低于σ键。共价键还有一种情况：由一个原子提供电子对，而另一个原子只提供可以容纳电子的空轨道而形成的配位键，用一个指向接受电子对的原子的箭头来表示。

综合以上说明：①价键理论是研究原子形成分子时原子间相互作用的一种方法；②根据价键理论，原子轨道中未成对电子应形成尽可能多的化学键；③共价键依原子价轨道中未成对电子数目，成为共价单键、共价双键等；④共价键具有方向性和饱和性。

下面举几个例子说明。

① H_2：H原子的电子组态为（$1s^1$），每个H原子都有1个未成对的1s电子，1s电子配对生成σ键。因此，H_2分子中为单键。

② Li：Li原子的基态电子组态为（$1s^22s^1$），价电子层有一个未成对电子（2s），可与其他原子形成共价键，如Li—Li、Li—Cl等。

③ O_2：O原子的电子组态为$(1s)^2(2s)^2(2p_x)^2(2p_y)^1(2p_z)^1$，每个O原子都有2个未成对的2p电子，其中$2p_z$电子配对生成σ键，$2p_y$电子配对生成π键。因此，$O_2$分子为双键。实验测定$O_2$分子具有顺磁性，说明$O_2$分子中有未成对电子。价键法结果与此矛盾，说明价键法过于强调电子配对而带有片面性。

④ N_2：N原子的电子组态为$(1s)^2(2s)^2(2p_x)^1(2p_y)^1(2p_z)^1$，每个N原子都有3个未成对的2p电子，若键轴为$z$方向，那么$2p_z$电子配对生成σ键，$2p_x$和$2p_y$电子可分别配对生成π键。

所以，N_2分子中为三键。

⑤ CO：C原子的电子组态为$(1s)^2(2s)^2(2p_y)^1(2p_z)^1$，C原子有2个未成对电子，可以与O原子的2p电子配对生成双键。但实验证明CO的键能、键长以及力学常数都相当于三键。如果认为在形成化学键的瞬间发生反应

$$O + C \longrightarrow O^+ + C^-$$

造成两个原子均有3个未成对的电子，从而形成三键，其中包含一个配位键。

⑥ HF：F原子的基态电子组态为$(1s)^2(2s)^2(2p_x)^2(2p_y)^2(2p_z)^1$，F原子有1个未成对电子，可与H原子的1s电子配对形成σ键，故HF中为单键。

1.5.3 价键理论的发展

根据价键理论，许多有机化合物都可用经典结构式描述其结构和性质，但对于共轭体系而言，用经典的结构式不能很好地表达它们的结构。例如：1,3-丁二烯，$CH_2{=}CH{-}CH{=}CH_2$，分子中$C_2{-}C_3$之间的键长比通常的单键键长要短，且具有部分双键的性质。O_2分子具有顺磁性（价键理论中电子均成对而无总电子自旋），实际上基态的O_2分子中并不存在双键，O_2分子中形成了两个3电子π键，一个σ键，在π轨道中有未成对电子。CH_4分子，其四个键是等同的，考虑到共价键的方向性，这种s和p轨道没有差别的情况，利用价键理论则完全无法解释。

1.5.3.1 杂化轨道理论

1931年美国化学家鲍林提出了杂化的概念，同样借助量子力学中轨道波函数可以叠加的方法，指出同一个原子中能量相近而类型不同（应当说明，这里特指角量子数不同）的轨道波函数可以相互叠加组合为同等数目的能量相同（简并）的杂化原子轨道。杂化时，轨道的数目不变，轨道在空间的分布方向和分布情况发生改变，能级改变。组合所得的杂化轨道一般均和其他原子形成较强的σ键或填充孤对电子，而不会以空的杂化轨道的形式存在。原子轨道经过杂化，成键的相对强度会增大。因为杂化后的原子轨道在某些方向上的分布更集中，当与其他原子成键时，重叠部分增大，成键能力增强。

如图1-8所示，杂化轨道的特点总结如下：

① 能量相等，成分相同；

② 杂化轨道的电子云分布更集中，可使成键轨道键的重叠部分增大，成键能力增强；

③ sp^3杂化轨道在空间尽量伸展，呈最稳定正四面体构型，轨道夹角为109°28′；

④ sp^2杂化轨道在空间呈平面三角形，轨道夹角为120°，未杂化的2p轨道垂直于这一平面；

⑤ sp杂化轨道在空间呈直线型，轨道夹角为180°，另两个未杂化的2p轨道与这一直线两两垂直。

杂化轨道理论能简单阐明分子的几何构型及部分分子的性质。

下面举几个例子：

① CH_4：C原子2s轨道上的1个电子激发到2p轨道，4个价电子轨道各有1个自旋相同的未成对电子，1个2s轨道与3个2p轨道杂化生成4个能量相等的sp^3杂化轨道（图1-9）。这

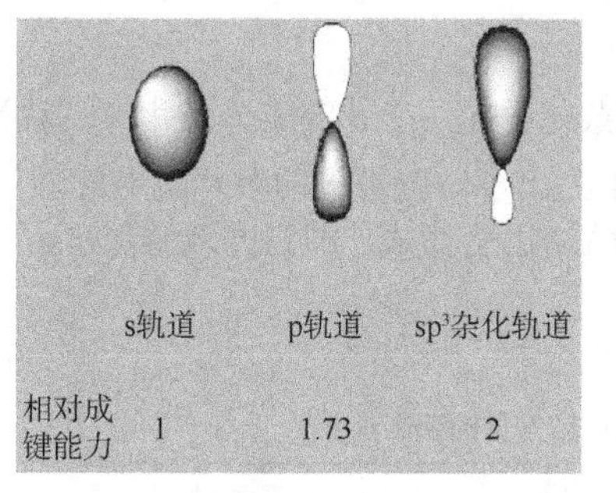

sp³杂化轨道电子云分布

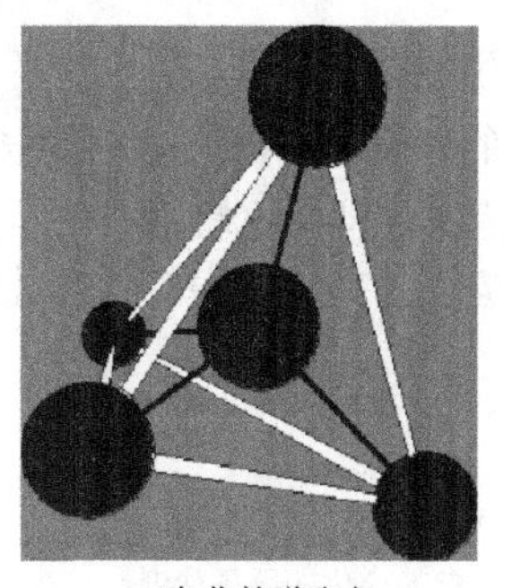

sp³杂化轨道取向

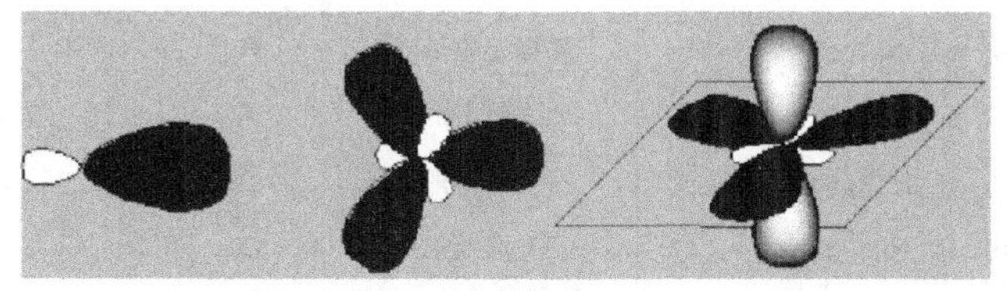

sp²杂化轨道

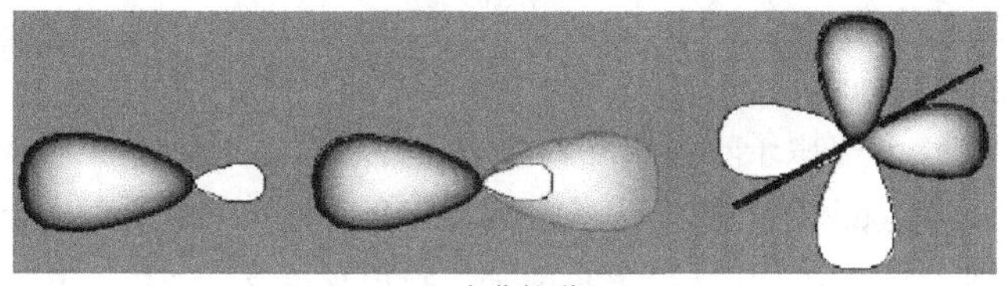

sp杂化轨道

图1-8 杂化轨道

C:$1s^22s^22p_x^12p_y^1$

$2p_x$ $2p_y$ $2p_z$

相互影响，相互混合

2s

原子轨道

杂化轨道

图1-9 C原子的sp^3 杂化

样就可以分别与4个H原子的1s轨道“头碰头”重叠生成4个σ键，方向指向正四面体的4个顶角，键角为109°28′。

② $CH_2=CH_2$：每个C原子的1个2s轨道与2个2p轨道杂化生成3个能量相等的sp^2杂化轨道，2个H原子的1s轨道分别与2个sp^2杂化轨道生成2个σ键，同时2个C原子各自提供一个杂化轨道“头碰头”重叠再生成1个σ键，3个σ键指向平面三角形的3个顶角，键角为120°。这样每个C原子还剩1个$2p_z$轨道，2个$2p_z$轨道采取“肩并肩”的方式重叠生成1个π键，垂直于平面三角形所在的平面。

③ $CH\equiv CH$：每个C原子的1个2s轨道与1个2p轨道杂化生成2个能量相等的sp杂化轨道，H原子的1s轨道与sp轨道重叠生成σ键，2个C原子各自提供一个杂化轨道重叠再生成1个σ键，3个σ键在一条直线上，键角为180°。剩下的$2p_y$和$2p_z$轨道则分别以“肩并

肩”的方式重叠生成2个π键。

在某个原子的几个杂化轨道中，参与杂化的s、p、d等成分若相等，称为等性杂化轨道；若不相等，则称为不等性杂化轨道。表1-1列出了一些常见的杂化轨道的性质。表中dsp^3是不等性杂化轨道，但可分别看作由等性杂化轨道组合而成，即三方双锥形：sp^2和$p_zd_{z^2}$；四方锥形：dsp^2和p_z。

表1-1　一些常见的杂化轨道

杂化轨道	参加杂化的原子轨道	构型	对称性	实例
sp	s，p_z	直线型	$D_{\infty h}$	CO_2，N_3^-
sp^2	s，p_x，p_y	平面三角形	D_{3h}	BF_3，SO_3
sp^3	s，p_x，p_y，p_z	四面体形	T_d	CH_4
dsp^2	$d_{x^2-y^2}$，s，p_x，p_y	平面四方形	D_{4h}	$Ni(CN)_4^{2-}$
dsp^3	d_{z^2}，s，p_x，p_y，p_z	三方双锥形	D_{3h}	PF_5
d^2sp^2	$d_{x^2-y^2}$，d_{z^2}，s，p_x，p_y	四方锥形	C_{4v}	IF_5
d^2sp^3	d_{z^2}，$d_{x^2-y^2}$，s，p_x，p_y，p_z	正八面体形	O_h	SF_6

杂化轨道具有和s、p等原子轨道相同的性质，必须满足正交性和归一性，同时，单位轨道贡献为1，即每一个参加杂化的原子轨道在所有n个杂化轨道中所占成分之和为1。这三项构成杂化轨道三原则。例如由s和p轨道组成杂化轨道$\psi_i = \alpha_i s + b_i p$，由归一性可得

$$\int \psi_i^* \psi_i d\tau = 1 \qquad \alpha_i^2 + b_i^2 = 1 \tag{1-25}$$

由正交性可得

$$\int \psi_i^* \psi_j d\tau = 0 \quad (i \neq j\text{时}) \tag{1-26}$$

根据这一基本性质，考虑杂化轨道的空间分布及杂化前原子轨道的取向，就能写出各个杂化轨道中原子轨道的组合系数。

sp：

$$\begin{bmatrix} h_1 \\ h_2 \end{bmatrix} = \begin{bmatrix} 1/\sqrt{2} & 1/\sqrt{2} \\ 1/\sqrt{2} & -1/\sqrt{2} \end{bmatrix} \begin{bmatrix} s \\ p \end{bmatrix}$$

sp^2：

$$\begin{bmatrix} h_1 \\ h_2 \\ h_3 \end{bmatrix} = \begin{bmatrix} 1/\sqrt{3} & 2/\sqrt{6} & 0 \\ 1/\sqrt{3} & -1/\sqrt{6} & 1/\sqrt{2} \\ 1/\sqrt{3} & -1/\sqrt{6} & -1/\sqrt{2} \end{bmatrix} \begin{bmatrix} s \\ p_x \\ p_y \end{bmatrix}$$

sp^3：

$$\begin{bmatrix} h_1 \\ h_2 \\ h_3 \\ h_4 \end{bmatrix} = \begin{bmatrix} 1/2 & 1/2 & 1/2 & 1/2 \\ 1/2 & -1/2 & 1/2 & -1/2 \\ 1/2 & -1/2 & -1/2 & 1/2 \\ 1/2 & 1/2 & -1/2 & -1/2 \end{bmatrix} \begin{bmatrix} s \\ p_x \\ p_y \\ p_z \end{bmatrix}$$

例如由s、p_x、p_y组成的平面三角形的sp^2杂化轨道ψ_1、ψ_2、ψ_3，当ψ_1极大值方向和x轴平行时，由等性杂化概念可知，每一杂化轨道中s成分占1/3，组合系数为$\sqrt{\frac{1}{3}}$；其余2/3成分全由p轨道组成。因ψ_1与x轴平行，与y轴垂直，p_y没有贡献，所以全部为p_x。

$$\psi_1 = \sqrt{\frac{1}{3}}s + \sqrt{\frac{2}{3}}p_x$$

同理可得

$$\psi_2 = \sqrt{\frac{1}{3}}s - \sqrt{\frac{1}{6}}p_x + \sqrt{\frac{1}{2}}p_y$$

$$\psi_3 = \sqrt{\frac{1}{3}}s - \sqrt{\frac{1}{6}}p_x - \sqrt{\frac{1}{2}}p_y$$

可以验证ψ_1、ψ_2、ψ_3满足正交性和归一性。

根据杂化轨道的正交性和归一化条件，两个等性杂化轨道的最大值之间的夹角θ满足

$$\alpha + \beta\cos\theta + \gamma\left(\frac{3}{2}\cos^2\theta - \frac{1}{2}\right) = 0 \tag{1-27}$$

式中，α、β、γ分别为杂化轨道中s、p、d轨道所占的百分数（注意，此式适用于没有f轨道参加杂化的情况。另外，因角度的特殊性，此式不适用于dsp^2杂化轨道）。例如sp^2杂化轨道，s占1/3，p占2/3，代入式（1-27），得$\frac{1}{3}+\frac{2}{3}\cos\theta = 0$，解之得$\theta = 120°$。

与上式相似，两个不等性杂化轨道ψ_i和ψ_j的最大值之间的夹角θ_{ij}可按下式计算

$$\sqrt{\alpha_i}\sqrt{\alpha_j} + \sqrt{\beta_i}\sqrt{\beta_j}\cos\theta_{ij} + \sqrt{\gamma_i}\sqrt{\gamma_j}\left(\frac{3}{2}\cos^2\theta_{ij} - \frac{1}{2}\right) = 0 \tag{1-28}$$

由不等性杂化轨道形成的分子，孤对电子占据杂化轨道，其几何构型需要通过实验测定，而不能预言其键角的准确值。例如H_2O分子，属于不等性sp^3杂化，实验测定的∠HOH为104.5°，而计算出的键角为115.4°，这就需要考虑H_2O分子中2个孤对电子对分子结构的影响了，即价层电子对互斥理论。

同样，根据以上公式可以从测得的H_2O分子键角推算出其原子的杂化轨道。

[例1-1] 实验测定的∠HOH为104.5°，试求O原子的杂化轨道。

O原子的基态电子组态是$(1s)^2(2s)^2(2p_x)^2(2p_y)^1(2p_z)^1$

设O原子的杂化轨道由s轨道和p轨道等性杂化构成

则有
$$\psi = c_1^2\psi_s + c_2^2\psi_p \text{ 且 } c_1^2 + c_2^2 = 1$$

根据等性杂化角度公式［式（1-27）］有

$$\alpha + \beta\cos\theta = 0 \text{ 且 } \alpha + \beta = 1$$

得
$$\alpha + (1-\alpha)\cos 104.5° = 0$$

解得
$$\alpha = \frac{\cos 104.5°}{1-\cos 104.5°} = 0.20$$

$$\beta = 1 - \alpha = 0.80$$

则
$$c_1^2 = \alpha = 0.20, c_1 = 0.45$$

$$c_2^2 = \beta = 0.80, c_2 = 0.89$$

杂化轨道为
$$\psi = 0.20\psi_s + 0.80\psi_p$$

更为精细的算法

设分子处在 xy 平面上。

O 原子的两个杂化轨道

$$\begin{aligned}\psi_a &= c_1[(\cos 52.25°)p_x + (\sin 52.25°)p_y] + c_2 s \\ &= 0.61c_1 p_x + 0.79c_1 p_y + c_2 s \\ \psi_b &= c_1[(\cos 52.25°)p_x - (\sin 52.25°)p_y] + c_2 s \\ &= 0.61c_1 p_x - 0.79c_1 p_y + c_2 s\end{aligned}$$

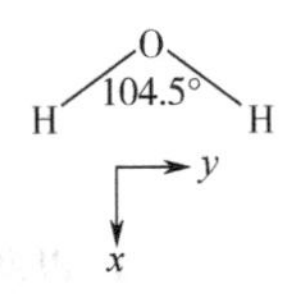

根据原子轨道正交、归一条件，可得

$$\begin{cases} c_1^2 + c_2^2 = 1 \\ 0.61^2 c_1^2 - 0.79^2 c_1^2 + c_2^2 = 0 \end{cases}$$

解得

$$c_1^2 = 0.80 \quad c_1 = 0.89$$
$$c_2^2 = 0.20 \quad c_2 = 0.45$$
$$\psi_a = 0.55p_x + 0.70p_y + 0.45s$$
$$\psi_b = 0.55p_x - 0.70p_y + 0.45s$$

杂化轨道理论是探究分子空间几何构型不可或缺的一项基本理论知识，它不仅可以很好地解释分子空间几何构型，还可以进一步说明共价键的形成原理，并可以计算键的相对稳定性。但是就杂化轨道理论本身而言，“杂化”这个概念完全是人为创造的，没有实验基础，完全建立在理论基础知识上。另外，运用杂化轨道理论解释分子的空间几何构型或者性质时，只有已知分子的几何构型，才能确定中心原子的杂化类型。也就是说杂化轨道理论虽然很好地解释了分子的空间构型，却不能预测分子的空间构型。而且杂化轨道理论一般只考虑中心原子的杂化情况，以及σ或π键的成键情况，未考虑配体的空间位置对其的影响。在配体较多、空间结构复杂的情况下，杂化轨道的可选择轨道较多，需要考虑各种组合方式，杂化轨道理论解释能力较弱。

1.5.3.2 价层电子对互斥理论

价层电子对互斥理论（valence shell electronic pair repelling，VSEPR）是一个用来预测单个共价分子形态的化学模型。该理论通过计算中心原子的价层电子数和配位数来预测分子的几何构型，并构建一个合理的路易斯结构式来表示分子中所有键和孤对电子的位置。

分子中电子对间排斥的三种情况为：

① 孤对电子间的排斥（孤-孤排斥）；

② 孤对电子和成键电子对之间的排斥（孤-成排斥）；

③ 成键电子对之间的排斥（成-成排斥）。

分子会尽力避免这些排斥来保持稳定。当排斥不能避免时，整个分子倾向于形成排斥最弱的结构（与理想形状有最小差异的方式）。孤对电子间的排斥被认为大于孤对电子和成键电子对之间的排斥，后者又大于成键电子对之间的排斥。因此，分子更倾向于最弱的成-成排斥。

VSEPR 适用于 AB_m 型分子，其基本理论要点可概括为：

① 一个共价分子或离子中，中心原子 A 周围所配置的原子 B（配位原子）的立体构型，主要取决于中心原子的价电子层中各电子对键的相互排斥作用；

② 中心原子周围的电子对按尽可能互相远离的位置排布，使彼此间的排斥能最小，能量最低，物质最稳定；

③ 价层电子对是指分子中的中心原子上的电子对，包括 σ 键电子对和中心原子上的孤对电子。

因此，可以根据 VSEPR 理论判断分子的立体构型。首先，确定中心原子价层电子对，其值为 σ 键电子对和中心原子上的孤对电子数目之和。其中，σ 键电子对由分子式决定，即 σ 键个数；中心原子上的孤对电子数目为（$a-xb$）/ 2，a 为最外层电子数，x 为与中心原子结合的原子数，b 为与中心原子结合的原子最多能接受的电子数，氢为 1，其他原子等于“8 - 价层电子数”。然后，根据价层电子对互斥理论判断分子的空间结构。

图1-10 列举了几种 AB_m 型分子的价层电子对数计算及立体构型判断。

分子或离子	中心原子	a	x	b	孤对电子数	σ 键电子对数	价层电子对数
H_2O	O	6	2	1	2	2	4
SO_2	S	6	2	2	1	2	3
NH_4^+	N	4	4	1	0	4	4
CO_3^{2-}	C	6	3	2	0	3	3

①价层电子对数 =2

VSEPR模型：

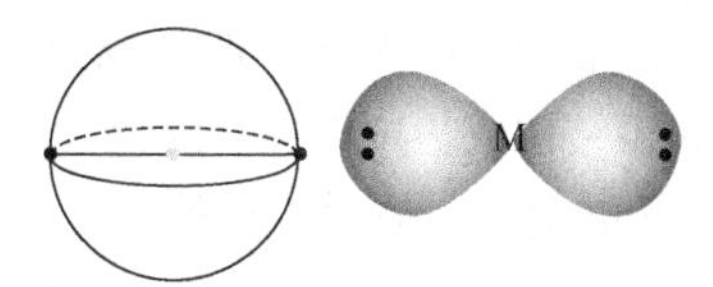

分子的立体构型：　直线型

实例：　CO_2

②价层电子对数 =3

VSEPR模型：

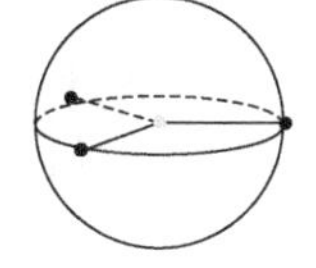

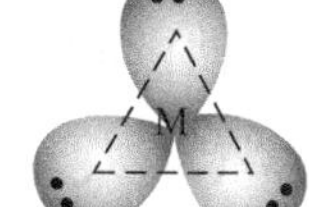

分子的立体构型：　平面三角形或V形

实例：　SO_2、CH_2O

③价层电子对数 =4

VSEPR模型：

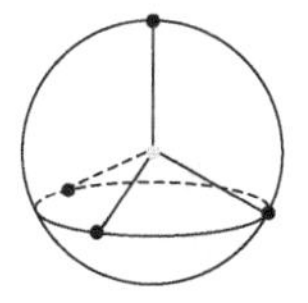

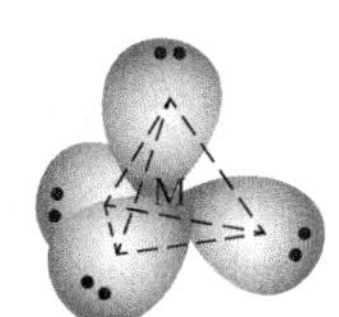

分子的立体构型：　四面体、三角锥形、V形

实例：　CH_4、NH_3、H_2O

图1-10　AB_m型分子价层电子对数计算及构型判断举例

1.5.3.3 共振论

共振论（resonance theory）是由美国化学家鲍林提出的一种分子结构理论，适用于讨论一些不能用价键（即化学键）结构式进行描述的分子，如苯一类的芳香烃。苯的结构是有机化学发展史上久悬未决的问题。价键结构式不能说明苯的特殊性质，不少化学家提出过许多结构式，其中最著名的是凯库勒（Kekule）式。凯库勒式与当时已经知道的大多数化学性质相符，但是它有两大缺点：一是不能说明为什么邻二取代苯只有一种异构体；二是不能说明苯为什么有双键但缺乏双键的活性。

1913～1920 年，伊兹迈利斯基（измайльский）在研究有机染料（苯的衍生物）的吸收光谱时，发现染料分子的化学结构不能用单一的通用价键结构式来表示，引入了“中介结构”的概念。阿恩特（Arndt）采用“中介结构”概念，提出了“中间状态论”，即认为苯分子的结构处于两种“极限结构”的中间状态。在此基础上，罗宾逊（Robinson）和英果尔德（Ingold）提出“中介论”，他们指出，有些分子的真正结构不能用任何一个价键结构式来表示，而是“中介”于两个或两个以上价键结构式所表示的结构之间。“中介论”能够解释凯库勒式的第一个疑难，即苯的邻位二元取代物只有一种，但是无法解释苯为什么缺乏双键活性。

1931～1933 年，鲍林在美国化学会议上以“论化学键的本质”为题连续发表七篇文章，提出了他的“共振论”，中介论者马上宣称他们的学说和共振论完全一致，这样就产生了“共振中介论”，即“共振论”。“共振”一词来源于海森堡的量子力学共振。鲍林认为，许多有机化合物的性质，特别是芳香族化合物的性质，不能用唯一的价键结构来解释，而应当假定比较复杂的电子结构式。即当一个分子、离子或自由基不能够用价键理论以一个经典结构式圆满表达时，可以按照价键法的规则用若干个经典结构式的共振来表达该分子的结构，共轭分子的真实结构式就是由这些可能的经典结构式叠加而成的，这样的经典结构式也叫共振式或极限式，相应的结构可看作是共振结构或极限结构。因此，这样的分子、离子或自由基可认为是这些极限结构“杂化”而产生的杂化体。值得注意的是，杂化体既不是极限结构的混合物，也不是它们的平衡体系，而是一个具有确定结构的单一体，它不能用任何一个极限结构来代替。每个共振结构对杂化体的贡献不同，即它们对共振杂化体的参与程度有差别。共振结构越稳定，对共振杂化体的贡献越大。杂化体的能量较任何一个共振结构为低。

例如，1,3-丁二烯（$CH_2{=}CH{-}CH{=}CH_2$），它可以有很多共振结构：$\overset{-}{C}H_2{-}CH{=}CH{-}\overset{+}{C}H_2$，$\overset{+}{C}H_2{-}CH{=}CH{-}\overset{-}{C}H_2$，$\overset{-}{C}H_2{-}\overset{+}{C}H{-}CH{=}CH_2$ 等。1, 3-丁二烯可以看成是这些极限结构式的杂化体，但是这些结构并不真实存在。一般将可能写出的极限式用一个双向箭头联系起来，表示它们之间的共振。鲍林还指出，共振结构相当于量子力学近似解法中的变分函数ψ_i

$$\psi = c_1\psi_1 + c_2\psi_2 + \cdots\cdots$$

每个变分函数对应一个分子的共振，分子的真实结构介于这些变分函数表示的共振结构之间，这些共振结构都必须符合价键规则，能量相近，其差别只在于分子中电子的分布不同。共振结构的书写除符合价键规则外，还必须遵守各共振结构的原子核位置、配对电子数或未共用电子数不变的原则。

下面介绍书写共振结构式所需遵循的基本规则：

① 同一化合物分子的极限结构式，原子核的相对位置不变，只是电子（一般是 π 电子和

未共用电子对）排列不同：

$$\overset{\frown}{CH_2=CH}-\overset{+}{C}H_2 \longleftrightarrow \overset{+}{C}H_2-CH=CH_2$$

$$CH_2=CH-\overset{+}{C}H_2 \not\longleftrightarrow CH_2=\overset{+}{C}-CH_3$$

② 参与共振的所有原子共平面，都具有 p 轨道，如 π 键、自由电子、离子及共轭体系；

③ 键角保持恒定；

④ 同一化合物分子的极限结构式，其成对电子数和未成对电子数必须相同：

$$\overset{\frown}{CH_2=CH}-\dot{C}H_2 \longleftrightarrow \dot{C}H_2-CH=CH_2$$

$$CH_2=CH-\dot{C}H_2 \not\longleftrightarrow \dot{C}H_2-\dot{C}H_2-\dot{C}H_2$$

⑤ 不能违反价键结构式的正确书写规则：

$$H_3C-O-H \not\longleftrightarrow H_3C=\overset{+}{O}-H$$

正如前面所言，同一化合物分子的不同极限结构式的贡献大小是不一样的。一般来说，等性共振比不等性共振重要。等性共振结构，即共振结构参与杂化的比重是相同的，结构相似、能量相等的几个共振结构，对杂化体的贡献最大，趋于分子的真实结构。非等性共振体，即共振结构参与杂化的比重是不同的。共振结构的能量估算方法如下：

① 共价键越多，能量越低；

② 相邻原子成键，能量低；

③ 电荷分布正常，符合元素电负性，能量低；

④ 每个原子都有完整的八隅体，能量低；

⑤ 相邻原子电荷相同，能量高；

⑥ 电荷分离与否，若没有电荷产生，能量低，反之，能量高。

共振论从具体的、个别的结构逼近整体的未知结构，用化学工作者比较熟悉的价键结构式描述复杂分子的结构，比较容易理解，使用也比较方便，在许多方面与实验事实吻合，并与分子轨道理论相呼应，较好地说明了“离域”概念。共振论基于价键结构，又能说明键的离域，应该说有它的可取之处，因此，至今仍然普遍被国外有机教科书采用。但共振论并非完美无缺，对于立体化学以及反应中的激发态等问题，共振论显得无能为力，在某些方面作出的预测甚至是错误的。由于其任意性，在选择极限结构时，许多激发态的结构常因不符合规定而被忽略掉，在某些情况下，这是错误的。此外，也会由“极限结构越多分子越稳定”的规定引出一些与事实不符的结论。

1.6 分子轨道理论

价键理论可以解释 Lewis 结构式、原子轨道和分子的几何构型之间的部分关系，但是也有其局限性。比如，它不涉及分子的激发态，因此无法解释物质的颜色；无法解释氧气分子的顺磁性；无法解释 He^{2+} 等离子的存在。分子轨道理论是对价键理论很好的补充。

分子轨道理论（molecular orbital theory，MO）又称分子轨道法，1932 年由美国化学家马利肯（Mulliken）及德国物理学家洪特（Hund）提出，是现代价键理论之一。它的要点是：从分子的整体性来讨论分子的结构，认为原子形成分子后，电子不再属于个别的原子轨道，而是属于整个分子的分子轨道，分子轨道是多中心的；分子轨道由原子轨道组合而成，形成分子轨道时遵从能量近似原则、对称性一致（匹配）原则、最大重叠原则，即通常说的“成键三原则”；在分子中电子填充分子轨道的原则也服从能量最低原理、泡利（Pauli）不相容原理和洪特规则。

1.6.1 原子轨道

早在 19 世纪，道尔顿（Dalton）就提出了原子学说。1897 年，汤姆逊（Thomson）发现了电子，打开了原子内部结构的大门。1911 年，卢瑟福（Rutherford）建立“行星绕日”原子模型。1913 年，玻尔（Bohr）综合了普朗克量子论、爱因斯坦光子学说和卢瑟福的原子模型提出了氢原子的玻尔模型。1926 年，薛定谔（Schrödinger）发现原子理论的有效新形式——波动力学，在解氢原子上获得成功，得到人们的重视和认可。

在量子力学中，用波函数描述原子、分子中的电子运动状态，这样的状态函数俗称轨道，在原子中称为原子轨道，在分子中称为分子轨道，但它们都不具有经典力学中运动轨道的含义。

1.6.1.1 单电子原子的薛定谔方程及其求解

下面先用量子力学原理和方法处理简单的单电子原子的结构。

诸如 H 原子及 He^{+} 和 Li^{2+} 等类氢离子，它们的核电荷数为 Z，而核外只有一个电子，故称为单电子原子。若把原子的质量中心放在坐标原点上，电子到核的距离为 r，电子的电荷为 e，就得到势能算符函数为

$$V = -\frac{Ze^2}{4\pi\varepsilon_0 r} \tag{1-29}$$

将势能算符代入哈密顿算符 $\hat{H}$ 中，得到直角坐标系下单原子的薛定谔方程

$$\left(-\frac{\hbar^2}{2\mu}\nabla^2 - \frac{Ze^2}{4\pi\varepsilon_0 r}\right)\psi(x,y,z) = E\psi(x,y,z) \tag{1-30}$$

其中，$r = \sqrt{x^2+y^2+z^2}$；$\mu = m_e m_N/(m_e+m_N)$，为原子的折合质量。为了便于分离变量和求解薛定谔方程，需要利用复合函数链式求导法则和两坐标系关系将式（1-30）统一到球极坐标系中。

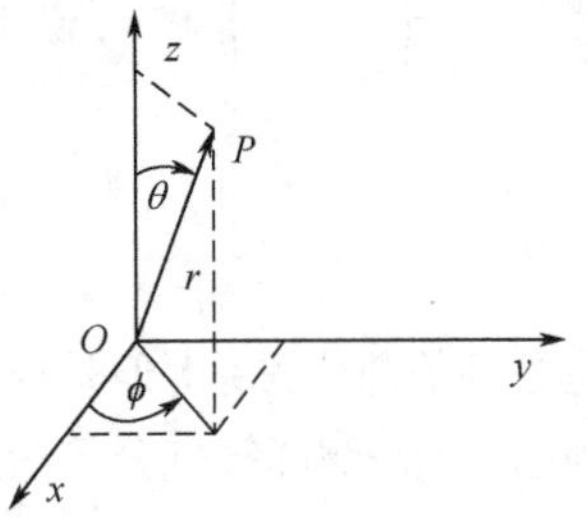

$$\begin{cases} x = r\sin\theta\cos\phi \\ y = r\sin\theta\sin\phi \\ z = r\cos\theta \\ \cos\theta = z/\sqrt{x^2+y^2+z^2} \\ \tan\phi = y/z \end{cases} \tag{1-31}$$

给出变量取值范围

$$0 \leqslant r \leqslant \infty;\ 0 \leqslant \theta \leqslant \pi;\ 0 \leqslant \phi \leqslant 2\pi$$

再依照 x、y、z 的偏微分关系，以对 x 的偏微分关系为例

$$\frac{\partial}{\partial x} = (\frac{\partial r}{\partial x})\frac{\partial}{\partial r} + (\frac{\partial \theta}{\partial x})\frac{\partial}{\partial \theta} + (\frac{\partial \phi}{\partial x})\frac{\partial}{\partial \phi} \tag{1-32}$$

代入后，得到球极坐标系下氢和类氢原子的薛定谔方程

$$\left[\frac{1}{r^2}\times\frac{\partial}{\partial r}\left(r^2\frac{\partial}{\partial r}\right)+\frac{1}{r^2\sin\theta}\times\frac{\partial}{\partial\theta}\left(\sin\theta\frac{\partial}{\partial\theta}\right)+\frac{1}{r^2\sin^2\theta}\times\frac{\partial^2}{\partial\phi^2}\right]\psi(r,\theta,\phi)+\frac{2\mu}{\hbar}\left(E+\frac{Ze^2}{4\pi\varepsilon_0 r}\right)\psi(r,\theta,\phi)=0 \tag{1-33}$$

解此微分方程可采用变数分离法，把含有三个变量的偏微分方程化为三个含有一个变量的常微分方程求解。

令 $\psi(r,\theta,\phi)=R(r)\Theta(\theta)\Phi(\phi)$，其中 $R(r)$称为波函数的径向部分，令 $Y(\theta,\phi)=R(r)\Theta(\theta)$，称为波函数角度部分，它是球谐函数。处理得到三个常微分方程。

R 方程

$$\frac{1}{R}\times\frac{\mathrm{d}}{\mathrm{d}r}\left(r^2\frac{\mathrm{d}R}{\mathrm{d}r}\right)+\frac{2\mu r^2}{\hbar^2}(E+V)=\beta \tag{1-34}$$

式中，令 $\beta=l(l+1)$。

Θ 方程

$$\frac{\sin\theta}{\Theta}\times\frac{\mathrm{d}}{\mathrm{d}\theta}\left(\sin\theta\frac{\mathrm{d}\Theta}{\mathrm{d}\theta}\right)+\beta\sin^2\theta=m^2 \tag{1-35}$$

Φ 方程

$$-\frac{1}{\Phi}\times\frac{\mathrm{d}^2\Phi}{\mathrm{d}\phi^2}=m^2 \tag{1-36}$$

用解常微分方程的方法求这三个方程满足条件的解，将三个解相乘得到薛定谔方程的解ψ。在求解过程中，三个方程的解都需要符合波函数所必需的三个品优条件：① 波函数必须是单值；② 波函数必须是连续的；③ 波函数必须是平方可积的。我们可以从中得到对应方程的量子数和能量量子化结果。解得的波函数列于表 1-2。

表 1-2　氢原子和类氢原子的波函数

n	l	m	ψ
1	0	0	$\psi_{1s}=\frac{1}{\sqrt{\pi}}\left(\frac{Z}{a_0}\right)^{3/2}e^{-\sigma}$
2	0	0	$\psi_{2s}=\frac{1}{4\sqrt{2\pi}}\left(\frac{Z}{a_0}\right)^{3/2}(2-\sigma)e^{-\frac{\sigma}{2}}$
2	1	0	$\psi_{2p_z}=\frac{1}{4\sqrt{2\pi}}\left(\frac{Z}{a_0}\right)^{3/2}\sigma e^{-\frac{\sigma}{2}}\cos\theta$

续表

n	l	m	ψ
2	1	±1	$\psi_{2p_x}=\frac{1}{4\sqrt{2\pi}}\left(\frac{Z}{a_0}\right)^{3/2}\sigma e^{-\frac{\sigma}{2}}\sin\theta\cos\phi$ $\psi_{2p_y}=\frac{1}{4\sqrt{2\pi}}\left(\frac{Z}{a_0}\right)^{3/2}\sigma e^{-\frac{\sigma}{2}}\sin\theta\sin\phi$
3	0	0	$\psi_{3s}=\frac{1}{81\sqrt{3\pi}}\left(\frac{Z}{a_0}\right)^{3/2}(27-18\sigma+2\sigma^2)e^{-\frac{\sigma}{3}}$
3	1	1	$\psi_{3p_z}=\frac{\sqrt{2}}{81\sqrt{\pi}}\left(\frac{Z}{a_0}\right)^{3/2}(6-\sigma)\sigma e^{-\frac{\sigma}{3}}\cos\theta$
3	1	±1	$\psi_{3p_x}=\frac{\sqrt{2}}{81\sqrt{\pi}}\left(\frac{Z}{a_0}\right)^{3/2}(6-\sigma)\sigma e^{-\frac{\sigma}{3}}\sin\theta\cos\phi$ $\psi_{3p_y}=\frac{\sqrt{2}}{81\sqrt{\pi}}\left(\frac{Z}{a_0}\right)^{3/2}(6-\sigma)\sigma e^{-\frac{\sigma}{3}}\sin\theta\sin\phi$

表 1-2 中$\sigma=\frac{Z}{a_0}r$，$a_0=4\pi\varepsilon_0\hbar^2/(m_e e^2)$。$\psi$ 由 n、l 和 m 确定，表示为ψ_{nlm}，常称为原子轨道函数，俗称原子轨道；n、l、m 分别为主量子数、角量子数、磁量子数。

1.6.1.2 量子数的物理意义

下面结合上述三个方程的求解过程讨论各个量子数的取值范围和物理意义。

（1）主量子数 n

在解 R 方程时，为使得函数 $R(r)$满足收敛条件，必须使

$$\begin{cases} E_n=-\frac{\mu e^4}{8\varepsilon_0\hbar^2}\times\frac{Z^2}{n^2} \\ n\geqslant l+1 \qquad n=1,2,3,\cdots \end{cases} \tag{1-37}$$

此式为单电子原子的能级公式。E_n 的值也可由哈密顿算符直接作用于波函数 ψ 得到。把电子距离核无穷远处的能量算作零，所以得到的能量为负值且是量子化的。由式（1-37）可得，n 由小到大，体系的能量由高到低，主量子数 n 决定了体系能量的高低。相邻两个能级差为 $\Delta E_n=\frac{\mu e^4}{8\varepsilon_0\hbar^2}\times\frac{2n+1}{n^2(n+1)^2}$，它随着 n 的增大而减小。对于氢原子，$Z=1$，将基态能量代入计算可得−13.595eV。

（2）角量子数 l

在解 Θ 方程时，为了得到满足合格条件的解，角量子数 l 满足以下方程

$$\beta=l(l+1)\begin{cases} l=0,1,2,3,\cdots \\ l\geqslant |m| \end{cases} \tag{1-38}$$

在获得 l 的取值范围后，下面讨论角量子数的物理意义。可以利用直角坐标系和球极坐标

系的关系推出球极坐标形式的角动量在 z 方向分量 M_z 的算符 $\hat{M}_z$ 以及角动量平方算符 $\hat{M}^2$。

$$\hat{M}_z = -i\hbar \frac{\partial}{\partial \phi} \tag{1-39}$$

$$\hat{M}^2 = -\hbar^2 \left[\frac{1}{\sin\theta} \times \frac{\partial}{\partial\theta}\left(\sin\theta \frac{\partial}{\partial\theta} \right) - \frac{1}{\sin^2\theta} \times \frac{\partial^2}{\partial\phi^2} \right] \tag{1-40}$$

将它作用于波函数 ψ_{nlm}，可以得到以下关系式

$$\hat{M}^2\psi = l(l+1)\hbar^2\psi \tag{1-41}$$

根据量子力学基本假设Ⅲ，ψ 所代表的状态其角动量平方有确定值

$$\hat{M}^2 = l(l+1)\hbar^2 \quad l = 0, 1, L, n-1$$

或者可以说角动量绝对值的大小有确定值，角量子数 l 决定了电子的原子轨道角动量的大小。

$$|M| = \sqrt{l(l+1)}\hbar^2 \tag{1-42}$$

（3）磁量子数 m

在解 Φ 方程时得到常系数二阶齐次方程的特解

$$\Phi(\phi) = \frac{1}{\sqrt{2\pi}} e^{im\phi} \tag{1-43}$$

根据波函数品优条件和周期性边界条件，即

$$\Phi(\phi) = \Phi(\phi + 2\pi)$$
$$e^{im\phi} = 1$$

由 Euler 公式得

$$e^{im\phi} = \cos(m\phi) + i\sin(m\phi)$$
$$\cos(m2\pi) + i\sin(m2\pi) = 1$$

得到 m 取值必须为 0，±1，±2，…下面讨论磁量子数的物理意义，将式（1-39）的 $\hat{M}_z$ 作用于氢原子 Φ 方程复函数形式的解 ψ_{nlm}，得

$$\hat{M}_z\psi = m\hbar\psi \tag{1-44}$$

同样可以说明 ψ_{nlm} 代表的状态，其角动量在 z 方向上的分量 M_z 有确定的值 $M_z = m\hbar$，$m =$ 0，±1，±2，…，$\pm l$。m 的物理意义是决定电子轨道角动量在 z 方向也就是磁场方向上的分量，M_z 是量子化的，即角动量的方向是量子化的。m 决定轨道角动量的方向，l 决定轨道角动量的大小。

电子的轨道运动由 3 个量子数 n、l、m 决定。由上可知，若 n 确定，E_n 确定，但波函数 ψ 还没有确定，因为对应于 1 个 n，l 可为 0，1，2，…，$n-1$，而对于一个 l，还可以有（$2l+1$）个 m。所以对于一个 n，有 $\sum_{0}^{n-1}(2l+1) = n^2$ 个 ψ，即简并度为 n^2。

（4）自旋量子数 s 和自旋磁量子数 m_s

除了轨道运动外，电子还有自旋运动，自旋角动量大小 $|M_s|$ 由自旋量子数 s 决定。s 的数

值只能为 1 / 2。

$$\left|M_s\right| = \sqrt{s(s+1)}\hbar \tag{1-45}$$

自旋角动量在磁场方向上的分量 M_{sz} 由自旋磁量子数 m_s 决定。自旋磁量子数的取值只能为±1 / 2。

$$M_{sz} = m_s\hbar \tag{1-46}$$

（5）总量子数 j 和总磁量子数 m_j

电子轨道角动量和自旋角动量的矢量和为电子的总角动量 M_j，其大小由总量子数 j 来决定。

$$j = l+s, l+s-1, L, |l-s| \quad M_j = \sqrt{j(j+1)\hbar} \tag{1-47}$$

1.6.1.3 波函数和电子云图形

波函数（ψ，原子轨道）和电子云（ψ^2 在空间的分布）是三维空间坐标的函数，可以用多种图形（主要有 ψ-r 图和 ψ^2-r 图、径向分布图、原子轨道等值线图等）表示，使抽象的函数关系式转化为具体图像，对于理解原子结构性质以及共价键的形成，从而了解原子化合为分子的过程都具有重要意义。下面介绍从原子轨道二维等值线图衍生而来的原子轨道轮廓图（图 1-11）。

把 ψ 的大小轮廓和正负值在直角坐标系中表达出来，选用一个合适的等值面曲线，以反映 ψ 在空间分布的图形叫作原子轨道轮廓图，简称原子轨道图。它是在三维空间反映 ψ 的空间分布情况，具有大小和正负，虽然它的图形只具有定性的意义，但可以为我们理解原子之间轨道重叠而形成化学键的情况提供直观实用的图形。

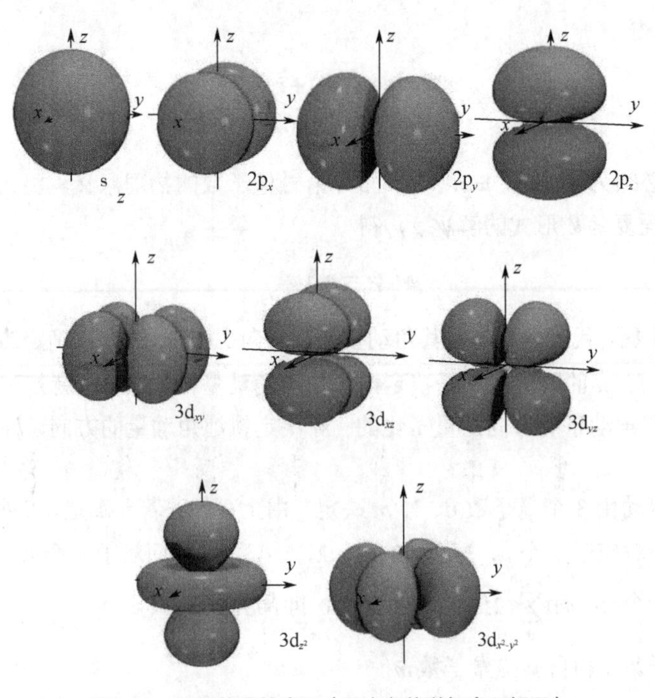

图1-11　原子轨道轮廓图（图中各轨道标度不相同）

1.6.2 分子轨道

前一节以单电子的氢原子和类氢原子作为讨论原子轨道的出发点，类似的，单电子的氢分子离子 H_2^+（最简单的分子）同样可作为讨论双原子分子结构的起点。

1.6.2.1 H_2^+ 的薛定谔方程及求解

与单原子类似，分子体系的哈密顿算符及其状态波函数 ψ 必须满足薛定谔方程（量子力学的基本运动方程），它相当于经典力学中的牛顿第二定律 $F=ma$。在量子化学的计算中，无论是采用分子轨道理论、价键理论，还是密度泛函理论，核心问题都是薛定谔方程的近似求解。

分子轨道理论在物理模型上有三个基本近似。

① 非相对论近似。根据爱因斯坦的狭义相对论原理，物体的质量随着其运动速度的增大而增大。原子、分子中电子运动的线速度为 $v=10^6\sim10^8\text{m/s}$，超铀元素的内层电子，其运动速度可达到光速的 1/3。在精确计算中，电子的质量不能视为常数，会使哈密顿算符中的一个分母项出现复杂的函数，难以进行处理。非相对论近似忽略这一效应，一律取电子的静止质量。对于不同的原子，非相对论近似引入的能量误差随原子序数的增加而增大。

② 采用 Born-Oppenheimer（玻恩-奥本海默近似——定核或绝热近似）对体系进行研究。假设如下：电子的质量比原子核的质量小得多，电子运动速度比原子核快得多。当核的分布发生微小变化时，电子能够迅速调整其运动状态以适应新的核势场，而核对电子在其轨道上的迅速变化并不敏感。因此在研究电子运动时可将核看成固定的。同时将分子整体平动、转动核的振动运动分离出去。在考虑电子运动时，以分子的质心作为坐标系原点，并令其随分子整体一起平移和转动，同时令各原子核固定在某一瞬间它们振动运动的位置上，且核运动时不考虑电子在空间的具体分布。

③ 轨道近似。将电子间的库仑排斥作用平均化，每个电子均视作在核库仑场与其他电子对该电子作用的平均势场相叠加而成的势场中运动，从而单个电子的运动特性只取决于其他电子的平均密度分布（电子云）而与后者的瞬时位置无关。

分子轨道理论的三个基本近似中，前两个旨在最大限度地简化哈密顿算符，第三个则是寻求分子波函数的一种合理、简洁的近似表达形式。

图 1-12 给出了 H_2^+ 的坐标关系，A、B 代表原子核，r_a 和 r_b 分别表示电子与两个核的距离，R 表示两核之间的距离。

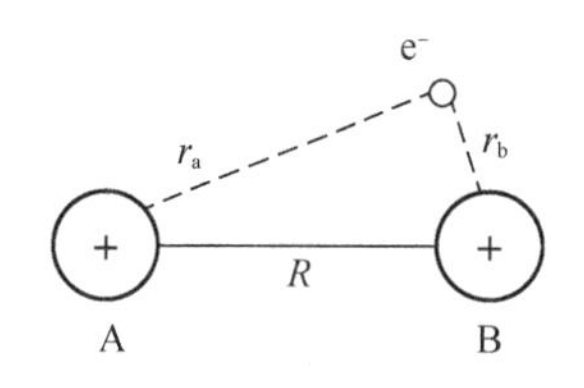

图1-12 H_2^+坐标关系

基于 Born-Oppenheimer 近似，写出 H_2^+ 的薛定谔方程，式中不包括核的动能算符。

$$\left(-\frac{\hbar^2}{2m}\nabla^2-\frac{e^2}{4\pi\varepsilon_0 r_a}-\frac{e^2}{4\pi\varepsilon_0 r_b}+\frac{e^2}{4\pi\varepsilon_0 R}\right)\psi(x,y,z)=E\psi(x,y,z) \tag{1-48}$$

式中，等号左边第一项为电子的动能算符，第二、三项为电子受到的核吸引能，第四项为两个原子核的静电排斥能。为了方便书写，量子力学在处理分子问题时常采用原子单位。

单位长度 $1\text{a.u.}=a_0=4\pi\varepsilon_0\hbar^2/(m_e e^2)=52.9177\text{pm}$

单位质量 $1\text{a.u.}=m_e=9.1095\times10^{-31}\text{kg}$

单位电荷 $1\text{a.u.}= e = 1.60218\times10^{-19}\,\text{C}$

单位能量 $1\text{a.u.}= 1\,\text{hartree} = e^2/(4\pi\varepsilon_0 a_0) = 27.2114\,\text{eV}$

采用原子单位制时的薛定谔方程为

$$\left(-\frac{1}{2}\nabla^2-\frac{1}{r_\text{a}}-\frac{1}{r_\text{b}}+\frac{1}{R}\right)\psi(x,y,z)=E\psi(x,y,z) \tag{1-49}$$

根据变分原理，对任意一个品优波函数ψ，用体系的$\hat{H}$算符求得的能量平均值一定大于或等于体系基态能量（$\hat{H}$的最低本征值E_0），即

$$\langle E\rangle=\int\psi^*\hat{H}\psi\text{d}\tau/\int\psi^*\psi\text{d}\tau\geqslant E_0 \tag{1-50}$$

通常选择具有相同边界条件的一个适当的合格试探函数ϕ，它包括若干个参数（c_1，c_2，…，c_n）。根据变分法原理中极小值的求法，通过求$\partial E/\partial c_1=0$，$\partial E/\partial c_2=0$，…，$\partial E/\partial c_n=0$，从而确定$c_1$，$c_2$，…，$c_n$的取值，使得$\phi$所表示的体系状态最佳。常用的变分法是线性变分法，即选择一组品优的线性变分函数

$$\psi=\sum_{i=1}^{m}c_i\phi_i$$

当$R\to\infty$，$r_\text{a}\to\infty$时，$\psi\approx\phi_\text{B}=\frac{1}{\sqrt{\pi}}\text{e}^{-r_\text{b}}$；

当$R\to\infty$，$r_\text{b}\to\infty$时，$\psi\approx\phi_\text{A}=\frac{1}{\sqrt{\pi}}\text{e}^{-r_\text{a}}$。

尝试变分函数采用原子轨道的线性组合（linear combination of atomic orbital，LCAO）

$$\psi=c_\text{A}\phi_\text{A}+c_\text{B}\phi_\text{B}$$

则

$$\begin{aligned}E&=\frac{\int\psi\hat{H}\psi\text{d}\tau}{\int\psi\psi\text{d}\tau}=\frac{\int(c_\text{A}\phi_\text{A}+c_\text{B}\phi_\text{B})\hat{H}(c_\text{A}\phi_\text{A}+c_\text{B}\phi_\text{B})\text{d}\tau}{\int(c_\text{A}\phi_\text{A}+c_\text{B}\phi_\text{B})(c_\text{A}\phi_\text{A}+c_\text{B}\phi_\text{B})\text{d}\tau}\\&=\frac{c_\text{A}^2\int\phi_\text{A}\hat{H}\phi_\text{A}\text{d}\tau+2c_\text{A}c_\text{B}\int\phi_\text{A}\hat{H}\phi_\text{B}\text{d}\tau+c_\text{B}^2\int\phi_\text{B}\hat{H}\phi_\text{B}\text{d}\tau}{c_\text{A}^2\int\phi_\text{A}^2\text{d}\tau+2c_\text{A}c_\text{B}\int\phi_\text{A}\phi_\text{B}\text{d}\tau+c_\text{B}^2\int\phi_\text{B}^2\text{d}\tau}\end{aligned} \tag{1-51}$$

库仑积分 $H_\text{AA}=\int\phi_\text{A}\hat{H}\phi_\text{A}\text{d}\tau,\ H_\text{BB}=\int\phi_\text{B}\hat{H}\phi_\text{B}\text{d}\tau$

交换积分 $H_\text{AB}=\int\phi_\text{A}\hat{H}\phi_\text{B}\text{d}\tau$

重叠积分 $S_\text{AA}=\int\phi_\text{A}^2\text{d}\tau=1, S_\text{AB}=\int\phi_\text{A}\phi_\text{B}\text{d}\tau=1, S_\text{BB}=\int\phi_\text{B}^2\text{d}\tau$

$$E=\frac{c_\text{A}^2H_\text{AA}+2c_\text{A}c_\text{B}H_\text{AB}+c_\text{B}^2H_\text{BB}}{c_\text{A}^2+2c_\text{A}c_\text{B}S_\text{AB}+c_\text{B}^2} \tag{1-52}$$

分别对c_A、c_B求偏导数，取极值整理得到久期方程

$$\begin{cases}c_\text{A}(H_\text{AA}-E)+c_\text{B}(H_\text{AB}-ES_\text{AB})=0\\c_\text{A}(H_\text{AB}-ES_\text{AB})+c_\text{B}(H_\text{BB}-E)=0\end{cases} \tag{1-53}$$

为了使c_A、c_B有不全为零的解，必须使系数行列式（久期行列式）为零

$$\begin{vmatrix} H_{AA}-E & H_{AB}-ES_{AB} \\ H_{AB}-ES_{AB} & H_{BB}-E \end{vmatrix}=0 \quad (1\text{-}54)$$

对于H_2^+来说，两个核势等同，$H_{AA}=H_{BB}$，利用函数归一化条件得

$$E_1=\frac{H_{AA}+H_{BB}}{1+S_{AB}} \quad (1\text{-}55)$$

$$E_2=\frac{H_{AA}-H_{AB}}{1-S_{AB}} \text{（第一激发态能量）} \quad (1\text{-}56)$$

将E_1和E_2代入久期方程，得

$$\psi_1=\frac{1}{\sqrt{2+2S_{AB}}}(\phi_A+\phi_B) \quad (1\text{-}57)$$

$$\psi_2=\frac{1}{\sqrt{2-2S_{AB}}}(\phi_A-\phi_B) \quad (1\text{-}58)$$

下面对此体系薛定谔方程的解进行讨论。

① 库仑积分H_{AA}，通常用a表示。

$$H_{AA}=\int\phi_A^*\hat{H}\phi_A\mathrm{d}\tau=E_H\int\phi_A^2\mathrm{d}\tau+\frac{1}{R}-\int\frac{\phi_A^2}{r_b}\mathrm{d}\tau=E_H+J \quad (1\text{-}59)$$

$$J\equiv\frac{1}{R}-\int\frac{1}{r_b}\phi_A^2\mathrm{d}\tau \quad (1\text{-}60)$$

式中，E_H为孤立氢原子基态时的能量；$1/R$为核间排斥能。当H_2^+是稳定分子时，库仑积分接近氢原子能量，即$J\approx1$。

② 交换积分H_{AB}

$$H_{AB}=\int\phi_A\hat{H}\phi_B\mathrm{d}\tau=E_HS_{AB}+\frac{S_{AB}}{R}-\int\phi_A\frac{1}{r_a}\phi_B\mathrm{d}\tau=E_HS_{AB}+K \quad (1\text{-}61)$$

交换积分表明当电子同时属于两个或两个以上轨道时（对于H_2^+体系，电子同属于ϕ_A和ϕ_B），比它只属于单一轨道具有更低的能量。这个能量来源于共振，因此称为交换积分，通常用β表示。

③ 重叠积分S_{AB}，又称为S积分。它反映了两个原子轨道在空间的重叠程度，与核间距R有关。当$R=0$时，$S_{AB}=1$；当$R=\infty$时，$S_{AB}=0$。

1.6.2.2 H_2^+能量曲线和分子轨道能级

由能量曲线图1-13可见，E_1随R的变化有一个最低点，它从能量的角度说明了H_2^+可稳定地存在。但计算所得的E_1曲线的最低点为170.8kJ / mol，$R=132$pm，与实验测定的平衡解离能$D_e=269.0$kJ / mol，$R=106$pm还有较大差距。E_2随着R的增加单调下降，当R趋于无穷时，E_2能量为0，即为$H+H^+$的能量。

ψ_1的能量比1s轨道的能量低，当电子从氢原子的1s轨道进入ψ_1时，体系能量降低，ψ_1为成键轨道。相反，电子进入ψ_2时，能量比原来氢原子和氢离子的能量高，ψ_2为反键轨道。

H_2^+的分子轨道能级图见图1-14。

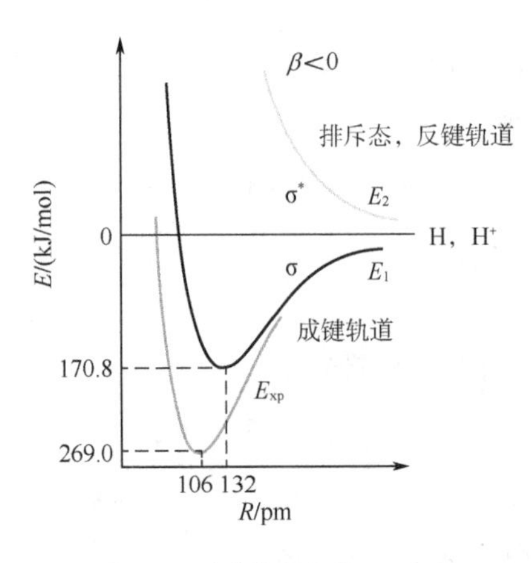

图1-13 H_2^+的能量曲线

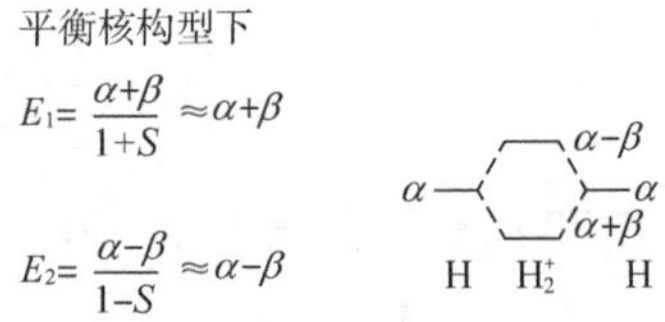

平衡核构型下

$$E_1=\frac{\alpha+\beta}{1+S}\approx\alpha+\beta$$

$$E_2=\frac{\alpha-\beta}{1-S}\approx\alpha-\beta$$

α　α−β　α　α+β

H　H_2^+　H

图1-14 H_2^+的分子轨道能级图

当原子互相接近时，它们的原子轨道（而不是电子云）有正有负，按照波的规律叠加，有的加强有的削弱。同号叠加组成成键分子轨道。当电子进入成键轨道后，体系能量降低，形成稳定的分子，此时原子间形成共价键。

由计算结果可知，只选取氢原子基态（1s）作尝试函数得到的分子轨道不能定量说明H_2^+的成键，但随着尝试函数的改进（如加入两个氢原子的2s和2p轨道或更多、或考虑收缩效应和极化效应而增加参数），可以得到与薛定谔方程精确求解接近乃至一致的结果。

1.6.3 分子轨道理论要点

1.6.3.1 分子轨道的概念

分子轨道理论的出发点是单电子近似：将分子中每一个电子的运动看作是在各原子核和其余电子的平均势场中运动。单电子的运动状态可用单电子波函数ϕ_i来描述（ϕ_i仅是电子i坐标的函数），这种分子中单电子的空间波函数称为分子轨道（molecular orbital，MO）。$\phi_i^*\phi_i$为电子i在空间分布的概率密度。当把其他电子和形成的势场当作平均场处理时，势能函数只与电子本身的坐标有关，分子中第i个电子的哈密顿算符$\hat{H}_i$可单独分离出来，ϕ_i服从$\hat{H}_i\psi_i=E_i\psi_i$，解此方程可得到一系列分子轨道$\phi_1$，$\phi_2$，…，$\phi_n$，以及它们所对应的能量$E_1$，$E_2$，…，$E_n$。

$$\hat{H}_i=-\frac{1}{2}\sum_{i=1}^{n}\nabla_i^2-\sum_{l=1}^{m}\sum_{i=1}^{n}\frac{Z_l}{r_{li}}+\sum_{\substack{i=1\\i>j}}^{n}\sum_{j=1}^{n}\frac{1}{r_{ij}}+\sum_{\substack{k=1\\k>l}}^{m}\sum_{l=1}^{m}\frac{Z_kZ_l}{R_{kl}} \tag{1-62}$$

分子中的电子根据泡利原理、能量最低原理和洪特规则增填在这些分子轨道上。泡利原理指在同一原子或分子轨道上，最多只能容纳两个电子，这两个电子的自旋状态必须相反。或者说两个自旋相同的电子不能占据同一轨道。能量最低原理是指在不违背泡利原理的条件下，电子优先占据能级较低的轨道，使整个体系能量最低。洪特规则指在能级高低相等的轨道上，电子尽可能分占不同的轨道，且自旋平行。

分子的波函数ψ为各个单电子波函数的乘积，分子总能量为各个电子所处的分子轨道的分子轨道能之和。

1.6.3.2 分子轨道的形成

分子轨道可以由组成分子的各原子的原子轨道线性组合得到，如式（1-63）所示，这种方法称为分子轨道法（LCAO-MO）。这些原子轨道线性组合为分子轨道时，轨道数目守恒，轨道能级改变。

$$\psi_j = c_{j1}\phi_1 + c_{j2}\phi_2 + L + c_{jn}\phi_n = \sum_{i=1}^{n} c_{ji}\phi_i \tag{1-63}$$

并非所有原子轨道都可以有效地组成分子轨道，只有符合能量相近、最大重叠和对称性匹配 3 个原则（成键三原则）时才能有效地形成分子轨道。

原子轨道能量相近时，能够有效地组成分子轨道；能量差越大，组成分子轨道的成键能力越小。用变分法处理异核双原子分子得到久期行列式，如下

$$\begin{vmatrix} H_{AA}-E & H_{AB}-ES_{AB} \\ H_{AB}-ES_{AB} & H_{BB}-E \end{vmatrix} = 0 \rightarrow \text{忽略}S_{AB} \rightarrow \begin{vmatrix} H_{AA}-E & H_{AB} \\ H_{AB} & H_{BB}-E \end{vmatrix} = 0$$

解得

$$E_1 = H_{BB} - \frac{1}{2}\left[\sqrt{(H_{AA}-H_{BB})^2 + 4H_{AB}^2} - |H_{AA}-H_{BB}|\right] = \alpha_B - h \tag{1-64}$$

$$E_2 = H_{AA} + \frac{1}{2}\left[\sqrt{(H_{AA}-H_{BB})^2 + 4H_{AB}^2} - |H_{AA}-H_{BB}|\right] = \alpha_A + h \tag{1-65}$$

因为$h>0$，能级高低关系是$E_1<\alpha_B<\alpha_A<E_2$（设$\alpha_A>\alpha_B$），$E_1$是成键轨道能级，$E_2$是反键轨道能级。如图1-15 所示，当原子轨道能量相近，即$\alpha_A-\alpha_B$越小、h越大时，体系能量越低。

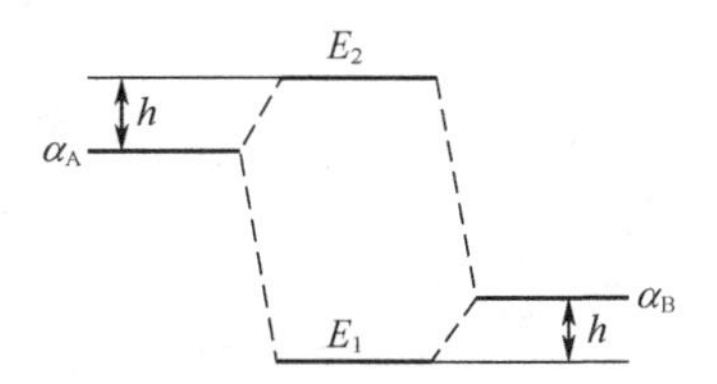

图1-15 不同能级的原子轨道组成分子轨道时的能级高低关系

轨道最大重叠条件就是使β［式（1-38）］增大，β越大越有利于有效形成化学键，重叠程度与核间距和接近方向有关。成键时体系能量降低较多，给了两个轨道重叠方向一定的限制，这也是共价键具有方向性的根源。

对称性匹配是指两个原子轨道重叠时，重叠区域的两个波函数位相相同，即有相同的符号，以保证β不为 0，要求两原子轨道沿着键轴方向必须具有相同的对称类型。图1-16（a）给出了几个满足对称性条件，有效组成能级低的分子轨道情况。图 1-16（b）给出了几个不全满足位相对称性匹配条件的分子轨道情况。若重叠区一半是正正叠加，另一半是正负叠加，能量降低和升高的效果相抵消，只形成非键分子轨道。若两个符号相反的轨道进行叠加，则形成反键分子轨道。

在成键三原则中，对称性匹配条件是首要的。对称性匹配与否决定着原子轨道是否能形成分子轨道，即决定相关原子轨道系数是否为零。能量相近和最大重叠条件决定着原子轨道的线性组合是否有效，即决定相关原子轨道系数的大小，进而决定各原子轨道对分子轨道的贡献。

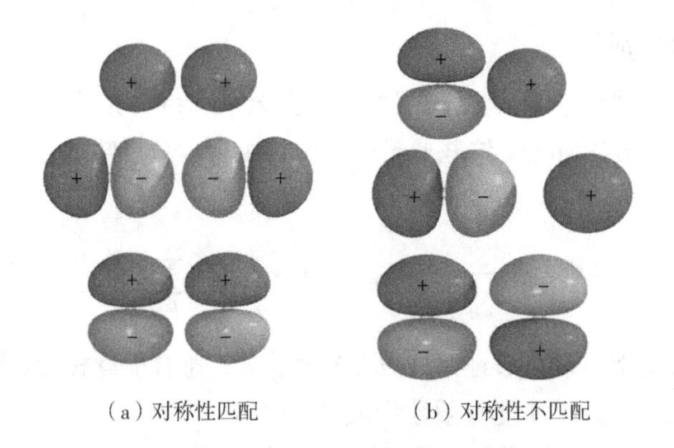

图1-16 轨道重叠时的对称性条件

1.6.3.3 分子轨道的类型和能级

(1) σ 轨道和 σ 键

原子轨道以头顶头方式成键的为 σ 轨道，轨道的分布沿键轴是圆柱形对称的，任意转动键轴，分子轨道的符号和大小都不改变。由 1s 原子组成的成键轨道可用 σ_{1s} 表示，也可以根据关于键轴中点的对称性（g 表示中心对称，u 表示反中心对称）表示为 σ_g；反键轨道表示为 σ_{1s}^* 或者 σ_u。2s 原子形成的成键 σ轨道可表示为 σ_{2s}，反键 σ 轨道可表示为 σ_{2s}^*。除了 s 轨道可以组成 σ 轨道外，p 轨道和 p 轨道、p 轨道和 s 轨道也可以组成 σ 轨道（如图1-17 所示）。

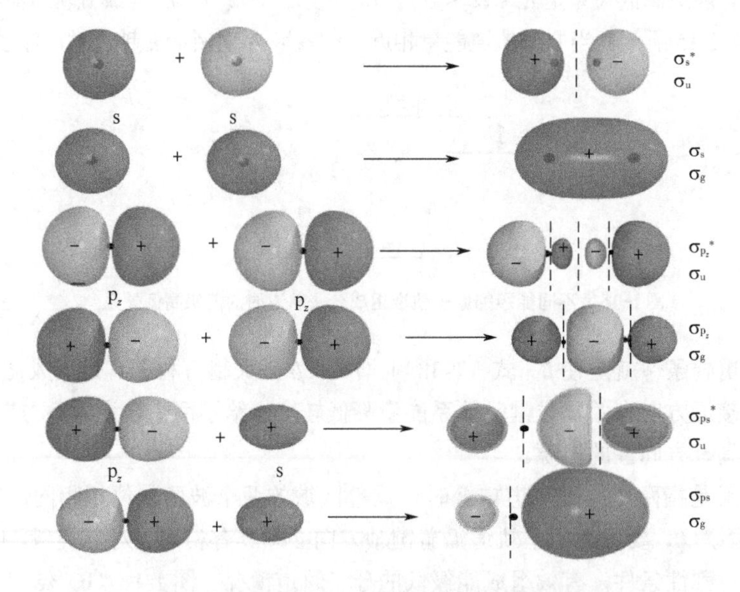

图1-17 由s轨道和p轨道组成的σ轨道示意图

(2) π 轨道和 π 键

原子轨道以肩并肩方式成键的为 π 轨道（图1-18）。当相同符号轨道叠加时，通过键轴有一个节面，在键轴两侧电子云密度比较密集。这个分子轨道的能级较相应的原子轨道低，为成键轨道，以 π_u 表示。当两轨道相反叠加时，不仅通过键轴有一个节面，在垂直于键轴方向还有一个节面，两核之间波函数互相抵消，为反键轨道，以 π_g 表示。

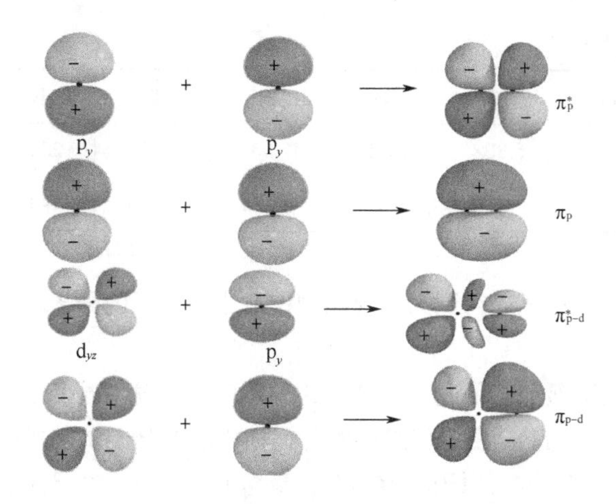

图1-18　由p轨道和d轨道组成的π轨道示意图

（3）δ 轨道和 δ 键

原子轨道以面对面方式成键的为 δ 轨道（图1-19）。δ 轨道不能由 s 轨道或 p 轨道组成，它们有两个包含键轴的节面。2 个 d_{xy} 或 $d_{x^2-y^2}$ 轨道重叠可形成 δ_g 和 δ_u 轨道。

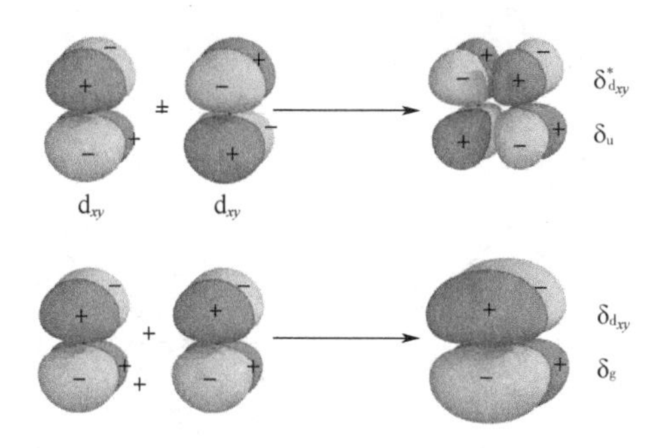

图1-19　由2个d_{xy}轨道组成的 δ 轨道示意图

1.6.3.4　双原子分子结构

（1）同核双原子分子结构

分子轨道的能级由下面两个因素决定：一是构成分子轨道的原子轨道的类型；二是原子轨道的重叠情况。从原子轨道能级上看，在同核双原子分子中，能级最低的是由 1s 原子轨道组合成的 σ_{1s} 和 σ_{1s}^* 分子轨道，其次是 2s 原子轨道组成的 σ_{2s} 和 σ_{2s}^* 分子轨道，再次是由 2p 原子轨道组合成的三对分子轨道。从轨道重叠情况考虑，在核间距离不是相当小的情况下，一般两个 2s 轨道和两个 $2p_z$ 轨道之间的重叠比两个 $2p_x$ 或两个 $2p_y$ 轨道之间的重叠要大，形成的 σ 键的轨道重叠比形成的 π 键的轨道重叠要大，因此成键和反键 π 轨道间的能级间隔比成键和反键 σ 轨道间的能级间隔小。

表1-3　各原子轨道上电子的电离能　　单位：eV

原子	H	He	Li	Be	B	C	N	O	F
1s	13.6	24.59	58	115	192	288	403	538	694

续表

原子	H	He	Li	Be	B	C	N	O	F
2s			5.392	9.322	12.93	16.59	20.33	28.48	37.85
2p					8.298	11.26	14.53	13.62	17.42

根据以上和表 1-3 的分析，得到第二周期同核双原子分子的分子轨道能级顺序，如图 1-20 所示。

但因为 s-p 混杂使能级的高低发生改变，这种顺序也会发生改变。当价层 2s 和 2p 原子轨道能级接近时（如 B、C、N)，由它们组成的对称性相同的分子轨道能进一步相互作用，混杂在一起组成新的分子轨道，这与原子轨道的杂化概念并不相同。由于各个分子轨道已经不单纯是相应原子轨道的叠加，不能再用 σ_{1s} 和 σ_{1s}^* 等符号表示，而是改用 $1\sigma_g$、$1\sigma_u$ 等符号表示。图 1-21 给出了 s-p 混杂对同核双原子分子分子轨道的影响，分子轨道的能级顺序为

$$1\sigma_g < 1\sigma_u < 2\sigma_g < 2\sigma_u < 1\pi_u(\text{两个}) < 3\sigma_g < 1\pi_g(\text{两个}) < 3\sigma_u$$

同时分子轨道的轮廓形状也发生了明显的改变，轨道的性质也发生了改变。

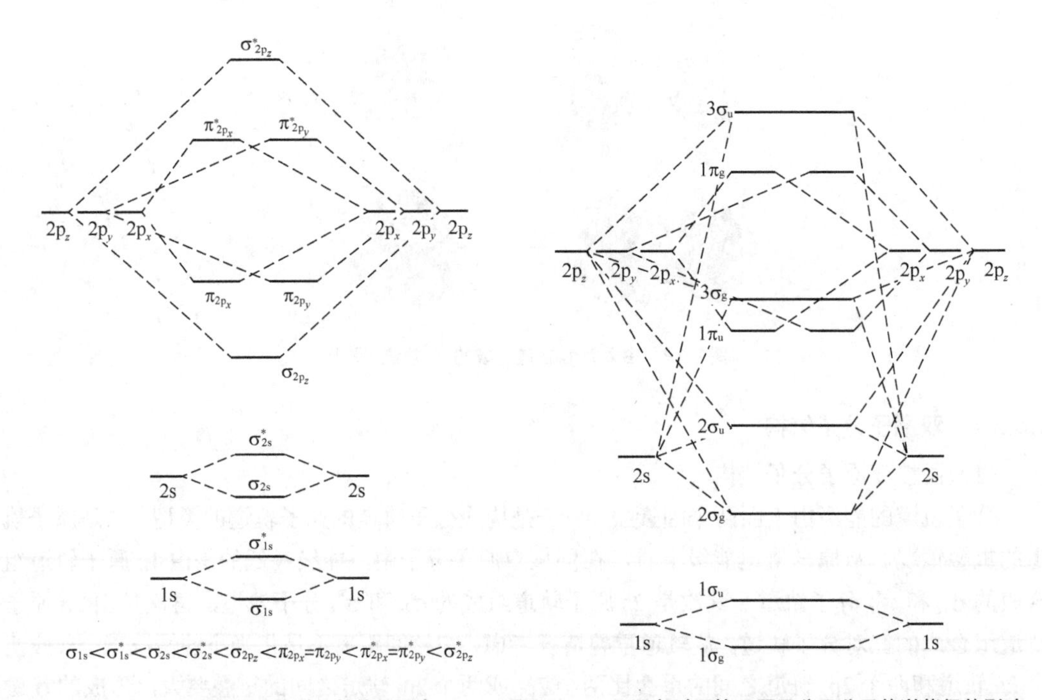

图 1-20 双原子分子轨道一般能级顺序

图 1-21 s-p 混杂对同核双原子分子分子轨道能级的影响

根据表 1-3 中元素价轨道能级高低数据，N、C、B 等元素，其 2s 和 2p 轨道能级差较小，s-p 混杂显著，出现能级高低变化，如图 1-21 所示。而 F、O 等元素的 2s 和 2p 轨道能级差值较大，s-p 混杂少，不改变原有的分子轨道能级顺序，如图 1-20 所示。根据分子轨道能级次序，再按照泡利原理、能量最低原理和洪特规则就可以排出分子在基态下的电子组态。

下面举例给出几种同核双原子分子的电子结构。

在此之前先引入键级的概念，以表达键的强弱。对定域键：键级 = 1 / 2（成键电子数−反键电子数）。

[例 1−2] 试写出 N_2 分子的电子结构。

N_2 的电子组态为

$$1\sigma_g^2 1\sigma_u^2 2\sigma_g^2 2\sigma_u^2 1\pi_u^4 3\sigma_g^2$$

N_2 分子轨道能级示意图见图 1-22。

N_2 的三重键为 1 个 σ 键$[2\sigma_g^2]$、2 个 π 键$[1\pi_u^4]$，键级为 3。而$[2\sigma_u^2]$和$[3\sigma_g^2]$分别具有弱反键和弱成键性质，实际上成为参加成键作用很小的两对孤对电子。所以 N_2 的键长特别短，只有 109.8pm；键能特别大，达到 942 kJ / mol。

[例 1−3] 试写出 F_2 分子的电子结构。

F_2 的电子组态为

$$\sigma_{1s}^2\sigma_{1s}^{*2}\sigma_{2s}^2\sigma_{2s}^{*2}\sigma_{2p_z}^2\pi_{2p_x}^2\pi_{2p_y}^2\pi_{2p_x}^{*2}\pi_{2p_y}^{*2}$$

F_2 分子轨道能级示意图见图 1-23。

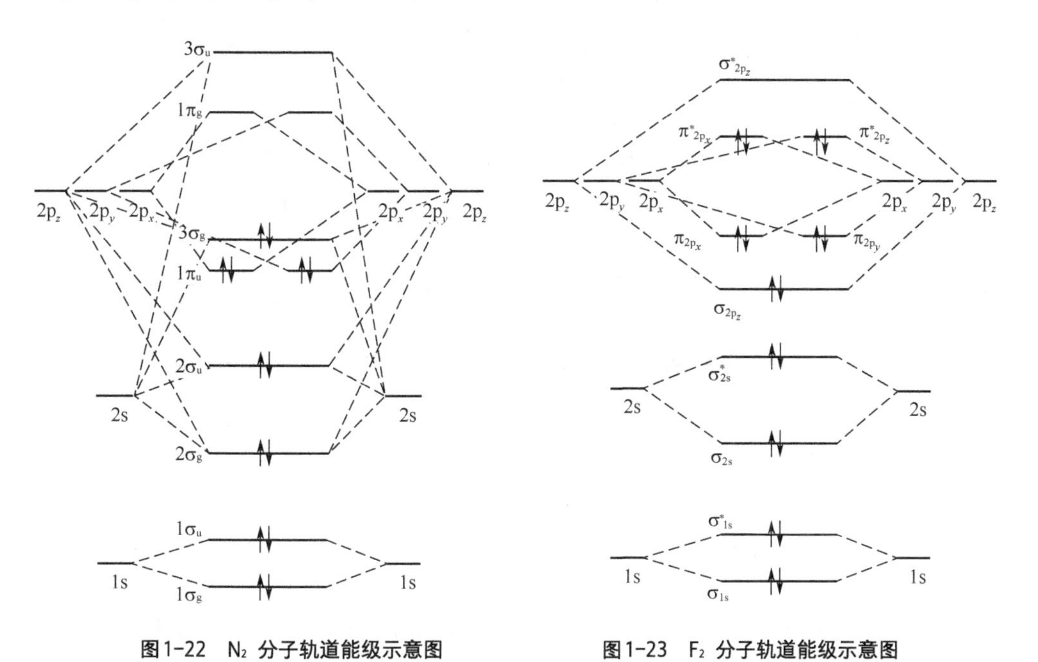

图 1−22　N_2 分子轨道能级示意图　　　　图 1−23　F_2 分子轨道能级示意图

除了 $(2\sigma_{2p_z}^2)$ 形成共价单键外，还有 3 对成键电子和 3 对反键电子，它们互相抵消不能有效成键，相当于每一个 F 提供 3 对孤对电子。键级为 1。

[例 1−4] 试写出 O_2 分子的电子结构。

O_2 的电子组态为

$$\sigma_{1s}^2\sigma_{1s}^{*2}\sigma_{2s}^2\sigma_{2s}^{*2}\sigma_{2p_z}^2\pi_{2p_x}^2\pi_{2p_y}^2\pi_{2p_x}^{*}\pi_{2p_y}^{*}$$

O_2分子轨道能级示意图见图1-24。

按照洪特规则，两个电子应该分占两个轨道且自旋平行。键级为2，相当于生成一个σ键和2个三电子π键，每个三电子π键只相当于半个键。尽管该键级与传统的价键理论的结论一致，但分子轨道理论圆满地解释了O_2分子的顺磁性。

（2）异核双原子分子结构

异核双原子分子虽然不可以像同核双原子分子那样利用相同的原子轨道进行组合，但是组成分子轨道的条件仍然必须满足。异核原子内层电子能级高低可以相差很大，但是外层电子的能级高低总是接近的。异核原子可利用最外层轨道组合成分子轨道。

下面给出几种异核双原子分子的电子结构。

[例1-5] 试写出CO分子的电子结构。

CO的电子组态为

$$1\sigma^2 2\sigma^2 3\sigma^2 4\sigma^2 1\pi^4 5\sigma^2$$

CO分子轨道能级示意图见图1-25。

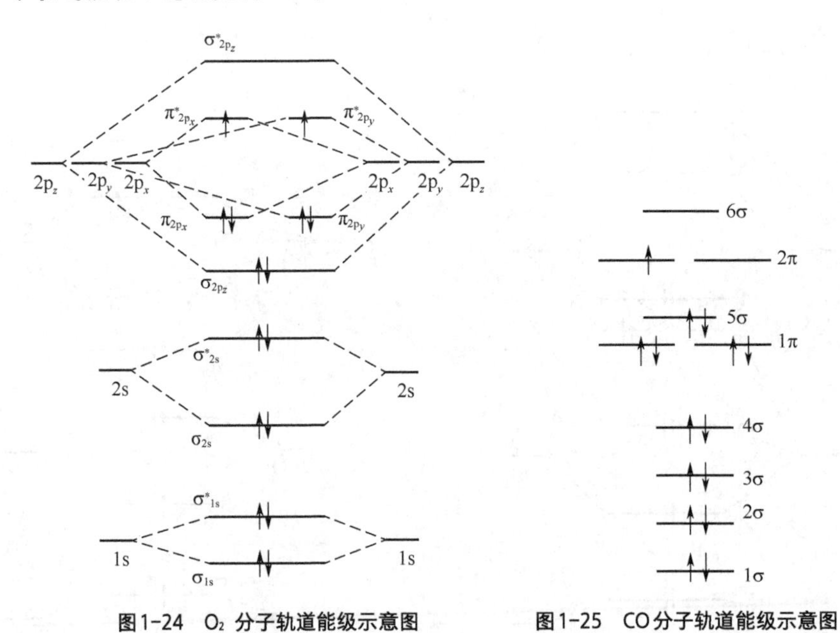

图1-24　O_2 分子轨道能级示意图　　图1-25　CO分子轨道能级示意图

键级为2.5。CO和N_2是等电子分子，它们在电子排布上大致相同，和N_2的差别在于氧原子提供给分子轨道的电子比碳原子的多2个。氧原子的电负性比碳原子高，但在CO分子中由于氧原子单方面向碳原子提供电子，抵消了碳原子和氧原子由电负性差异引起的极性。

所以CO分子偶极矩较小，$\mu = 0.37 \times 10^{-30} C \cdot m$，而且氧原子端显正电性，碳原子端显负电性，在羰基配合物中羰基中的碳原子与金属原子结合，表示出很强的配位能力。

[例1-6] 试写出HF分子的电子结构。

HF的电子组态为

$$1\sigma^2 2\sigma^2 3\sigma^2 1\pi^4$$

HF 分子轨道能级示意图见图1-26。

根据能级接近和对称性匹配的原则，由表 1-3 可知，氢原子的 1s 轨道（−13.6eV）和氟原子的 $2p_z$ 轨道（−17.42eV）形成 σ 轨道。1π 是非键轨道，故键级为 1，在氟原子周围有 3 对孤对电子。由于氟原子电负性比氢原子大，电子云偏向氟，形成极性共价键，$\mu = 6.60 \times 10^{-30} C \cdot m$。由 HF 分子结构可以看出对异核双原子分子的成键分子轨道，电负性高的原子贡献得多；而反键分子轨道，电负性小的原子贡献得多。

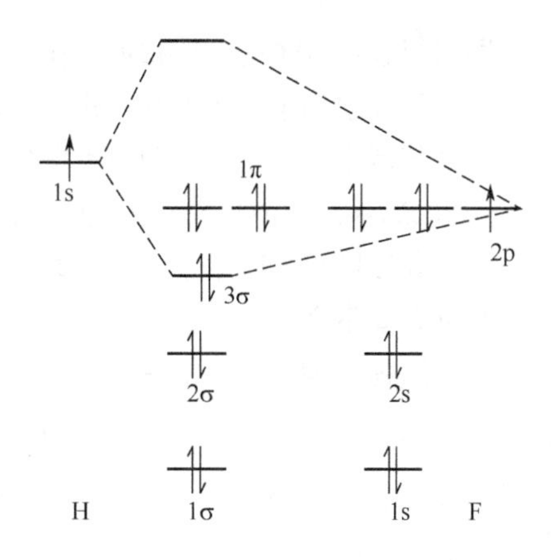

图1-26 HF分子轨道能级示意图

1.6.4 休克尔分子轨道法

1931 年，休克尔（Hückel）提出了一个处理共轭 π 电子体系的分子轨道理论，简称 HMO。HMO 法的第一个近似是认为分子中各个电子的运动是彼此独立的，分子的总体波函数 ψ 是单电子波函数的乘积

$$\psi = \psi_1 \psi_2 \cdots \psi_k \tag{1-66}$$

而分子的总能量 E 则是各单电子能量之和

$$E = E_1 + E_2 + \cdots + E_k \tag{1-67}$$

式中，k 表示分子中的电子数。

HMO 法的第二个近似认为，分子中各单电子波函数（即分子轨道）是原子中各单电子波函数（即原子轨道）的线性组合

$$\psi = a_1\phi_1 + a_2\phi_2 + \cdots + a_n\phi_n \tag{1-68}$$

式中，ϕ_1，ϕ_2，…，ϕ_n 表示原子轨道。

分子轨道和原子轨道一样，也是相应的单电子哈密顿算符 $\hat{H}$ 的本征函数

$$\hat{H}\psi = E\psi$$

分子轨道的哈密顿算符比较复杂，在 HMO 法中，并不考虑如何求解这个哈密顿算符的本征方程，而是以原子轨道的线性组合作为尝试波函数，用线性变分法来求得近似的分子轨道波函数。

按照线性变分法，E_1，E_2，…，E_k 是单电子能量的可能取值，ψ_1，ψ_2，…，ψ_k 表示分子轨道。根据泡利原理，每个轨道最多只能容纳两个自旋相反的电子。又根据能量最低原则，当分子处于基态时，电子总是尽可能地占据最低能级轨道。这样，可以画出一个能级图（图1-27），将电子填入能级，分子中各个电子的能量也就确定了。用这样的能级

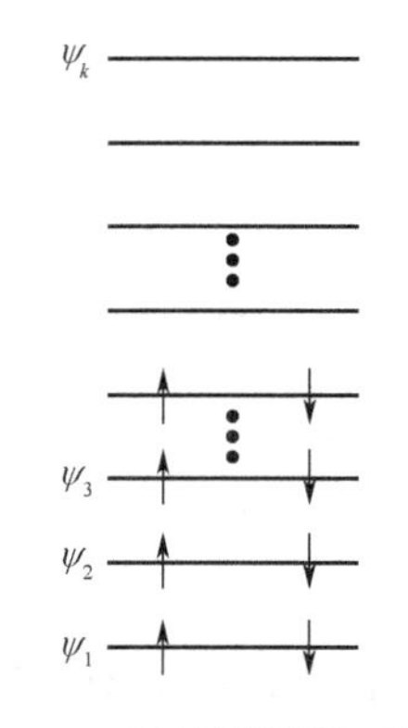

图1-27 分子轨道能级示意图

图可以解释分子的一些物理、化学性质。

休克尔为了使久期行列式简化，采取了更进一步的近似假定，这些近似包括：①假定分子中任何两个原子轨道之间都不发生重叠，即若 $m \neq n$，则 $S_{mn}=0$。由于原子轨道是归一化的，所以 $S_{nn}=1$。②对于分子中的所有碳原子，H_{nn} 都当作是一个常数，用 α 表示，称为库仑积分。③如果两个碳原子 m 和 n 之间相互成键，则 H_{mn} 是常数，用交换积分 β 表示。④若原子 m 和 n 之间不直接键合，则 $H_{mn}=0$。

这样久期行列式就被简化为

$$\begin{vmatrix} (\alpha-E) & \beta_{12} & \beta_{13} & \cdots & \beta_{1k} \\ \beta_{21} & (\alpha-E) & \beta_{23} & \cdots & \beta_{2k} \\ \vdots & \vdots & \vdots & \ddots & \vdots \\ \beta_{k1} & \beta_{k2} & \beta_{k3} & \cdots & (\alpha-E) \end{vmatrix}=0 \tag{1-69}$$

式中，当 m 与 n 两个原子彼此成键时，$\beta_{mn}=\beta$，否则 $\beta_{mn}=0$。由于引进了许多近似假定，因此计算 α 和 β 的值并没有多大意义。通常把它们看作是实验确定的参数，无需认真计算。为了使久期行列式更为简化，通常令

$$x=\frac{\alpha-E}{\beta}$$

对于一个直链分子，久期行列式可简化为

$$\begin{vmatrix} x & 1 & 0 & \cdots & 0 \\ 1 & x & 1 & \cdots & 0 \\ \vdots & \vdots & \vdots & \ddots & \vdots \\ 0 & 0 & 0 & \cdots & x \end{vmatrix}=0$$

下面列举几个计算实例。

[例 1–7] 试画出乙烯的 π 电子能级图。

假定基于碳原子 sp^2 杂化轨道的 σ 键的骨架已经确立了，对于 π 电子，有

$$\psi=a_1\phi_1+a_2\phi_2$$

根据乙烯分子结构中的碳链形式，久期方程式可以写为

$$\begin{vmatrix} x & 1 \\ 1 & x \end{vmatrix}=0$$

由此可以解出 $x=1$，即 $a_1=-a_2$。进一步根据归一化条件得出 $a_1=\frac{1}{\sqrt{2}}$，$a_2=-\frac{1}{\sqrt{2}}$，即能量为 $\alpha-\beta$ 的分子轨道波函数为

$$\psi=\frac{1}{\sqrt{2}}(\phi_1-\phi_2)$$

能量为 $\alpha+\beta$ 的分子轨道波函数为

$$\psi=\frac{1}{\sqrt{2}}(\phi_1+\phi_2)$$

由此得到π电子的能级图为

$$E=\alpha-\beta \text{ ———————— } \psi=\frac{1}{\sqrt{2}}(\phi_1-\phi_2)$$

$$E=\alpha \text{ - - - - - - - - - - - - - - - - - - - }$$

$$E=\alpha+\beta \text{ ————}\downarrow\uparrow\text{———— } \psi=\frac{1}{\sqrt{2}}(\phi_1+\phi_2)$$

[例1-8] 试画出丁二烯的π电子能级图。

为了简单起见，假定所有的C—C键都是等长的，每个碳原子有一个未杂化的$2p_z$轨道，它们组成分子轨道

$$\psi=a_1\phi_1+a_2\phi_2+a_3\phi_3+a_4\phi_4$$

通过久期行列式

$$\begin{vmatrix} x & 1 & 0 & 0 \\ 1 & x & 1 & 0 \\ 0 & 1 & x & 1 \\ 0 & 0 & 1 & x \end{vmatrix}=0$$

计算得$x=\pm1.618$，±0.618。

则四个能级的能量分别为

$$E_1=\alpha+1.618\beta$$
$$E_2=\alpha+0.618\beta$$
$$E_3=\alpha-0.618\beta$$
$$E_4=\alpha-1.618\beta$$

通过久期行列式和归一化条件，计算出相应原子轨道前面系数$a_1\sim a_4$，结果见表1-4。

表1-4　丁二烯原子轨道系数表

x	a_1	a_2	a_3	a_4
−1.618	0.3717	0.6015	0.6015	0.3717
−0.618	0.6015	0.3717	−0.3717	−0.6015
0.618	0.6015	−0.3717	−0.3717	0.6015
1.618	0.3717	−0.6015	0.6015	−0.3717

由此，可以画出丁二烯的四个π分子轨道的图形，图中轨道的大小与它们相应的系数的绝对值成比例，符号与系数的符号一致，见图1-28。

从图1-28中可以看出，这四个分子轨道的节面数依次增多，节面越多的轨道，能量越高。当分子处于基态时，四个电子占据成键轨道ψ_1和ψ_2。由此可计算丁二烯分子中大π键的键能为

$$4\alpha-(2E_1+2E_2)=-4.472\beta$$

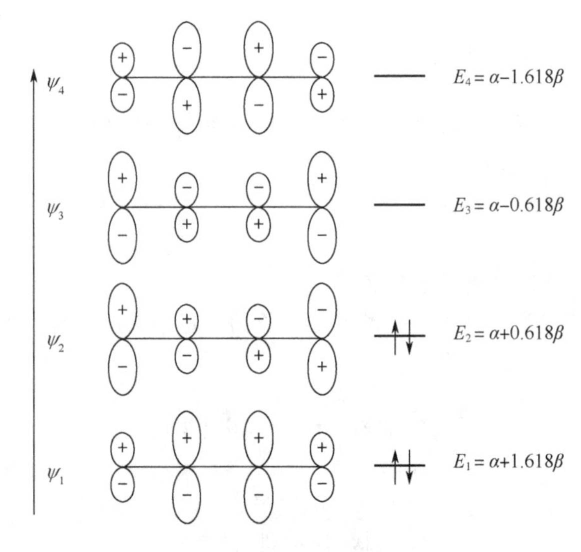

图1-28　丁二烯的轨道能级图

当把丁二烯的 π 键看成两个类似乙烯的 π 键时，键能为-4β，可见由于大 π 键的形成，产生了额外的稳定化能量-0.472β，这种能量称为共轭能或非定域能，它是由电子的运动区域扩大而引起的能量降低。就 π 电子整体而言，丁二烯的热稳定性要比乙烯好，但就个别电子而言，丁二烯大 π 键中有 2 个电子的能量要比乙烯的高，也就是比较活泼，所以丁二烯的加成反应活性和 π 的络合活性都比乙烯强。

1.6.5　前线轨道理论

分子轨道的对称性对化学反应进行的难易程度及产物的构型和构象有决定性作用。对反应机理的探讨主要有福井谦一提出的前线轨道理论以及伍德沃德（Woodward）和霍夫曼（Hoffmann）提出的分子轨道对称守恒原理。这些理论以大量实验为基础，抓住分子轨道对称性的关键，探讨基元反应的条件和方式，使人们对反应机理和化学反应动力学的认识深入到微观结构领域，进而可以通过控制反应条件使化学反应沿着预期的途径进行，合成具有特定立体构型的产品。

化学反应的实质有两个方面：① 分子轨道在化学反应过程中进行改组，改组时涉及分子轨道对称性；② 电荷分布在化学反应过程中发生改变，电子发生转移，转移时一般削弱原子原有的化学键、加强新的化学键，使产物分子结构稳定，而电子由电负性低的原子向电负性高的原子转移比较容易。

化学反应的可能性和限度由化学势决定，反应沿着化学势降低的方向进行，直至化学势相等达到平衡状态。化学反应的速度取决于活化能的高低。活化能高，反应不易进行，反应速率慢；活化能低，反应容易进行，反应速率快。化学反应的条件主要指影响化学反应的外界条件。加热反应，体系受到热辐射的影响，由于热辐射光子能量小，反应物分子不激发，一般在基态条件下进行。光照反应，光子能量大，反应物常受激发而处于激发态。

前线轨道理论是指分子在进行化学反应时，分子轨道发生相互作用，其中前线轨道（frontier orbital）起决定性作用，反应能否进行、反应的条件和方式取决于前线轨道的对称性是否匹配。

即分子轨道对称性对化学反应进行的难易程度及产物的构型有决定性作用。

前线轨道理论的主要内容包括：

① 对分子间反应起决定性作用的是前线轨道间的相互作用，电子在反应分子间由最高占据分子轨道（highest occupied molecular orbital，HOMO）转移到另一个分子的最低未占分子轨道（lowest unoccupied molecular orbital，LUMO）。对分子内反应，可把分子分为两部分，一部分 HOMO 与另一部分 LUMO 相互作用，两部分界面应横跨新键形成处。若轨道只有一个电子占据，则称作单占据分子轨道（single occupied molecular orbital，SOMO），它既可当 HOMO，也可当 LUMO。

② 为使 HOMO 与 LUMO 相互作用最大，这两个轨道应满足对称性匹配的条件和能量近似的条件，这样才能形成最大的重叠以达到新的分子轨道形成时能量最大程度地降低，相互作用的 HOMO 和 LUMO 的能量差应在 6eV 以内。HOMO 与 LUMO 发生叠加，电子从一个分子的 HOMO 转移到另一个分子的 LUMO，电子转移的方向由电负性判断应该合理，电子的转移要和旧键的削弱相一致。

③ 若反应过程中 HOMO 和 LUMO 均为成键轨道，则 HOMO 必对应于键的开裂，LUMO 必对应于键的形成；反之，若 HOMO 与 LUMO 均为反键轨道，则 HOMO 必对应于键的形成，LUMO 必对应于键的开裂。

下面给出几个分子反应实例，并用前线轨道理论分析。

[例 1-9] 以丁二烯为例，分析直链多烯电环合反应的立体选择性。

如图 1-29 所示，丁二烯电环合反应在加热条件下得到顺旋异构体，而在光照激发下得到对旋异构体。在加热条件下，丁二烯处于基态，HOMO 轨道是 ϕ_2（图 1-30），顺旋时 π 分子轨道在旋转过程中转化成 σ 轨道，这两个 σ 轨道位相相同，互相重叠成键，而对旋时位相相反难以成键。在光照条件下，有一个电子被激发到轨道 ϕ_3。此时 SOMO 即为 HOMO，顺旋时两个轨道位相相反难以形成新键，而对旋时位相相同可以形成新键。以上电环合反应分析简化了前线轨道理论中分子内部分 HOMO 与部分 LUMO 的相互作用，侧重从轨道的对称性方面对问题进行解释。

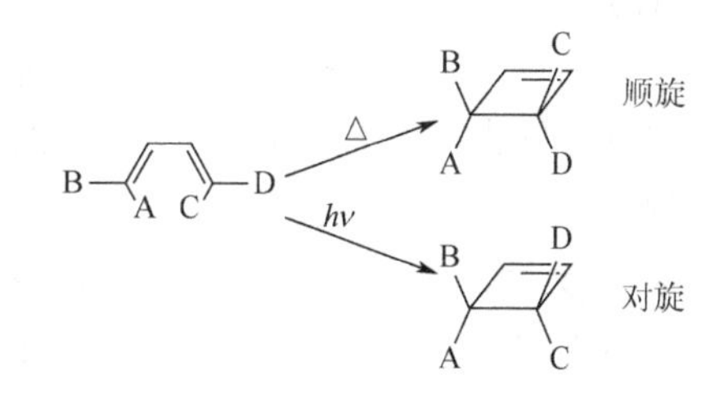

图 1-29 丁二烯的电环合反应

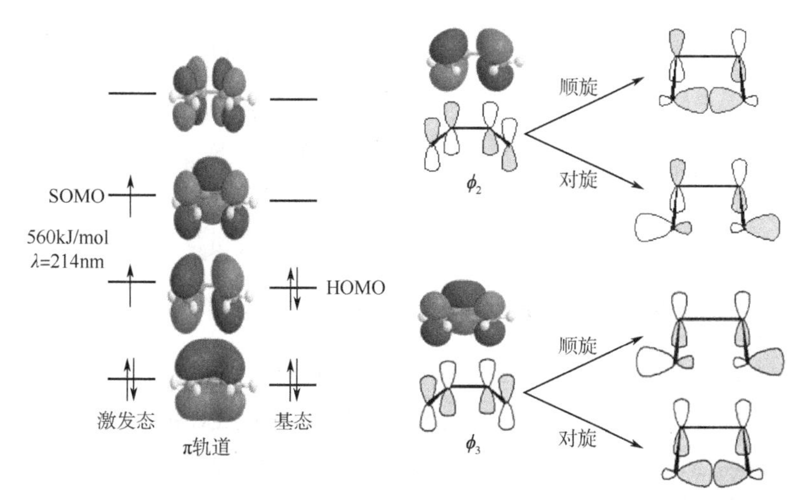

图 1-30 （基态 / 激发态）丁二烯分子轨道能级图和在不同条件下的环合分子轨道示意图

[例1-10] 分析丁二烯和乙烯的环加成反应以及乙烯与乙烯的环加成反应。

丁二烯和乙烯的环加成反应在加热条件下便可以发生。如图1-31所示，无论是丁二烯提供HOMO、乙烯提供LUMO，还是丁二烯提供LUMO、乙烯提供HOMO，轨道的对称性均是匹配的，所以该反应可以在加热条件下容易地进行。而乙烯与乙烯的环加成反应，乙烯分子均处在基态条件下，HOMO和LUMO的对称性是不匹配的，对称性禁阻难以反应，但在光照条件下，激发态的HOMO轨道改变，满足了对称性匹配的要求，可以发生反应（图1-32）。

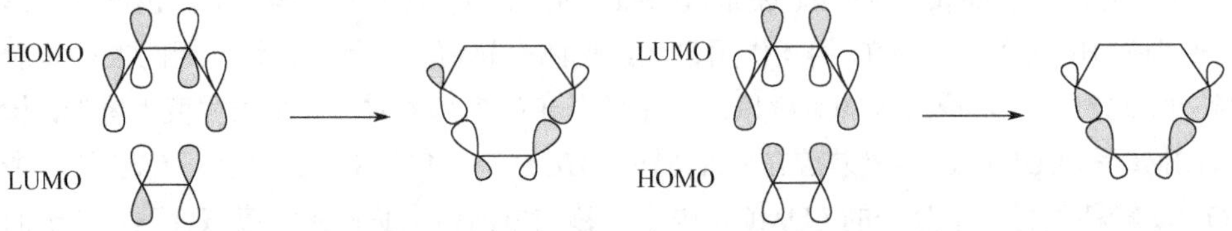

图1-31 加热下丁二烯与乙烯发生环加成反应的轨道示意图

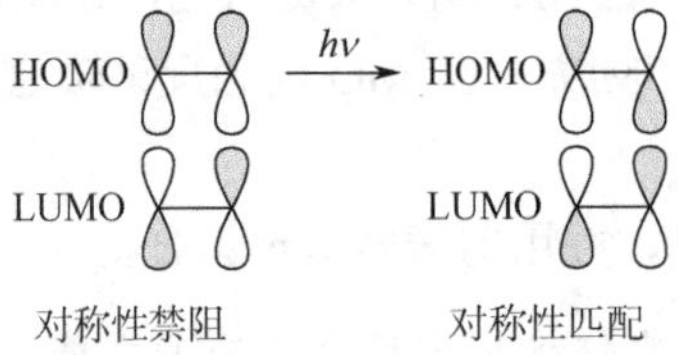

图1-32 光照条件下乙烯与乙烯发生环加成反应的轨道示意图

[例1-11] 氢分子和碘分子生成碘化氢 $H_2 + I_2 \longrightarrow 2HI$ 反应。

早期人们认为氢分子和碘分子是协同反应，两分子相互接近时正好形成2个HI分子。而根据前线轨道理论（图1-33），若氢分子的HOMO是成键 σ_g 分子轨道，碘分子的LUMO是反键 σ_u 分子轨道，当两分子沿着协同反应方向靠近时，对称性是不匹配的。若氢分子的LUMO为 σ_u 反键分子轨道，碘分子的HOMO为 π_g 反键分子轨道时，对称性匹配，但电子流向从碘分子的HOMO流向氢分子的LUMO不合理，同时碘分子的 π_g 反键分子轨道电子减少，键结合更加紧密，不利于形成HI，表明氢分子和碘分子不是协同反应。

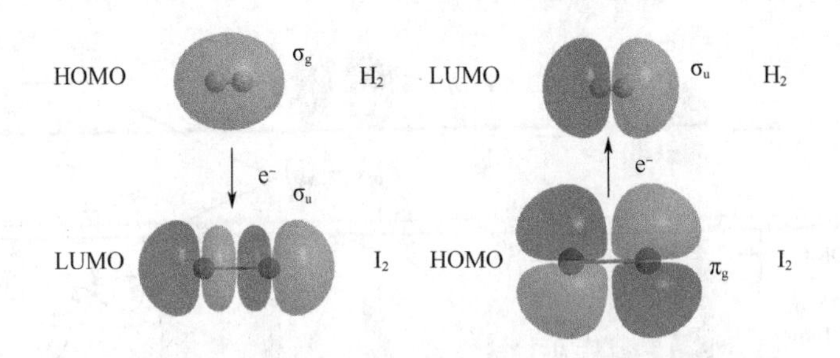

图1-33 氢分子和碘分子生成碘化氢反应分子轨道示意图

最新研究表明，氢分子和碘分子生成碘化氢的反应并非双分子协同反应，也非三分子反应。机理按图1-34进行，电子从氢分子的HOMO向碘原子的LUMO流动，两轨道对称性匹配，相互作用叠加，且电子流向使氢分子的成键电子减少，键容易断裂，从而满足对称性匹配、能量相近、电荷流向合理。

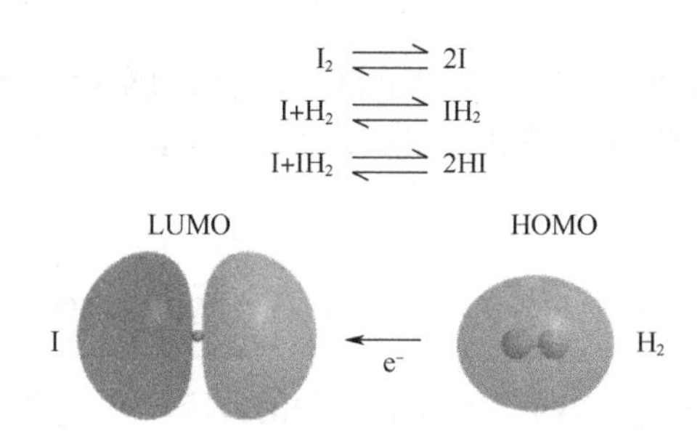

图1-34 氢分子和碘原子生成碘化氢反应分子轨道示意图

1.7 密度泛函理论

在通常的波动力学理论中，用波函数描述体系的性质。随着体系包含的电子数目越来越多，波函数的自变量越来越多，形式也越来越复杂，使精确求解复杂体系的薛定谔方程成为不现实的事。于是，一种以电子密度分布函数为变量的理论应运而生，即密度泛函理论（density functional theory，DFT）。近十年来，DFT 理论在原子、分子和固体的电子结构研究中的应用已取得显著的进展。

在密度泛函理论中，将电子密度作为描述体系状态的基本变量，可追溯到托马斯（Thomas）和费米（Fermi）用简并的非均匀电子气来描述单个原子的多电子结构。直到 1964 年，霍恩伯格（Hohenberg）和科恩（Kohn）提出了两个基本定理，才奠定了密度泛函理论的基石。随后，科恩-沈吕九（Kohn-Sham）方程的提出使密度泛函理论成为实际可行的理论方法。

要建立严格的密度泛函理论，必须明确以下问题：粒子密度是否能决定体系的一切性质？如果粒子密度能决定体系的一切性质，那么如何由粒子密度求得体系性质呢？

Hohenberg-Kohn 定理的核心思想是：体系中的所有物理量都可以通过只包含电子密度的变量来唯一决定，而实现方法是通过变分原理求得体系基态。主要由以下两条子定理构成。

定理 1：处在外部势场 $v_{ext}(r)$的忽略自旋的电子体系，其外势场可通过电子密度唯一决定。定理 1 说明，多粒子体系的基态单粒子密度与其所处的外势场之间有一一对应关系，同时决定了体系的粒子数，从而决定了体系的哈密顿算符，进而决定体系的所有性质。这条定理为密度泛函理论打下坚实的理论基础。

定理 2：对于给定的外势场，系统基态能量即为能量泛函的最小值。于是体系的能量泛函可描述为表示电荷密度的三维函数，即 $E[n(r)]$，这样就解决了解 Schrödinger 方程的高维难求解问题。将密度泛函的最低泛函的电荷密度与 Schrödinger 方程的解波函数的电荷密度搭起了桥梁，所以将其称为密度泛函。

Hohenberg-Kohn 定理提出的能量泛函可以写作如下形式

$$E[\{\psi_i\}] = E_{\text{known}}[\{\psi_i\}] + E_{\text{XC}}[\{\psi_i\}]$$

式中，$E_{\text{known}}[\{\psi_i\}]$为已知的能量泛函；$E_{\text{XC}}[\{\psi_i\}]$为交换关联泛函。其中：

$$E_{\text{known}}[\{\psi_i\}] = -\frac{\hbar^2}{m}\sum_i \psi_i^* \nabla^2 \psi_i \mathrm{d}^3 r + \int V(r)n(r)\mathrm{d}^3 r + \frac{e^2}{2}\iint \frac{n(r)n(r')}{|r-r'|}\mathrm{d}^3 r \mathrm{d}^3 r' + E_{N-N}$$

等号右侧几项依次代表电子的动能、电子和原子核间的库仑作用，以及原子核之间的库仑作用。根据该方程，Kohn 和 Sham 提出了 Kohn-Sham 方程，即对粒子体系内的 N 个电子建立 N 个方程，每个方程都只与一个电子相关。

$$[-\frac{\hbar^2}{m}\nabla^2+V(r)+V_{\mathrm{H}}(r)+V_{\mathrm{XC}}(r)]\psi_i(r)=\varepsilon_i\psi_i(r)$$

其中有三个势能项，$V(r)$ 为电子与原子核之间的势能，$V_{\mathrm{H}}(r)$ 为 Hatree 势能，为电子与其他电子之间的势能，表示为

$$V_{\mathrm{H}}(r)=e^2\int\frac{n(r')}{|r-r'|}\mathrm{d}^3r'$$

V_{XC} 可以看作 $E_{\mathrm{XC}}[\{\psi_i\}]$ 对电荷密度的特殊导数，即

$$V_{\mathrm{XC}}(r)=\frac{\delta E_{\mathrm{XC}}(r)}{\delta n(r)}$$

但是根据以上 Kohn-Sham 方程，如果想解出其中的波函数 ψ 就必须得到 Hatree 势能，而 Hatree 势能也是与波函数相关的函数。求解这样的方程，可以采用自洽的方式，先初始化一个电荷密度 $n(r)$，代入 Kohn-Sham 方程，求解出波函数，再求得电荷密度 $n_{\mathrm{KS}}(r)$。比较 $n(r)$ 和 $n_{\mathrm{KS}}(r)$，若两者等同，则所求波函数即为正解，$n(r)$ 也为真实电荷密度，可用于计算基态能量。若 $n(r)$ 和 $n_{\mathrm{KS}}(r)$ 不同，则可以采取一些方法对初始电荷密度 $n(r)$ 进行优化，直到误差足够小，此过程即为自洽（self-consistent）求解过程。

Kohn-Sham 方程中的前三个能量是可以计算的，然而交换关联势能 V_{XC} 的计算是很困难的。我们不清楚交换关联势能的具体形式，对于均匀电子气，电荷密度在空间上的所有点均为常数，然而实际上这种情况是不存在的。但是在实际运用 Kohn-Sham 方程的时候，可以将每个位置的交换关联势能设定为已知的交换关联势能，而这个已知的交换关联势能是电荷密度的函数，即

$$V_{\mathrm{XC}}(r)=V_{\mathrm{XC}}^{\mathrm{electrongas}}[n(r)]$$

这样的将交换关联势能近似的方法称为局部密度近似（local density approximately，LDA）。LDA 方法简化了 Kohn-Sham 方程的求解，但是解得的波函数并不能求解薛定谔方程，与电子的真实波函数有偏差。同样也存在广义梯度泛函（generalized gradient approximately，GGA）等近似计算交换关联势能的方法，根据不同的物理信息也可以建立不同的泛函。

思考题

1. 为什么微观粒子的运动状态要使用量子力学来描述，而不是用经典力学来描述？
2. 请写出 Na^+、H_2、H_2O 和 C_6H_6 的薛定谔方程算符表达式。
3. 谈谈你对共价键本质的理解。
4. 何为分子轨道？何为原子轨道？
5. 何为成键分子轨道？何为反键分子轨道？
6. 举例说明何为对称性禁阻反应？为什么 $H_2+D_2 \longrightarrow 2HD$ 是对称性禁阻反应？

7. 体系波函数、轨道、电子云密度间有何联系和区别？

8. 请简述 s 轨道、p 轨道和 d 轨道的特征。它们与 sp、sp^2 和 sp^3 杂化轨道的主要区别在哪里？

9. 解释何为电离能，何为电子亲和势？

参考文献

[1] 唐敖庆. 量子化学[M]. 北京：科学出版社，1982.

[2] 徐光宪，徐乐民，王德民. 量子化学——基本原理和从头计算方法[M]. 北京：科学出版社，2009.

[3] 莱纳斯 · 鲍林. 化学键的本质[M]. 上海：上海科学技术出版社，1966.

[4] 艾琳 H，沃尔特 J，金布尔 G E. 量子化学[M]. 石宝林译. 北京：科学出版社，1981.

[5] 周世勋. 量子力学[M]. 上海：上海科学技术出版社，1958.

[6] 刘靖疆. 基础量子化学与应用[M]. 北京：高等教育出版社，2004.

[7] 陈光巨，黄元河. 量子化学[M]. 上海：华东理工大学出版社，2008.

[8] 罗道明，颜肖慈，欧阳礼. 量子化学原理及其应用[M]. 武汉：武汉大学出版社，1999.

[9] 孙家钟，何福城. 定性分子轨道理论[M]. 吉林：吉林大学出版社，1999.

[10] 刘杰. 有机化学学习指导[M]. 北京：化学工业出版社，2018.

[11] 陈念陔，高坡. 量子化学理论基础[M]. 哈尔滨：哈尔滨工业大学出版社，2002.

第2章

光化学原理

2.1 光化学基础

分子有机光化学是研究处于电子激发态的原子、分子的结构及其物理化学性质的科学，按其研究领域可以方便地分为有机光化学（光和有机分子相互作用而引起的化学变化）、无机光化学、高分子光化学、生物光化学、光电化学和光物理（光和有机分子相互作用而引起的物理变化）等门类。现代光化学对电子激发态的研究所建立的新概念、新理论和新方法大大开拓了人们对物质认识的深度和广度，为了解自然界的光合作用和生命过程、对太阳能的利用、环境保护、开创新的反应途径、寻求新的材料提供了重要的基础，在新能源、新材料和信息处理新技术等领域中发挥着越来越重要的作用。国际光化学研究的新动向之一是利用多年来在光化学中的积累解决现在技术发展过程中无法解决的难题，比如：高效光电转换材料和太阳能的利用，高密度、大容量的光信息记录、显示和存贮材料，有机非线性光学材料，有机光导和超导材料，分子电子器件，高精度的超微细加工技术等。所以，现代光化学是一门有着重大理论意义，且有应用前景的前沿学科。

2.1.1 四大基本定律

（1）光化学第一定律

光化学反应和热化学反应的区别在于前者总是涉及电子激发态，而后者不涉及。所以把光化学定义为：光化学反应始于反应物的某一电子激发态，终于第一个基态产物的出现。

传统的观点认为，一个光化学反应的全过程大多数有两个阶段：一个是与电子激发态分子直接联系在一起的原初光化学反应；另外一个是原初光化学反应生成的不稳定产物，在有光或无光环境下都能发生后续化学反应，直至生成稳定的最终产物。

只有被反应体系吸收的光，才能引起光化学反应。该定律是在1818年由格鲁西斯和特拉帕提出的，故称为Grothus-Draper定律。Grothus-Draper定律即光化学吸收定律，又称光化学第一定律。这条定律是推导各种光化学、光生物学过程的依据和起点。

由光化学第一定律可以得出一个推论：光化学反应具有波长选择性。要发生原初光化学反应的分子，首先必须吸收适当量子能量的光子，使其发生电子激发态的跃迁。不具备适当量子能量的光子是不能被吸收的，这样的光子按光化学第一定律是不能导致光化学反应的。已知光量子能量与光的波长对应，所以，光化学应具有波长选择性。

（2）光化学第二定律

在初级过程中，一个被吸收的光子只活化一个分子。该定律在1908～1912年由Einstein和Stark提出，故又称Stark-Einstein定律，也称为光化学等价定律（equivalence定律）或光等价定律。它的实质描述是被吸收的每一个光子都会引起一个主要的化学或物理反应。

对于一个光子，其能量等于Planck常数（h）乘以光的频率，用符号表示为$h\nu$，ν为光的频率。光等价定律也可陈述如下：反应的每一摩尔物质都吸收相应的光量子。大多数光化学反应后跟随二次光化学过程，即反应物间正常的相互作用，不要求吸收光，这样的反应并不显示一量子一分子反应物（reactant）的关系。因而，这个定律局限于一般用适度强度光源的光化学过程。在激光光解法和激光实验中所用的高强度光源，会引起所谓双光子过程，即一分子物质会吸收两个光子。

（3）Franck-Condon原理

Franck-Condon原理是光化学定律中的第三条。对于一个振动分子的电子跃迁到激发态，Franck-Condon原理可以表述如下：由于电子运动比核运动迅速得多，所以当始态和终态的核构型最为相似时，电子跃迁发生得最为顺利。

按此原理：①就辐射跃迁而言，在一个光子“打中”或“被吸收”并引起一个电子跃迁的这一段时间内，核的几何构型不发生任何变化。②就无辐射跃迁而言，在一个电子由一个轨道跳到另一个轨道时，核的运动不改变。

（4）Lambert-Beer定律

在正常情况下，化合物吸收特性可以用下述方程表示

$$f = I_0 \times 10^{-\varepsilon cl} \text{ 或 } \lg(I_0 / I) = \varepsilon cl \qquad (2\text{-}1)$$

式中，I_0为入射单色光的强度；I为透射光的强度；c为样品浓度；l为通过样品的光程长度；ε为消光系数，是与化合物性质和所用光的波长有关的常数。当c以摩尔为单位，l以厘米为单位，对数以10为底时，ε为摩尔消光系数。

只要不采用强度很大的光（如激光），Lambert-Beer定律一般是适用的。用强光时，光照区域内的分子有一部分不是处于基态而是处于激发态，此时Lambert-Beer定律不适用。

2.1.2 电子激发

将电子填充到分子轨道上可得到分子的电子组态，例如，甲醛分子的基态可以表示为

$$S_0 = (1s_O)^2(1s_C)^2(2s_O)^2(\sigma_{CH})^2(\sigma_{CH'})^2(\sigma_{CO})^2(\pi_{CO})^2(n_O)^2(\pi^*_{CO})^0(\sigma^*_{CO})^0 \qquad (2\text{-}2)$$

上式中每个括号右上角的数字表示该轨道上的电子数目，由于与化学反应最有关的是最高占据分子轨道（HOMO）和最低未占分子轨道（LUMO），上式可以简化为

$$S_0 = (\pi_{CO})^2(n_O)^2(\pi^*_{CO})^0 \qquad (2\text{-}3)$$

光化学中电子激发态是指：一个电子由低能轨道转移到高能轨道所形成的状态。甲醛分子中n轨道上的一个电子可以被激发到π^*轨道上，这种激发被称为$n \rightarrow \pi^*$跃迁。跃迁后所形成的态称为（n，π^*）态，同样一个π电子可以被激发到π^*轨道上，这种跃迁称为$\pi \rightarrow \pi^*$跃迁，形成

的状态为（π，π*）态。

羰基化合物的激发态、跃迁及其电子组态如下：

激发态	电子跃迁	电子组态
n，π*	n→π*	$(\pi_{CO})^2(n_O)^1(\pi^*_{CO})^1(\sigma^*_{CO})^0$
n，σ*	n→σ*	$(\pi_{CO})^2(n_O)^1(\pi^*_{CO})^0(\sigma^*_{CO})^1$
π，π*	π→π*	$(\pi_{CO})^1(n_O)^2(\pi^*_{CO})^1(\sigma^*_{CO})^0$

分子或原子的多重度是在强度适当的磁场影响下，化合物在原子吸收和发射光谱中谱线的数目。分子或原子光谱呈现（$2s+1$）条谱线。这里，s 是体系内电子自旋量子数的代数和。一个电子的自旋量子数可以是 $+\frac{1}{2}$ 或 $-\frac{1}{2}$。根据泡利原理，两个电子在同一个轨道里必须是自旋配对的，也就是一个电子的自旋量子数是 $+\frac{1}{2}$（用↑表示），另一个一定是 $-\frac{1}{2}$（用↓表示）。如果分子轨道里所有电子都是配对的（↑↓），自旋量子数的代数和等于 0，即（$2s+1$）为 1。多重度（$2s+1$）是 1 的分子状态称为单重态，用符号 S 表示。大多数分子的基态都是单重态，但也有例外，最明显的是氧分子的基态是三重态。

如果分子中的一个电子激发到能级较高的轨道上去，并且被激发的电子仍然保持其自旋方向不变，这时 s 仍然等于零，体系处于单重激发态。如果被激发的电子在激发时自旋方向发生了改变，不再配对，即（↑↑）或（↓↓），由于两个电子不在同一条轨道上，不违背泡利原理，这时自旋量子数之和 $s=1$，$2s+1=3$，体系处于三重态，用符号 T 表示。

激发态的电子组态和多重度是决定它的化学和物理性能的两个最重要的因素。例如，（n，π*）激发态的单重态和三重态以及（π，π*）三重激发态，在化学反应中的性能类似于双自由基，而（π，π*）单重态的化学性质类似于两性离子，也可以进行周环反应。羰基的激发态可用下述符号表示：

激发态	电子跃迁	电子组态
^{1}(n，π*)	n→π*	$(\pi_{CO})^2(n_{O\uparrow})^1(\pi^*_{CO\downarrow})^1=S_1$
^{3}(n，π*)	n→π*	$(\pi_{CO})^2(n_{O\uparrow})^1(\pi^*_{CO\uparrow})^1=T_1$
^{1}(π，π*)	π→π*	$(\pi_{CO\downarrow})^1(n_O)^2(\pi^*_{CO\downarrow})^1=S_2$
^{3}(π，π*)	π→π*	$(\pi_{CO\uparrow})^2(n_O)^1(\pi^*_{CO\uparrow})^1=T_2$

2.1.3 分子激发态的衰减和失活

基态分子吸收一个光子生成单重激发态，依据吸收光子的能量大小，生成的单重激发态可以是 S_1，S_2，S_3…由于高级激发态之间的振动能级重叠，S_2、S_3 等会很快失活到达最低单重激发态 S_1，这种失活过程一般只需 10^{-3}s，然后由 S_1 再发生光化学和光物理过程。同样，高级三重激发态（T_2，T_3…）失活生成最低三重激发态 T_1 也很快。所以，一切重要的光化学和光物理过程都是由最低单重激发态（S_1）或最低三重激发态（T_1）开始的，这就是 Kasha 规则。

激发态分子失活回到基态可以经过下述光化学和光物理过程：辐射跃迁、无辐射跃迁、能量传递、电子转移和化学反应。

激发态的分子可以作为电子给体将一个电子给予一个基态分子，或者作为受体从一个基态分子得到一个电子，从而生成离子自由基对。

$$D^* + A \longrightarrow D^+\bullet + A^-\bullet$$

或

$$A^* + D \longrightarrow D^+\bullet + A^-\bullet$$

一方面激发态分子的 HOMO 上只填充了一个电子，很容易再接受另一个电子，另一方面 LUMO 上的高能电子很容易给出。所以，许多情况下，与基态分子相比，激发态分子既是很好的电子受体，又是很好的电子给体，这就使得电子转移成为激发态失活的一条非常重要的途径。

2.1.4 辐射跃迁与无辐射跃迁

（1）辐射跃迁

分子由激发态回到基态或由高级激发态到达低级激发态，同时发射一个光子的过程称为辐射跃迁，包括荧光和磷光。荧光是多重度相同的状态间发生辐射跃迁产生的光，这个过程速度很快。有机分子的荧光通常是 $S_1 \rightarrow S_0$ 跃迁产生的，虽然有时也可以观察到 $S_2 \rightarrow S_0$（如某些硫代羰基化合物）的荧光。当然由高级三重激发态到低级三重激发态的辐射跃迁也产生荧光。磷光是不同多重度的状态间辐射跃迁的结果，典型跃迁为 $T_1 \rightarrow S_0$，$T_n \rightarrow S_0$ 则很少见。这个过程是自旋禁阻的，因此和荧光相比，其速度常数要小得多。

（2）无辐射跃迁

激发态分子回到基态或者高级激发态到达低级激发态，但不发射光子的过程称为无辐射跃迁。无辐射跃迁发生在不同电子态的等能的振动-转动能级之间，即低级电子态的高级振动能级和高级电子态的低级振动能级间耦合，跃迁过程中分子的电子激发能变为较低级电子态的振动能，由于体系的总能量不变，不发射光子。这种过程包括内转换和系间窜跃。内转换是相同多重度的能态之间的一种无辐射跃迁。跃迁过程中电子的自旋不改变，例如 $S_m \rightarrow S_n$ 或 $T_m \rightarrow T_n$，这种跃迁是非常迅速的，只需 10^{-12}s。系间窜跃是不同多重度的能态之间的一种无辐射跃迁。跃迁过程中一个电子的自旋反转，例如，$S_1 \rightarrow T_1$ 或 $T_1 \rightarrow S_0$。

2.1.5 分子间能量传递

激发态分子另一条失活的途径是能量传递，即一个激发态分子（给体 D^*）和一个基态分子（受体 A）相互作用，结果给体回到基态，而受体变成激发态的过程。

$$D^* + A \longrightarrow D + A^*$$

能量传递过程也要求电子自旋守恒，因此只有下述两种能量传递方式具有普遍性。

① 单重态-单重态能量传递

$$D^*(S_1) + A(S_0) \longrightarrow D(S_0) + A^*(S_1)$$

② 三重态-三重态能量传递

$$D^*(T_1) + A(S_0) \longrightarrow D(S_0) + A^*(T_1)$$

能量传递的机制分为两种——共振机制和电子交换机制。前者适用于单重态-单重态能量传递，后者既适用于单重态-单重态能量传递，又适用于三重态-三重态能量传递。

2.1.6 光化学量子效率

一个光子被吸收后，形成一个激发态分子。这个激发态分子可能完成光化学反应，得到所需要的产物。但激发态分子也可能通过分子内或分子间的物理衰变回到基态，这样光化学反应就不能发生，能源就被白白浪费了。我们当然希望被吸收的光能能够得到最充分的利用。为了表示这种利用程度，在光化学中定义了量子效率这一概念。量子效率就是被吸收的光子在某一光化学或光物理过程中利用效率的量度。量子效率一般用希腊字母Φ表示。例如，一个从S_1态发生的光化学反应的量子效率为

$$\Phi_r = k_r / (k_{is} + k_{it} + k_r) \qquad (2\text{-}4)$$

式中，k_{is}、k_{it}和k_r分别为分子内失活速率常数之和、分子间失活速率常数之和及化学反应的速率常数。也就是光化学反应的量子效率是该化学反应的速率常数与所有衰变速率（当然也包括光化学反应这一衰变过程）常数之和的比值。类似地，当只有分子内物理衰变时，荧光、内转换、系间窜跃和磷光的量子效率分别为

$$\Phi_f = k_f / (k_f + k_{ic} + k_{st}) = k_f \tau_S \qquad (2\text{-}5)$$

$$\Phi_{ic} = k_{ic} / (k_f + k_{ic} + k_{st}) = k_{ic} \tau_S \qquad (2\text{-}6)$$

$$\Phi_{st} = k_{st} / (k_f + k_{ic} + k_{st}) = k_{st} \tau_S \text{（正向系间窜跃）} \qquad (2\text{-}7)$$

$$\Phi_{ts} = \Phi_{st} k_{ts} / (k_p + k_{ts}) = k_{ts} \tau_T \Phi_{st} \text{（反向系间窜跃）} \qquad (2\text{-}8)$$

$$\Phi_p = \Phi_{st} k_p / (k_p + k_{ts}) = k_p \tau_T \Phi_{st} \qquad (2\text{-}9)$$

根据激发态寿命和量子效率的定义，当只有分子内物理衰变时，S_1态和T_1态的寿命也可以分别表示为

$$\tau_S = 1 / (k_f + k_{ic} + k_{st}) = \Phi_{ic} / k_{ic} = \Phi_{st} / k_{st} = \Phi_f / k_f \qquad (2\text{-}10)$$

$$\tau_T = 1 / (k_p + k_{ts}) = \Phi_{ts} / (k_{ts} \Phi_{st}) = \Phi_p / (k_p \Phi_{st}) \qquad (2\text{-}11)$$

应当注意，涉及T_1态的量子效率的公式中存在Φ_{st}一项。这是因为T_1态主要是从S_1态经系间窜跃而形成的，故从S_1态到T_1态的系间窜跃的量子效率Φ_{st}直接与Φ_{ts}和Φ_p相关。

还应注意，T_1态形成的量子效率Φ_T即为从S_1态到T_1态的系间窜跃量子效率Φ_{st}，也就是

$$\Phi_{st} = \Phi_T = \Phi_p + \Phi_{ts} \qquad (2\text{-}12)$$

量子效率是一个比较容易测定的物理量，有了这个物理量就能把真实的荧光寿命与理论的自然荧光寿命直接关联起来。辐射寿命与自然辐射寿命之间的关系如下

$$\tau_f^0 = \tau_f / \Phi_f \qquad (2\text{-}13)$$

类似地也可以有

$$\tau_p^0 = \Phi_{st}\tau_p/\Phi_p \tag{2-14}$$

这样就可以由辐射寿命、量子效率这些比较容易测定的热力学量求算出理论物理量 τ_f^0 和 τ_p^0。依据 τ_f^0 和 τ_p^0 的定义，就可以计算出难以直接测定的动力学量速率常数了。

2.2 激发态猝灭动力学

引起荧光猝灭的原因很多，但通常分为动态猝灭和静态猝灭。常用温度改变引起的体系变化来确定猝灭类型：在动态猝灭中分子扩散起主导，猝灭常数会随着温度的升高而增大；对于静态猝灭，因有新物质生成，稳定性起主导作用，温度越高，猝灭常数反而越小。

2.2.1 斯顿-伏尔莫公式

动态猝灭过程应遵循斯顿-伏尔莫（Stern-Volmer）方程

$$F_0 / F = 1 + K_{SV}[c] = 1 + K_q\tau_0[c]$$

式中，K_{SV} 为动态猝灭常数；K_q 为动态猝灭速率常数［动态猝灭时最大值约为 2×10^{10} L / (mol・s)］；τ_0 为没加猝灭剂时测得的荧光寿命；$[c]$为猝灭剂浓度。

静态猝灭应符合米氏（Lineweaver-Burk）方程

$$(F_0-F)^{-1} = F_0^{-1} + (K_{LB}F_0[c])^{-1}$$

式中，K_{LB} 为静态猝灭结合常数。

以头孢丙烯（CE）与牛血清白蛋白（BSA）相互作用发生荧光猝灭过程为例，引起 BSA 荧光猝灭的原因可能有动态猝灭和静态猝灭两种。如为动态猝灭，将 289K、299K、309K 时的 F_0 / F 对$[c]$作图，根据 $K_q = K_{SV} / \tau_0$ 可求出不同温度下的 K_q。不同温度下 CE 对 BSA 荧光猝灭的 Stern-Volmer 曲线见图2-1，Stern-Volmer 方程及相关参数见表 2-1。

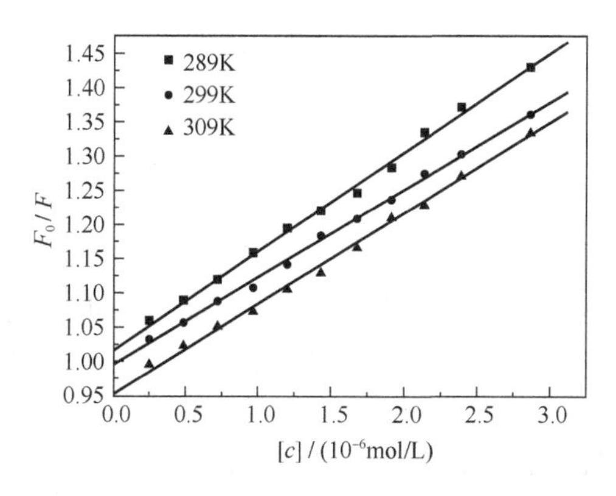

图2-1　不同温度下 CE-BSA 体系的 Stern-Volmer 曲线

表2-1　不同温度下CE-BSA体系的Stern-Volmer方程及相关参数

温度 / K	Stern-Volmer方程	r	K_{SV} / (L / mol)	K_q / [L / (mol · s)]
289	$F_0 / F = 14375[c] + 1.0196$	0.9979	14375	1.4375×10^{12}
299	$F_0 / F = 13151[c] + 0.9565$	0.9975	13151	1.3151×10^{12}
309	$F_0 / F = 12649[c] + 0.9983$	0.9962	12649	1.2649×10^{12}

各类猝灭剂对生物大分子的最大动态猝灭速率常数约为 2×10^{10}L /（mol · s），由表 2-1 可见，3 个温度下的 K_q 比动态猝灭最大速率常数大 2 个数量级，说明 CE 对 BSA 的猝灭不属于动态猝灭。由图2-1 可知，3 个温度下的 Stern-Volmer 曲线均呈良好的线性关系，且随着温度的升高，直线斜率即 K_{SV} 减小，正好与静态猝灭机制一致。

2.2.2　激发态寿命

前文中已经多次谈到激发态的寿命问题，但一直未给出其确切的定义。寿命一般是指存在的时间，激发态的寿命与其存在的时间有关，但绝不仅是它存在的时间。因为 1mol 化合物有 6.02×10^{23} 个分子，即使只有 1%被激发，激发态分子也有 6.02×10^{21} 个。试想这样巨大数量的激发态分子怎么可能在同一时间失活到基态呢？

在光化学中，激发态寿命被定义为各种衰变速率常数之和的倒数。例如，在只有分子内物理衰变时，第一单重激发态（S_1）的寿命为

$$\tau_S = 1 / (k_f + k_{ic} + k_{st}) = 1 / k_{is} \tag{2-15}$$

式中，k_f、k_{ic} 和 k_{st} 分别为 S_1 态的三种分子内失活过程荧光、内转换和系间窜跃的速率常数；k_{is} 为 S_1 态所有分子内衰变速率常数之和。

$$k_{is} = k_f + k_{ic} + k_{st} \tag{2-16}$$

类似地，当只有分子内物理衰变时，第一三重激发态的寿命为

$$\tau_T = 1 / (k_p + k_{ts}) = 1 / k_{ip} \tag{2-17}$$

式中，k_p 和 k_{ts} 分别为 T_1 态的磷光速率常数与系间窜跃速率常数；k_{ip} 为三重态分子内衰变速率常数之和。

$$k_{ip} = k_p + k_{ts} \tag{2-18}$$

上述激发态寿命的定义在理论上含义十分明确，只是不与时间直接相关。于是也有人把激发态寿命定义为激发态衰变到初始时的 1 / e 所需要的时间。e 是自然对数的底，其近似值为 2.718。这一定义虽然在形式上和式子 $\tau_S = 1 / (k_f + k_{ic} + k_{st}) = 1 / k_{is}$ 毫无关联，但实质上它是这个式子的自然结果。因为激发态的衰变遵从一级反应动力学，根据一级反应动力学公式和激发态寿命的定义，可以方便地推导出激发态寿命是其衰变到初始时的 1 / e 所需要的时间。

据此，可以更直接地理解和测定激发态的寿命。例如，激发态的辐射（如荧光）强度与激

发态分子的数目成正比，激发态分子数目衰变到初始时的 1 / e，其辐射（如荧光）强度也是初始时的 1 / e。这样根据荧光强度和磷光强度的衰减情况，就可方便地测定荧光寿命和磷光寿命。根据定义，荧光寿命和磷光寿命就是其强度衰变到初始时的 1 / e 所需要的时间。

2.3 超分子光物理与光化学过程

超分子体系通常是指由两种或两种以上分子依靠分子间非共价键相互作用结合在一起，组成复杂但有组织的聚集体，它能保持一定的完整性，且具有明确的微观结构和宏观特性。一般分为两大类：①超分子，指几个组分（一个受体及一个或多个底物）在分子识别原理的基础上按照内装的构造方案通过分子间缔合而形成的含义明确的、分立的寡聚分子物种；②超分子有序体，指数目不定的大量组分自发缔合产生某个特定的相而形成的多分子实体。超分子的形成是以受体分子与底物分子必须发生识别为前提的，在分子识别引导下所形成的超分子组装体结构、性质与共价化合物不同，这些组装体经光诱导而引起不同于各分子亚单元的新的光化学和光物理行为。对这些光化学和光物理过程的研究，会导致光诱导基础上的能量转移、电子转移、底物释放或化学变化等的光活性分子和超分子器件的发展。超分子化学在材料科学和信息科学及生命科学领域均具有重要的理论意义和广阔的潜在应用前景。

2.3.1 超分子光化学

超分子光化学是超分子化学迅速发展起来的一个分支学科，对它的深入研究有望在太阳能的化学转换和储存，新型高效高分辨的光信息记录、存储和显示材料，超微细光刻蚀材料，有机非线性光学材料，有机光折变材料，有机光导和超导材料等高新技术领域开辟新的应用。超分子光化学研究超分子体系经光诱导而引起的不同于各分子亚单元的新的光物理与光化学过程和它们的激发态特性。对超分子物种形成产生的光效应的研究包括很多方面的内容，如光诱导能量转移、通过电子或光子转移的光诱导电荷分离、光跃迁和偏振态的扰动、改变基态和激发态的氧化还原电势、结合特性的光调控、光诱导离子载体选择性、选择性光化学反应等。利用超分子体系的光化学和光物理特性，可以构建具有某种特定光诱导功能和光响应的超分子体系和光化学分子器件，如非线性光学材料体系、光敏超分子催化体系、光转换器件、传感器件等。

超分子光化学可分为三步：受体和底物的结合、光化学过程（包括能量、电子和质子转移等）、恢复到一个新的循环或新的化学反应的初态。

光诱导能量转移的结果是将光能转化为其他形式的能量，如化学能、电能和热能等，而其能量转移的效率取决于能量给体和受体的性质、给体和受体的浓度、给体和受体间距离、介质环境及给体激发态的寿命等。光诱导电荷分离在自然界光合作用的能量转换机制中具有关键性的作用，研究光诱导能量转移和电荷分离机制，将为光智能化的人造分子器件设计提供理论依据。

大量研究表明，π 共轭有机分子在基态通过分子间 π - π 相互作用可以形成各种自聚体，比如，处于激发态的共轭分子（M^*）可以与基态分子（M）形成激基缔合物，并可以进一步与电子给体（D）或者受体（A）形成激基复合物。这些聚集体的光谱与单体光谱相比发生了较大变化。D-π-A 型化合物由于可以产生有效的电荷分离，其分子内电荷转移（ICT）激发态具有远大于基态的偶极矩，因此展现出许多特有的光学性质，如非线性光学特征、扭曲分子内电荷转移（TICT）态的荧光及光电转换特性等。这些 D-π-A 型分子通过分子间 π-π 相互作用可以形成 J-聚集体和 H-聚集体。

2.3.2 光物理和光化学过程的研究方法

荧光和磷光同属发光光谱，它们与分子吸收分光光度法紧密相关。分子在吸收辐射能而被激发到较高电子能态后，为了返回基态而释放出能量，荧光（fluorescence）是分子在吸收辐射之后立即（在 10^3s 数量级时间内）发射的光，而磷光（phosphorescence）则是在吸收能量后延迟释放的光，两者间的区别是：荧光是由单重态-单重态的跃迁产生的，而磷光涉及三重态-单重态的跃迁。

高聚物发光方法研究只是近几十年的事，而其应用几乎已广泛深入高分子科学的各个领域，特别在高聚物分子链构象、形态、动态行为及共混物相容性方面的研究已相当普遍和成熟。

发光光谱具有很高的灵敏度。样品中含有（1～100）× 10^{-6} 生色团即可产生足够强的检测信号。选取不同光谱特征的生色团作传感器（sensor），采用多种表征方法，使发光方法具有多功能性，并可获得分子水平的信息。

大多数有机分子的电子态可以归纳为两大类：单重态和三重态。处于单重态时，分子内所有电子的自旋是配对的；处于三重态时，一组电子自旋是不成对的。对于一个更复杂的分子来说，必须用多维空间中的一个面来代表势能。通过一个面的适当横截面可以作它的二维表示图。各曲线最低处的核间距离数值代表相应的电子态中振动原子的平衡排列组态。

分子在吸收适当的辐射能时，它从基态内的一个振动能级上升到某一受激电子能级（通常是第一单重激发态，S_1）中的某一振动能级。吸收步骤发生在 10^{-15}s 以内。在吸收之后处于单重激发态较高振动能级中的分子，通过碰撞把过多的能量转移给其他分子，并分配给激发分子内振动或旋转的其他可能模式，从而很快回到激发态的最低振动能级。当激发态分子恢复到基态时，产生自发辐射，即荧光现象。这一辐射过程（$S_1 \rightarrow S_0$）的寿命很短，约 10^{-8}s，所以在许多分子里它能有效地与其他转移激发能的过程相竞争。

如果单重态的势能曲线和三重态的势能曲线交叉，某些单重态分子可以通过系统间的交叉而转到最低三重态，再从这里回到基态的某一振动能级，便构成磷光发射，三重态持续寿命较长，因而磷光发射速率很慢，可达 10^{-2}～100s。

荧光和磷光的波长长于激发波长，除了 X 射线荧光外，大多荧光法的工作波长为 200~8000nm。荧光和磷光都提供两种鉴定用光谱：激发光谱和发射光谱。荧光测量与磷光测量相比，可在范围更宽的条件下进行，因而荧光分光法用得比磷光更多些。

实际的荧光光谱仪具有一对单色器，一个为激发辐射选择窄波带，另一个为发射辐射选择通向检测器的窄波带。一台荧光分光光度计可提供两类光谱：激发光谱（excitation）和发射光谱（emission）。激发光谱的表现形式是激发波长对最大发光波长处测得的光强度曲线图。实际测试中，将试样的荧光发射波长固定，然后在一定波长范围内进行激发扫描就可得到试样的激发光谱。反之，将试样的激发波长固定而按试样发射波长进行扫描，所得到的光谱即是试样的发射光谱。

思考题

1. 简述光化学四大基本定律。
2. 请写出乙醛、乙酸分子的基态、激发态、跃迁以及电子组态的表示形式。
3. 超分子光化学分为哪些步骤？
4. 简述荧光和磷光的差异。
5. 分别说明量子效率大于 1 以及小于 1 的原因。
6. 常见的能量传递方式有哪几种？
7. 简述激发态的失活及其失活方式。
8. 谈谈你对激发态寿命的理解。

参考文献

[1] 李支敏，色登. 有关光化学的几个问题[J]. 内蒙古师范大学学报：自然科学汉文版，1990，(1)：60-67.

[2] 刘玉柱. 分子电子激发态超快无辐射动力学研究[D]. 北京：中国科学院研究生院，2011.

[3] 陈星. 有机共轭分子激发态的理论研究[D]. 厦门：厦门大学，2011.

[4] 张建成，王夺元. 现代光化学[M]. 北京：化学工业出版社，2006.

[5] 樊美公. 光化学基本原理与光子学材料科学[M]. 北京：科学出版社，2001.

[6] 李隆弟，张满. 溶液荧光量子产率的相对测量[J]. 分析化学，1988，(8)：66.

[7] 李隆弟，冯亚萍. 溶液荧光量子产率相对测量中的某些影响因素[J]. 分析测试通报，1989，(5)：47.

[8] 张群. 电子激发态 SO 分子和 CH（C）自由基的猝灭动力学研究[D]. 合肥：中国科学技术大学，1996.

[9] 王鸿梅，唐晓闩，储焰南，等. 激发态 SO（$C^1\Sigma^-$）自由基的猝灭动力学研究[C]. 第九届全国化学动力学会议，2005.

[10] 邱佩华. 新型红外染料的光谱和激发态寿命[J]. 光学学报，1983，3（5）：39.

[11] 吴世康. 超分子光化学导论[M]. 北京：科学出版社，2005.

[12] 吴世康. 超分子光化学进展[J]. 感光科学与光化学，1995，04：334-347.

[13] 袁菁，张莉，黄昕，等. 手性超分子组装研究进展[J]. 化学进展，2005，17（5）：780.

[14] 吴世康. 荧光化学传感器研究中的光化学与光物理问题[J]. 化学进展，2004，2：174-183.

第3章

激发态能量转移与电子转移

3.1 光致电子转移

电子转移，即发生在给体和受体的最高占据分子轨道（HOMO）和最低未占分子轨道（LUMO）之间的电子转移过程。可用下列方程式表示

$$D + A \longrightarrow D^{+} + A^{-} \quad (3\text{-}1)$$

式中，D代表电子给体（donor）；A代表电子受体（acceptor）。电子的给体和受体可以为原子、离子、基团或分子。根据发生电子转移体系所处的状态，电子转移又可分为：基态电子转移和激发态电子转移。由光照引起激发态的电子转移，称为光致电子转移或光诱导电子转移（PET）。

光致电子转移，是指电子给体或电子受体在受到光激发时，处于激发态的电子给体的电子从其最低未占分子轨道转移至受体分子的最低未占分子轨道，或从基态电子给体的最高占据分子轨道转移至激发态电子受体的最高占据分子轨道，电子转移的结果是给体分子的正离子自由基（$D^{+}\cdot$）和受体分子的负离子自由基（$A^{-}\cdot$）。与基态电子转移反应相比，激发态电子转移反应更容易进行。这与给受体的激发态和基态的电离势、电子亲和势的大小有关，如图3-1所示。

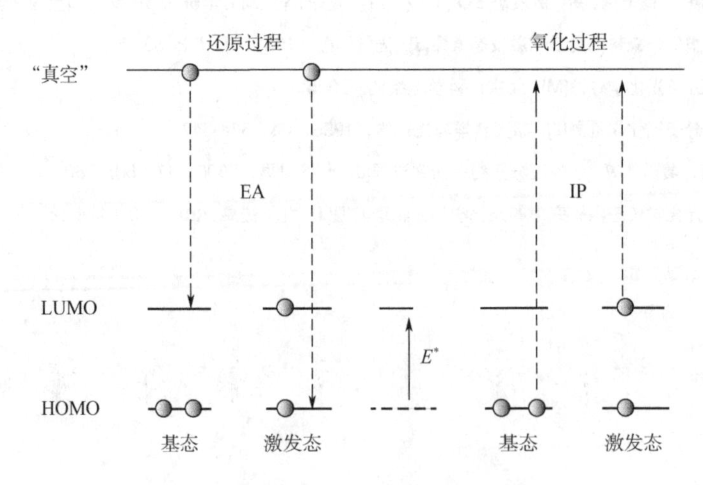

图3-1 基态和激发态的电离势（IP）和亲和势（EA）

从图3-1中可以看出激发态电子给体（D^{*}）的电离势（IP）比基态电子给体低，激发态电子给体更容易给出电子，而激发态受体（A^{*}）的电子亲和势（EA）大，使得受体更容易接纳

电子，因此无论是激发态给体还是受体都有利于电子转移反应的发生。

电子转移反应大多发生在溶液中，反应物分子在溶液中可以自由运动，也可能因结构或环境限制而不能自由运动，因此，在溶液中电子转移反应会随情况不同而改变。图3-2 直观地描述了在溶液中电子转移反应的不同过程。

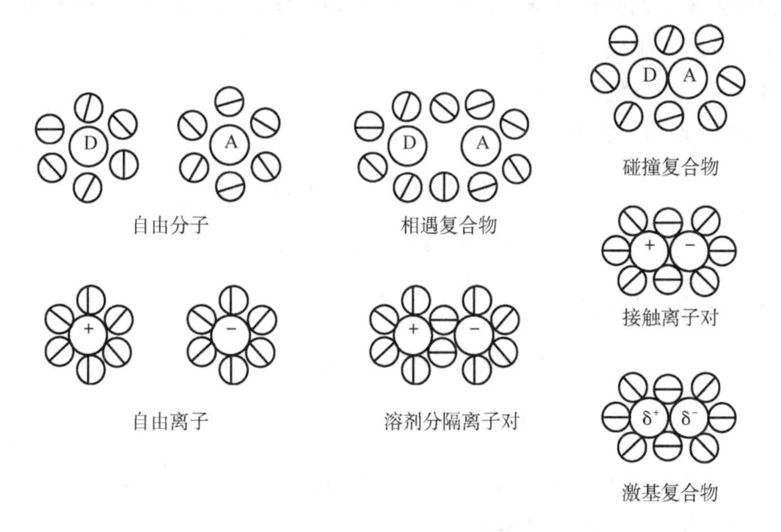

图3-2　溶液中电子转移的各种过程

给体和受体处于溶剂分子所形成的溶剂笼中，在溶液中可以自由碰撞形成相遇复合物（encounter complex）或碰撞复合物（collision complex）。电子转移可以发生在这两种复合物阶段，近而生成接触离子对（contact ion pairs）或溶剂分隔离子对（solvent separated ion pair）。给受体形成激基复合物再发生电子转移是另一条重要的电子转移途径。

溶剂极性对电子转移有很大的影响，它决定了溶液中电子转移的途径。如图3-3 所示，极性溶剂有利于电荷转移，形成离子对，而非极性溶剂有利于激基复合物的形成。

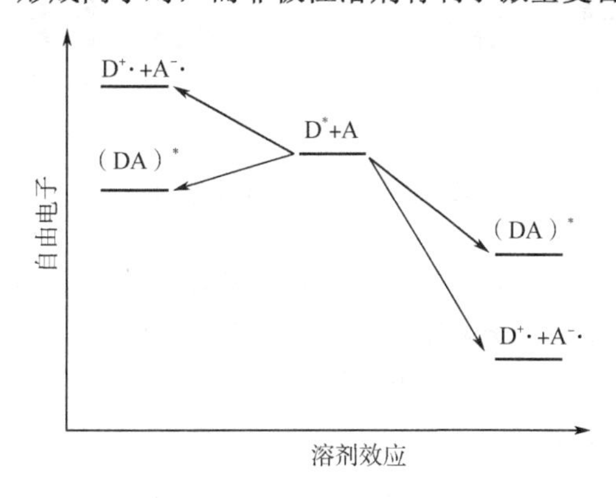

图3-3　电子转移过程的溶剂效应

3.1.1　电子转移自由能ΔG 的变化

一个电子转移反应能否发生，可根据伴随反应发生的电子转移自由能ΔG 来判断。$\Delta G < 0$

时，放热，反应可以进行；$\Delta G>0$ 时，吸热，反应就是禁阻的。

对于气相基态电子转移反应

$$\Delta G = \mathrm{IP(D)} - \mathrm{EA(A)} \tag{3-2}$$

式中，IP(D)是电子给体的电离势，即电离一个电子所需要的能量；EA(A)是电子受体的电子亲和势，即电子回归所放出的能量。

激发态的电子转移分为两种情况：

① 电子给体受到激发时有

$$\Delta G = \mathrm{IP(D^*)} - \mathrm{EA(A)}$$

$$\Delta G = \mathrm{IP(D)} - \mathrm{EA(A)} - E(\mathrm{D^*}) \tag{3-3}$$

②电子受体受到激发时有

$$\Delta G = \mathrm{IP(D)} - \mathrm{EA(A^*)}$$

$$\Delta G = \mathrm{IP(D)} - \mathrm{EA(A)} - E(\mathrm{A^*}) \tag{3-4}$$

$E(\mathrm{D^*})$和$E(\mathrm{A^*})$分别代表电子给体和受体的激发能。

基态和激发态的 IP 和 EA 见图3-4。

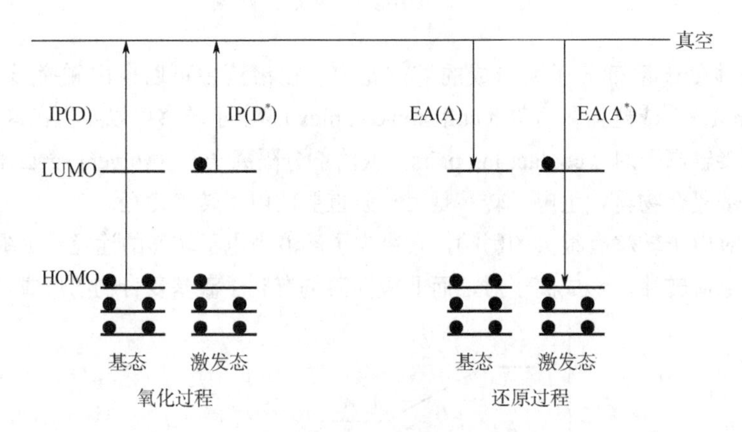

图3-4 基态和激发态的IP和EA

从上面的式子可以看出，激发态的电子转移，即这里所说的光致电子转移的ΔG，与基态相比，要减去电子给体或受体的激发能，很容易为负值，所以容易进行。

在溶液中，从氧化还原电势来推算 IP 和 EA。极性溶剂对带电荷的离子有稳定作用，这时，光致电子转移的电子转移自由能为

$$\Delta G = E_{\mathrm{O}}(\mathrm{D}) - E_{\mathrm{R}}(\mathrm{A}) - E(\mathrm{D^*}或\mathrm{A^*}) - C \tag{3-5}$$

式中，$E_{\mathrm{O}}(\mathrm{D})$ 是电子给体的氧化电势；$E_{\mathrm{R}}(\mathrm{A})$ 是电子受体的还原电势；$E(\mathrm{D^*}$ 或 $\mathrm{A^*})$是电子给体或受体的激发能；C 是溶剂对离子的稳定化能，与溶剂的极性有关。在一般的极性溶剂中，C 可取 0.06eV 或者 1.4kcal / mol（1kcal = 4186J）。这就是在光致电子转移，特别是有机化合物的光致电子转移中广为应用的 Rehm-Weller 方程（有时也称 Weller 理论）。

3.1.2 Weller 理论与 Marcus 理论的比较

光致电子转移基本理论主要有两种，一种是 Rehm 和 Weller 提出的：以反应自由能变化值 ΔG 的正负来直接判断电子转移反应能否发生。一般而言，当$\Delta G<0$ 时，电子转移反应方可进行。这一理论用方程定性表示为

$$\Delta G(\mathrm{kcal/mol})=23.06\,[E(\mathrm{D^{*}/D})-E(\mathrm{A^{*}/A})-\mathrm{e}^2/\varepsilon_{\mathrm{dssip}}]-E^{*} \tag{3-6}$$

式中，$E(\mathrm{D/D^{*}})$为电子给体的氧化电位；$E(\mathrm{A/A^{*}})$为电子受体的还原电位；$\mathrm{e}^2/\varepsilon_{\mathrm{dssip}}$ 为溶剂对离子的稳定化能，与溶剂极性有关；E^{*} 为电子给体或受体的激发能。

如果溶剂化的离子自由基对可以被分离成大于库仑范围的自由离子，或者溶剂的介电常数很大时，$\mathrm{e}^2/\varepsilon_{\mathrm{dssip}}$ 可忽略不计，从而得到简化的 Weller 方程

$$\Delta G(\mathrm{kcal/mol})=23.06[E(\mathrm{D^{*}/D})-E(\mathrm{A^{*}/A})]-E^{*} \tag{3-7}$$

由 Weller 公式可以得出若使一个电子转移反应顺利进行，必须控制四个因素：①给体的氧化电位；②受体的还原电位；③给体或受体的激发能；④溶剂极性和离子间距。控制$\Delta G<0$，则激发态电子转移反应可以顺利进行。Rehm-Weller 公式已经大量实验验证。

另外，Rehm-Weller 自由能变化也表示了ΔG 与电子转移速度常数 k_{et} 的经验曲线关系，如图 3-5 所示。

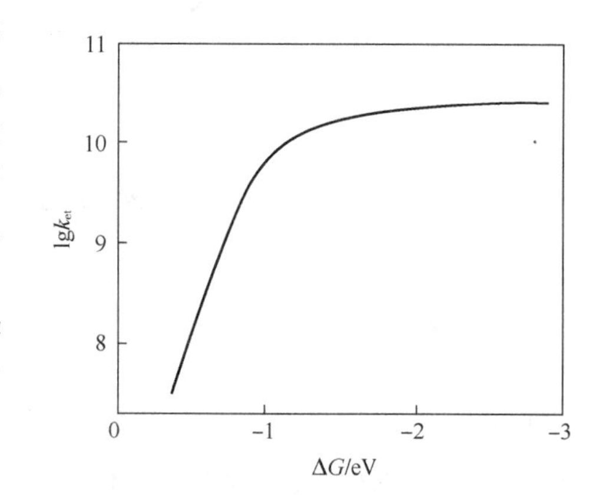

图 3-5 Rehm-Weller 理论曲线

由图3-5 不难看出，随着推动力增大，k_{et} 增大，当 k_{et} 达到扩散速度后，进一步增大推动力，k_{et} 不再变化。

另一种理论，即 Marcus 理论：电子转移速率取决于反应自由能的变化、电子给体受体之间的距离、反应物与周围溶剂重组能的大小等。电子转移速率常数可用公式表示为

$$k_{\mathrm{et}}=\frac{2\pi}{h}H_{\mathrm{DA}}^{2}\left(\frac{1}{4\pi RT}\right)^{1/2}\exp\left(\frac{\Delta G_0+\lambda}{4\lambda RT}\right) \tag{3-8}$$

式中，ΔG_0 为电子转移反应的自由能变化值；λ 为电子转移前后电子给体与受体的内部结构以及周围溶剂分子的取向调整所需要的重组能；H_{DA} 为电子转移前后的电子轨道耦合常数，一般取决于电子给体和受体的中心距离，而与介质的性质无关。

随着对电子转移反应速率研究的不断深入，Marcus 推出一个简单的公式，它描述了电子转移反应活化能 ΔG^{*} 与反应中自由能 ΔG_0 的变化以及重组能 λ 之间的关系

$$\Delta G^{*}=\frac{(\Delta G_0+\lambda)^2}{4\lambda} \tag{3-9}$$

Marcus 电子转移理论模型可分为三个区域。

第一区域：Marcus 正常区，$-\Delta G<\lambda$，ΔG^{*} 随 ΔG_0 变负而变小，电子转移速率随 ΔG_0 变

负而增大。

第二区域：当$-\Delta G \approx \lambda$时，$\Delta G^{*}$达到最小值（为0），因此对应的电子转移速率最大。

第三区域：反转区，$-\Delta G > \lambda$，ΔG^{*}随ΔG_0变负而变大，相应的电子转移速率随ΔG_0变负而变小。

值得注意的是，无论在正常区还是反转区，当ΔG_0改变时，电子给体与受体间的距离必须保持不变。

在数学上，以ΔG^{*}对ΔG_0作图，得到如图3-6所示的呈抛物线关系的变化曲线。此变化曲线显示在电子转移过程中，变化过程分为正常区和反转区两部分。

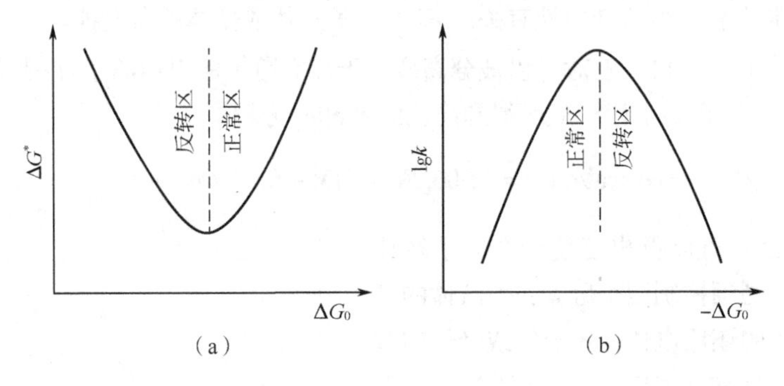

图3-6　ΔG^{*}与ΔG_0间的关系图

3.1.3　势能面

势能面是自由能随核几何构型的变化而变化的平面图。它的描述和画法是一个非常复杂的问题。在电子转移中，有两个势能面特别重要：①反应物势能面，即包括一个激发态和一个基态分子的初始状态；②产物的势能面，即包括离子自由基对的终态。如图3-7所示。

图3-7中，ΔG是从始态到终态的自由能变化，不是电子转移反应的活化能。从图中能看出，从始态到终态，核的几何构型首先重组（reorganization），再弛豫（relaxation）到产物的稳定构型。

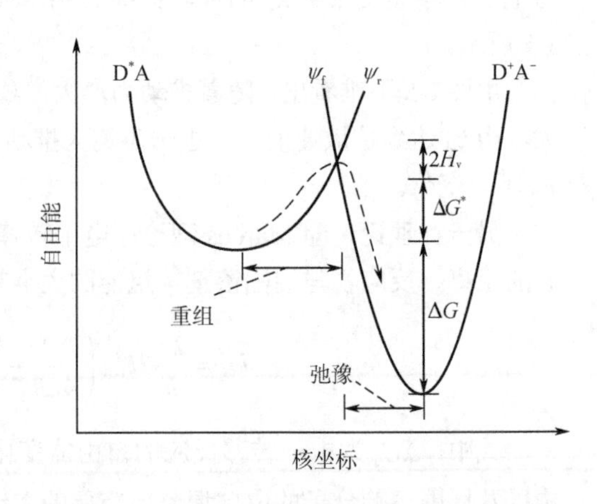

图3-7　光致电子转移反应物和产物的势能面图

3.1.4　Franck-Condon 原理

对于一个振动分子的电子跃迁到激发态，Franck-Condon原理可以表述如下：由于电子运动比核运动迅速得多，所以当始、终态的核构型最相似时，电子跃迁发生得最顺利。

就辐射跃迁而言，在一个光子“打中”或“被吸收”并引起一个电子跃迁的这一段时间内，核的几何构型不发生变化，就无辐射跃迁而言，在一个电子由一个轨道跳到另一个轨道时，核的运动不改变。Franck-Condon 原理的数学表达式如下

$$\int \theta_{\mathrm{i}} \theta_{\mathrm{f}} \mathrm{d}\tau_N = 1 \tag{3-10}$$

式中，θ_{i} 和 θ_{f} 分别表示分子基态和激发态的波函数。上式表示分子基态与激发态波函数对空间的积分为 1，即跃迁过程中基态与激发态波函数相同，若波函数相同，发生跃迁时分子的构型不发生改变。

3.1.5 激基缔合物和激基复合物

一个激发态分子以确定的化学计量与同种或不同种基态分子发生电荷转移而形成的激发态碰撞络合物分别被称为激基缔合物（excimer）或激基复合物（exciplex）。二元激基缔合物与激基复合物可用$[AA]^*$与$[AB]^*$表示。应当注意，三元激发态络合物只能由一个激发态分子与两个基态分子形成，所以三元激发态络合物存在的形式可能为一个激发态分子 A^*与两个基态分子 A 生成的三元激基复合物$[AAA]^*$或与两个基态分子 B 生成的三元激基复合物$[BAB]^*$。

当激基缔合物或激基复合物形成时，溶液的发射光谱会展现出一个新的、强而宽的、长波、无结构发射峰，如图3-8 所示。

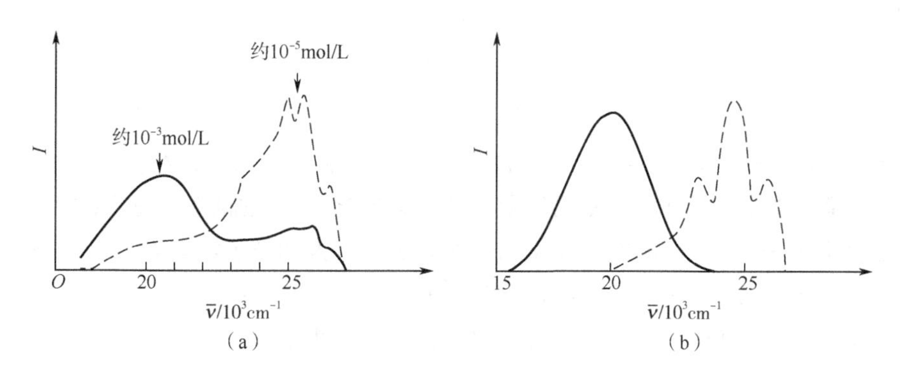

图3-8 （a）芘的发射光谱（虚线）和芘的激基缔合物的发射光谱（实线）及（b）蒽的发射光谱（虚线）和蒽与二乙基氨基苯所形成激基复合物的发射光谱（实线）

这种络合物寿命短和不确定的振动特性导致其发射光谱没有振动结构。由于这种络合物较单个激发态分子更稳定（能量更低），故这种络合物的发射峰总是在长波长的位置，也就是波数 ν 更小的一侧。

激基缔合物或激基复合物的形成条件，通常需要包括：①分子具有平面性，相互之间的距离达到约 0.35nm；②在溶液中分子有足够的浓度；③分子间存在相互吸引作用。

由于形成这种激发态电荷转移络合物需要激发态分子与基态分子达到“碰撞”距离，而激发态分子寿命很短，因此需要溶液有足够的浓度。

3.2 光致能量转移

3.2.1 能量转移基本理论

能量转移是指一个激发态分子或基团（能量给体）通过一定的作用力，将其能量转移给其他分子或基团（能量受体），自身失活回到基态，而获得能量的分子或基团由基态跃迁到激发态。能量转移公式可表示为

$$D^* + A \longrightarrow D + A^* \tag{3-11}$$

发生能量转移的首要条件：$\Delta E(D \rightarrow D^*) \geqslant \Delta E(A \rightarrow A^*)$；

能量转移可发生在分子间和分子内。对分子间能量转移来说，它既可以是在不同分子间，也可以是在相同分子间；而分子内能量转移则是指同一分子中的两个或几个生色团间的能量转移。

从能量转移的形式来看，可将能量转移分为辐射能量转移和无辐射能量转移两种形式。

3.2.1.1 辐射能量转移

辐射能量转移过程是通过一个处于激发态的给体分子 D^*，发射一个光子（$h\nu$）回到基态，而受体分子 A 在接受一个光子后跃迁到激发态，从而实现能量转移。这一过程可简单表示为

$$D^* \longrightarrow D + h\nu \tag{3-12}$$

$$A + h\nu \longrightarrow A^* \tag{3-13}$$

由于受体 A 吸收的光子来自 D^*，因此，D^* 的发射光谱必须与 A 的吸收光谱重叠。

辐射能量转移过程中，$D^* \rightarrow A^*$ 的能量转移速度或单位时间的概率取决于诸多因素，包括：①给体发射的量子产率 φ_e^D；②在 D^* 发射光的光程内受体 A 的分子数（浓度），它与给体 D^* 和受体 A 间的作用距离 L 有关；③受体 A 的吸光能力；④给体 D^* 的发射光谱与受体 A 的吸收光谱的重叠程度，这种重叠程度用归一化的光谱重叠积分 J 表示

$$J = \int_0^\infty I_D(\nu)\varepsilon_A(\nu)\mathrm{d}\nu \tag{3-14}$$

而辐射过程能量转移的发生概率（即给体释放光子实现能量转移的概率）P 为

$$P = \frac{[A]L}{\varphi_e} \times \int_0^\infty I_D(\nu)\varepsilon_A(\nu)\mathrm{d}\nu \tag{3-15}$$

然而，假如上述四个条件中任意一个未能满足，则这一过程是禁阻的。

辐射能量转移的特点：

① 辐射机制的能量转移可以使给体的发射光谱发生变化，并且随着给体浓度的增加，发射光谱的短波会部分被滤掉，称为内过滤效应。

② 给体的发射寿命不会因这种能量转移而改变，因为在辐射能量转移过程中，给体的发射寿命只由分子内失活过程速率常数决定。

③ 能量转移速率常数不依赖于介质的黏度，因为辐射能量转移可以在长距离内发生。

④ 辐射能量转移一般为单重态（给体的状态）-单重态（受体的状态）过程或三重态-单重态过程。能量转移过程是通过光子的产生和吸收来实现的，所以绝大多数基态是单重态（S_0）分子，$S_0 \rightarrow S_1$很容易发生。

⑤ 辐射能量转移不涉及给体-受体间的直接相互作用，因为这种能量转移的概率随给体量与给体-受体间距离变化的变化慢，给体-受体间距离大约在 50~100Å（$1Å = 10^{-10}m$）。所以，辐射能量转移一般发生在稀溶液中。

3.2.1.2 无辐射能量转移

相对于辐射型能量转移来说，无辐射能量转移过程中不涉及光子的发射和吸收，是一个一步过程。可简单表示为

$$D^* + A \longrightarrow (D^* \cdots\cdots A) \longrightarrow D + A^* \tag{3-16}$$

首先，无辐射能量转移必须遵循体系总能量守恒定律，这就要求 $D^* \rightarrow D$ 的能量与 $A \rightarrow A^*$ 的能量相等。

其次，自旋守恒与否是能量转移速率的决定性因素。根据 Wigner-Witmer 自旋守恒定则，在反应体系中，体系的总自旋必须守恒。

无辐射能量转移过程主要通过共振机制和电子交换机制发生。若用波函数描述无辐射的能量转移过程，可写成

$$\psi(D^*)\psi(A) \longrightarrow \psi(D)\psi(A^*) \tag{3-17}$$

式中，$\psi(D^*)\psi(A)$ 表示能量转移前的始态，可简写为 ψ_i；$\psi(D)\psi(A^*)$ 表示能量转移后的终态，可简写为ψ_f。所以，根据物理学的 Golden 规则，两个状态ψ_i和ψ_f间发生跃迁的速率常数为

$$k_{et} \propto \langle \psi_i | H | \psi_f \rangle = \langle \psi_i | H_c | \psi_f \rangle + \langle \psi_i | H_e | \psi_f \rangle \tag{3-18}$$

式中，H_c代表库仑相互作用，即给体中的电子 HOMO-LUMO 间的跃迁诱导了受体电子在 LUMO-HOMO 间的跃迁，这是一种远程的共振相互作用；H_e代表电子交换的相互作用，当给体 D^* 与受体 A 相互靠近并且分子轨道重叠时发生的电子交换，需要受体-给体的电子云重叠。

共振机制和电子交换机制见图3-9 和图 3-10。

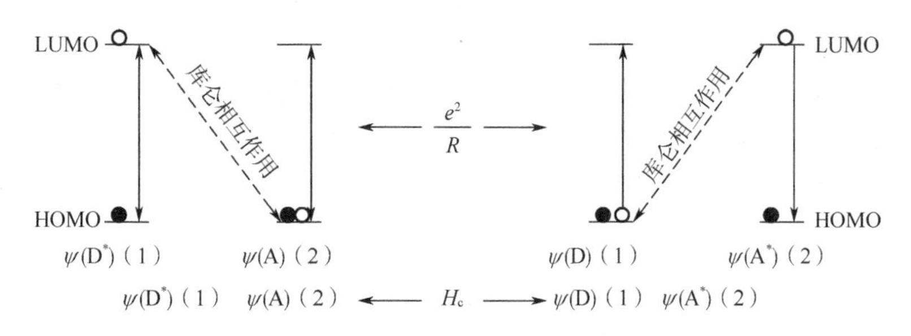

图3-9 给体与受体之间的库仑相互作用（共振机制）

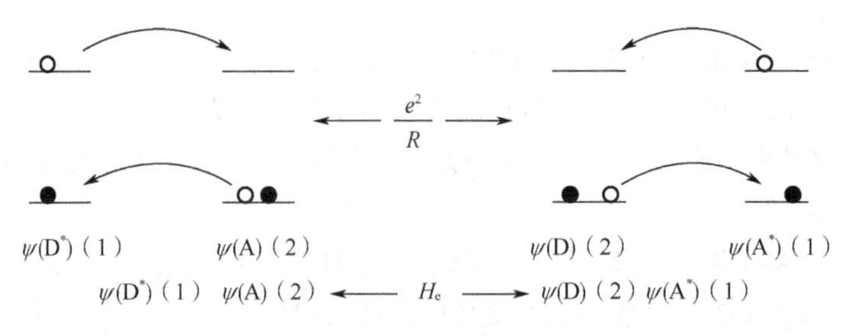

图3-10　给体与受体之间的电子交换作用（电子交换机制）

（1）共振机制

以共振机制发生能量转移时，不需要给体与受体分子相互接触，可在较长距离内发生。给体中的电子在HOMO-LUMO间的跃迁会诱导受体中的电子在LUMO-HOMO间的跃迁，故共振机制也被称为诱导偶极机制。

① 发生条件。给体D^*和受体A之间的能量转移包含 $D^* \rightarrow D$ 和 $A \rightarrow A^*$ 两个过程，因此，给体与受体间发生共振能量转移的必要条件是

$$\Delta E_{(D^* \rightarrow D)} = \Delta E_{(A \rightarrow A^*)} \tag{3-19}$$

② Förster 理论指出，共振机制能量传递的速率常数 k_{et} 与给体的跃迁偶极矩 μ_D 的平方成正比，与受体的跃迁偶极矩 μ_A 的平方成正比，与给体受体之间的距离 R 的六次方成反比，与给体发射光谱和受体吸收光谱的重叠积分 J_F 成正比，即

$$k_{et} = \frac{8.8 \times 10^{-25} K^2 \varphi_f J_F}{n^4 \tau_D R^6} \propto \frac{\mu_D^2 \mu_A^2}{R^6} \tag{3-20}$$

式中，R 为给体与受体之间的距离，Å；K 为偶极在空间的取向因子；n 为溶剂的折射率；φ_f 为给体的荧光量子产率；J_F 为荧光光谱和吸收光谱归一化后的重叠积分

$$J_F = \int_0^\infty \frac{F_D(\lambda)\varepsilon_A(\lambda)\mathrm{d}\lambda}{\lambda^4} \tag{3-21}$$

式中，$F_D(\lambda)$ 为给体在 λ 波长处的荧光强度；$\varepsilon_A(\lambda)$ 为受体在波长 λ 处的摩尔消光系数。

③ 共振机制特点

a. 共振能量转移可在给体与受体的较大间距内发生，一般可在5~10nm距离内发生。

b. 一般情况下，共振机制的能量转移速率常数k_{et}与溶剂黏度无关。但当受体浓度[A] < 10^{-4}mol / L时，溶剂黏度将会对k_{et}产生影响。因为这时给体与受体间的间距将大于10nm，分子需经扩散运动达到较近距离时才能发生能量转移。

c. 共振机制的能量转移速率常数k_{et}可能大于分子扩散运动的速率常数，即k_{et}可能大于$10^{10}s^{-1}$。

d. 只有给体的失活和受体的激发都是跃迁允许的过程，才容易发生共振机制的能量转移。例如

$$D^*(S_1) + A(S_0) \longrightarrow D(S_0) + A^*(S_1) \tag{3-22}$$

或

$$D^*(S_1) + A(T_n) \longrightarrow D(S_0) + A^*(T_{n+1}) \tag{3-23}$$

这两个过程都是跃迁允许的过程，这两种能量转移可按共振机制发生。但是，也可以为下面类型的共振机制能量转移

$$D^*(T_1)+A(S_0) \longrightarrow D(S_0)+A^*(S_1) \tag{3-24}$$

这是因为 $D^*(T_1)$ 的寿命较单重态寿命长得多，能量的给出过程可以是一个禁阻的过程。但是在共振机制的能量转移研究中，至今未观察到受体跃迁是禁阻的共振能量转移，即 $A(S_0) \to A^*(T_1)$ 是不可能通过共振机制的能量转移实现的。也就是说，在能量转移过程中，受体的跃迁是控制过程。

（2）电子交换机制

① 发生条件。只有当给体 D^* 与受体 A 相互靠近并且分子轨道重叠时，才能发生电子交换。即当给体-受体的原 HOMO 相互重叠时，受体 HOMO 中的一个电子跃迁到给体的原 HOMO；或者当它们的原 LUMO 相互重叠时，给体原 LUMO 中的一个电子可能跳到受体的 LUMO。这样，给体回到基态，受体到达激发态，从而完成电子交换和能量转移。

②交换机理

一步协同机理。如图3-11 所示，给体和受体的原 HOMO-HOMO 及 LUMO-LUMO 同时发生重叠，经过一步协同跃迁，完成电子交换和能量转移。

分步的电荷转移交换机理。如图3-12 所示，当给体和受体相互接近时，首先生成自由基离子对。自由基离子对分解，完成电子交换和能量转移。生成的自由基离子对可以是$(D^+A^-)^*$和$(D^-A^+)^*$两种情况。

化学键合交换机理。如图3-13 所示，给体和受体在相互靠近时发生化学键合，形成双自由基或两性离子。之后此中间体分解，同时实现电子交换和能量转移。形成的中间体可能是激基复合物（或激基缔合物）或相遇复合物。

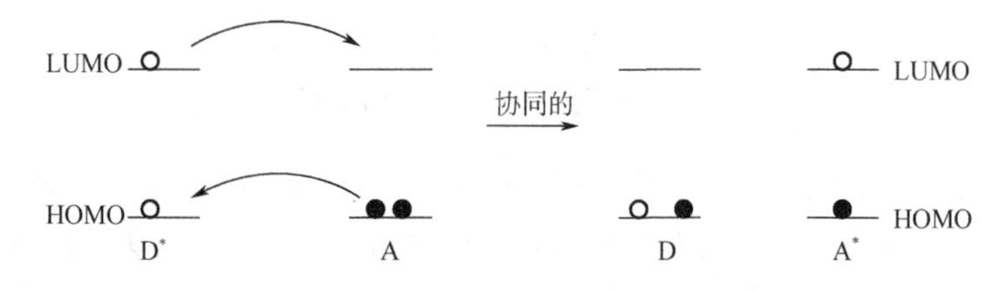

图3-11　能量转移的一步协同电子交换机制

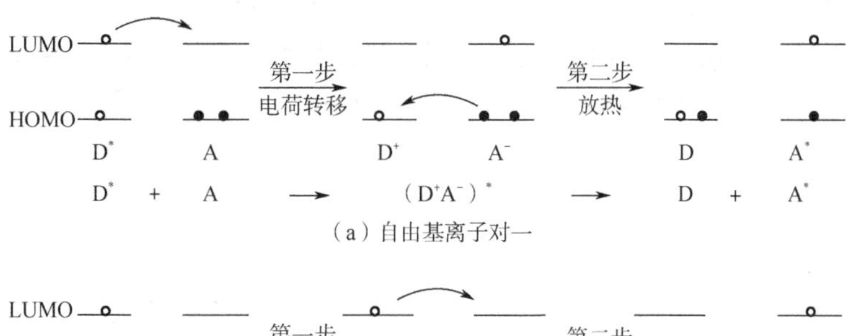

（a）自由基离子对一

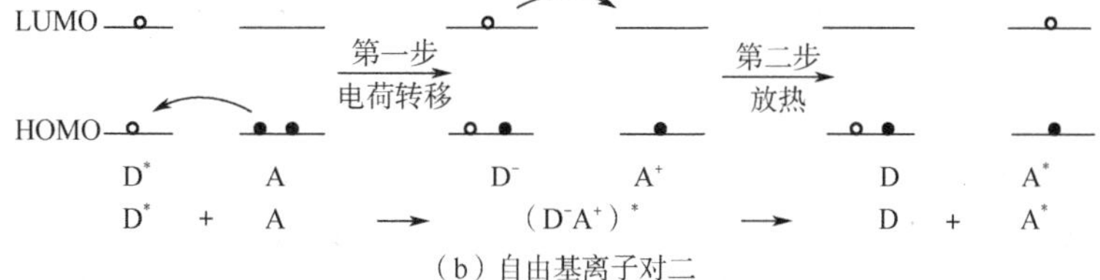

（b）自由基离子对二

图3-12　能量转移的分步电荷转移电子交换机制

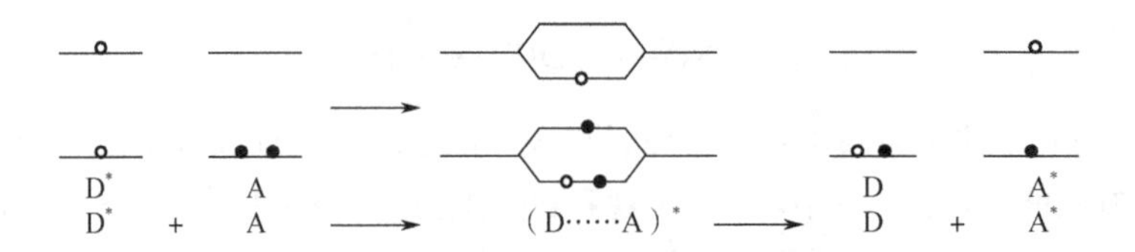

图 3-13　能量转移的化学键合电子交换机制

Dexter 在 1953 年提出，以电子交换机制进行的能量转移的速率常数可以表示为

$$k_{\mathrm{et}} = kJ\mathrm{e}^{-2R/L} \tag{3-25}$$

式中，k 与轨道相互作用有关；R 是给体与受体间的边界距离；L 是给体 D 与受体 A 的范德华力半径之和；J 是受体消光系数积分归一化的光谱重叠积分。

$$J = \frac{2\pi}{h}\int_0^\infty F_{\mathrm{D}}(\lambda)\varepsilon_{\mathrm{A}}(\lambda)\mathrm{d}\lambda \tag{3-26}$$

③ 电子交换机制特点

a. 随着给体和受体间距离 R 的增加，能量转移的速率常数呈指数地减小，当 R 增加至 0.10~0.15nm 时，能量转移的速率与其他失活过程相比，是可以忽略的。

b. 能量转移速率常数与受体的吸光特性无关。

c. 介质黏度显著地影响能量转移的进行，这是因为能量转移强烈地依赖于分子的扩散。

d. 这种能量转移过程遵循 Wigner 自旋守恒规则，即一体系的始态与终态的电子自旋角动量之和守恒，如

$$\mathrm{D(S_1)+A(S_0)\longrightarrow D(S_0)+A(S_1)}$$
$$\mathrm{D(T_1)+A(S_0)\longrightarrow D(S_0)+A(T_1)}$$

（3）共振机制（Förster 理论）与电子交换机制（Dexter 理论）的简单比较

首先共振机制是利用空间的电磁场的作用，因而它是非接触型的诱导作用，作用距离较长；而电子交换机制则是利用电子云重叠的作用，因而它是一种接触型的碰撞作用，作用距离较短。由这些本质上的不同，进一步引申出，在偶极-偶极近似下，Förster 理论预示的转移速率与距离的六次方成反比，并与给体的量子产率、给体和受体的辐射振子强度及给体发射光谱和受体吸收光谱的重叠积分相关。而 Dexter 理论则预示着转移速率与距离呈指数衰减关系，并与给体发射光谱和受体吸收光谱的重叠积分有关，但与给体和受体的辐射振子强度无关。

将上述两种机理的能量转移对比列表，见表 3-1。

表 3-1　共振转移与电子交换转移的比较

共振转移	电子交换转移
Förster 理论	Dexter 理论
诱导偶极机理	碰撞机理
通过电磁场实现	通过电子云重叠实现
通过空间转移	通过碰撞转移
非接触型	接触型
长距离转移（50~100Å）	短距离转移（5~10Å）

续表

共振转移	电子交换转移
转移速率 $k_{et} \propto R_{DA}^{-6}$	转移速率 $k_{et} \propto e_{DA}^{-aR}$
与实验量 φ_D（D的量子产率）有关	与实验量无关
与 $D^* \rightarrow D$ 和 $A \rightarrow A^*$ 的辐射振子强度有关	与振子强度无关
与光谐重叠积分 J 有关	与光谱重叠积分 J 有关
$J = \int_0^\infty \frac{F_D(\lambda)\varepsilon_A(\lambda)}{\lambda^4} d\lambda$	$J = \int_0^\infty F_D(\lambda)\varepsilon_A(\lambda) d\lambda$

3.2.2 能量转移的研究方法

能量转移问题的研究也像其他科学问题的研究一样，可分成实验研究和理论研究两大类，它们相辅相成，共同促进对能量转移这一动力学过程中心问题的认识。实验是理论的基础，而理论有助于揭示实验现象的本质，并可作为实验研究的一种补充，提供某些实验无法提供的信息。

3.2.2.1 能量转移的实验研究方法

（1）稳态光谱法

稳态光谱是能量转移定性研究的重要手段。常用的有吸收光谱、荧光发射和偏振光谱、线二色谱及圆二色谱等。

能量转移现象最初就是从荧光敏化实验中发现的，能量转移的结果是作为能量给体的发射被作为能量受体的发射所取代，所以说荧光光谱实验是获得能量转移信息最直观的方法之一。

另一种简便而直观的能量转移实验研究手段是荧光偏振光谱。随机取向分子体系的一般偏振度公式为

$$P = \frac{3\cos^2\theta - 1}{\cos^2\theta + 3} \tag{3-27}$$

式中，θ 是吸收与发射偶极矩间的夹角。由式（3-27）可知，P 值的范围是 $-1/3$ 到 $+1/2$。当吸收与发射偶极矩互相平行时（$\theta = 0$），P 值最大（$P = 1/2$）；而互相垂直时（$\theta = 90°$），P 值最小（$P = -1/3$）。由于发生能量转移的激发分子与获得能量的分子有不同的空间位置，它们的振子轴成一定角度，因而能量转移必与偏振度降低相伴随，偏振度变化是体系中存在能量转移的直观表现。

值得一提的是，两生色团均能吸收与发射，并经能量转移而交换激发的体系。Demidov 导出了荧光偏振度的修正公式，对稳定激发

$$P = \frac{3\cos^2\theta - 1 + 2A}{\cos^2\theta + 3 + 4A} \tag{3-28}$$

式中，A 为能量转移的速率常数，当第一个生色团只吸收光，第二个生色团只发射光时，$A = 0$。

对含有多个生色团的复合体系，除了要确定体系中是否存在能量转移外，常常还涉及各生色团在能量转移过程中的作用及能量转移的历程。而这时整个体系的稳态光谱往往由于谱线间的重叠而形成无结构的宽谱。如要对这种复合光谱进行分解，解析出属于各生色团的谱带，

则要采用解卷积（deconvolution）技术。常用的解卷积方法有两种：镜像法和函数拟合法。

镜像法是根据无偶合生色团的吸收光谱与荧光发射光谱互为镜像的原理，从复合的吸收光谱中逐个减去荧光光谱的镜像来实现谱的分解和归属指认的。Zickendraht-Wendelstadt 等也成功地将该方法用于蓝绿藻 psendanabaena W1173 中 C-藻红蛋白（C-PE）的光谱分析。C-藻红蛋白由 α 和 β 亚基组成，α 亚基中含有两个藻红胆素生色团，而 β 亚基中有三个藻红胆素生色团。先分别对 α 亚基和 β 亚基的吸收光谱用镜像法解卷积，然后再利用得到的结果去拟合 C-PE 的光谱，逐一确定了这五个生色团的光谱及它们在能量转移中的作用。

函数拟合法是另一种更常用的解卷积方法，它是用一组加权的高斯和洛仑兹函数去拟合实测的光谱曲线，从而实现复杂谱的分解和指认。如 Csatorday 等用函数拟合法分析变藻蓝蛋白（APC）的吸收光谱和圆二色谱，并从圆二色谱中分解出一个负带组分，充分说明体系中强偶合的存在。函数拟合法成败的关键在于究竟应用多少个组分去拟合。由于生色团所处的环境不同和生色团间的相互作用不同，光谱含有的组分数与生色团的数目常不一致。如单从数学上讲，组合数越多，可达到的拟合精度也越高，但这并不表明拟合的结果越接近真实。实际采用的解决办法是最小组分数规则，即在允许的误差范围内，力求用最少的函数去拟合。

（2）时间分辨光谱法

时间分辨光谱是定量研究能量转移的重要手段。随着实验技术的不断发展，时间分辨率越来越高，使以皮秒（10^{-12}s）乃至飞秒（10^{-15}s）的速率去跟踪能量转移过程成为可能，从而涌现出大量超快速能量转移过程的研究，所采用的主要实验手段是瞬态吸收和时间分辨荧光光谱。本书不具体介绍实验方法和综述实验结果，仅提醒读者注意实验结果的处理与分析中存在的问题。

首先，由于实际采用的激发脉冲不可能是真正的 Dirac δ 函数，因而实验测得的荧光 $h(t)$ 是激发脉冲强度分布函数 $f(t)$ 和真正的激发态衰减曲线 $g(t)$ 的卷积

$$h(t)=\int g(t-\tau)f(\tau)\mathrm{d}\tau \tag{3-29}$$

为了求得体系真正的衰减函数 $g(t)$，必须进行解卷积处理。从数学上讲，解卷积本是一个已完全解决的问题，但在荧光衰减的实际测量中，由于函数 $h(t)$ 和 $f(t)$ 只在有限个离散的点上是已知的，而且是通过实验装置测定的，所以通常用一组函数（多数情况下用指数函数）去拟合解卷积后得到的时间分辨荧光光谱数据，以获得能量转移过程中的速率参数，即

$$f(t)=\sum_{i=1}^{m}a_i\exp\left(\frac{-t}{\tau_i}\right) \tag{3-30}$$

以此作为拟合函数。通过使其与实验 $g(t)$ 间方差最小的方法确定式（3-31）中参数 a_i 和 τ

$$\varDelta=\sum_{j=1}^{m}\sqrt{\left[g_j-\sum_{i=1}^{m}a_i\exp\left(\frac{-t}{\tau_i}\right)\right]^2} \tag{3-31}$$

式中，$g_j=g(t=t_j)$。从纯数学的观点看，式（3-31）中 m（组分数）和 n（实验数据点数）值越大，拟合结果越精确，但这同样不表示结果越接近真实。还需要指出的是：①这样的拟合结果不是唯一的，也就是说可以人为地用两组完全不同的函数拟合出同一实际衰减曲线，因此，拟合出的动力学参数并不一定可靠。②拟合结果的物理意义不明确，不能与实验过程一一

对应。这些问题在复杂体系如生物大分子中尤为严重。

对于这些问题，有人试图用综合（global）分解法解决。它与上述一般方法不同的是增加了拟合变量，即不是单用一个时间变量，而是用时间（t）和波长（λ）两个变量来表示荧光衰减曲线，这时用于确定拟合参数的方差表达式为

$$\Delta = \sum_{k=1}^{l}\sum_{j=1}^{n}\sqrt{\left[g_j - \sum_{i=1}^{m} a_{ki}(\lambda_k)\exp\left(\frac{-t_{ij}}{\tau_i}\right)\right]^2} \tag{3-32}$$

式中，m 为拟合的函数个数；n 为某波 E 下所取的不同时刻数；l 为不同的波长；g_j 则是波长为 λ_k 时在 t_j 时刻测得的实验值。指前因子 a_{ki} 随波长而变，但寿命 τ_i 与波长无关。

综合分解法本是针对衰减寿命有显著差别，且分子间不发生相互作用的两种或几种有机分子混合物的荧光光谱而提出的。但对于不符合这些条件的体系，如生物大分子中，各类生色团间的相互作用不能忽略，则该方法仅相当于增加了拟合的数据点数，拟合结果不易获得本质性的改善。

总的说来，时间分辨光谱实验虽是定量研究能量转移过程的手段，但真正能实现定量的只是那些能量转移过程少、不同过程的速率差别大的简单体系。而对于复杂体系，只能给出量级的概念，即表明在所研究的体系中有某个量级（如皮秒或飞秒）的能量转移过程存在。

3.2.2.2　能量转移的理论研究方法

能量转移研究属于动力学研究范畴，它与常规化学反应动力学问题的不同仅仅是能量转移不产生新的化学物质，而只引起微观状态的改变。因此，通常在化学反应动力学研究中采用的理论研究方法，一般也适用于能量转移过程的研究。

一个空间均匀的化学体系随时间演化的过程有两种数学描述方法。一种叫确定型方法，它把时间演化看作一个连续的、完全可预期的过程，此过程受一组称为反应速率方程的联立常微分方程支配。另一种叫随机型方法，它把时间演化过程视为一种随机散布过程，该过程受一个称为主方程的微分-差分方程控制。以下分别介绍。

（1）确定型方法

确定型方法把参与反应的分子数及反应速率都视为时间 t 的连续函数。现以一个简单的两类分子体系为例说明该方法在能量转移过程研究中的作用。分子 D 将一部分能量以速率 k_D 经无辐射过程向分子 A 转移，另一部分能量则以辐射形式（荧光）发射，速率为 k_F。同样，一部分能量由分子 A 向 D 转移的速率为 k_A，A 的荧光发射速率也设为 k_F，则体系随时间的演化过程可用下列常微分方程组，即反应速率方程组表示

$$-\mathrm{d}[\mathrm{D}]/\mathrm{d}t = k_\mathrm{D}[\mathrm{D}] - k_\mathrm{A}[\mathrm{A}] + k_\mathrm{F}[\mathrm{D}]$$

$$-\mathrm{d}[\mathrm{A}]/\mathrm{d}t = k_\mathrm{A}[\mathrm{A}] - k_\mathrm{D}[\mathrm{D}] + k_\mathrm{F}[\mathrm{A}] \tag{3-33}$$

式中，[D]和[A]分别表示分子 D 和 A 的浓度。

设 $t=0$ 时，仅 D 分子被激发，即$[\mathrm{D}]_{t=0}=[\mathrm{D}]_0$，$[\mathrm{A}]_{t=0}=0$，满足此初始条件的微分方程解为

$$[\mathrm{D}] = \{[\mathrm{D}]_0/(k_\mathrm{D}+k_\mathrm{A})\}\{k_\mathrm{D}\exp[-(k_\mathrm{D}+k_\mathrm{A}+k_\mathrm{F})t] + k_\mathrm{A}\exp(-k_\mathrm{F}t)\}$$

$$[\mathrm{D}] = \{-[\mathrm{D}]_0/(k_\mathrm{D}+k_\mathrm{A})\}\{k_\mathrm{D}\exp[-(k_\mathrm{D}+k_\mathrm{A}+k_\mathrm{F})t] - k_\mathrm{A}\exp(-k_\mathrm{F}t)\} \tag{3-34}$$

对于复杂的体系，原则上可用与上面类似的方法求解，但其复杂程度是可想而知的，而且一般不可能得到严格的解析表达式，更多的还要通过计算机进行数值求解。

虽然反应速率微分方程方法对于化学动力学的巨大重要性和实用性是无可否认的，但需要特别注意的是：①确定型方法明确假定化学反应体系的时间演化过程是连续的和确定的，但实际上，它并不是一个连续的过程。②从上述最简单的体系所得到的解析表达式（3-34）可以看出，虽然微分方程的解具有指数加和的形式，但这些指数项并不与过程的速率一一对应。往往一个指数项代表的是多个过程之和。③由微分方程得出的解是物理量的系综平均。因此对能量转移过程来说，它难以给出过程的微观动态性质和能量转移的详细历程。

（2）随机型方法

随机型方法把化学反应看作以一定的概率发生的过程，这更符合微观体系应遵循的量子力学规律。随机型方法描述的是分子数而不是确定型方法中的浓度随时间的变化。它假定无限小时间间隔 dt 内，某特定反应物分子的组合发生 R_u 反应的平均概率为 C_udt，这也是随机反应常数 C_u 的定义。

建立主方程的关键是定义概率主函数。$P(X_1, X_2, \cdots, X_N)$ 表示体积 V 内，t 时刻体系中有 X_1 个 S 分子，X_2 个 S_2 分子，…，X_N 个 S_N 分子的概率，该函数提供 t 时刻体系随机态的完全特征。从“主函数”出发，可求得 t 时刻 X_i 的 K 阶矩

$$X_i^{[K]}(t) = \sum_{X_i=0}^{\infty} \sum_{X_N=0}^{\infty} X_i^K P(X_1, X_2, \cdots, X_N; t)\ (i = 1, 2, \ \cdots, \ N; K = 0, 1, 2\cdots) \tag{3-35}$$

它给出在 V 内 t 时刻 S_i 类分子平均数的 K 次方。特别有用的是 $K=1$ 和 2 的矩，因为 $X_i^{(1)}(t)$和

$$\Delta_i(t) = \left\{ X_i^{(2)}(t) - [X_i^{(1)}(t)]^2 \right\}^{1/2} \tag{3-36}$$

分别表示 V 内 t 时刻 S_i 类分子的平均数和关于这个平均数的均方根涨落。

主方程是函数 $P(X_1, X_2, \cdots, X_N; t)$ 随时间演变的方程，可由随机方法的基本假设 C_udt，用概率论的加法和乘法定律导出。把 $P(X_1, X_2, \cdots, X_N; t+\mathrm{d}t)$ 写成体系在 $t+\mathrm{d}t$ 时刻到达 $(X_1, \cdots, X_N)$状态的 $1+M$ 种不同途径的概率之和

$$P(X_1, X_2, \cdots, X_N; t+\mathrm{d}t) = P(X_1, X_2, \cdots, X_N; t)\left(1 - \sum_{u=1}^{M} a_u \mathrm{d}t\right) + \sum_{u=1}^{M} B_u \mathrm{d}t \tag{3-37}$$

这里定义 a_u 为

$$a_u \mathrm{d}t = C_u \mathrm{d}t \times [\text{状态}\,(X_1, X_2, \cdots, X_N)，R_u\,\text{分子的不同组合数}] \tag{3-38}$$

即 V 内 t 时刻处于状态 $(X_1, X_2, \cdots, X_N)$ 的体系，在$(t, t+\mathrm{d}t)$时间间隔内发生 R_u 反应的概率。

C_udt 则是体系处于与 $(X_1, X_2, \cdots, X_N)$ 状态差一个 R_u 反应的状态，且在时间间隔$(t, t+\mathrm{d}t)$内发生 R_u 反应的概率。

由式（3-37）写出主方程

$$\frac{\partial}{\partial t} P(X_1, X_2, \cdots, X_N; t) = \sum_{u=1}^{M} [B_u - a_u P(X_1, X_2, \cdots, X_N; t)] \tag{3-39}$$

写出体系的主方程并不难，但要求解析完全就是另一回事了。主方程能解析求得的情况甚

至比确定型方法中能解析求解反应速率方程的情况还少，而且主方程还不易在计算机上进行数值求解。这是因为它含有 N 个分立变量 $(X_1, \cdots, X_N)$ 和一个连续变量 t，而反应速率方程中只含一个连续变量 t。简要地说，主方程虽然比反应速率方程有更坚实的物理基础，但在数学上却常是难以处理的。

为克服这一困难，Gillespie 提出了随机模拟法。它与主方程方法完全等价，只需在随机型方法的骨架内作精确的数值计算，而不必直接处理主方程。

随机模拟法也以与主方程同样的基本假设 $C_u\mathrm{d}t$ 为基础，对于空间均匀分布的随机体系，这个假设是合理的。要模拟一个化学反应体系随时间变化的过程，就要解决这两个问题：①下一个反应何时发生？②下一个是什么反应？由于反应的随机性质，这两个问题只能从概率意义上来回答。为此引入反应概率密度函数。

$P(\tau, u)\mathrm{d}\tau$= 在体积 V 内，t 时刻处于 $(X_1, X_2, \cdots, X_N)$ 状态的体系，下一个反应是且在无限小的时间间隔$(t+\tau, t+\tau+\mathrm{d}\tau)$内发生反应 R_u 的概率

$$（0\leqslant t<\infty，u=1, 2, \cdots, M） \tag{3-40}$$

在数学术语中，这是一个连续变量τ和分立变量 u 在空间中的概率密度联合函数。注意变量τ和 u 的各个数值正是上述两个问题的回答。

在随机模拟方法中，用组合数 h_u 来代替确定型方法中的浓度，它的定义是

$$h_u = 在状态(X_1, X_2, \cdots, X_N)时参与 R_u 反应的反应物分子的组合数 \tag{3-41}$$

如 R_u 是 $S_1+S_2\rightarrow$产物型反应，$h_u=X_1X_2$；若 R_u 是 $S_1\rightarrow$产物型反应，则 $h_1=X_1$；若 R_u 是 $2S_1\rightarrow$产物型反应，则 $h_u=X_1(X_1-1)/2$。这样可得到：$a_u\mathrm{d}t=C_uh_u\mathrm{d}t$，即体积 V 内、t 时刻、状态 $(X_1, X_2, \cdots, X_N)$ 的体系中，在$(t, t+\mathrm{d}t)$时间间隔内发生 R_u 反应的概率。

现将式（3-40）分解为 $P_0(\tau)$和 $a_u\mathrm{d}\tau$ 的乘积

$$P(\tau,u)\mathrm{d}\tau = P_0(\tau)a_u\mathrm{d}\tau \tag{3-42}$$

式中，$P_0(\tau)$为$(t, t+\tau)$时间间隔内不发生反应的概率；$a_u\mathrm{d}\tau$为$(t+\tau, t+\tau+\mathrm{d}\tau)$时间间隔内发生反应的概率。所以

$$P_0(\mathrm{d}\tau') = 1-\sum_{u=1}^{M}a_u\mathrm{d}\tau' \tag{3-43}$$

式中，$\sum_{u=1}^{M}a_u\mathrm{d}\tau'$ 表示 $\mathrm{d}\tau'$ 时间内各种反应发生的概率之和。由于体系的总概率为 1，所以式（3-42）表示处于 $(X_1, X_2, \cdots, X_N)$ 状态的体系中无反应发生的概率。根据和概率定则

$$P_0(\tau'+\mathrm{d}\tau') = P_0(\tau')\left(1-\sum_{u=1}^{M}a_u\mathrm{d}\tau'\right) \tag{3-44}$$

$$\frac{\mathrm{d}P_0(\tau')}{P_0(\tau')} = \frac{P_0(\tau'+\mathrm{d}\tau')-P_0(\tau')}{P_0(\tau')} = -\sum_{u=1}^{M}a_u\mathrm{d}\tau' \tag{3-45}$$

对式（3-45）积分得

$$P_0(\tau) = \exp\left(-\sum_{u=1}^{M} a_u \tau\right) \tag{3-46}$$

因为 $a_u = C_u$，所以式（3-46）可改写为

$$P_0(\tau) = \exp(-a_0 \tau) \tag{3-47}$$

式中

$$a_0 = \sum_{u=1}^{M} a_u = \sum C_u h_u \tag{3-48}$$

将式（3-47）代入式（3-42），则有

$$P\begin{cases} a_u \exp(-a_0 \tau) & 0 \leqslant \tau < \infty, u = 1, \cdots, M \\ 0 & \text{其他} \end{cases} \tag{3-49}$$

现取两个在（0,1）区间上均匀分布的随机数序列 γ_1 和 γ_2 以确定 τ 和 u，由式（3-47）和式（3-48）得到

$$\tau = (1/a_0)\ln(1/\gamma) \tag{3-50}$$

$$\sum_{u=1}^{M-1} a_u \tau < r_2 a_0 < \sum_{u=1}^{M} a_u \tau \tag{3-51}$$

可以证明，用式（3-50）和式（3-51）确定的反应服从概率分布式（3-49）。式（3-50）表示下一个反应发生的时刻，而式（3-51）则表明下一个发生的是什么反应。至此，已完成了最初提出的从概率意义上回答化学反应体系随时间的演化过程中要解决的两个基本问题。

根据上述随机模拟法的原理，具体模拟某化学反应体系随时间变化过程的步骤是：

① 设置初始 $t = 0$ 时刻，输入体系 N 个初始分子集居数 $(X_1, X_2, \cdots, X_N)$ 和 M 个随机反应常数 $(C_1, \cdots, C_M)$。触发随机数发生器，启动反应器。

② 计算并存储 M 个 $A_1 = C_1H_1, \cdots, A_M = C_MH_M$ 及它们的和 A_0。

③ 使用在（0, 1）区间上均匀分布的随机数发生器产生的两个随机数 γ_1 和 γ_2，并根据式（3-50）和式（3-51）计算出相应的 τ 和 u。

④ 将反应时间 t 增加 τ，执行 u 反应，并调整各有关分子的集居数。例如反应是 $S_1 + S_2 \rightarrow S_3$ 型时，把两种反应物分子 S_1 和 S_2 的数目各减少 1，把产物分子 S_3 的数目增加 1。

⑤ 把④的结果作初值返回到②。重复步骤②~④直至反应物的分子数变为 0，或反应时间达到某个预定值。

⑥ 为得到相应于主方程的各种分子平均数随时间的变化，重复执行步骤①~⑤。每次除随机数初值不同外，其他初值都相同。为使模拟结果具有统计意义，需重复执行多次。这也正是该方法费时的主要原因。

随机模拟法，也叫 Monte Carlo 方法。它与主方程一样是根据假设“无限小时间间隔内，某特定反应物分子的组合发生 R_u 反应的平均概率为 $C_u\mathrm{d}t$”，以严格的数学方法导出的。它充分考虑了确定型方法中忽略的分子集居数在宏观平均值附近的涨落和相干，因而具有更坚实的物理基础。此外，它又不同于大多数数值求解确定型反应速率方程的方法，不用有限时间步长 Δt 近似无限小时间增量，因而不会出现微分方程数值求解时可能遇到的无伸缩不稳定问题（Stiff）。随机模拟法可方便地应用于任何复杂体系，更重要的是，随机模拟法不但可以提供体

系中各组分的时间演化过程，而且可以显示出变化的每个具体步骤的特性和实现过程，就像在可直接观察反应步骤的理想实验室中实验一样。

3.2.3 能量转移的典型实例

为加深对能量转移机理的理解，就上一节中讨论的不同机理所引发的能量转移挑选有代表性的实例作简单介绍。

3.2.3.1 Förster 机理的实例

Förster 机理实验验证的一个重要例子是对一系列聚-L-脯氨酸的齐聚物(Ⅰ)的能量转移研究。这些化合物中的给体基团是 α-萘磺酰基。

当 $n = 1 \sim 4$ 时，$R_{DA} = 10 \sim 20Å$，单重态-单重态能量转移效率接近 100%；当 $n = 12$ 时，效率下降到 15%左右。而 R_{DA} 约为 35Å 时，发生 50%左右的转移，说明该体系的 Förster 临界距离 R_0 为 35Å。实验观测到的能量转移效率完全遵循 R^{-6} 关系，精确符合 Förster 型。

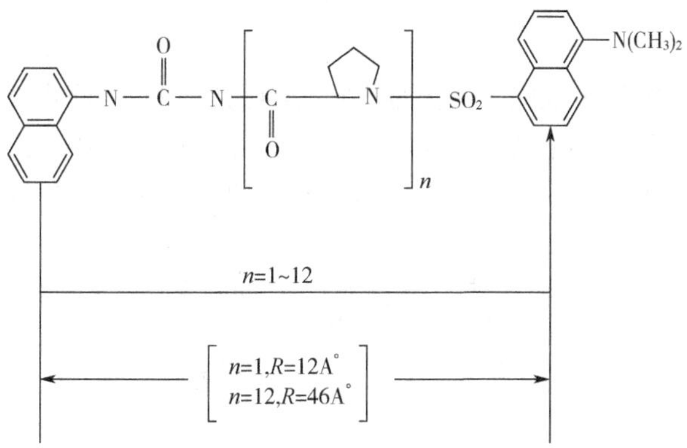

O
N—C—N C N SO₂ N(CH₃)₂
O
n
n=1~12
n=1,R=12A°
n=12,R=46A°

(Ⅰ)

这个例子启示我们 Förster 公式可作为由能量转移速率常数测量来确定给体 D 与受体 A 间距离的"光谱尺"，使能量转移研究成为确定大分子结构的一种手段。

Förster 公式还告诉我们，能量转移速率与光谱重叠积分 J 的比例关系。对此一个精美的实验验证是对甾族化合物(Ⅱ)和(Ⅲ)的研究。

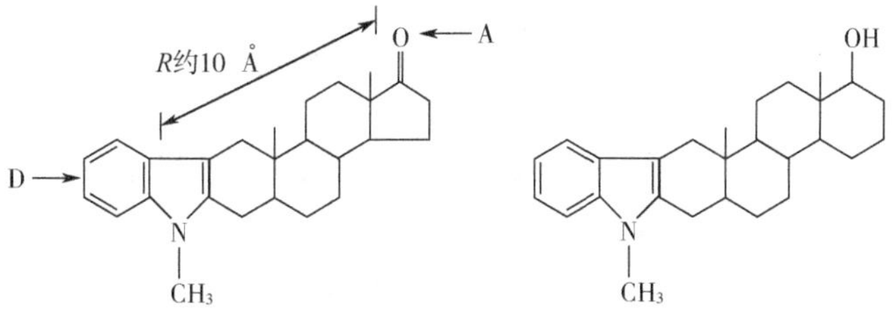

R约10 Å
O ← A
D →
N
CH₃
OH
N
CH₃

(Ⅱ) (Ⅲ)

其中能量给体是 N-甲基吲哚，能量受体是酮官能团。结构(Ⅱ)的 R_{DA} 约为 10.2Å，实验表明(Ⅱ)的给体部分的发射光谱强烈依赖于溶剂。因而改变溶剂就可使光谱重叠积分发生很大变化。对结构(Ⅱ)速率常数的测定，并不能与分子内能量转移的结构(Ⅲ)进行比较，证实了转移速率正比于光谱重叠积分 J，与 Förster 理论完全一致。

3.2.3.2 交换机理的实例

Speiser 等系统研究了三类大环-双酮化合物（Ⅳ，Ⅴ，Ⅵ）中的能量转移过程。

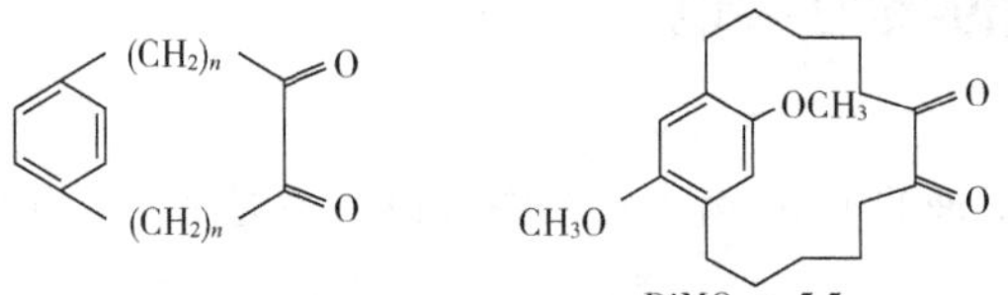

p–n,n　　DiMO–p–5,5

(Ⅳ)

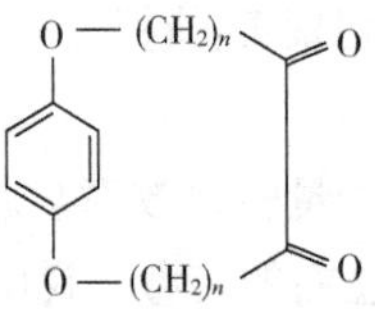

HQ–n,n　　1,4–Naph–5,5

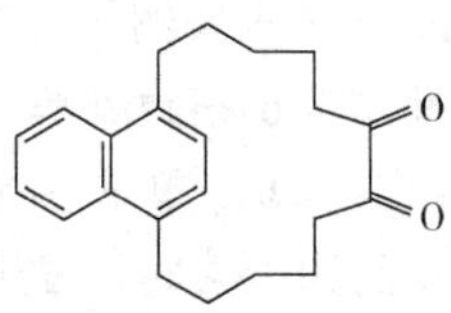

(Ⅴ)　　(Ⅵ)

这三类化合物中，桥和 α-双酮生色团是等同的，而芳香生色团不同。研究结果表明能量转移效率与温度和结构有关，这说明交换相互作用是造成这些分子中靠近的生色团间能量转移的原因。温度和光谱重叠修正的量子产率 Q' 与生色团间的平均距离 $\bar{R}$ 呈指数衰减关系

$$Q'=\frac{Q}{\tau_{\mathrm{D}}\alpha}\exp\left(-\frac{\beta^2}{4\gamma}\right)=\exp(-\beta\bar{R}) \tag{3-52}$$

$$\alpha=\frac{2\pi}{h}KJ_{\mathrm{ex}} \qquad \beta=2/L \tag{3-53}$$

Q 为分子内能量转移的量子产率

$$Q=1-\varphi_{\mathrm{D}}/\varphi_0 \tag{3-54}$$

式中，φ_{D} 为与温度有关的给体荧光量子产率；φ_0 为 φ_{D} 外推至 0K 时的值；τ_{D} 为激发态给体的荧光寿命；γ 是与温度有关的表征生色团间桥的柔性的参数，并有

$$\exp\left(\frac{\beta^2}{4\gamma}\right)=1+\delta\exp\left(\frac{-\Delta E}{RT}\right) \tag{3-55}$$

式中，δ 为分子内能量转移过程所涉及的两种构型的能量转移速率常数之比；ΔE 为能隙。当构型变化不大时，即 $\gamma\gg1$，上式可简化为

$$\gamma^{-1}=\frac{4\delta}{\beta^2}\exp\left(-\frac{\Delta E}{RT}\right) \tag{3-56}$$

对不对称的第(Ⅳ)类分子 p-n，m 的研究表明，生色团 D 和 A 的相时取向在能量转移过程中起一定的作用，但上述大多数对称分子可用 Dexter 型方程来描述。

3.2.3.3 通过键的超交换机理的实例

Zimmermann 等研究了分子(Ⅶ)中的能量转移，给体生色团与受体生色团连接在刚性桥二环[2.2.2]辛烷上。当 $n = 1$，$R_{DA} = 7.5Å$ 时，实验测得的产率比 $n = 2$、R_{DA} 约 11.5Å 时的大 250 倍。实验数据与 Förster 或 Dexter 模型均不相符，证实该体系中能量转移是通过键（5 个 σ 键）的超交换相互作用引起的。

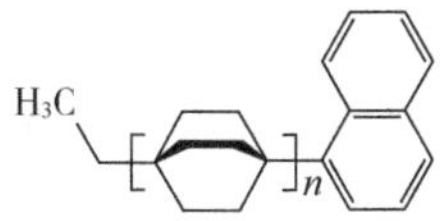

(Ⅶ) 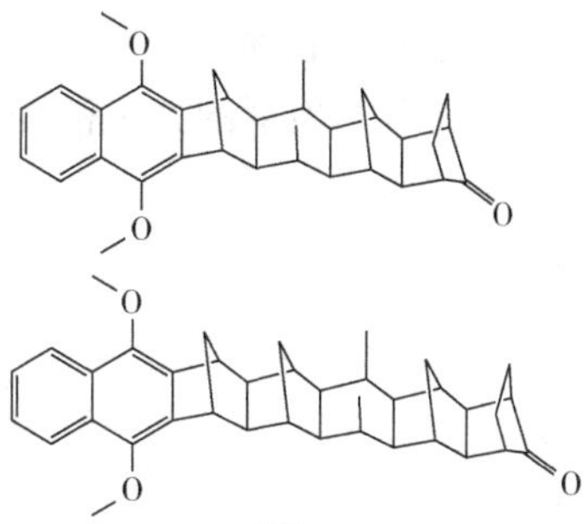　　(Ⅷ)

另一个典型的通过键的超交换机理引起的能量转移实例是 Verhoeven 等对系列分子（Ⅷ）内单重态-单重态能量转移的研究，其中给体生色团是二甲氧基萘，受体生色团是羰基，中间的刚性隔离桥是多降冰片基。这两个生色团经过 4~10 个 σ 键，即使在 $R_{DA} = 11.5Å$（10 个 σ 键）时，仍能观测到分子内的能量转移，此时给体与受体间直接的轨道重叠是根本不可能的。测得的速率常数比按 Förster 公式计算的大得多，而且与生色团间键的数目呈指数关系变化。

需要指出的是，通过交换或超交换机理引起的能量转移速率均与给体和受体间距离呈指数衰减关系。因此，除了它们的相互作用范围外，从实验上是难以区分的。但一般来说，对双生色团分子，如连接给体生色团和受体生色团的桥是刚性的，则键的超交换相互作用影响较大。反之，如桥是柔性或是半柔性的，则超交换作用影响较小。

3.3 能量转移与电子转移的竞争

在 3.1 节与 3.2 节中已分别讨论了能量转移和电子转移的理论与实例。实际上，这两者之间的关系是非常密切的。有时它们并存于一个体系中，彼此相互竞争。所以本节从能量转移与电子转移之间的关系及相互竞争的角度作进一步的分析与讨论。

众所周知，能量转移和电子转移在自然界的光合作用以及人工利用太阳能，特别是太阳能的光化学转化方面起着基础性的重要作用。因而当前在均相和非均相体系中的光诱导能量转移和电子转移研究非常活跃，尤其是在超分子体系中。为便于讨论，本节将以双组分体系为例进行研究分析。

3.3.1 双组分体系中的能量转移和电子转移

以 D 和 A 分别代表能量或电子的给体与受体。一般来说，在由 D 和 A 组成的双组分体系中存在四种不同的电子状态，即基态、两个定域的激发态和一个电荷转移态，如图3-14 所示。

在实际情况中，还要考虑定域激发态的自旋多重度及另一种极性相反的电荷转移态，因此可能出现激发的非定域和电荷的部分转移。此外，这三种激发态的能量相对次序随所研究的体系而异，并决定着体系所显示的行为。

3.3.1.1 电子能量转移

当图3-14中两个定域激发态的能量低于电荷的能量时，两组分体系的激发（图3-15中的过程1）可引起组分间的电子能量转移（图3-15中的过程2）。通常用于确定这一过程的实验方法是监测被激发组分（D*）能量发射的猝灭和另一个组分（A）的敏化发射（图3-15中的过程3）。

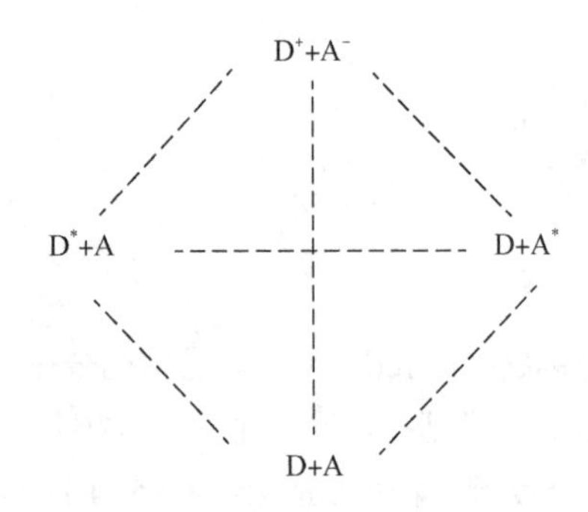

图3-14 双组分体系的四种电子态

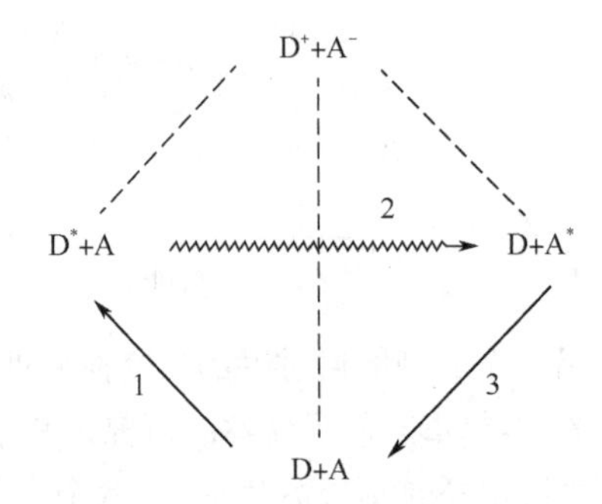

图3-15 电子能量转移

3.3.1.2 光诱导电子转移

光致电子转移过程可以是一个一步过程，也可以是一个两步过程。

（1）电荷转移吸收

电荷转移吸收是指体系吸收一个光子后，由基态经直接的光学跃迁形成电子转移激发态，如图3-16所示。可见这是一个一步过程。在光谱中，一般称之为电荷转移带或价间转移带，该吸收带的强度反映体系组分间电子耦合的程度。通常，几个波数的耦合就可快速引起无辐射电子转移，但只有在耦合达到数百个波数的体系中，才能观测到电荷转移吸收，如在由短的桥键连接的有机双组分体系和有强离域桥配位体的双金属体系中。

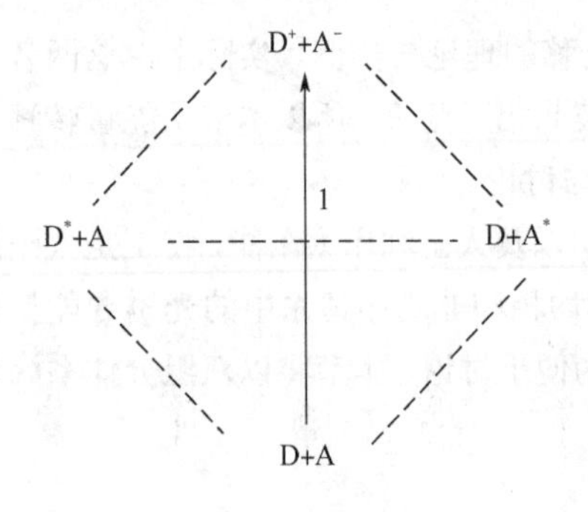

图3-16 电荷转移吸收

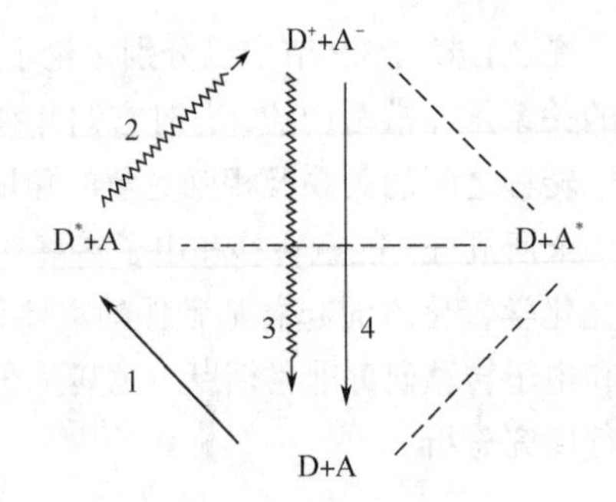

图3-17 两步电荷转移

（2）两步电荷转移

当电荷转移态的能量低于定域激发态时，体系吸收一个光子后，首先由基态达到定域激发态，然后再经无辐射过程形成电荷转移态，如图3-17所示。显然，这是一个两步过程。通常紧接着发生快速电荷重组（图 3-17 中的过程 3）。因此，必须用超快速光谱技术才能检测到这种电荷转移态。

3.3.1.3 电荷转移发光

电荷转移发光是电荷转移吸收的逆过程（图3-17 中的过程 4）。电荷转移发光是与无辐射电荷重组（图 3-17 中的过程 3）相竞争的。在高放能体系中，它不利于无辐射电荷重组，因而使电荷转移发光过程更有效。电荷转移发光（图 3-18）与激基复合物的发光十分类似，其光谱为无结构的宽带，并具有正溶剂效应。因此，如何区分这两种发光过程是一个十分重要的问题。

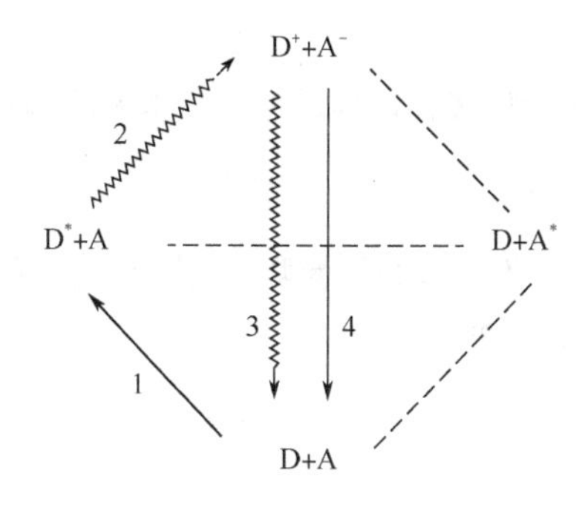

图3-18 电荷转移发光

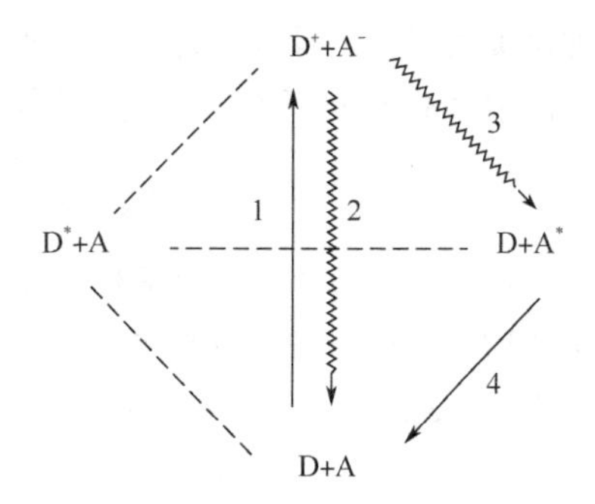

图3-19 电荷复合化学发光

3.3.1.4 电荷复合化学发光

当体系的定域激发态能量低于电荷转移态，而且电荷转移吸收又有足够的强度时，电荷转移态有两种去活的途径：直接的电荷复合回到基态（图3-19 中的过程 2）以及电荷复合形成能量较低的定域激发态（图 3-19 中的过程 3）。在后一种情况中，定域激发态的形成是通过 A^*的发射来检测的（图 3-19 中的过程 4），电荷复合化学发光的名称也是由此而得来的。这两种去活途径的选择由动力学因素决定，如直接途径（图 3-19 中的过程 2）处于高“反转”区，则有利于电荷复合化学发光途径。

3.3.2 能量转移理论

3.3.2.1 经典的能量转移理论

电子能量从自旋多重度为 a 的激发态给体 D^*转移到自旋多重度为 b 的受体 A 的过程可表示为

$$^{a}D^* + {}^{b}A \longrightarrow {}^{c}D + {}^{d}A^* \tag{3-57}$$

式中，*表示电子激发态。根据 Förster 理论，以多级机理进行的激发态能量转移速率（k_M）可表示为给体-受体间距离 R 的函数

$$k_M(R) = \frac{1}{\tau_0}\left(\frac{R_0}{R}\right)^n \tag{3-58}$$

式中，n 对偶极-偶极、偶极-四极和四级-四级相互作用分别等于 6、8 和 10；τ_0 是无受体（猝灭剂）存在时的激发态寿命；R_0 为临界距离，即当给体与受体间距离为 R_0 时，能量转移速

率常数等于激发态给体自发衰减的速率常数，即

$$k_{\mathrm{M}}(R)=\frac{1}{\tau_0} \tag{3-59}$$

偶极-偶极能量转移的自旋选择定则是多重度

$$a=c \qquad\qquad b=d \tag{3-60}$$

即无论对给体还是受体而言，在跃迁过程中自旋多重度都是不变的。然而，自旋选择定则本身不是严格的。因而，当给体跃迁是自旋禁阻（即 $a\neq c$）时，如 $a=3$，$c=1$，激发态给体寿命增加使这种自旋禁阻的能量转移过程仍可能发生。

另外，根据 Dexter 理论，以交换作用机理进行的能量转移过程的速率常数 k_{ex} 可表示为

$$k_{\mathrm{ex}}(R)=k_0\exp(-2R/L) \tag{3-61}$$

式中，k_0 是一个与特定的轨道相互作用和光谱重叠积分有关的参数；L 定义为体系始态与终态分子轨道范德华半径的平均值；R 则是给体与受体间距离。

类似于式（3-58），可定义一个临界距离 R_0，并有

$$k_{\mathrm{M}}(R_0)=\frac{1}{\tau_0} \tag{3-62}$$

则式（3-61）又可表示为

$$k_{\mathrm{ex}}(R_0)=\frac{1}{\tau_0}\exp\left(\frac{2R_0}{L}\right)\exp\left(\frac{-2R}{L}\right) \tag{3-63}$$

3.3.2.2 经相遇复合物的能量转移

当体系的能量转移过程经过相遇复合物时，式（3-57）可改写为

$${}^{a}\mathrm{D}^{*}+{}^{b}\mathrm{A}\underset{k_{-\mathrm{d}}}{\overset{k_{\mathrm{d}}}{\rightleftharpoons}}{}^{m}\mathrm{D}^{*}/\mathrm{A}\underset{k_{-\mathrm{en}}}{\overset{k_{\mathrm{en}}}{\rightleftharpoons}}{}^{m}\mathrm{D}/\mathrm{A}^{*}\xrightarrow{k_{\mathrm{s}}}{}^{c}\mathrm{D}+{}^{d}\mathrm{A}^{*} \tag{3-64}$$

式中，k_{d} 和 $k_{-\mathrm{d}}$ 分别是正向与反向扩散控制的速率常数；k_{en} 和 $k_{-\mathrm{en}}$ 分别表示正向与反向电子能量转移的速率常数；k_{s} 为相遇复合物的离解速率常数。根据自旋角动量的矢量加和定则可知，相遇复合物的自旋多重度 m 可取下列数值

$$m=a+b-1,a+b-3,\cdots,|a-b|+1 \tag{3-65}$$

$$m=c+d-1,c+d-3,\cdots,|c-d|+1 \tag{3-66}$$

根据 Wigner 自旋选择定则，仅当式（3-65）中至少有一个 m 值与式（3-66）中的值相同时，形成 ${}^{c}\mathrm{D}+{}^{d}\mathrm{A}^{*}$ 的能量转移过程才是允许的。通过相遇复合物的猝灭过程服从一个自旋统计因子 S_m

$$S_m=\sum m/(ab) \tag{3-67}$$

式中，求和是对所有式（3-65）与式（3-66）相同的 m 值，如三重态-三重态能量转移过程

$$^{3}D^{*}+{}^{1}A \underset{k_{-d}}{\overset{k_d}{\rightleftharpoons}} {}^{3}D^{*}/A \underset{k_{-en}}{\overset{k_{en}}{\rightleftharpoons}} {}^{3}D/A^{*} \xrightarrow{k_{-d}} {}^{1}D+{}^{3}A^{*} \tag{3-68}$$

是自旋允许的能量转移过程，并有 $S_m=1$。因为只有一个共同的多重度，即三重态（$m=3$）是可能的。

3.3.3 电子转移过程

由电子转移引起的电子激发态猝灭过程与交换作用引起的能量转移过程［式（3-64）］有极类似的表示形式

$$^{a}D^{*}+{}^{b}Q \underset{k_{-d}}{\overset{\frac{m}{ab}k_d}{\rightleftharpoons}} {}^{m}D^{*}/Q \underset{k_{-el}}{\overset{k_{el}}{\rightleftharpoons}} {}^{m}D^{\pm}/Q^{\mp} \xrightarrow{k_s} {}^{e}D+{}^{f}A^{\mp} \tag{3-69}$$

式中，k_{el} 和 k_{-el} 分别为正向与反向电子转移的速率常数。为满足自旋选择定则，必须使下列允许的 m 值

$$m=e+f-1, e+f-3, \cdots, |e-f|+1 \tag{3-70}$$

式（3-70）中至少有一个值与式（3-65）中的相同。

3.3.4 能量转移与电子转移的动力学处理

将稳态近似用于式（3-64）和式（3-69）中的相遇复合物，得到猝灭速率常数为

$$k_q=\frac{\frac{m}{ab}k_d\,{}^{m}k_Q}{k_{-d}+{}^{m}k_Q} \tag{3-71}$$

$$^{m}k_Q=\frac{k_{ex}k_s}{k_{-ex}+k_s} \tag{3-72}$$

其中，k_{ex} 和 k_{-ex} 分别代表正向和反向能量转移或电子转移的速率常数。

① 对于相遇复合物有相同多重度的转移，一般可写成

$$^{a}D^{*}+{}^{b}Q \underset{k_{-d}}{\overset{\frac{m}{ab}k_d}{\rightleftharpoons}} {}^{m}D^{*}/Q \begin{cases} \underset{k_{-en}(3)}{\overset{k_{en}(3)}{\rightleftharpoons}} {}^{m}D/Q_3^{*} \xrightarrow{k_{-d}} {}^{c}D+{}^{d}Q^{*}(3) \\ \underset{k_{-en}(2)}{\overset{k_{en}(2)}{\rightleftharpoons}} {}^{m}D/Q_2^{*} \xrightarrow{k_{-d}} {}^{c}D+{}^{d}Q^{*}(2) \\ \underset{k_{-en}(1)}{\overset{k_{en}(1)}{\rightleftharpoons}} {}^{m}D/Q_1^{*} \xrightarrow{k_{-d}} {}^{c}D+{}^{d}Q^{*}(1) \end{cases} \tag{3-73}$$

对先后两种相遇复合物进行稳态近似处理得到

$$^{m}k_q=\frac{m}{ab}\frac{k_d\sum {}^{m}k_{Q(i)}}{k_{-d}+\sum {}^{m}k_{Q(i)}} \tag{3-74}$$

式中，对应每个受体态 $^{d}Q^{*}(i)$的 $^{m}k_{Q(i)}$值可用式（3-72）求得。

在不同能量的 $^{m}D/Q^{*}(i)$态间还可以发生无辐射转移，一个最简单的只有两个耦合的 $^{m}D/Q^{*}(i)$态的体系可表示为

$$
\begin{array}{ccccccc}
 & & & & {}^{m}D/Q^{*}(2) & \xrightarrow{k_s(2)} & {}^{c}D+{}^{d}Q^{*}(2) \\
 & & & \overset{k_{en}(2)}{\underset{k_{-en}(2)}{\rightleftharpoons}} & k_{-N}\uparrow\downarrow k_N & & \\
{}^{a}D^{*}+{}^{b}Q & \underset{k_{-d}}{\overset{\frac{m}{ab}k_d}{\rightleftharpoons}} & {}^{m}D^{*}/Q & & & & \\
 & & & \overset{k_{en}(1)}{\underset{k_{-en}(1)}{\rightleftharpoons}} & & & \\
 & & & & {}^{m}D/Q^{*}(1) & \xrightarrow{k_s(1)} & {}^{c}D+{}^{d}Q^{*}(1)
\end{array}
\tag{3-75}
$$

式中，k_N 和 k_{-N} 为无辐射转移速率常数，将稳态近似用于式（3-75），同样得到方程（3-74），但此时式中的 $\sum {}^{m}k_{Q(i)}$ 为

$$\sum {}^{m}k_{Q(i)} = \frac{k_{en}(1)[k_s(1)+k_s(2)k_{-N}\tau_2]}{[k_{-en}(1)+k_s(1)]+k_{-N}\tau_2[k_{-en}(2)+k_s(2)]} + \frac{k_{en}(2)[k_s(2)+k_s(1)k_{-N}\tau_1]}{[k_{-en}(2)+k_s(2)]+k_{-N}\tau_1[k_{-en}(1)+k_s(1)]} \tag{3-76}$$

式中

$$\tau_1 = [k_{-en}(1)+k_s(1)+k_{-N}]^{-1} \tag{3-77}$$

$$\tau_2 = [k_{-en}(2)+k_s(2)+k_{-N}]^{-1} \tag{3-78}$$

② 对于相遇复合物有不同多重度的转移。

作为一个例子，当一个三重激发态的能量给体被一个基态为四重态的四复合物 $Cr(acac)_3$ 猝灭时，其相遇复合物具有双重激发态和四重激发态两种，可写成

$$
\begin{array}{ccccccc}
 & & {}^{4}D^{*}/{}^{4}Q & \underset{4k_{-en}}{\overset{4k_{en}}{\rightleftharpoons}} & {}^{4}D/Q^{*} & \xrightarrow{4k_s} & {}^{1}D+{}^{4}Q^{*} \\
 & \overset{k_d/3}{\underset{k_{-d}}{\rightleftharpoons}} & & & & & \\
{}^{3}D^{*}+{}^{4}Q & & & & & & \\
 & \overset{k_d/6}{\underset{k_{-d}}{\rightleftharpoons}} & & & & & \\
 & & {}^{2}D^{*}/{}^{4}Q & \underset{2k_{-en}}{\overset{2k_{en}}{\rightleftharpoons}} & {}^{2}D/Q^{*} & \xrightarrow{2k_s} & {}^{1}D+{}^{2}Q^{*}
\end{array}
\tag{3-79}
$$

一般来说，总的猝灭速率常数可以表示为

$$k_q = \sum {}^{m}k_q \tag{3-80}$$

所以上例中 $Cr(acac)_3$ 产生的猝灭速率常数为

$$k_q = {}^{2}k_q + {}^{4}k_q \tag{3-81}$$

式中，$^{2}k_q$ 和 $^{4}k_q$ 可根据式（3-71）和式（3-72）求得。

在液体溶液中，能量转移和电子转移是激发态猝灭的重要机制，这两种过程常是并存且竞争发生的。在最简单的情况下可表示为

$$
{}^{a}D^{*}+{}^{b}Q \underset{k_{-d}}{\overset{\frac{m}{ab}k_{d}}{\rightleftharpoons}} {}^{m}D^{*}/Q
\begin{cases}
\underset{k_{-en}}{\overset{k_{en}}{\rightleftharpoons}} {}^{m}D/Q^{*} \xrightarrow{k_{-d}} {}^{c}D+{}^{d}Q^{*} \\
\qquad k_{-N} \uparrow\downarrow k_{N} \\
\underset{k_{-el}}{\overset{k_{el}}{\rightleftharpoons}} {}^{m}D^{\pm}/Q^{\mp} \xrightarrow{k_{s}} {}^{e}D^{\pm}+{}^{f}Q^{\mp}
\end{cases}
\tag{3-82}
$$

利用稳态近似可得

$$k_{q}=\frac{m}{ab}\frac{k_{d}({}^{m}k_{el}+{}^{m}k_{en})}{k_{-d}+{}^{m}k_{el}+{}^{m}k_{en}} \tag{3-83}$$

$${}^{m}k_{el}=\frac{k_{el}(k_{s}+k_{-d}k_{-N}\tau_{2})}{k_{-el}+k_{s}+k_{-N}\tau_{2}(k_{-en}+k_{-d})} \tag{3-84}$$

$${}^{m}k_{en}=\frac{k_{en}(k_{-d}+k_{s}k_{N}\tau_{1})}{k_{-en}+k_{-d}+k_{N}\tau_{1}(k_{-el}+k_{s})} \tag{3-85}$$

其中

$$\tau_{1}=\left(k_{-el}+k_{s}+k_{-N}\right)^{-1} \tag{3-86}$$

$$\tau_{2}=\left(k_{-el}+k_{-d}+k_{-N}\right)^{-1} \tag{3-87}$$

在式（3-82）中，后继复合物${}^{m}D/Q^{*}$和${}^{m}D^{\pm}/Q$间无辐射跃迁已考虑在内。它们对能量转移产物或电子转移产物的产率有显著影响，但不可能从猝灭实验中将它们单独分离出来。无辐射跃迁k_{N}和k_{-N}的净结果是增加能量较低产物的产率。

3.3.5 能量转移与电子转移竞争的实例

能量转移与电子转移竞争的例子有很多。这里仅以 Wilkinson 等的研究为例作简要说明。

$$M\left[\begin{matrix} O{=}C \\ O{=}C \end{matrix}\right\rangle C\begin{matrix} R^{1} \\ -H \\ R^{2} \end{matrix}\Bigg]_{3}$$

Wilkinson 等以一系列 Cr(Ⅲ)和 Fe(Ⅲ)反式-β-双酮为猝灭剂，在 15 种不同的有机分子三重态的苯溶液中，用纳秒级闪光光解技术测定猝灭速率常数。部分结果如图 3-20 所示。

从图 3-21 中可以清楚看到 $Fe(acac)_3$ 和 $Fe(ffac)_3$ 通过能量转移而引起的猝灭，以及猝灭速率常数（k_q）与给体三重态能量 E(T)的关系。

用 $Cr(hfac)_3$ 和 $Fe(ffac)_3$ 作为猝灭剂时，猝灭速率常数与给体三重态能量的关系分别与用 $Cr(acac)_3$ 和 $Fe(acac)_3$ 的有所不同，主要有：

① 有些三重态给体的 k_q 值与被猝灭的三重态能量不相关，猝灭速率下降。

② 当以 $Cr(hfac)_3$ 作为猝灭剂时，能量 E(T)小于猝灭剂最低激发态能量 $E(^2E_g)$的给体仍能被相当有效地猝灭。同样，以 $Fe(ffac)_3$ 作为猝灭剂时，也能猝灭能量小于猝灭剂最低激发态能量 $E(^4T_{1e})$的给体。

③ 许多猝灭速率常数超过了吸热型能量转移所预期的最大速率常数。

这些都充分说明了以 $Cr(hfac)_3$ 和 $Fe(ffac)_3$ 为猝灭剂的猝灭机理与用 $Cr(acac)_3$ 和 $Fe(acac)_3$ 为猝灭剂的是不同的。前者正是能量转移与电子转移并存的竞争体系，而后者则是纯能量转移引起猝灭的体系。

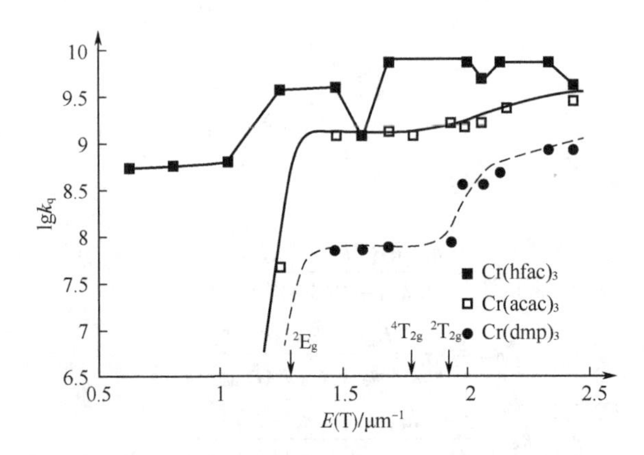

图 3-20　苯溶液中被 $Cr(acac)_3$（$R^1=CH_3$，$R^2=CH_3$）、$Cr(dmp)_3$[$R^1=C(CH_3)_3$，$R^2=C(CH_3)_3$]、$Cr(hfac)_3$（$R^1=CF_3$，$R^2=CF_3$）猝灭的三重态能量 E(T)和猝灭速率常数 k_q 的关系

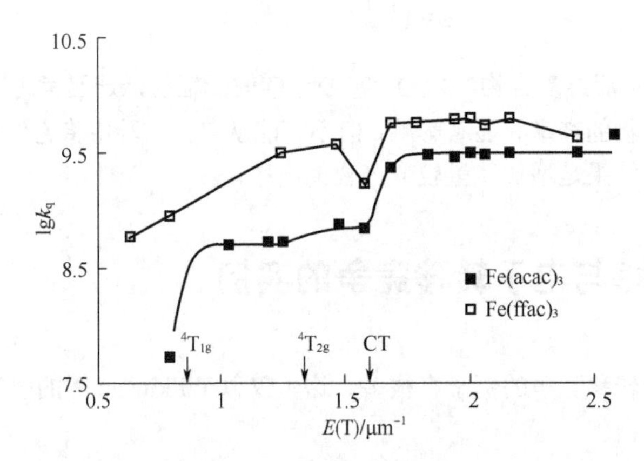

图 3-21　苯溶液中被 $Fe(acac)_3$（$R^1=CH_3$，$R^2=CH_3$）和 $Fe(ffac)_3$（$R^1=CF_3$，$R^2=CF_3$）猝灭的三重态能量 E(T)和猝灭速率常数 k_q 的关系

思考题

1. 简述能量转移的作用和意义。
2. 简述能量转移的分类和机制。
3. 试说明影响辐射能量转移的因素有哪些？
4. 简述辐射能量转移的特点。
5. 简述共振机制的特点。
6. 简述电子交换机制的特点。
7. 简述共振转移和交换转移的差异。
8. 比较一下能量转移和电子转移，简述它们的差异。

9. 谈谈你对 Weller 理论与 Marcus 理论的理解。

参考文献

[1] Fox M A，Chanon M（eds）. Photoinduced electron transfer[M]. Amsterdam：Elsevier Science Publishers B V，1988.

[2] Kavamos G J，Turro N J. Photosensitization by reversible electron transfer：Theories，experimental evidence and examples[J]. Chem Rev，1986，86：401.

[3] Faulkner L R，Tachikawa H，Baid A J. Physical and inorganic chemistry，electrogenerated chemiluminescence（Ⅶ）. The influence of an external magnetic field on luminescence intensity[J]. J Am Chem Soc，1972，94：691.

[4] 张建成，王夺元. 现代光化学[M]. 北京：化学工业出版社，2006.

[5] 樊美公，等. 光化学基本原理与光子学材料科学[M]. 北京：科学出版社，2001.

[6] Marcus R A. Theory，experiment，and reaction rates. A personal view[J]. J Phys Chem，1986，90：3460.

[7] 巴尔特洛甫 J，科依尔 J.光化学原理[M]. 宋心琦，等译. 北京：清华大学出版社，1981.

[8] Zichendrabt-Wendelstadt B，Friedrich J，Rudiger W. Spectral characterization of monomeric c-phycoerythrin from Pseudanabaena W1173 and it's α and β subunits：energy transfer in isolated subunits and c-phycoerythrin[J]. Photochem Photobiol，1980，19：24.

[9] Csatorday K，MacColl R，Csizmadia V，et al. Exciton interaction in allophycocyanin[J]. Biochemistry，1984，23：6466.

[10] Gillespie D T. Exact stochastic simulation of coupled chemical reactions[J]. J Phys Chem，1977，81：2340.

[11] Förster T. Transfer mechanisms of electronic excitation[J]. Faraday Discuss Chem Soc，1959，27：7.

[12] Levy S T，Rubin M B，Speiser S. Photophysics of cyclic-α-diketone aromatic ring bichromophoric molecules structures spectra and intramolecular electronic energy transfer[J]. J Am Chem Soc，1992，114：10747.

[13] Zimmermann H E，et al. Electron and energy transfer between bicyclo[2.2.2]octane bridgehead moieties[J]. J Am Chem Soc，1971，93（15）：3638.

[14] Verhoeven J W，Electron transport via saturated hydrocarbon bridges 'exciplex' emission from flexible，rigid and semiflexible bichromophores[J]. Pure Appl Chem，1990，62：1585.

[15] Dexter D L. A theory of sensitized luminescence in solids[J]. J Chem Phys，1953，21：836.

[16] Wilninson F，Tafimis C. Quenching of the triplet states of organic compounds by iron（HI）complexes of β-diketones due to reversible electron transfer[J]. Inorg Chem，1984，23：3571.

第4章

有机光致变色材料

4.1 光致变色理论基础

光致变色现象，即材料在受到一定波长和强度的光照射时，可发生特定的化学反应而从状态 A 变为状态 B，此时由于结构发生变化使材料的颜色或对光的吸收峰值改变，但在热或另一波长光的作用下又可从状态 B 恢复到原来的分子结构和表观颜色。整个过程呈现可逆性质，这种在光的作用下能发生可逆颜色变化的材料称为光致变色材料。自 19 世纪 60 年代发展至今，已有 150 多年的历史。处于不同状态的光致变色材料通常有不同的物理和化学性能，通过光对两种状态进行调节，就可以实现对材料性能的调控，具有广阔的发展和应用前景。其典型的紫外-可见吸收光谱和光致变色反应可用图 4-1 定性描述。这种功能材料光反应的最大特点是呈色和消色过程的可逆性。

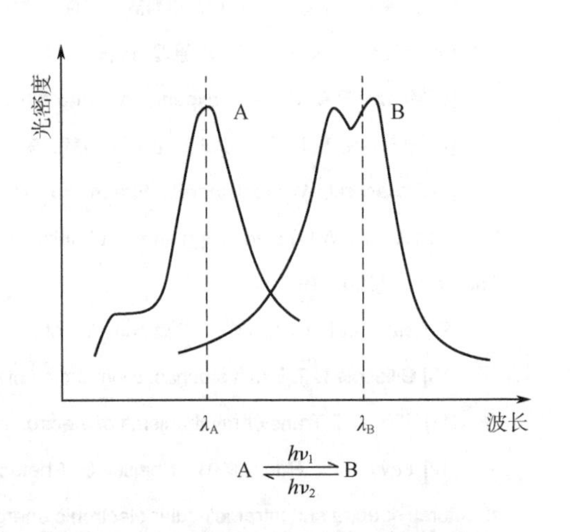

图 4-1 光致变色反应及其吸收光谱示意图

随着科学研究的发展和深入，基于单分子反应体系的光致变色的定义显然是不完全的，需要予以补充。目前，在光致变色研究领域中，包括以下三种反应模式：

① 多组分反应模式

两个（A 和 B）或两个以上（很少见）的反应组分在光的作用下产生一种或多种产物，这种反应也必须是可逆的，如下所示

$$A + B \rightleftharpoons nP(n = 1,2)$$

② 环式反应模式或多稳态可逆反应模式（光循环模式）

$$\begin{array}{ccc} A & \rightleftharpoons & B \\ & \nwarrow\!\searrow \quad \swarrow\!\nearrow & \\ & P & \end{array}$$

这类反应与前面所讨论的双稳态模式相比更有意义。其视觉过程是多稳态之间变化的结果，从而感知万紫千红，给人以美的享受。在多稳态中可以通过化学或物理方法令其中的某些特定态发生变化或稳定下来，从而研制不同的器件。

③ 多光子光致变色反应模式

有些物质在单光子作用下不发生光致变色反应，必须通过多光子激发才能实现，而有些光子由于能量上的原因不能引起反应。通过多光子的连续激发，则可实现光致变色反应。现以双光子为例予以说明，见图4-2。

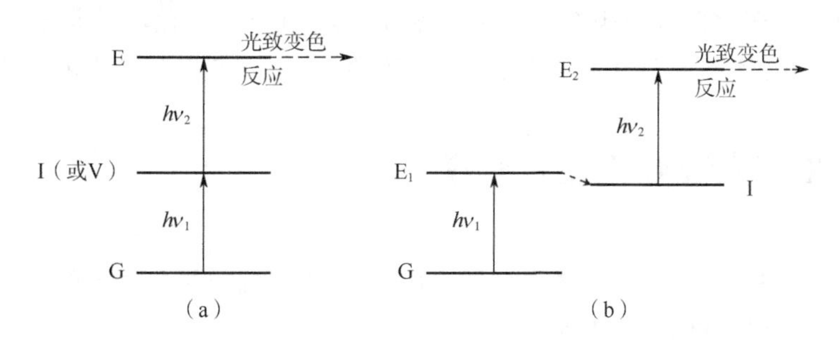

图4-2 （a）双光子三能级光致变色和（b）双光子四能级光致变色过程

图4-2（a）涉及双光子三能级光致变色过程。G是物质的基态，I（或V）和E则包含了多种情况。①I为吸光后形成的基态较高振动能级，在这个能量状态下不能发生光致变色反应，当进一步吸收光子$h\nu_2$后，形成最低激发态E，从而实现光致变色。②I为吸光后形成的第一激发态，在这个水平仍不能反应，待其吸收另一个光子后，形成高级激发态E，从而发生光致变色反应，这叫作高级激发态的光致变色。③V是一个虚拟的状态，只有当$h\nu_1$和$h\nu_2$协同作用，或能量叠加时，才可能导致基态G至激发态E的变化，实现光致变色，这是典型的双光子光致变色过程。

图4-2（b）涉及双光子四能级光致变色过程。E_1可以理解为第一激发态，I至少存在两种情况：①I是第一三重激发态，通过E_1至I的级间窜跃而产生；E_2是高级三重激发态，这称为高级三重激发态的光致变色反应。②I是通过最低激发态E_1反应生成的活泼中间态，由$h\nu_2$激发形成激发态E_2，从而实现光致变色，这称作活泼中间体的光致变色反应。E_1或I在没有第二个光子作用时都可以通过放热等过程回到其基态G。这种情况，实际上为两个独立的单光子过程，或叫作分步双光子光致变色过程。

双光子光致变色过程中涉及的两个光子，既可以是等能的，也可以是不等能的，既可以是连续的，也可以是分步的。

根据光致变色过程的特点，光致变色可以归结为以下几种体系：

① 全光型光致变色体系，包括单分子和多分子体系，其呈色体只能通过光诱导反应恢复到始态。

② 光致变色和热致可逆体系，光致变色产物受热返回到始态。

③ 光和热都可逆体系，光致变色产物既可通过受热也可通过光激发恢复到始态。

④ 多光子光致变色体系，光致变色过程至少由两个光子驱动。

⑤ 逆光致变色体系，始态吸收光谱位于长波区，而终态则在短波区吸收。

对于有机化合物而言，光致变色往往与分子结构的变化联系在一起，如互变异构、顺反异构、开环闭环反应，有时为二聚或氧化还原反应。根据变色机理，可分为T类型和P类型。T类型的化合物A吸收一定波长的光后发生光致变色，产生有色体B；而B的热反应活化能较低，在一定温度下可恢复到A。而P类型与T类型的不同之处在于消色过程仍是光化学过程，而不是热化学过程。

目前，对光致变色材料的研究包括无机材料、有机材料及近期发展起来的有机-无机杂化材料。有机光致变色化合物主要有螺苯并吡喃、偶氮苯、俘精酸酐、萘并萘醌、二芳基乙烯以及相关的杂环化合物等，同时也在继续探索和发现新的光致变色体系。其变色机理包括基团迁移、顺反异构、分子均裂、开关环等。其中基态和激发态的势垒变化，对其光致变色过程起到决定性作用。以开关环光致变色和基团迁移光致变色为例，分析其势垒变化情况。

4.1.1 开关环光致变色及其势垒

绝大多数光致变色体系构建于单分子反应基础上，势能曲线的变化更形象、更直观地表现出这一光致变色过程，如图4-3 所示。

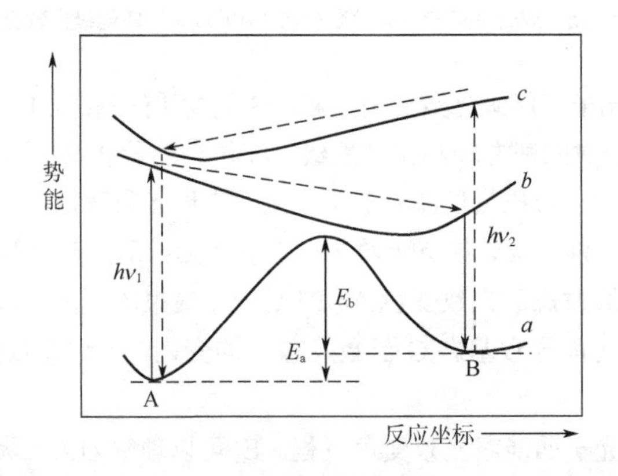

图4-3 分子异构化（单分子）光致变色反应的势能曲线示意图

曲线 a 为基态势能曲线，或叫热异构化的势能曲线。化合物 A 经热活化克服势垒（活化能，E_a）的阻碍可变为 B，化合物 B 若获得活化能 E_b 又可以变为 A。如果 $E_a > E_b$，则 A 在热力学上是稳定态，反之亦然；如果 E_a 和 E_b 都足够大，则有双稳态存在。曲线 b 是化合物 A 的激发态势能曲线，当化合物 A 受光（$h\nu_1$）激发后可变为 B；曲线 c 为化合物 B 的激发态势能曲线，当 B 受光（$h\nu_2$）激发后，又可以返回到 A。图4-3 只是一种理想的势能图，实际情况则要复杂得多。光异构化反应并不一定都是单向的，更多的是双向的，即一个化合物受光激发后形成激发态 A*，A*既可变为 B 又可回到 A。一些光反应，在激发态的异构化中有时也存在活化能（E_a^*或 E_b^*），不过同基态活化能相比要小得多，因而往往为人们所忽略。

该理论也得到实际体系的证实，比如，全氟二芳基乙烯类光致变色体系，其分子式如图4-4 所示。全氟代的环戊烯，相对于较早设计的强吸电子性的二氰基取代乙烯，在光照过程中不会发生顺反异构化反应，抗疲劳程度好，光致变色性能增强。

对于二芳基乙烯类有机光致变色体系而言，开环构型能量较低且大多呈现为浅色或无色，而闭环构型能量较高且呈现出一定颜色。从热力学角度考虑，闭环化合物可自发地变为开环构型，但在室温甚至高温下长时间内褪色速率极其缓慢，是所谓的 P 型热稳定体系，说明在基态条件下要实现快速变色反应很难。利用杂化密度泛函 B3LYP / 6-31 + G（d），计算其基态和激发态的势能变化（图4-5）。基态时，设开环态的能量为 0kJ / mol，需要克服 91.48kJ / mol 的能量，才能从开环态转变为闭环态（闭环态基态能量为 45.31kJ / mol）。这样的势垒在没有催化剂的情况下很难克服；而激发态下，设开环态能量为 0kJ / mol，只要环境提供一点能量，克服 21.52kJ / mol 的能量，便可从开环态转变为闭环态（闭环态激发态能量为 12.23kJ / mol）。

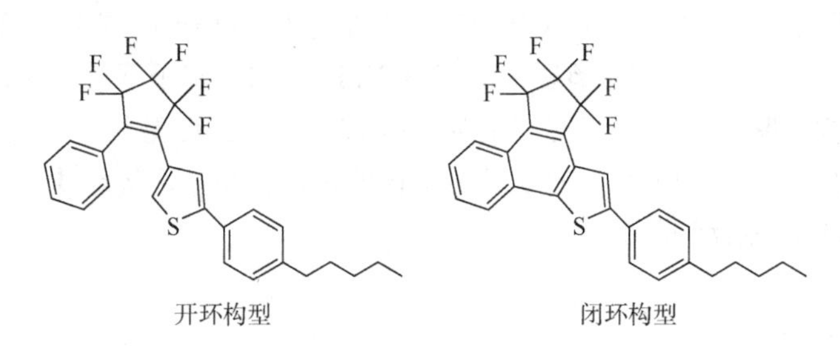

图 4-4　全氟二芳基乙烯闭环及开环分子结构

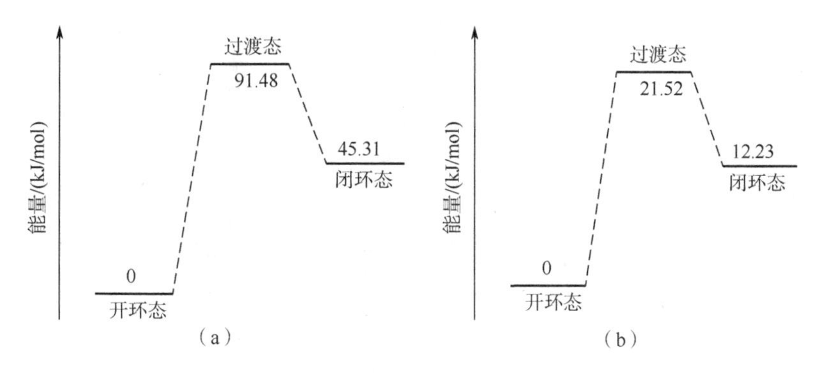

图 4-5　(a) 基态和 (b) 激发态全氟二芳基乙烯光致变色化合物势垒图

4.1.2　基团迁移光致变色及其势垒

对于发生基团迁移的光致变色有机化合物，萘并萘醌类衍生物是一类非常典型的代表。其具体的分子结构及变色机理如图 4-6 所示。

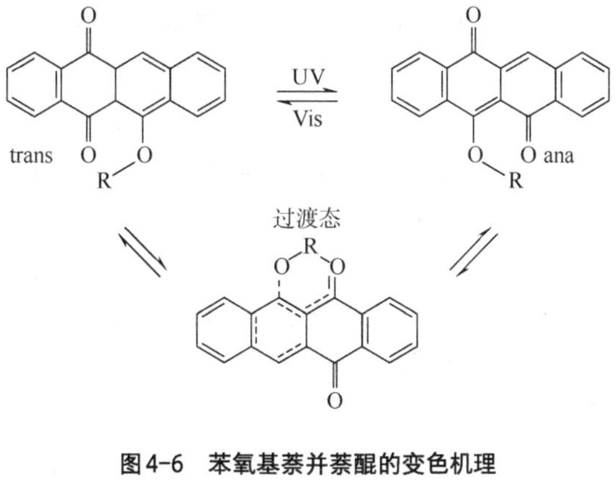

图 4-6　苯氧基萘并萘醌的变色机理

一般认为萘并萘醌的光致变色行为是光诱导使化合物的基团发生迁移，发生由黄色的“trans”醌式（trans-quinone）至橙色的“ana”醌式（ana-quinone）的异构化反应。从“trans”

到“ana”的呈色反应可用 $\lambda \leqslant 450$nm 的紫外光诱导，反向消色反应可在可见光照射下发生。

（1）迁移基团对光致变色化合物势垒的影响

针对萘并萘醌类光致变色材料，其迁移基团 R，由于分子轨道的分布不同，在一定程度上决定了其光致变色特性。比如，分别以 H、CH_3 和 C_6H_6 为迁移基团（R），构建 6-羟基-5, 12-萘并萘醌衍生物（图4-6）。用密度泛函理论，在 B3LYP / 6-31G 水平下对其基态构型进行优化。在优化好的基态构型基础上运用组态相关的 CIS 方法在 6-31G 基组下优化其相应激发态结构；并在同一水平上进行振动分析，确认其异构体的稳定态和一阶鞍点过渡态，再通过内禀反应坐标（IRC）对过渡态进行确认。

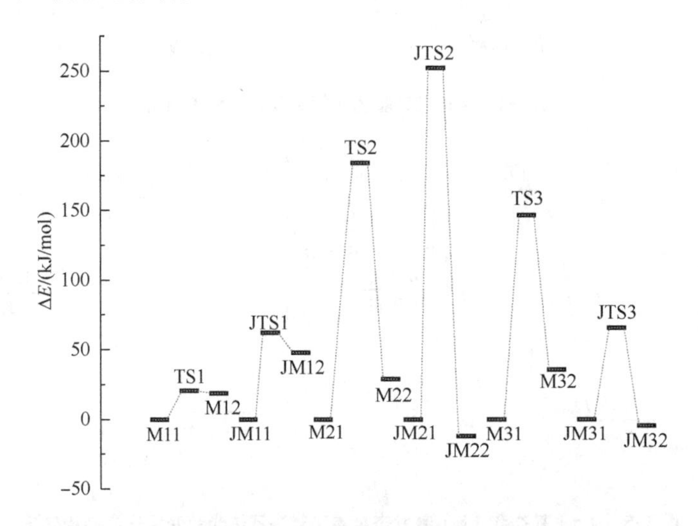

图4-7　基于不同迁移基团6-羟基-5, 12-萘并萘醌衍生物的基态及激发态能量变化示意图

注：M11、M21和M31分别为以H、CH_3和C_6H_6为迁移基团的萘并萘醌化合物的基态trans构型（能量设为零）；M12、M22和M32为M11、M21和M31对应的ana构型；JM11、JM21和JM31（能量设为零）分别为M11、M21和M31对应的激发态；JM12、JM22和JM32分别为M12、M22和M32对应的激发态；TS则为相应化合物的过渡态

如图4-7 所示，对于以质子为迁移基团的 6-羟基-5,12-萘并萘醌，基态时 trans 醌式构型 M11 比 ana 醌式构型 M12 稳定，激发到第一单重激发态之后，依然表现为 trans 醌式构型 JM11 比 ana 醌式构型 JM12 稳定。基态 M11 由过渡态 TS1 异构化反应为 M12 是一个吸热过程，吸热 18.6kJ / mol，反应的正逆活化能分别为 20.10kJ / mol 和 1.5kJ / mol，在室温下正逆反应可以在瞬间完成。光激发 M11 生成第一单重激发态 JM11，激发态的异构化过程同基态相同，是一个吸热过程，吸热 47.2kJ / mol，反应的正逆活化能分别为 62.9kJ / mol 和 15.7kJ / mol，在室温下正反应进行速率不大而逆反应则可以在瞬间完成。

对于以甲基为迁移基团的 M21，也就是 6-甲氧基-5,12-萘并萘醌，其 trans 醌式构型 M21 比 ana 醌式构型 M22 稳定，激发到第一单重激发态之后，稳定顺序发生了相反的变化，ana 醌式构型 JM22 比 trans 醌式构型 JM21 稳定。如图4-7 所示，基态 M21 由过渡态 TS2 异构化反应为 M22 是一个吸热过程，吸热 29.2kJ / mol，反应的正逆活化能分别为 184.1kJ / mol 和 155.9kJ / mol，在室温下正逆反应因较大的活化能都很难发生。光激发 M21 生成第一单重激发态 JM21，激发态的异构化过程同基态相反，是一个放热过程，放热 12.3kJ / mol，反应的正逆活化能分别为 252.3kJ / mol 和 264.7kJ / mol。

如果使用苯基为迁移基团，构建 6-苯氧基-5,12-萘并萘醌，在基态的时候 trans 醌式构型 M31 比 ana 醌式构型 M32 稳定，激发到第一单重激发态之后，稳定顺序也发生了相反的变化，ana 醌式构型 JM32 比 trans 醌式构型 JM31 稳定。如图4-7 所示，基态 M31 由过渡态 TS3 异构化反应为 M32 是一个吸热过程，吸热 35.5kJ / mol，反应的正逆活化能分别为 147.1kJ / mol 和 111.5kJ / mol，在室温下正逆反应都很难发生。光激发 M31 生成第一单重激发态 JM31，激发态的异构化过程同基态相反，是一个放热过程，放热 4.9kJ / mol，反应的正逆活化能分别为 66.3kJ / mol 和 71.2kJ / mol。

结合各化合物基态、激发态、过渡态以及不同构型的能量可知，M11 和 M12 化合物对热不稳定，即在室温时 trans 醌式和 ana 醌式异构体之间可瞬间互变。这是由于以氢原子为迁移基团，在 M11 和 M12 分子内均可形成氢键，而氢键的形成可大大降低异构化所需的活化能。因而无法观测到其光致变色现象。而对于 M21，基态的时候 trans 醌式构型比 ana 醌式构型稳定，但是激发到第一单重激发态之后，ana 醌式构型反而比 trans 醌式构型稳定，这说明化合物 M21 的基态和激发态反应都可以构成一个典型的四能级过程（M21—JM21—JTS2—JM22）。但由于两个异构化反应活化能过高，不论是基态还是激发态要发生异构化反应都是困难的。

但对于以苯基为迁移基团的 M3，在能量相对值方面同 M2，可形成典型的四能级过程，其基态与激发态的异构化活化能均较 M2 显著降低，尤其是其激发态活化能较基态显著降低，导致其优越的光致变色性能。其根本的原因是氧原子 p 轨道上的孤对电子处于与萘并萘醌苯环上 π 电子轨道基本上垂直的一个平面，并与取代基苯环上的 π 电子轨道趋于平行，降低了分子的共轭效应。

（2）共轭主体取代基对萘并萘醌衍生物光致变色性能的影响

通常化合物的分子结构对其变色性能有重要的影响，那么对于 6-苯氧基-5, 12-萘并萘醌，其共轭主体上的取代基可导致母体醌环共轭程度的改变，对其光致变色性能可产生哪些影响呢？比如，分别在 3 位或 2 位引入甲基或羧基，形成化合物 M4 或 M5，对其进行理论研究。

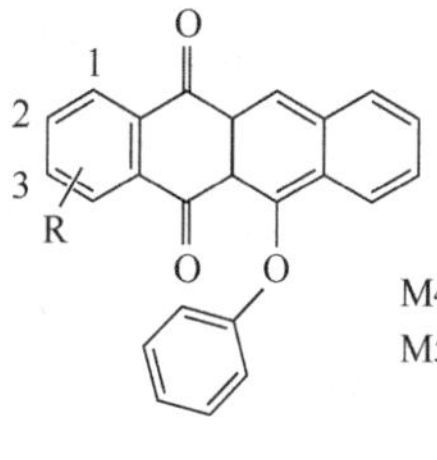

M4:R=3-CH_3
M5:R=2-COOH

图4-8　不同取代基的6-苯氧基-5, 12-萘并萘醌衍生物分子结构

用密度泛函理论，在 B3LYP / 6-31G 水平下对 6-苯氧基-5, 12-萘并萘醌及 CH_3、COOH 取代的衍生物进行了基态构型优化，其基本分子结构如图4-8 所示。在优化好的基态构型基础上运用组态相关的 CIS 方法在 6-31G 基组下优化了相应的激发态结构，并在同一水平上进行了振动分析，确认了异构体的稳定态和一阶鞍点过渡态。

如图 4-9 所示，M41 由过渡态 TS4 异构化反应为 M42 是一个吸热过程，吸热 35.93kJ / mol，反应的正逆活化能分别为 147.25kJ / mol 和 111.32kJ / mol，在室温下正逆反应因较大的活化能都很难发生。光激发 M41 生成第一单重激发态 JM41，激发态的异构化过程同基态相反是一个放热过程，放热 4.21kJ / mol，反应的正逆活化能分别为 192.48kJ / mol 和 196.69kJ / mol，导致其光致变色过程很难发生。

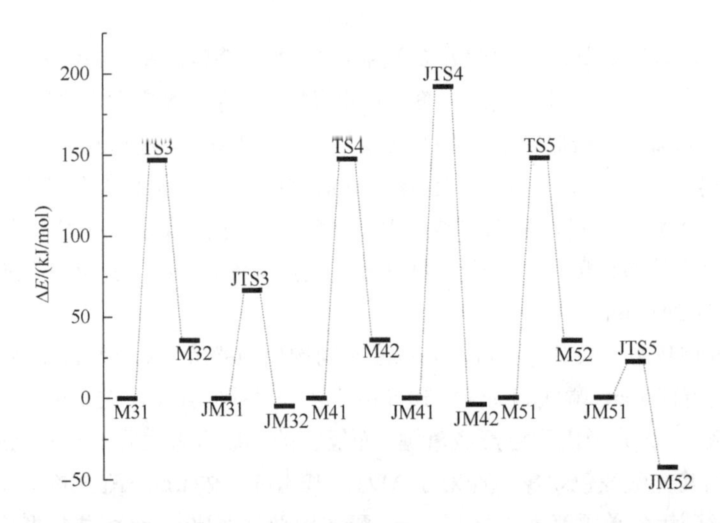

图4-9 基于不同取代基的6-苯氧基-5, 12-萘并萘醌衍生物的基态及激发态能量变化示意图

注：M41 和 M51 分别为以 CH_3 和 COOH 为取代基的萘并萘醌化合物的基态 trans 构型（能量设为零）；M42 和 M52 为 M41 和 M51 对应的 ana 构型；JM41 和 JM51（能量设为零）分别为 M41 和 M51 对应的激发态；JM42 和 JM52 分别为 M42 和 M52 对应的激发态；TS 则为相应化合物的过渡态

M51 由过渡态 TS5 异构化反应为 M52 是一个吸热过程，吸热 35.31kJ / mol，反应的正逆活化能分别为 147.75kJ / mol 和 112.44kJ / mol。光激发 M51 生成第一单重激发态 JM51，激发态的异构化过程同基态相反是一个放热过程，放热 43.08kJ / mol，反应的正逆活化能分别为 22.33kJ / mol 和 65.41kJ / mol。

与 M3 相比，CH_3 和 COOH 取代衍生物基态构型异构化反应的正逆活化能基本上相同，均为 147kJ / mol 左右。M41 和 M51 异构化为 M42 和 M52 时，基态 trans 醌式构型比 ana 醌式构型稳定，但是激发到第一单重激发态之后，ana 醌式构型反而比 trans 醌式构型稳定，与萘醌环上没有取代基的 M31 一致，说明这些化合物的基态和激发态反应都可以构成一个典型的四能级过程。

如图4-9 所示，CH_3 和 COOH 取代对光激发之后的 6-苯氧基-5, 12-萘并萘醌的正逆活化能均有影响。三种化合物激发过渡态能量相互比较发现其能量以 JTS4（CH_3）、JTS3（无取代）和 JTS5（COOH）取代的顺序依次降低。

因而，具有供电子特性的 3 位甲基和拉电子特性的 2 位羧基取代对 6-苯氧基-5, 12-萘并萘醌分子构型几乎没有影响，激发态的正逆活化能变化明显。3 位甲基取代的衍生物激发态正逆活化能明显增大，表明其光致变色性能将会降低。

4.2 重要的光致变色体系

具有光致变色性质的化合物称为光致变色化合物，它们一般分为两大类：无机化合物和有机化合物。后者来源更加广泛，因为有机化合物可以很方便地进行分子结构改造，有利于成型加工。通常是由于有机化合物结构的改变导致光致变色现象产生，比如化学键的异构化、分裂、重组以及开环闭环反应等。本节内容主要按光致变色过程中涉及的化学反应类型进行介绍。

4.2.1 质子转移光致变色体系

水杨基苯胺的衍生物可能是研究最多的涉及质子转移的光致变色分子，也称为靛蓝，它们主要是取代的水杨基苯胺及其变体，其中苯胺被诸如氨基吡啶或氨基噻吩的基团取代。实际上，靛蓝就是一种席夫碱。关于靛蓝的光致变色的报道可追溯到20世纪初。但是，到20世纪60年代才展开充分的研究和表征。质子转移反应在自然界中呈现出不同的作用机制。另外，其光致变色反应过程还可发生在不同介质中，从溶液到夹杂物或封闭介质，甚至在某些情况下，还可在固态介质中发生。

如图4-10所示，紫外光照射可诱发分子内的质子转移过程，发生激发态分子从烯醇（实际上是苯酚）结构到顺式-酮结构的转变，称为激发态分子内质子转移（ESIPT）。随后，便快速发生顺式-反式异构化，形成反式-酮形式。考虑到该反应的结果，它也可以称为光互变异构。所有过程在溶液中可在几皮秒内发生，而在固态时，则需要几百皮秒的时间。

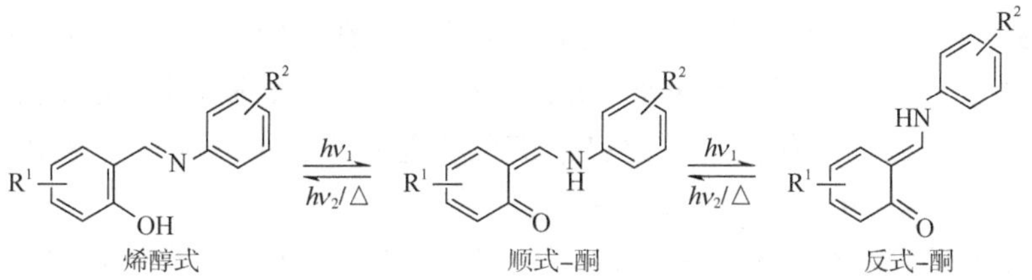

图4-10 席夫碱光致变色化合物光反应（光互变异构）：烯醇式到酮式的反应

其烯醇形式仅吸收紫外光（或近紫外光），在大多数情况下为浅黄色，而酮式异构体通常为红色。从共轭度角度来看，酮式结构共轭度降低而颜色更深，有些不符合常理。然而，红移是由于酮的形式发生了n-π^*的跃迁。最近几十年的研究表明，该过程伴随ESIPT而发生。

在溶液中，酮式结构会很快恢复到烯醇结构，通常在几毫秒内即可恢复，而在固态时，则可能会从几秒到几个月不等。对于靛蓝，在溶液中几乎看不到其光致变色现象，通常只能在固态下观察到。

靛蓝的合成非常简单（图4-11），主要基于水杨醛和苯胺衍生物在酸性介质中的缩合反应。通过取代基的引入，实现分子的空间和电子特征的控制。

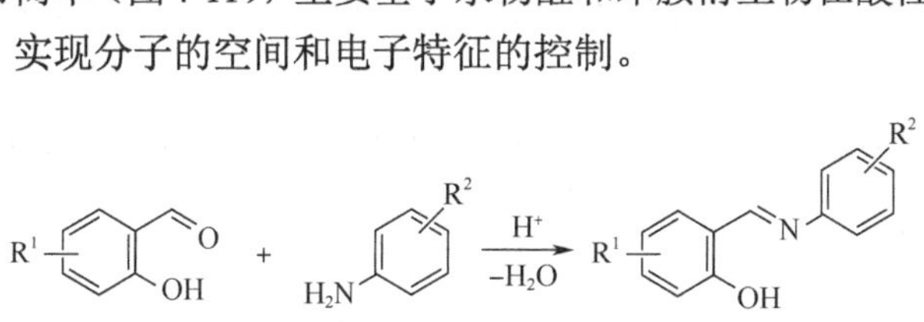

图4-11 合成靛蓝：通过水杨醛和苯胺的衍生物缩合

4.2.2 反式-顺式光异构化光致变色体系

可发生碳-碳双键的顺-反（或E-Z）异构现象的有机物主要包括二苯乙烯、偶氮苯（图4-12）类化合物，在光诱导下，可绕过基态中相对较高的能量屏障，发生光致变色反应。此外，在许多光致变色系统中，比如靛蓝和螺吡喃类光致变色体系，顺-反异构也是其光致变色过程的一步。

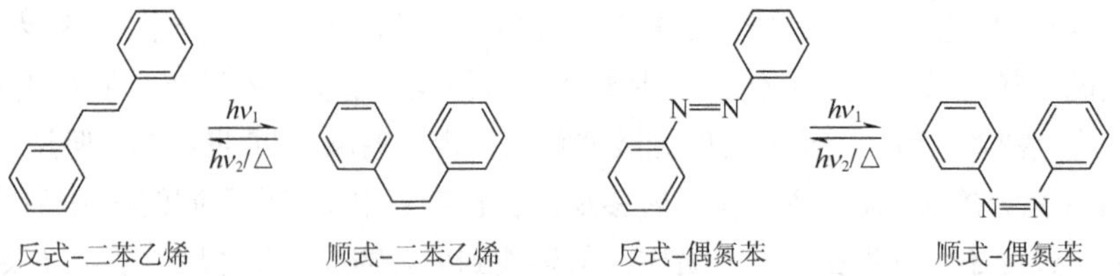

反式-二苯乙烯　顺式-二苯乙烯　反式-偶氮苯　顺式-偶氮苯

图4-12　二苯乙烯（左）和偶氮苯（右）的顺-反异构化

对于过去一个多世纪一直作为染料的偶氮苯衍生物的开发，其知识体系是非常重要的。如今，它们可作为基于顺-反异构的光致变色分子家族的典型代表。

为了简单起见，下面讨论偶氮苯的衍生物，称其为偶氮苯。偶氮苯的颜色通常为黄色，其取代可产生红移，变为橙色或红色。其两种异构体都有两个特征吸收带，分别为π-π^*和n-π^*跃迁引起的，另外由于对称性禁阻，反式-偶氮苯位于较低的能量区域，并且强度较低。但偶氮苯两种异构体之间电子离域的差异很小，引起的吸收光谱变化通常不会非常明显，因而，其颜色变化肉眼通常很难区分。相反，光致变色反应可引起分子自由体积的显著变化。另外，非颜色变化的应用，还包括异构化引起的磁性变化。

偶氮苯的合成可参考相关的综述文章。使用最广泛的合成方法是芳香族亚硝基化合物与芳胺之间的重氮偶合和Mills反应（图4-13）。

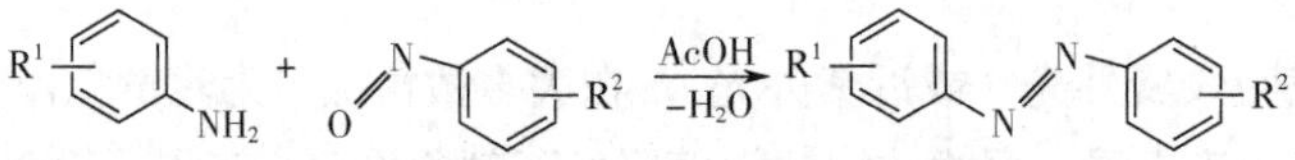

图4-13　用于合成偶氮苯的Mills反应的合成方案

4.2.3　分子均裂光致变色体系

分子均裂光致变色化合物涉及两个咪唑环之间的C—N键的均相裂解过程，该过程可在加热、光照或压力下发生。如图4-14所示，均裂可形成两个自由基（TPIR，三苯基咪唑自由基）。通过加热驱动自由基扩散，还可重组还原回到起始的咪唑二聚体（TPID，三苯基咪唑基二聚体）。

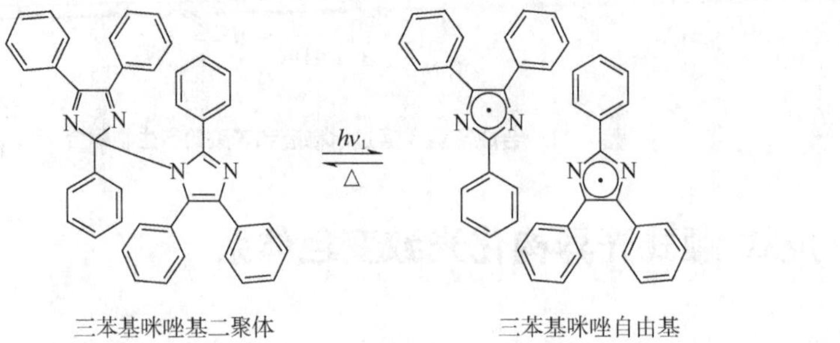

三苯基咪唑基二聚体　三苯基咪唑自由基

图4-14　三苯基咪唑基二聚体（TPID）和三苯基咪唑自由基（TPIR）之间的光致变色过程

TPIR 在可见光区具有大的吸收带，而 TPID 仅在紫外区有吸收，因而是无色的。该类化合物表现出 T 型光致变色。尽管在紫外光照射下，均裂可在不到 100fs 的时间内发生，但在室温下重组可能要花费几分钟的时间。

TPID 的制备非常简单，其合成路线如图4-15 所示。自 19 世纪末以来，前体三芳基咪唑（lophine）主要通过安息香与醛在乙酸铵存在下反应制得。

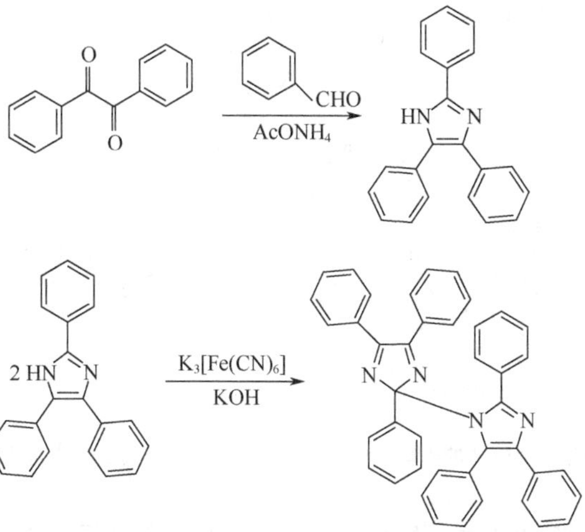

CHO

$AcONH_4$

HN N

2 HN N

$K_3[Fe(CN)_6]$

KOH

N N

N N

图4-15 三苯基咪唑基二聚体（TPID）的基本合成路线

4.2.4 环化光致变色体系

在光致变色体系中，以环化反应最为常见。在环化的大多数例子中，反应涉及六个 π 电子在六个不同原子上的离域。比如螺吡喃、俘精酸酐、二芳基乙烯以及一些相关化合物（如螺噁嗪、苯并吡喃和俘精酰亚胺）等的光致变色体系。总体而言，它们是过去几十年来有机光致变色研究工作的典型代表。

（1）螺吡喃、螺噁嗪和苯并吡喃

如图4-16 所示，常见的螺吡喃光致变色体系，主要由二氢吲哚和苯并吡喃单元组成。基于该基本结构，研究工作集中于其结构修饰，比如引入取代基烷基、烷氧基、硝基、卤代等；还可以扩展到较大的结构，例如，萘并吡喃代替苯并吡喃，或硫代吲哚啉代替二氢吲哚。

在过去的半个多世纪中，对螺吡喃光致变色体系进行了广泛的研究。此类化合物在紫外光照射下，可导致无色闭环结构（通常也称为螺旋或 N 型结构）吡喃环 C—O 键的断裂（形成开环反应），然后进行顺-反异构化，最终形成花菁（merocyanine，MC）结构（图4-16）。由于后者的高度共轭性，可形成两种共振形式，即两性离子和醌式结构。该特性与可见光中强烈吸收带的存在以及 MC 结构的颜色相关。相反，对于闭环结构，螺碳原子打破了分子的共轭结构，使分子仅在紫外光区域有吸收，且为无色。

综合目前的相关文献，螺吡喃属于 T 型光致变色分子。在大多数情况下，其闭环结构更加稳定。尽管某些化合物以及极性介质中可能会在平衡状态下存在大量的 MC，但 MC 结构还是属于亚稳态的。由于其特定的电子结构，MC 结构可高度溶剂化，其稳定性强烈依赖于溶剂。

例如，6-硝基-BIPS［1′, 3′-二氢-1′, 3′, 3′-三甲基-6-硝基螺（2*H*-1-苯并吡喃-2, 2′-2*H*-吲哚）］，在乙醇中的热反应速率比苯慢300倍，这与乙醇中的高活化能垒有关。

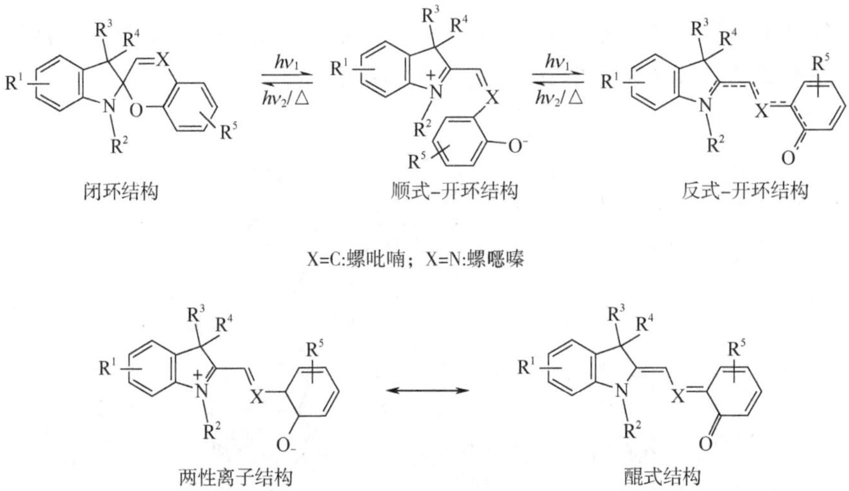

$h\nu_1$ / $h\nu_2/\triangle$

闭环结构　　顺式-开环结构　　反式-开环结构

X=C:螺吡喃；X=N:螺噁嗪

两性离子结构　　醌式结构

图4-16　螺吡喃和螺噁嗪开关环式的光异构化过程，以及其花菁结构的两性离子结构和醌式结构共振互变

如图4-17所示，在螺吡喃中，与螺碳原子相连的氮和氧原子的非键合孤对电子，分别与C—O和C—N的反键轨道σ*(C—O)和σ*(C—N)相互作用。由于氮原子孤对电子与C—O键的作用更强，导致C—O键的作用减弱，在紫外光照射下容易断裂。

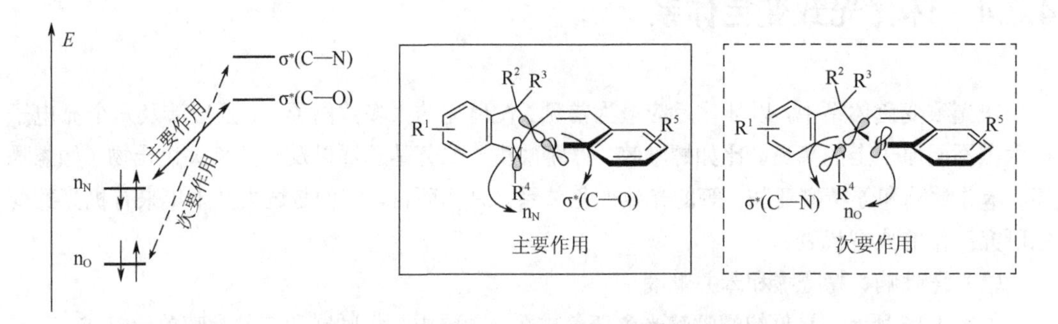

图4-17　螺吡喃中螺碳周围非键和反键轨道之间的相互作用，削弱C—O键

另外，螺噁嗪和苯并吡喃也属于该类光致变色体系，同时也是T型光致变色化合物。其中，螺吡喃的一个CH基团被N原子取代，形成螺噁嗪。而制得常见的基于吲哚啉的螺吡喃或螺噁嗪光致变色分子，最简单的方法是费歇尔碱（1, 3, 3-三甲基-2-亚甲基-吲哚啉）与相应的水杨醛或亚硝基苯酚进行反应（如图4-18所示）。

对于该类光致变色体系的应用，有些螺吡喃衍生物可在纯固态情况下发生光致变色反应，因此可将其作为掺杂剂，引入聚合物基质中，或共价连接到聚合物链上。而对于螺噁嗪衍生物，比如基于萘并吡喃的螺噁嗪，由于其高的抗疲劳性，在变色眼镜领域应用广泛。

然而，还有其他一些不常见的例子，比如可在光诱导下开环并伴随着其他类型的键断裂而产生颜色变化：螺二氢吲哚并咪唑的C—C键断裂和螺哌啶的C—N键断裂等。

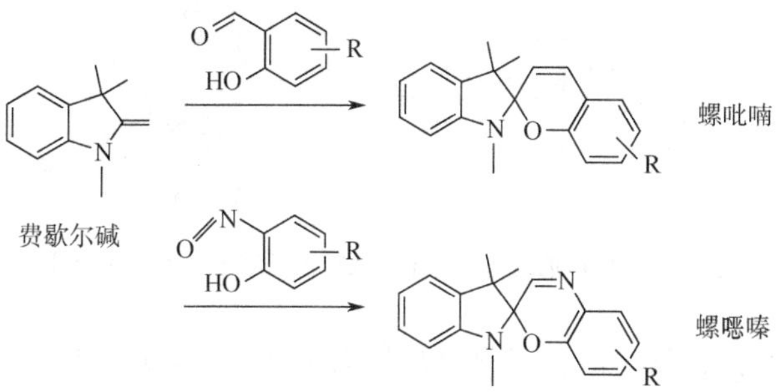

图4-18 基于吲哚啉的螺吡喃和螺噁嗪以费歇尔碱为原料的常用合成路线

（2）俘精酸酐和俘精酰亚胺

与上文描述的螺吡喃及相关化合物类似，俘精酸酐和俘精酰亚胺也属于环化光致变色体系（图4-19）。具体地讲，是π键和σ键之间的转化导致的电环化反应，与螺吡喃的主要区别在于其开环结构是无色的，而闭环结构则是有色的。

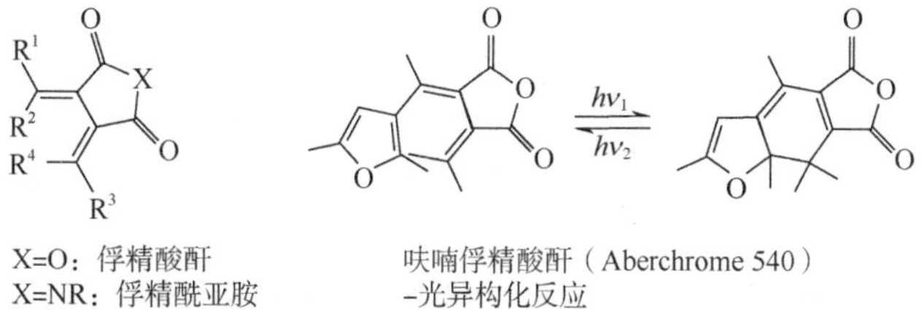

图4-19 俘精酸酐和俘精酰亚胺的结构通式及呋喃俘精酸酐（Aberchrome 540）的光异构化（光致变色）反应

通常，俘精酸酐类化合物为T型光致变色化合物。但后来发现，通过引入杂环芳基（如呋喃俘精酸酐或吲哚基俘精酸酐），可使闭环结构的热稳定性显著提升，成为P型光致变色化合物。另外，其开环结构还可能发生顺-反异构反应，尤其是R^1和R^2的交换反应。尽管早期的相关研究已经发现了该现象，但与闭环结构相比，该反应引起的颜色和其他性质的变化微乎其微，很少引起关注。

除了应用于信息可重写的光学存储设备外，呋喃俘精酸酐，比如Aberchrome 540（图4-19）还可用作化学光度计。而俘精酰亚胺也已得到广泛研究，因为它可以连接各种各样的取代基，比如聚合物链、荧光团或蛋白质等，而不会严重影响其光致变色特性。

俘精酸酐的一种经典合成方法主要是基于双斯托布（Stobbe）缩合，首先是琥珀酸二烷基酯与带有R^3和R^4取代基的酮发生类似羟醛缩合的反应，然后，与另一分子的带有R^1和R^2取代基的酮发生酯水解和脱水反应，最后形成酸酐环。

（3）二芳基烯类

Irie等1988年首次报道了二芳基乙烯的光致变色现象。由于它们非常好的耐疲劳性和高度的双稳态特性，成为光致变色化合物家族的重要代表，并广泛应用于光电子（存储器、开关等）领域。并且，从理论和实验的角度，研究者继续展开其分子工程的相关研究。

与俘精酸酐类似，二芳基乙烯的光致变色反应也是发生在无色的开环结构和有色的闭环结构之间（图4-20）。另外，大多数二芳基乙烯光致变色化合物基于杂环芳香体系，其芳香体系也是目前相关研究的重点，同时也使二芳基乙烯成为研究最广泛的光致变色化合物。

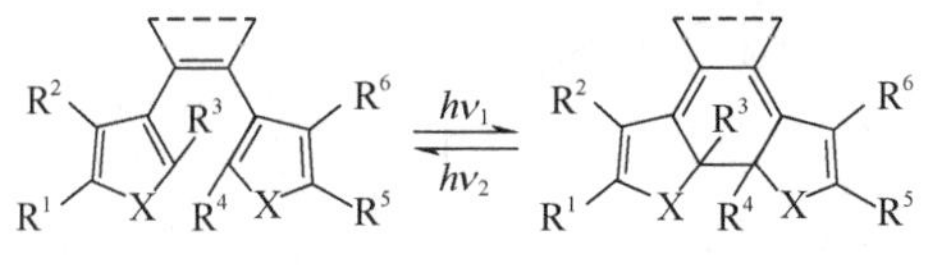

开环结构　　闭环结构

图4-20　经典的二芳基乙烯光致变色反应（X=O，N，S）

所有二芳基乙烯的1,3,5-己三烯开环结构均为无色。根据Woodward-Hoffman规则，基于对称的π轨道，此类结构的电环化反应在光化学控制下遵循顺旋机制。在紫外光照射下，生成1,3-环己二烯的闭环结构（有色），而在可见光照射下，则发生其可逆反应（开环反应）。其闭环结构颜色加深，是由于π电子的离域性能得到扩展引起的。

实际上，对于1,2-二苯乙烯，还存在顺-反异构化的反应，只有顺式结构才能在紫外光的照射下发生关环，生成二氢菲（图4-21）。在氧气存在的条件下，还可发生不可逆的氢消除反应生成菲。为了避免发生这种不希望的反应而影响光致变色性能，通常利用烷基或烷氧基（R^3和R^4，图4-20）取代该位置的氢原子。

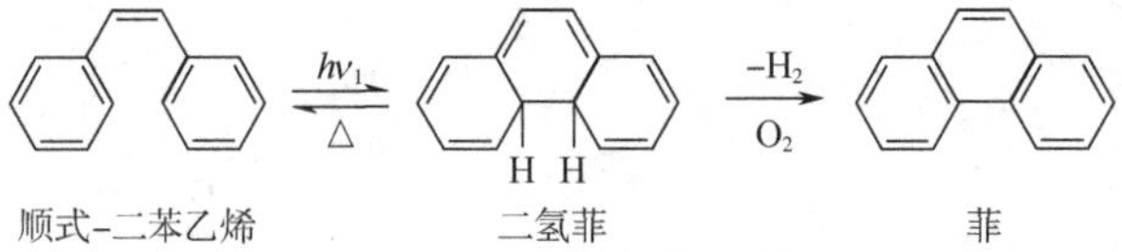

顺式-二苯乙烯　　二氢菲　　菲

图4-21　顺式-二苯乙烯的光环化反应以及随后可能的氧化脱氢生成菲的反应

对于顺式-二苯乙烯，发生光致变色环化反应的同时，其竞争反应顺-反异构化也引起人们的关注。由于顺-反异构不足以引起分子属性有价值的变化，通常尽量避免该反应的发生。于是，在分子设计时，在烯桥上并一个环结构（如图4-22所示）。

马来酸酐　　环戊烯　　全氟环戊烯

图4-22　为使二芳基乙烯分子（确切地说，二噻吩基乙烯）保持顺式结构，在乙烯桥上并环结构的典型实例

如前所述，螺吡喃及其相关的化合物是T型光致变色化合物的代表；而二芳基乙烯则显示出P型体系的潜力，并且研究者在分子工程上投入了大量精力以提高其开关环结构的稳定性。

对于二芳基乙烯的合成，已报道多种合成方法。通常，可以选择适当的杂芳结构，在有机锂试剂的存在下，与八氟环戊烯反应，合成六氟环戊烯作为乙烯桥的二芳烃［图4-23（a）］。另外，在Pd配合物催化下，进行Suzuki交叉偶联，是另一种非常普遍的合成二芳基烯烃的方法［图4-23（b）］。

为了改善其光致变色特性，研究者尝试了大量的结构修饰工作。除二噻吩外，还有噻唑基、亚芳基或芳基丁二烯基的二芳基乙烯化合物也具有光致变色特性。

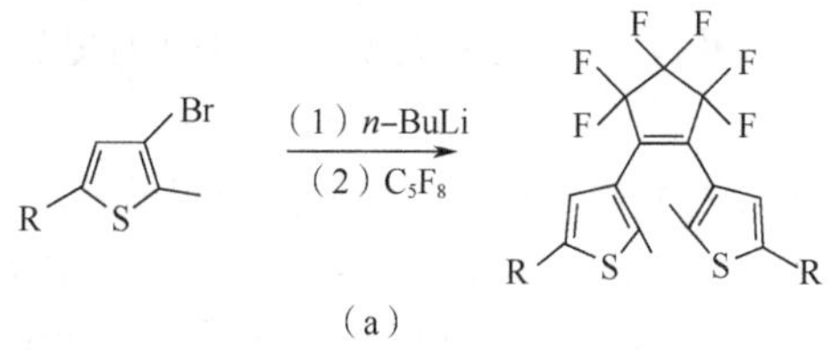

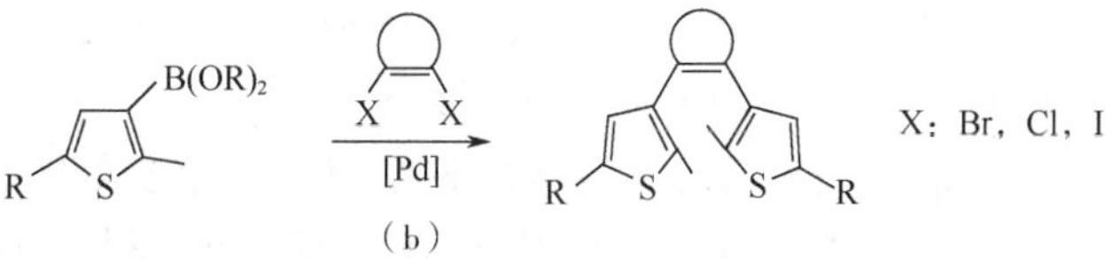

Br　(1) n-BuLi　(2) C_5F_8

(a)

$B(OR)_2$　X　X　[Pd]　X：Br，Cl，I

(b)

图4-23　二芳基烯烃的合成：将乙烷桥与芳基环（此处为噻吩基）结合的典型反应

4.3　光致变色材料的应用

4.3.1　光信息存储

光盘技术以其高密度、大容量、随机存取、可卸盘、不易擦伤等优点取得了迅速发展。在现有的光盘产品中，120mm 只读光盘已达 4.7GB 单面容量，130mm 可写光盘也已达 2.6GB 双面容量、持续 4MB / s 数传率，可人们并不满足现状，仍在不断追求更先进的技术。现有光盘密度首先受限于光斑尺寸，而对于可写光盘，由于信息记录是“热模式”，即利用激光产生的热能使记录介质产生物理化学变化而实现信息存储，其存储密度受到物质晶粒大小、热传导等因素的限制，记录速度则受到加热过程的限制，时间响应速度较慢。

光致变色数字存储技术是一种光子型记录，即在光子作用下发生化学变化而实现信息存储，反应时间极短。另外，由于是分子尺度上的一种反应，所以可以实现极高密度存储，而且通过多重多维记录，在不改变光斑尺寸的情况下，进一步提高单盘存储容量，并且其性质可用于缩小有效光斑。

和光热效应记录相比，如图4-24 所示，光存储材料的特征是双稳态。G 代表光存储物质处于基态变化的势能面，如以热为变化过程的驱动力，加热可使处于 0 态的物质变为 1 态，或 1 态变为 0 态，这种变化必须克服一个活化势垒即活化能 ΔE（$\Delta E'$），因此，一般光热效应的光存储材料都有阈值。E（E'）代表光存储材料处于激发态时其势能面的变化。0 态物质在一种光子（$h\nu$）作用下可变为 1 态物质，而 1 态物质在另一种能量的光子（$h\nu'$）作用下又可返回到 0 态。通常物质在激发态的变化所需活化能很小，有时甚至为 0，所以光子型记录材料往往阈值

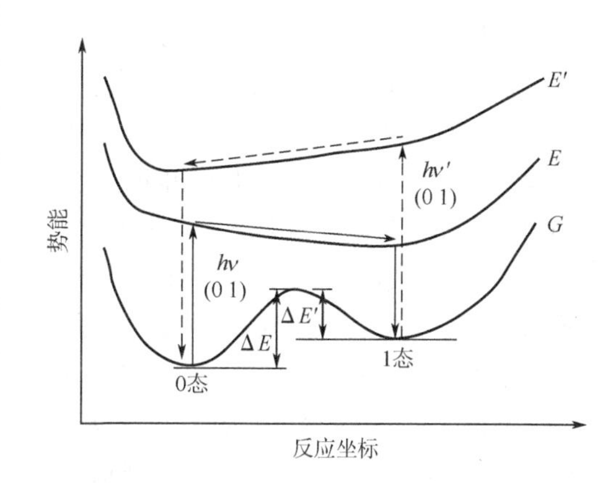

图4-24　光存储物质的双稳态势能曲线

很小，甚至没有阈值。这为非破坏性读出带来很大困难，但也为提高材料的灵敏度奠定了基础。

作为有机染料，光致变色化合物在数字存储中有很好的应用前景，它用作光存储介质有以下优点：①存储密度高，从理论上说可实现分子记忆，平面存储密度可达 10^{15}bit / cm^2；所有激光能达到的最小斑点，都可用它进行记录。②灵敏度高、速度快，可达 ns 量级（从原理上来说）。③可以用旋转涂布法制作光盘，制作成本低。④信噪比大。⑤抗磁性能好。⑥光学性能可通过改变分子结构来调整，利于有机合成。⑦毒性小。

同时，光致变色化合物用作光存储介质应具备下列条件：①有良好的抗疲劳性能，以适应多次的写、读、擦循环。②写入态和擦除态（对应于有机光致变色材料的两个不同的态）必须具有足够的稳定性。③灵敏度高，能快速实现写入、擦除操作（从写擦总体效果来说）。④吸收光谱与半导体激光器具有良好的匹配性。⑤溶解性能好，以便于用旋转涂布法制作记录层。虽然有不少人报道利用其他制膜方法来制作不溶性有机染料记录层，但这些方法生产成本较高。

4.3.2 光致变色信息存储器件

为了利用光致变色有机化合物进行信息存储，需要制备相关的器件（通常为光盘）。在玻璃基片上首先镀一层铝反射层，厚度约 1μm，反射率约 99.1%，然后在铝反射层上旋涂一层光致变色膜（如图4-25 所示）。

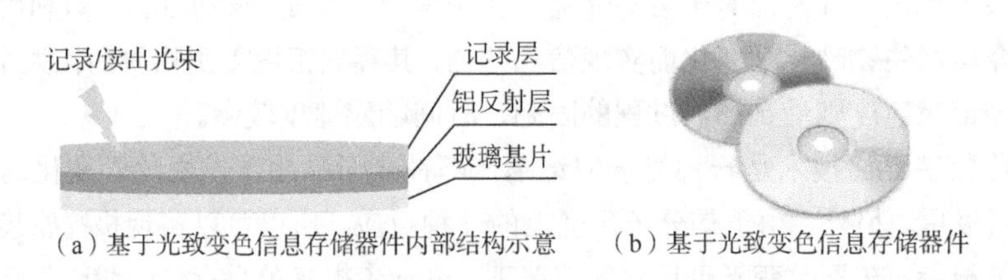

图4-25 （a）基于光致变色信息存储器件内部结构示意及（b）基于光致变色信息存储器件

和其他有机染料一样，光致变色化合物在光盘记录介质中的使用方式可以有两种：一种是直接将溶在有机溶剂中的化合物旋转涂布成膜，这种方法对于增强吸收效率、增大记录的灵敏度是有效的。另一种方式就是类似于“染料在聚合物中（dye-in-polymer）”的体系，也就是将光致变色化合物和合适的聚合物同时溶解在有机溶剂中，然后旋转涂布，得到均匀分散在聚合物中的光致变色化合物膜层。聚合物的存在可以有效地阻止趋向于形成晶体的光致变色化合物析出晶体，同时包含聚合物的记录层通常具有较好的写入性能和力学性能。对于光热效应记录来说，则可以有效防止在写入烧蚀过程中产生碎片。用于制造记录层的聚合物可以是聚碳酸酯、聚苯乙烯、聚丙烯酸酯、硝基纤维素等。

旋转涂布法（旋涂法）是目前制备均匀有机薄膜的最好方法。其主要的优点包括成本低廉，薄膜光洁、均匀，厚度容易控制，制膜速度快，不需要真空环境等，因此在光盘制造工业中得到有效应用。

旋涂法的一般步骤是先将成膜材料溶于一种中等挥发性的溶剂中，形成有一定黏度的液态

（或胶态）旋涂液，然后将过量的旋涂液滴加到基片的中心部位（对于没有中心孔的基片），或滴加在旋涂区域靠近中心孔的部位。如果需要更均匀的初始条件，则可将旋涂液以等间距螺旋的形式滴加到整个被涂区域。当基片以合适的转速旋转时，就形成所需厚度的薄膜。

旋涂工艺是一个较为复杂的过程，包括离心力、溶液黏性和溶剂挥发等物理现象的相互作用。当基片刚开始转动时，由于离心力的作用，溶液很快甩出，厚度逐渐变薄，溶液的黏性力也逐渐变大，最终与离心力达到平衡。而溶剂的挥发则一直贯穿始终。

制作记录层所用溶剂需满足以下几个条件：①对染料和聚合物的溶解性较好；②挥发性适中，一般沸点在90~120℃左右；③表面张力尽量小，使配制成的溶液的表面张力小于基片的表面张力，以便在基片上铺开；④不溶解基片（成品基片一般为聚碳酸酯）；⑤溶剂最好为常见的非极性溶剂，价格低廉，没有毒性；⑥最低反射率＞10%，对比度＞25%。

常用于光致变色信息记录层制备的溶剂及性能见表4-1。

表4-1　常用于光致变色信息记录层制备的溶剂及性能

有机溶剂	沸点 / ℃	表面张力 / ($\times10^{-5}$N / cm)	黏度 / mPa · s	对光致变色化合物的溶解性
双丙酮醇	168.1	31.0	2.9	不溶
乙基溶纤剂	156.3	31.8	1.03	微溶
环辛烷	125.7	21.76	0.547	不溶
甲苯	110.6	30.92	0.773	不溶
氯仿	61.1	27.14	0.563	微溶
环己酮	155.6	34.50	2.2	微溶

比如，与聚合物共混的记录层制备方法：将0.59g PMMA溶于10mL环己酮中，取1mL该溶液，加入5mg光致变色化合物，搅拌均匀后进行旋涂，溶剂自然挥发晾干。可进行初步的最简单的测试，比如利用俘精酸酐类光致变色材料作记录层，先用紫外光照射，样片从淡黄色变成绿色；对绿色样片用大于600nm的光照射，样片又回到淡黄色。这一过程可多次重复。

4.3.3　应用于信息存储中的光致变色化合物

（1）俘精酸酐衍生物的应用

这类化合物利用价键互变异构发生分子内周环反应。其稳定性和抗疲劳性好，并且克服了以前有色体吸收波长与当前的半导体激光器不匹配的缺点。在避光的情况下，可保存5年性能不变，写入擦除循环也可达到450次。其通式为

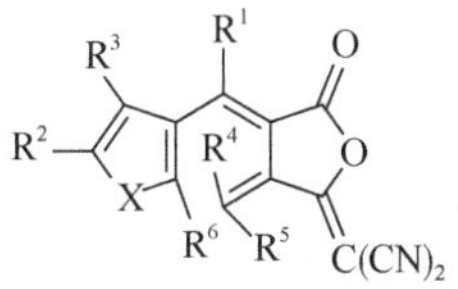

R3　R1　O　R2　R4　O　X　R6　R5　$C(CN)_2$

其中，R^1、R^2、R^3、R^4、R^5和R^6为烷基、芳基或取代的芳基等；R^2和R^3也可以连接成苯环；$X=S$或NR^1。

当$X=S$时，目标化合物为噻吩取代的俘精酸酐衍生物；

当$X=NR^1$时，目标化合物为吡咯取代的俘精酸酐衍生物；

当$X=NR^1$，且R^2和R^3连接成苯环时，目标化合物为吲哚取代的俘精酸酐衍生物。

这类化合物中，吡咯取代的俘精酸酐衍生物，其呈色体的最大吸收波长在丙酮中为820nm，而吲哚和噻吩取代的俘精酸酐衍生物最大吸收波长分别为790nm和600nm。表4-2为常见取代基对呈色体最大吸收波长偏移的影响。

表4-2 取代基对杂环取代的俘精酸酐衍生物呈色体最大吸收波长偏移的影响

	取代基			λ_{max} / nm	$\Delta\lambda_{max}$ / nm
	R	X	Y		
	CH_3	O	O	507	158
	CH_3	O	$C(CN)_2$	665	
	Ph	S	O	544	140
	Ph	S	$C(CN)_2$	684	
	Ph	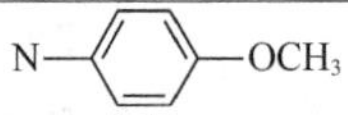 $N-C_6H_4-OCH_3$	O	640	180
	Ph	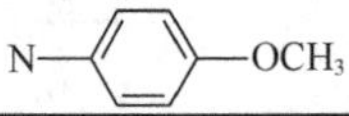 $N-C_6H_4-OCH_3$	$C(CN)_2$	820	

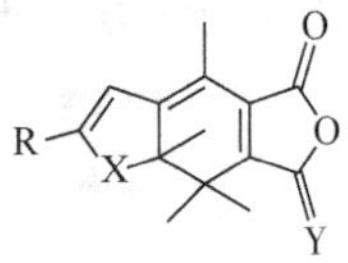

这类化合物的光致变色反应如图4-19所示，其中用于闭环的紫外光（UV）波长范围为200~400nm，而用于开环的可见红外光（Vis-IR）的波长范围为600~850nm。其可承受的开关环次数与分子的耐疲劳度直接相关。

（2）光激活光致变色体系自隐藏信息存储

与经典的光致变色体系（如偶氮苯、螺吡喃和二噻吩基乙烯等）相比，罗丹明B水杨醛肼金属配合物（RMC）是最新发展的光致变色体系，可用于溶液和具有良好耐疲劳性的固体基质中进行信息存储。有趣的是，机理研究表明，水杨醛部分中的酚羟基对于其光致变色是必不可少的。如果酚羟基被一个惰性基团保护，则光致变色性能将受到抑制。

这种独特的性能使RMC在多因素控制的光致变色系统中具有多种潜在应用。唐本忠教授课题组将邻硝基苯甲醛作为酚羟基的可光去除保护基（PPG），开发出了第一种可光激活的自隐藏信息存储材料，编号为1-Zn。在小于450nm的光照下可实现其水杨醛部分从无色的烯醇结构（1-Zn-L）到红色的酮式结构（1-Zn-R）的光致变色反应［图4-26（a）］。而在黑暗条件下又可回到1-Zn-L。

为了构建自隐藏信息存储系统，研究者选择邻硝基苯甲醛为保护基团［如图4-26（b）］。其特点是可在405nm波长下进行脱保护。所构建的自隐藏信息存储过程如图4-27所示。首先，结合保护基的2-Zn-L在可呈现一定形状或字符的405nm的紫外光照射下，光照部分发生图4-26（b）的脱保护过程，并发生变色，将信息记录下来。当置于暗态下，发生了1-Zn-R到1-Zn-L的光致变色反应，信息在可见光下不可见。但此时只有记录信息的部分化合物脱离了保护基，当用450nm的紫外光再次照射，发生了图4-26（a）的光致变色反应，再次显色，实现了自隐藏的信息记录过程。用大面积的≤405nm的光，可删除所记录的信息。

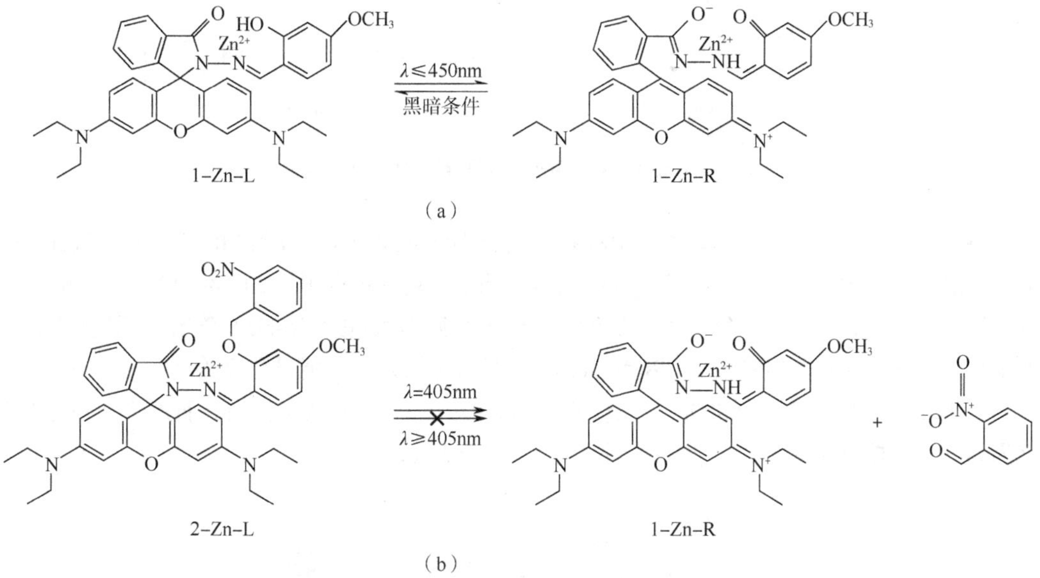

（a）

（b）

图4-26 （a）化合物1-Zn在光照下的可逆开关环反应和（b）基于邻硝基苯甲醛的光去除保护基反应（结合保护基的化合物命名为2-Zn）

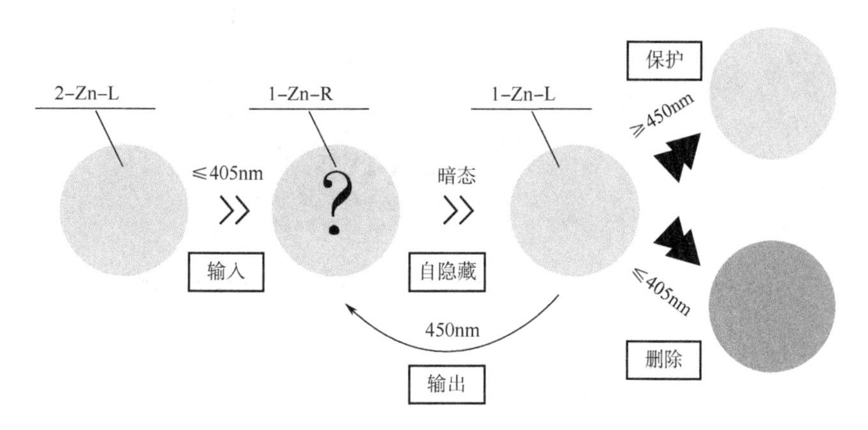

图4-27 可光激活的自隐藏信息存储作用机制

（3）俘精酸酐在光信息存储中的应用

目前大部分有机光致变色材料的耐疲劳度都不高，是其实用化的一大障碍。要解决这一问题，一方面可以寻找新的光致变色体系；另一方面可在现有材料基础上，通过对疲劳机理的研究，设法找到降低引起疲劳的副反应的方法。

俘精酸酐作为一种耐疲劳度高的有机光致变色化合物，一直备受人们的重视。在光信息记录材料、光开关、光子器件等方面的应用研究也有报道。为了进一步提升俘精酸酐类光致变色化合物应用于光信息存储的可能性，分别引入苯基、甲氧基苯基和甲基为取代基，所设计的分子结构及光致变色反应如图4-28所示。

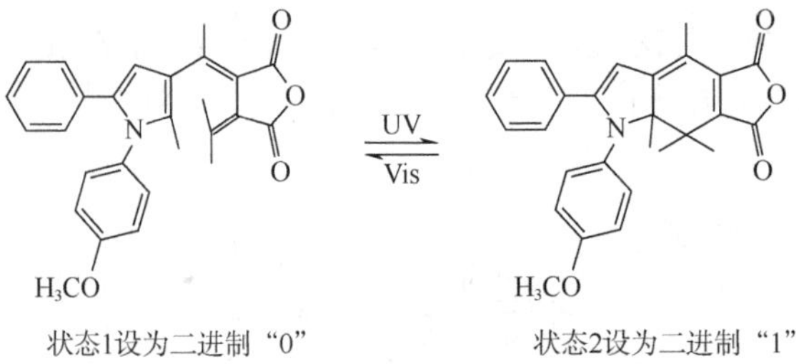

UV
Vis
H_3CO H_3CO
状态1设为二进制“0” 状态2设为二进制“1”

图4-28 所设计的可应用于光信息存储的俘精酸酐衍生物

将其应用于光盘记录层后，由于两种状态具有不同的反射率，设为“0”和“1”二进制码，从而完成信息的记录和读出。其信息存储的基本原理（装置示意图）如图4-29所示。同时，也可以利用该装置进行化合物循环寿命的测试。写入光源为氦-氖（He-Ne）激光，擦除光源为紫外汞灯。He-Ne激光器的写入光功率为36mW，写入时间为1s，能量密度为7.33mJ / mm^2，与功率为14mW，写入时间为500ns，能量密度为8.92mJ / mm^2的激光相当。而擦除紫外光的功率为80mW，擦除时间为3s，擦除能量密度为2.18mJ / mm^2。

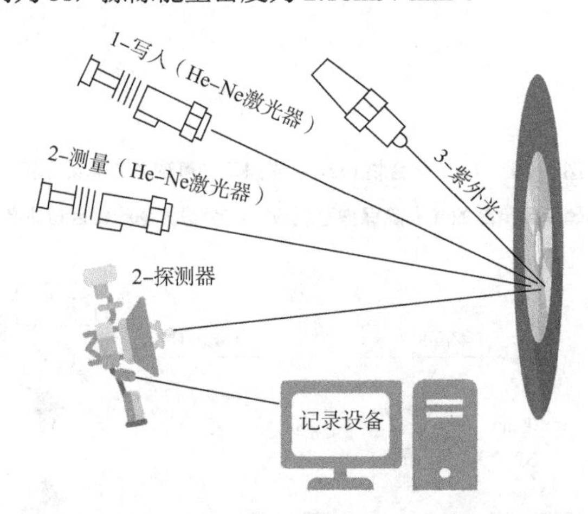

图4-29 记录层的循环寿命测试以及光致变色化合物光信息存储原理图

另外，对比度也是确保信息写入和读取的关键参数。比如设擦除态的反射率为R_1，写入态的反射率为R_2，其对比度定义为$2(R_1-R_2)/(R_1+R_2)$。测试表明，两个合成化合物的两个状态之间的反射率差（也就是对比度）很大，约为60%。而实际使用时要考虑各种综合指标，要求其大于25%即可。通常都不能在饱和状态下工作，写入态的反射率为40%～60%之间，擦除态的反射率为20%～40%之间，这样就可在满足实用要求的前提下选择最佳的激光功率、写入和擦除时间。

以该俘精酸酐光致变色化合物为记录层的光盘的特点：①该类型光盘由于需要用紫外光擦除，因此从应用的角度来看它介于一次写入光盘和可擦重写型光盘之间，可以用擦除器擦除并反复使用。经测试，450次写擦循环后，写入态和擦除态的对比度仍能保持在40%左右，表现出很好的热稳定性和抗疲劳度；②由于两个状态的反射率差大，对于擦除和写入的时间和功率等在要求上可有较多的选择；③着重指出，这是一种双波长光源驱动的新型光盘，避免了写入和擦除用同一波长的激光时带来的副作用，有利于延长使用寿命。

（4）二芳基乙烯在光信息存储中的应用

二芳基乙烯类化合物是可用于光信息存储的又一大类光致变色体系。由于二芳基乙烯的光致变色反应是一个可逆转化过程，在读出信息过程中，读出光束就会导致未记录区的闭环态分子发生开环反应，从而使得写入点和未记录区之间的信息对比度不断降低，经过多次读出后，最终所有闭环态分子都发生了开环，写入信息全部被破坏。解决这个问题的办法就是要采取相应措施降低或消除读出过程中的信号损坏，实现无损读出。无损读出能否实现是决定二芳基乙烯光致变色化合物能否实际用作光存储介质的关键问题，所以引起了诸多研究者的重视。

1993 年，Tatezono 等人提出了双波长无损读出方法。所研究的化合物的具体结构如图4-30所示，编号为 DAE1。研究发现，该化合物在溶液中发生的光致变色反应与温度无关，但当被分散在聚甲基丙烯酸（PMA）中时，其光致变色反应却依赖于温度的变化。在室温条件下，用 458nm 的光照射不发生光致变色反应，即开环态 DAE1-O 不会转化成闭环态异构体 DAE1-C；但当加热至 100℃ 以上时，DAE1-O 就非常容易发生闭环反应而生成 DAE1-C。于是，研究者在写入过程中使用高强度的 458nm 的 Ar^+ 激光进行照射，使温度升高而足以使环化反应发生，写入点在 633nm 处的反射率由 80%降低到 74%；读出信号采用 458nm 和 633nm 两束激光进行双波长读出，实验结果表明在 10^6 次读出操作之后写入点和未记录区域在 633nm 处的反射率都保持恒定。也就是利用开关环反应的热的门控反应性实现了光信息存储的无损读出。

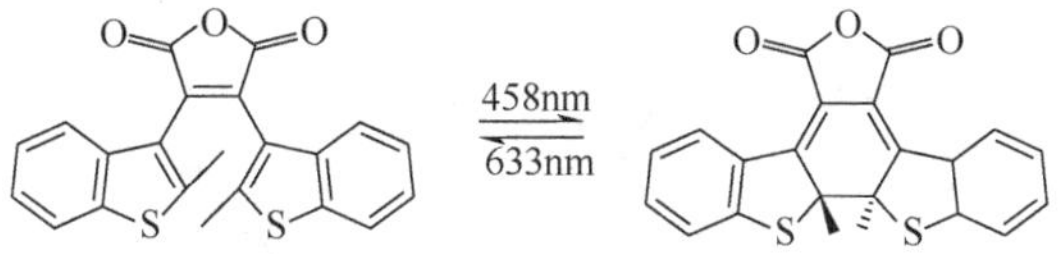

458nm
633nm

图4-30　化合物 DAE1 的光致变色示意图

另外，二芳基乙烯化合物在光存储中的应用包括多波长存储及与其他功能分子组成超分子体系等。

清华大学张复实教授课题组设计合成了 16 种 DT-X 系列二芳基乙烯分子（其中 13 种为首次合成），借助其优良的物理化学性质和光致变色特性，研究其在高密度光存储领域的应用，开发新一代光存储材料。具体的分子结构式如图4-31 所示。

该工作以二芳基乙烯作为存储介质，进行了多波长、多阶、全息和近场高密度光存储的应用研究。①实现了 532nm 和 650nm 双波长、四阶高密度数字光盘的制作和存储；②完成了 532nm、650nm 和 780nm 三波长、八阶高密度数字膜片的制备和存储；③将二芳基乙烯化合物用于全息光存储，并在厚度小于 10μm 的非晶态膜片上实现了多重全息光栅、全息图像和全息数字信息的光子型、可擦重写存储；④将二芳基乙烯用于近场光存储，获得了约 1μm 尺寸的近场记录光斑。

此外，还对二芳基乙烯的读写特性进行了研究，并在此基础上提出和验证了一种简单可行的无损读出方案。选用吸收波长为 500~700nm 的二芳基乙烯，考察了材料的灵敏度、开环反应速率常数、记录激光功率和波长对读写过程的影响。实验结果表明：记录时间随着上述参数

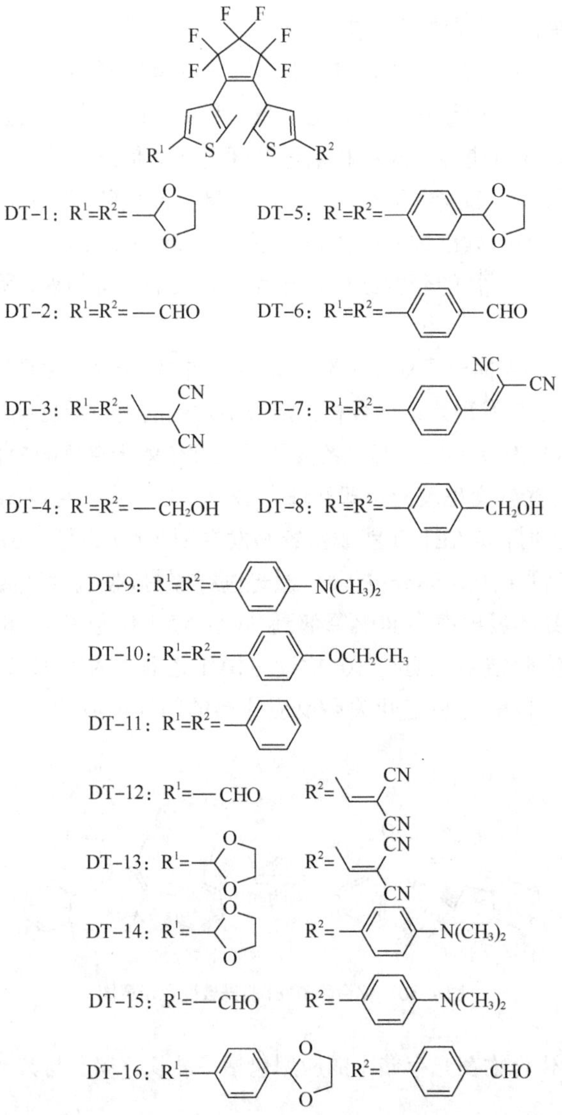

图4-31　张复实教授课题组所合成的用于光信息存储研究的DT-X系列二芳基乙烯光致变色化合物分子结构式

值的减小而减小；用高环化、低开环量子效率的二芳基乙烯，在其最大吸收波长偏短波长方向进行高功率写入、低功率读出，即可进行无损读出。在实验条件下，重复读出2000多次，记录信号强度仍能保持约25%的反射率不变。可见，该类光致变色化合物在光信息存储应用方面表现出很好的抗疲劳特性。

4.3.4　生物分子活性的光调控

对于光致变色化合物在生物大分子活性的光调控方面，主要是将其引入超分子体系，利用其在光照下的结构变化特性，而不是利用其光吸收特性，引起生物大分子的性能改变。

（1）光开关调控柱状肽自组装体系的氢键作用

分子自组装对于功能材料的开发至关重要。通过外部信号（例如光）控制自组装过程，成为许多光致变色超分子系统的设计依据。而在各种可光转换的分子中，偶氮苯的高效、可逆的E→Z光异构化过程，可导致分子几何结构的较大变化，因此在超分子化学、催化和材料科学中得到了广泛应用。

比如，M. R. Ghadiri等合成并表征了新型肽体系（如图4-32所示），其中偶氮苯的光控E/Z异构化，导致了光控的氢键转换，也就是使溶液中分子间和分子内利用氢键组装的圆柱结构之间的受控转化成为可能，并且在空气-水界面处形成的薄膜内也可实现同样的转换。

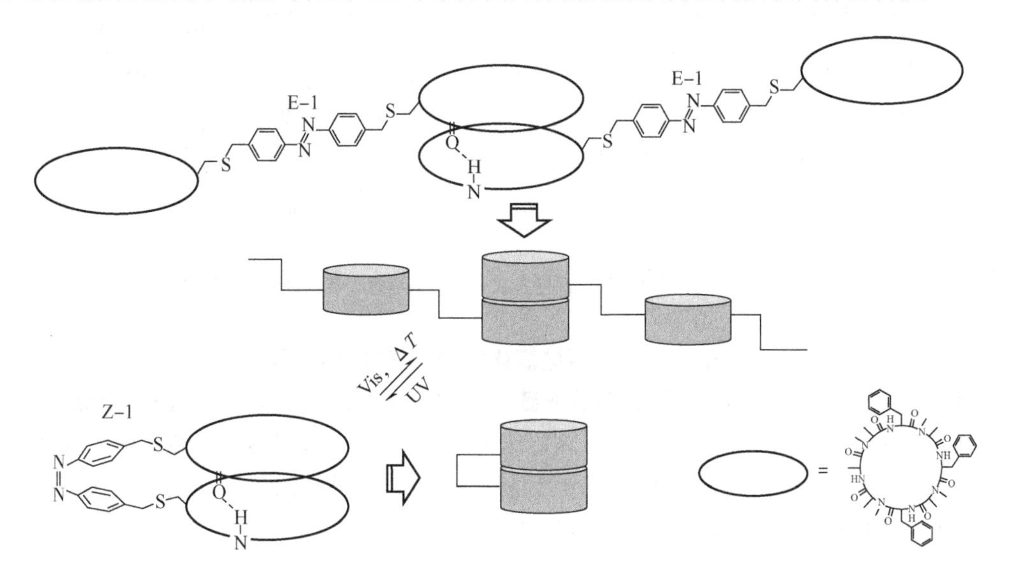

图4-32 肽序列生物大分子随偶氮苯光控异构化（反式E-1和顺式Z-1）而发生的分子内和分子间氢键作用的切换

该肽体系由两个环状八肽组成，中间以偶氮苯桥接。所设计的肽在非极性有机溶剂中具有良好的溶解性，并提供了一个反应性亲核侧链——半胱氨酸，与偶氮苯连接，通过选择性主链*N*-甲基化将自组装限制为二聚β-片状结构。其具体的结构和动力学特性如下：在非极性有机溶剂中，偶氮苯的E异构体（E-1）会以分子间氢键形成二聚体或高级低聚物，其聚合程度取决于体系的浓度（图4-32）。而用紫外光照射该体系，可引起E→Z异构化，形成Z-1结构，也就是从分子间的氢键组装体转变成单个分子内的氢键组装体。分子模型研究表明，连接肽和偶氮苯的硫醚间隔基允许最佳形成八个分子内氢键。此外，由于分子内氢键提高了分子的稳定性，阻碍了热作用下的Z→E异构化。

该偶氮苯-肽结构化合物，构建了一种新的光致变色超分子体系，在溶液和薄膜中均可实现分子间和分子内氢键之间的可逆转换。这种基于分子开关的结构转换原理以及向Z异构体的定量转化，可用于可光控跨膜通道及离子载体等。此外，在固体基质上的光控肽的自组装转换，可用于制备光学、电子和传感器的新型光敏材料。

（2）光开关在生物电催化氧化还原中的控制作用

① 葡萄糖氧化酶的直接修饰构建光控体系。

方式一：硝基螺吡喃与葡萄糖氧化酶中的FAD（黄素腺嘌呤二核苷酸）相结合。

如图4-33所示，利用带巯基的赖氨酸（Lys）单分子层将葡萄糖氧化酶固定在金电极上，以二茂铁甲酸为氧化还原媒介。为了实现氧化还原的光控过程，将硝基螺吡喃与葡萄糖氧化酶中的黄素腺嘌呤二核苷酸相结合。研究发现，螺吡喃的闭环态切断了葡萄糖的氧化过程，当用 360nm < λ < 380nm 的光照射后，形成螺吡喃的开环态，同时，氧化还原过程得到恢复（Switch On）。

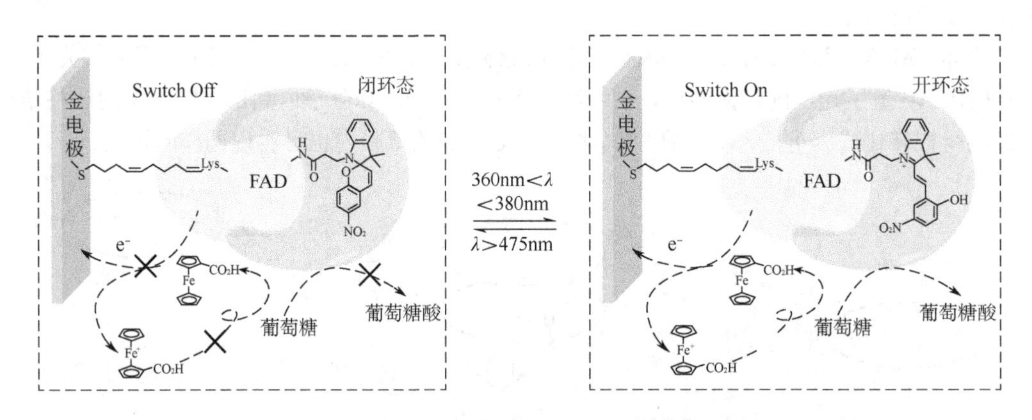

图4-33 蛋白氧化还原过程的光调控方式一——硝基螺吡喃修饰蛋白内部的FAD

方式二：二芳基乙烯分子导线与葡萄糖氧化酶中的 FAD 相结合。

直接利用含巯基的二噻吩乙烯衍生物光致变色体系作为分子导线，将葡萄糖氧化酶固定在金电极表面（图4-34），而且其开环态可直接作为电子媒介，有效实现葡萄糖的氧化（通常在大于 530nm 的波长照射下实现开环反应）。另外，将电极电位调至 0.35V 时分子导线闭环，由于切断了电子传输过程，葡萄糖的氧化过程也被切断。

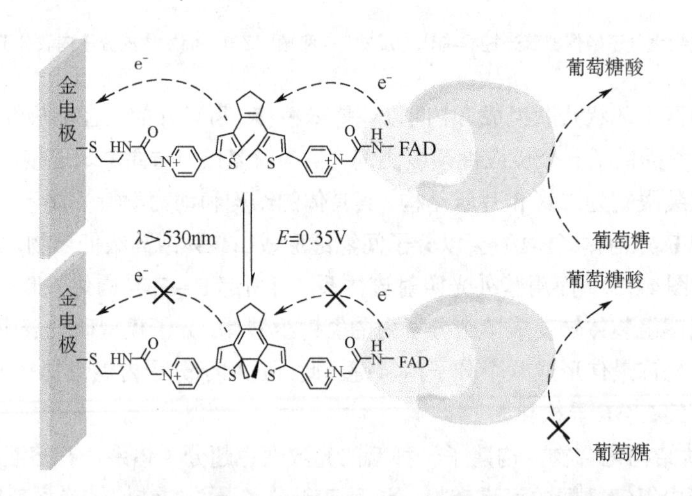

图4-34 蛋白氧化还原过程的光调控方式二——利用二芳基乙烯衍生物作为分子导线

② 硝基螺吡喃光控分子直接修饰电极细胞色素介导的级联反应的控制作用。如图4-35 所示，利用可光异构化的硝基螺吡喃单分子层进行电极修饰，借助界面静电吸引或排斥相互作用实现细胞色素 C（cytochrome C，Cyt C）介导的酶级联反应的光化学 ON-OFF 氧化还原的激活和阻断。

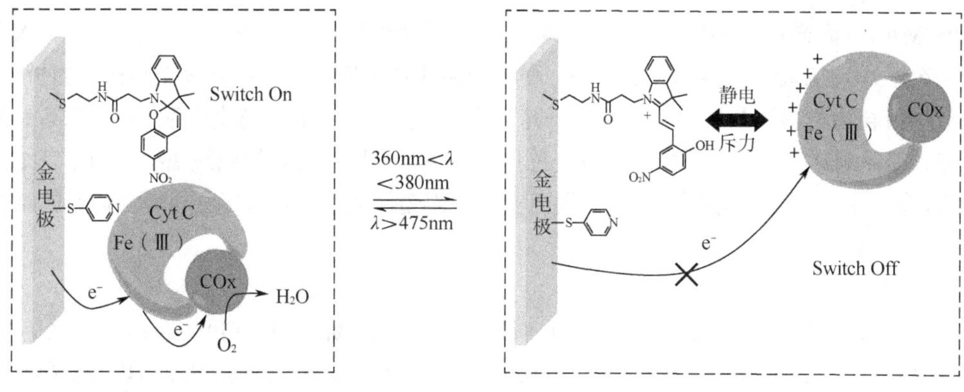

Cyt C：血红素蛋白（cytochrome C，Cyt C）
COx：细胞色素氧化酶（cytochrome oxidase）

图4-35　利用硝基螺吡喃修饰电极，借助静电吸引或排斥实现光控细胞色素介导的级联反应

将吡啶单元和硝基螺吡喃单元（图4-35），借助巯基单层组装在金电极上。其中，吡啶单元主要是与血红素蛋白Cyt C结合和定向，使其与电极相互作用。另外，Cyt C作为不同氧化还原酶（例如细胞色素氧化酶，COx）的电子转移介质，可通过上述光控开关体系实现COx介导的O_2还原的光化学控制。比如，利用$\lambda>475$nm的可见光照射体系，可实现硝基螺吡喃闭环，其芳香环的负电特性与Cyt C中的铁正离子相互作用，辅助吡啶单元将Cyt C拉向金电极，疏通电子传输通道，实现O_2的还原；当用360nm $<\lambda<$ 380nm的紫外光照射体系，硝基螺吡喃开环，形成带正电的部花青结构，与铁正离子相互排斥，使Cyt C无法接近金电极，切断电子转移通道。因而，利用硝基螺吡喃的光控开关环作用，实现了COx催化的O_2还原在“Switch On”和“Switch Off”状态之间的循环。

总之，利用光致变色化合物实现生物大分子的活性调控，主要利用其不同的光异构体与生物分子的作用不同，进而实现对其参与过程的激活或者阻断。

4.3.5　防护和装饰材料

目前，光致变色化合物用作装饰品和防护包装材料，主要包括：假发、口红、指甲油、根雕及漆雕工艺品、领带、头巾、室内窗帘布、墙壁纸、T恤衫、玩具、广告牌等上的美术图案，承印材料可为纸、纺织品、塑料、金属板、木材等，根据设计的不同图案文字所需用的不同颜色来挑选不同品种的光致变色材料。将这类材料加入一般油墨或涂料用的胶黏剂、稀释剂、表面活性剂等助剂中，混合制成彩色油墨或涂料，再将它们借助丝网印刷、胶印、移印机、转印机或计算机控制的喷印机，甚至用手工刷涂方法刷涂到承印物上制成上述产品或半成品。另外，有些光致变色材料可因光照变黑、变蓝或变黄，可制成包装膜，滤色片，建筑物的调光玻璃窗，汽车、飞机的屏风玻璃，可防护日光照射、保护视力、保证安全等。还可用在枪炮瞄准器、潜望镜以及各种防辐射的控制器材上。

然而应用最广泛、和日常生活息息相关的要属基于光致变色化合物的树脂镜片眼镜。由于透明性好、密度小、柔韧性和抗冲击性高（掉到地面通常不会摔碎）、可染色以及使用安全等优势，目前在眼镜的应用上已经取代了传统的玻璃镜片。而常用的树脂材料有聚甲基丙烯酸甲酯（PMMA）、聚碳酸酯（PC）和聚烯丙基二甘醇碳酸酯等。另外，材料分子结构中引入卤族元素（除氟外）、硫原子、磷原子、苯环、稠环和某些重金属离子等可显著提高树脂的折射率。合成新型聚合物材料还是目前树脂镜片研究开发的主要目标。上述光致变色材料，尤其是螺萘并噁嗪、螺环吡喃、二芳基乙烯类光致变色化合物等，在特殊波段的光线辐射作用下，结构发生改变，材料的光吸收范围随之改变，因而实现了眼镜的变色。光致变色材料与树脂的结合方法主要包括以下四种。

（1）镀膜法

一般以烷烃、芳香烃或醇类作为溶剂，加入 0.01%~10%的光致变色化合物、0.05%~6%的紫外线吸收剂和 0.05%~6%的抗氧剂，搅拌溶解混匀，得到光致变色涂覆液。以有机硅树脂、丙烯酸类树脂、聚碳酸酯或聚苯乙烯等作为基底，温度控制在 15~30℃，湿度控制在 20%~60%，进行旋涂或浸蘸成型。待溶剂挥发后，形成一层光致变色膜，进而制成具有耐老化、抗紫外线的光致变色眼镜。

根据不同的光致变色染料的组合，树脂变色镜在强阳光紫外线的照射下可产生令人满意的各种深颜色的变色效果，无光照或无紫外线照射下又恢复至初始颜色。采用不同的溶剂组合，不同的温度、湿度及提升速度（指浸蘸工艺）对眼镜的变色效果有明显的影响。同时此种太阳镜还可加入非变色有机染料，制成具有一定底色的太阳镜，光照后形成独特的复合颜色，既具有装饰作用，又可保护眼睛。

（2）共混加工法

共混加工法制作的光致变色树脂镜片一般是以聚丙烯酸类聚合物或聚苯乙烯类聚合物为基材，添加一种或几种光致变色物质，再添加抗氧化剂、受阻胺类光稳定剂、分散剂、偶联剂等添加剂，均匀混合后经造粒，再在高温、高压下注塑成型。

（3）渗透法

该方法是以树脂镜片为基底，借助高温使染料扩散至镜片基质材料内。具体的工艺为：选择一种衬底，吸附一种或多种光致变色染料，贴在树脂镜片一侧（通常在镜片的凸面），在 100~150℃下，维持 1~3h，然后将衬底与基质分离。这样就在其凸面渗透了一层光致变色材料，然后再镀上一层抗磨损膜，起保护和耐磨作用。这种通过热扩散法制得的树脂变色眼镜呈现基本恒定的光致变色特性（动力学、热依赖性），并且可以使镜片的变色不会随屈光度数的加深而出现镜片中央与周围颜色深浅不一的情况，弥补了玻璃变色镜的不足。

（4）本体聚合法

为了减小变色染料的热依赖性，并且提升其光响应性，在阳光下充分保护配戴者的视力，将树脂单体与光致变色染料及其他助剂成分在同一体系内共同聚合、成型，即本体聚合法。但由于一般的镜片材料是在过氧化物作引发剂的条件下聚合而成的，而过氧化物会使制得的树脂镜片产生强烈的原始着色，影响暗状态下的透光率，也容易破坏光致变色染料的化学结构从而影响最终变色树脂镜片的变色性能，甚至使光致变色效应消失，所以光致变色染料传统上只能在基质聚合完成后再进行热渗透或共混加工工艺。为了解决该问题，采用重氮基引发剂取代过氧化物引发剂的新工艺，就可以将一种或多种螺噁嗪、螺吡喃或二芳基乙烯类化合物的光致变色化合物直接掺入聚合单体中进行本体聚合。

4.3.6 防伪和伪装材料

当今，假冒已成为一个严重的全球性问题，不仅侵犯知识产权，还可造成重大的经济损失。而在食品和药品中的假冒行为，可引起严重的健康问题，乃至生命危险。常用的防伪技术比如水印、全息图和射频识别等很容易被模仿。因此，开发具有不可克隆的独特性能的防伪功能材料，是防伪材料发展的最终目标。研究者针对镧系元素络合物、金属有机骨架、纳米材料、碳量子点、光子晶体、聚集诱导发光化合物和光致变色化合物等展开了深入的研究。其中，偶氮苯、螺吡喃和二芳基乙烯（DAE）等光致变色化合物因其独特的光激发光学变化而成为防伪应用领域的首选。

（1）二芳基乙烯光致变色化合物相关防伪材料的开发

光异构化前后，偶氮苯和螺吡喃的分子结构变化很大。而 DAE 主要发生变化较小的顺反异构，甚至可以在受限的环境（例如固态）中进行异构化。换句话说，固态 DAE 的光致变色性能可以引起肉眼可观察的比色和荧光变化，为其防伪应用提供了独特的途径。

田禾院士课题组设计了独特的具有给体（D）-受体（A）结构的二噻吩乙烯基衍生物（图 4-36），由于噻吩环中硫原子位置的调整（与乙烯基只隔一个碳原子，或者说是噻吩环的旋转），有别于常规的二噻吩乙烯（图 4-31）。研究表明，引入醛基后，由于醛基的拉电子作用，闭环态邻位的硫原子的孤对电子偏离共轭体系，因而闭环态的吸收光谱没有发生红移，反而实现了蓝移。可发生不可见的开关环反应，尤其是二取代的二噻吩乙烯 IDAE-2CHO。但是，其荧光也随着开关环变化而发生明显变化，因而，可利用该特性进行防伪。

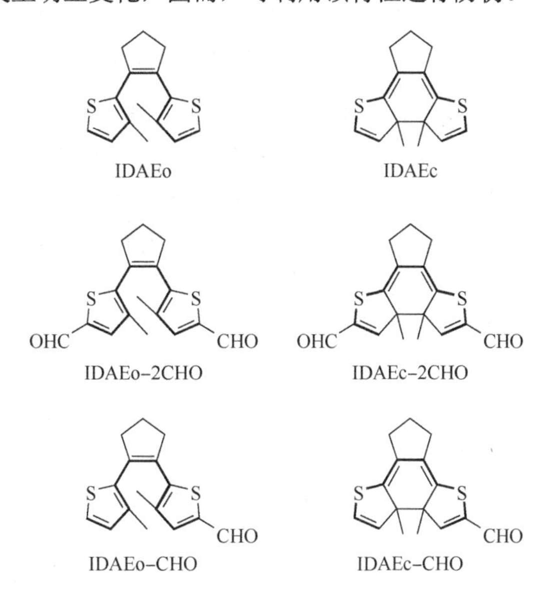

图 4-36 可用于防伪材料的给体（D）-受体（A）结构二噻吩乙烯化合物

注：o 表示开环态，c 表示关环态

作为防伪材料，首先要保证其抗疲劳性和热稳定性。分别以 365nm 和＞420nm 的光交替照射，进行 4 周期以上的光异构化，表明该系列化合物，尤其是 IDAE-2CHO 在紫外-可见吸收光谱和荧光发射光谱方面表现出优越的抗疲劳性。另外，将其光稳态在 25℃ 下保存 8h，其紫外-可见吸收光谱也未发生明显的变化，表明 IDAEc-2CHO 具有优越的热稳定性。

由于其典型的D-A结构，固态IDAEo-2CHO在紫外光激发下可实现绿色发射。其发射波长位于480nm，与CH_2Cl_2溶液中的蓝色发射相比，表现出显著的红移。其作为防伪材料，主要利用荧光特性。液态，尤其是固态的荧光强度在365nm的紫外光照射下，随着关环反应的发生逐渐降低。比如，用IDAEo-2CHO的CH_2Cl_2溶液在薄层色谱TLC板上书写"ATCF"，室温下晾干。如图4-37所示，在365nm紫外光照射下，由于隐形的开关环导致固体荧光发生显著变化。

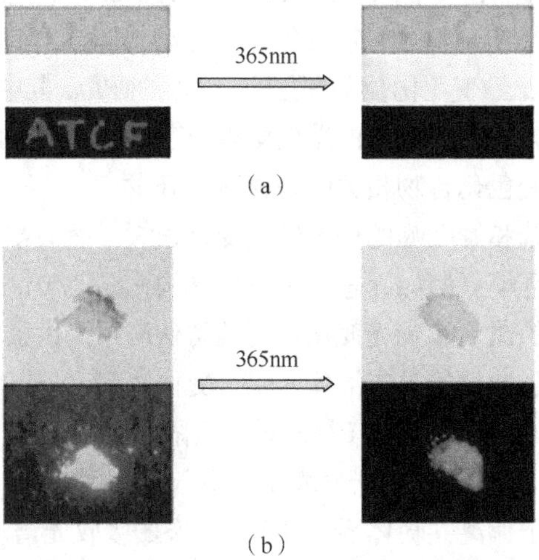

图4-37　（a）IDEA-2CHO嵌入薄层色谱板（其中顶层为254nm照射；中间为在可见光下照射；底层为365nm波长照射）和（b）掺杂IDAEo-2CHO的PMMA膜在365nm的光照射前后的变化图片（其中顶层为室内光线照射下的变化，底层为365nm紫外光照射下的变化）

（2）可用于防伪的高抗疲劳度螺吡喃光致变色分子的设计

如图4-17所示，典型的光开关分子（光致变色化合物），可在无色的闭环态SP（螺吡喃，spiropyran）和有色的开环态MC（部花青，merocyanine）之间可逆"开关"。其SP态的两个杂环相互垂直连接于一个sp^3杂化的碳原子上。而其C—O键的断裂，形成MC结构，构成了一个共轭体系，从而显示出颜色，也是其用于防伪材料的基本特性。

然而，从毒性的角度来讲，许多光致变色材料，比如荧光素，并不适合于食品或药品的包装。而在这方面，螺吡喃开环态生成部花青结构，几乎无毒，且开关环反应迅速。非常适合于食品或药品柔性包装的防伪材料，近几年引起广泛关注。比如，将螺吡喃分子嵌入静电纺织聚合物纤维中，制备成光掩模，在光照下，可形成一定的图案；利用一种溶剂共蒸发（co-solvent evaporation）的策略，将螺吡喃掺入聚乙烯醇（PVA）基质中来实现快速的光致变色反应，制备聚合物分散的光致变色有机凝胶，用作光致变色防伪材料。

为了提高螺吡喃衍生物的抗疲劳度，进一步提升其在防伪材料的可应用性，刘晓暄教授等合成了羟基氯丙烷取代的硝基螺吡喃分子。具体的结构式及合成路线如下

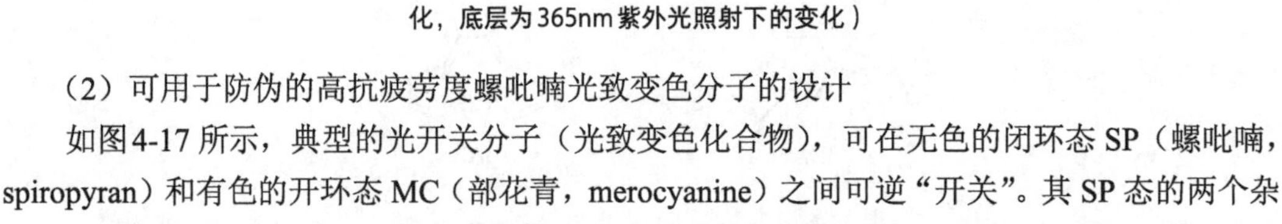

将该分子应用于环氧树脂基质中，其 Z_{50}（当吸收光谱降低至初始值的 50%时的循环次数，是抗疲劳度的定性参数）可达到 1200，完全可应用于食品、药品等柔性包装中。

（3）基于硫原子的螺吡喃的荧光共振能量转移防伪体系

防伪要求使用固体材料，因而光控荧光纳米材料（photoswitchable fluorescent nanomaterial，PFN）成为首选，尤其是构建的高亮度红色荧光体系。比如，以苯并苯噁嗪衍生物为给体，基于硫原子的螺吡喃结构为受体构建的荧光共振能量转移体系，与聚合物键合后形成 PFN 材料。具体的结构式及其光控开关环过程如图 4-38 所示。

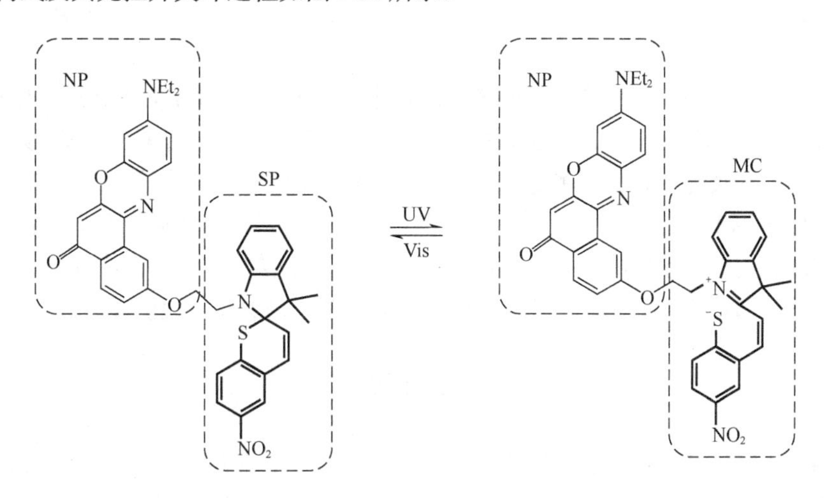

图 4-38　基于苯并苯噁嗪衍生物和硫基螺吡喃的荧光共振能量转移体系的分子结构式及其光控过程

如图 4-39 所示，SP（螺环或闭环）态在可见光区几乎没有吸收，而 MC（部花青或开环）态的吸收光谱则完全覆盖其受体 NP 的荧光光谱范围。因此，MC 态可将 NP 的荧光几乎全部吸收，导致其荧光大幅度猝灭，满足了荧光共振能量转移（FRET）的基本条件。

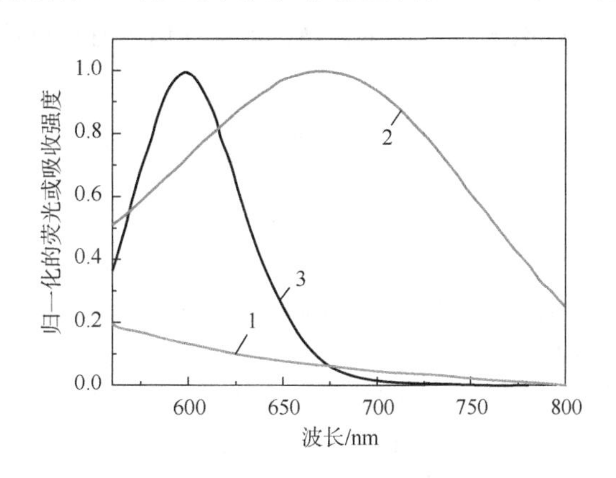

图 4-39　螺吡喃 SP 态（1）、MC 态（2）的吸收光谱和给体 NP 的荧光发射光谱（3）

构建的基于 FRET 的 PFN 不仅能发射高亮度的红色荧光，并且具有高的开关比，以及高的光稳定性、可逆性和水溶性，尤其是用在固体膜中，由于 FRET 效应，也表现出高达 99.3% 的荧光猝灭（高于溶液中的数据）。这可能是因为纳米粒子的聚集导致给体-受体间的距离小于其在溶液中的距离。

而在防伪材料方面的应用，则主要是将该PFN材料与荧光无法光控的NP分子相结合。

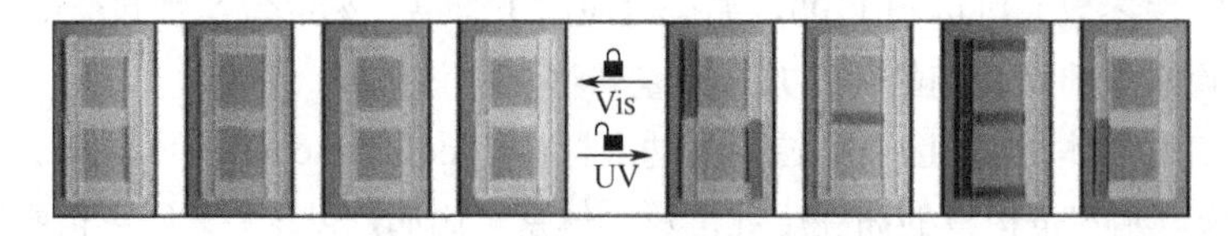

图4-40 利用PFN和NP结合制备防伪材料

注：紫外光照射后强度不变的为NP材料，而猝灭的是PFN材料。可见光（Vis）通常采用625nm波长的光，而紫外光（UV）则使用365nm波长的光

如图4-40所示，PFN可光猝灭的特性（在紫外光下开环，发生FRET效应）与NP化合物共同形成“8888”的图形，当用365nm紫外光照射时，由于PFN材料的荧光猝灭，显示出“2019”的图形。显然右图荧光可猝灭变黑的部分，全部由PFN组成。

另外，NCR公司利用其特殊颜色变化将其用作伪装材料，对如何使人员、装备与周围环境的颜色相匹配而达到伪装的目的，做了大量的研究。把光致变色材料涂在各种军械武器上作永久性的伪装，即使季节不同、每天日光照射强度不同，仍然有效地伪装。

思考题

1. 按照分子结构分类，光致变色分子可以分为哪几类？并写出其基本的变色结构。
2. 可使光致变色分子激发态容易发生开关环反应的关键控制性因素是什么？
3. 日常生活中，光致变色化合物的应用有哪些？
4. 请写出硫基螺吡喃的基本结构，并解释光控荧光纳米材料防伪的基本原理。
5. 根据光致变色过程的特点，可以将光致变色归结为哪几种体系？
6. 主要的有机光致变色体系类型有哪些？举例说明。
7. 作为有机染料，为什么光致变色化合物在数字存储中有很好的应用前景？说说它的优势。
8. 制作用于光致变色信息记录层的溶剂，需要满足哪些条件？

参考文献

[1] Aoyma M. Photoregulation of permeability across a membrane from a graft copolymer containing a photoresponsive polypeptide branch[J]. J Am Chem Soc，1990，112：5542.

[2] 李会学，王文笔. 二芳基乙烯光致变色理论研究[J]. 天水师范学院学报，2019，39（2）：40.

[3] Irie M，Fukaminato T，Matsuda K，et al. Photochromism of diarylethene molecules and crystals[J]. Chem Rev，2014，114：12174.

[4] Cohen S D，Newman G A. Inorganic photochromism[J]. J Photograph Sci，1967，15（6）：290.

[5] Hadjoudis E，Chatziefthimiou S，Mavridis I. Anils：photochromism by H-transfer[J]. Curr Org Chem，2009，13（3），269-286.

[6] Ritter E，Przybylski P，Brzezinski B，et al. Schiff bases in biological systems[J]. Curr Org Chem，2009，13（3）：241.

[7] Sliwa M, Mouton N, Ruckebusch C, et al. Comparative investigation of ultrafast photoinduced processes in salicylidene-aminopyridine in solution and solid state[J]. J Phys Chem C, 2009, 113 (27): 11959.

[8] Becker R S, Richey W F. Photochromic anils. Mechanisms and products of photoreactions and thermal reactions[J]. J Am Chem Soc, 1967, 89 (6): 1298.

[9] Bandara H M, Burdette S C. Photoisomerization in different classes of azobenzene[J]. Chem Soc Rev, 2012, 41 (5): 1809.

[10] Kondo T, Yoshii K, Horie K. Photoprobe study of siloxane polymers 3. Local free volume of polymethylsilsesquioxane probed by photoisomerization of azobenzene[J]. Macromolecules, 2000, 33: 3650.

[11] Merino E. Synthesis of azobenzenes: the coloured pieces of molecular materials[J]. Chem Soc Rev, 2011, 40 (7): 3835.

[12] Herder M, Schmidt B M, Grubert L, et al. Improving the fatigue resistance of diarylethene switches[J]. J Am Chem Soc, 2015, 137 (7): 2738.

[13] Li Y Y, Li K, Tang B Z. A photoactivatable photochromic system serves as a self-hidden information storage material[J]. Mater Chem Front, 2017, 1: 2356.

[14] Harris S A, Heller H G, Oliver S N. Photochromic heterocyclic fulgides Part 5. Rearrangement reactions of (E)-α-1,2,5-trimethyl-3-pyrryl ethylidene(isopropylidene)succinic anhydride and related compounds[J]. J Chem Soc Perkin Trans, 1991, 12: 3259.

[15] Tatezono F, Harada T, Shimizu Y, et al. Photochromic rewritable memory media: a new nondestructive readout method[J]. Jpn J Appl Phys, 1993, 32 (9A): 3987.

[16] Vollmer M S, Clark T D, Steinem C, et al. Photoswitchable hydrogen-bonding in self-organized cylindrical peptide systems[J]. Angew Chem Int Ed, 1999, 38: 1598.

[17] Clark T D, Buriak J M, Kobayashi K, et al. Cylindrical β-sheet peptide assemblies[J]. J Am Chem Soc, 1998, 120: 8949.

[18] Wang J X, Gao Y, Zhang J J, et al. Invisible photochromism and optical anticounterfeiting based on D-A type inverse diarylethene[J]. J Mater Chem C, 2017, 5: 4571.

[19] Lee J, Lee C W, Kim J M. Fabrication of patterned images in photochromic organic microfibers[J]. Macromol Rapid Commun, 2010, 3: 1010.

[20] Long S, Bi S, Liao Y, et al. Concurrent solution-like decoloration rate and high mechanical strength from polymer-dispersed photochromic organogel[J]. Macromol Rapid Commun, 2014, 35: 741.

[21] Lin Z, Wang H, Yu M L, et al. Photoswitchable ultrahigh-brightness red fluorescent polymeric nanoparticles for information encryption, anti-counterfeiting and bioimaging[J]. J Mater Chem C, 2019, 7: 11515.

第5章

有机发光材料

5.1 光致发光材料

5.1.1 光致发光基本原理

光致发光是指物体经外界光源照射获得能量，产生激发并导致发光的现象，这期间总共经过吸收、能量传递及光发射三个主要阶段。光的吸收和发射都基于能级之间的跃迁，而能量传递则是由于激发态的运动。紫外辐射、可见光及红外辐射均可引起光致发光，如磷光与荧光。

表观上，磷光是一种缓慢发光的光致发光现象，而荧光与磷光的根本区别在于回到基态的能级，从单重激发态回到基态所发射的光为荧光，而从三重激发态回到基态所发射的光则为磷光。

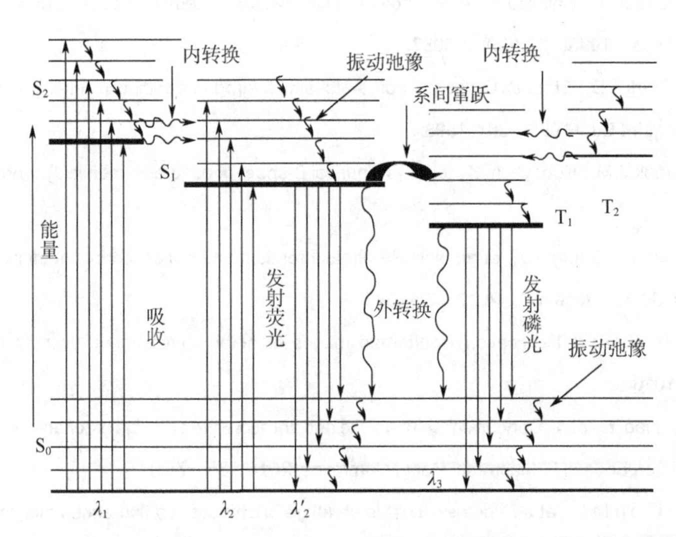

图5-1 荧光和磷光发射能级跃迁机理图

如图5-1所示，当分子吸收不同波长的光 λ_1 和 λ_2 后被分别激发到单重激发态 S_2 和 S_1，根据光谱选律，由于跃迁禁阻，分子不能从基态激发到三重激发态。这里的单重态和三重态主要考虑电子的自旋方向，具体区分可参考量子化学相关知识。当分子被激发到激发态后，可能参与以下过程：

（1）辐射跃迁

分子中电子由激发态回到基态或由高级激发态到达低级激发态，同时发射一个光子的过程为辐射跃迁，表现形式主要有荧光和磷光。

① 荧光发射。荧光是多重度相同的状态间发生辐射跃迁产生的光，这个过程很快，一般在 10^{-9}~10^{-7}s 内完成。处于第一单重激发态中的电子跃回至基态各振动能级时，将得到最大波长为 λ_2' 的荧光。注意：基态中也有振动弛豫跃迁。很明显，由于弛豫过程的能量损失，λ_2' 的波长比激发波长 λ_1 或 λ_2 都长，而且不论电子开始被激发至什么高能级，最终将只发射出波长 λ_2' 的荧光。

② 磷光发射。磷光是不同多重度的状态间辐射跃迁的结果，典型为 $T_1 \rightarrow S_0$。由于跃迁禁阻，电子从 S_0（单重激发态）$\rightarrow T_1$ 的跃迁概率很小。但是，由第一单重激发态的最低振动能级，有可能以系间窜跃的方式转至三重激发态（T_n），再经过振动弛豫，转至其最低振动能级（T_1），由此激发态跃回至基态时，便发射磷光，这个跃迁过程（$T_1 \rightarrow S_0$）也是自旋禁阻的，其发光速率较慢，约为 $10^{-3} \sim 10^{1}$s。

（2）非辐射跃迁

激发态分子回到基态或者高级激发态到达低级激发态，但不发射光子的过程称为非辐射跃迁或者无辐射跃迁。这类跃迁发生在不同电子态的等能的振动-转动能级之间，即低级电子态的高级振动能级和高级电子态的低级振动能级间的耦合，跃迁过程中分子的电子激发能变为较低级电子态的振动能。这种过程包括内转换和系间窜跃。

① 内转换，也叫内转移。当两个电子能级非常靠近以至其振动能级有重叠时，常发生电子由高能级以无辐射跃迁方式转移至低能级。处于高单重激发态的电子，通过内转移及振动弛豫，均回到第一激发态的最低振动能级（如 $S_m \rightarrow S_1$，$T_m \rightarrow T_1$）。发生振动弛豫的时间为 10^{-12}s 数量级。

② 系间跨越，也叫系间窜跃。指的是不同多重度间的无辐射跃迁，例如 S_1（单重激发态）$\rightarrow T_1$（第一三重激发态）就是一种系间窜跃，也就是激发态电子由 S_1 的较低振动能级转移至 T_1 的较高振动能级处。

除此之外，还可能发生外转换，也叫外转移过程，指激发分子与溶剂分子或其他溶质分子的相互作用及能量转移，使荧光或磷光强度减弱甚至消失。这一现象称为“熄灭”或“猝灭”。

5.1.2　影响荧光的主要因素

荧光是辐射跃迁最常见的形式之一。有些分子发射荧光的能力特别强，发射的荧光甚至可以用肉眼直接观察到。有的化合物发光则很弱，很难检测荧光或根本不发光。那么，究竟是什么因素决定物质是否能够发射荧光呢？影响荧光产生的最基本的条件是一个化合物分子发生多重度不变的跃迁时，所吸收的能量小于断裂其最弱的化学键所需要的能量。此外，化合物的荧光还受多种其他因素的影响，主要包括：

（1）荧光基团

化合物能发生荧光，在其结构中必须有荧光基团（fluorophores）。常见的荧光基团都是含有不饱和键的基团。当这些基团是分子共轭体系的一部分时，则该化合物可能产生荧光。

（2）荧光助色团

可使化合物荧光增强的基团称为荧光助色团（fluorochromes），荧光助色团一般为给电子取代基，如—NH_2、—OH 等。相反，吸电子基团如—COOH、—CN 等会减弱或抑制荧光的产生。这是因为给电子取代基使化合物给出 π 电子的能力增加，并使与之相连的不饱和体系的 HOMO 能级升高，LUMO 能级降低，导致 HOMO 和 LUMO 之间的能隙减小。因此该化合物发生跃迁时所吸收的能量将减小，并容易发生向激发态的跃迁，从而有利于荧光的产生；吸电子基团总是使化合物给出 π 电子的能力降低，并使与之相连的不饱和体系的 HOMO 能级降低，使其 LUMO 能级升高，从而导致 HOMO 与 LUMO 之间的能隙变大。因此该化合物发生跃迁时所需吸收的能量将更大，并导致向激发态的跃迁更难。根据荧光产生的条件及吸光过程与辐射过程遵从同样的选择规则，给电子取代基将有利于荧光产生，吸电子取代基将不利于荧光产生。例如苯胺、苯和苯甲酸的荧光依次减弱。

（3）增加稠合环数目可增强荧光

增加共平面的稠合环的数目，特别是当稠合环以线型排列时，将有利于体系内 π 电子的流动，使体系发生跃迁所需吸收的能量降低，从而有利于荧光的产生。

（4）提高分子的刚性可增强荧光

这是因为刚性增加将减弱分子的振动，从而使分子的激发能不易因振动而以热能的形式释放；另外，分子刚性的增加，常有利于增加分子的共平面性，从而有利于增大分子内电子的流动性，也就有利于荧光的产生。例如下列化合物的荧光量子效率分别是

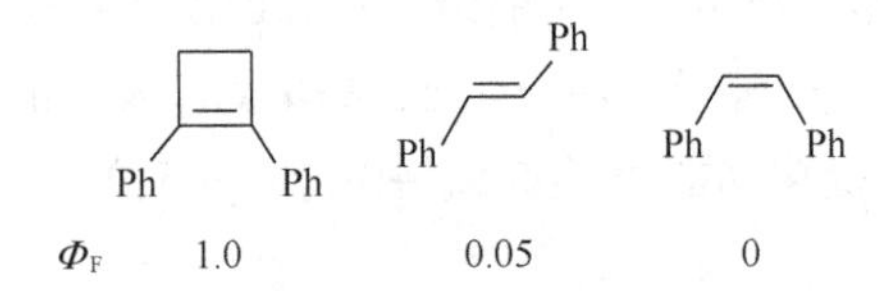

（5）激发态电子组态的影响

根据 Kasha（卡莎）规则，观测到的物质的荧光都是从 S_1 发出的。有机化合物的 S_1 通常有两种电子组态。一种是 S_1（π，π^*）态，另一种是 S_1（n，π^*）态。由于$\pi\rightarrow\pi^*$跃迁是一种允许的过程，因此其发射荧光的辐射跃迁$\pi^*\rightarrow\pi$也是一个允许的过程；相反，$n\rightarrow\pi^*$跃迁是一个禁阻的过程，因此其发射荧光的辐射跃迁$\pi^*\rightarrow n$ 也是一个禁阻的过程。所以当 S_1 态的电子组态是（π，π^*）态时，有利于荧光的产生；当 S_1 态的电子组态是（n，π^*）态时不利于荧光的产生。例如，苯的 S_1 态为（π，π^*）态，其荧光量子效率为 0.2，同样条件下二苯酮的 S_1 态为（n，π^*），其荧光量子效率为 0。

（6）重原子效应

分子内的重原子将导致荧光量子效率的降低，这是因为重原子具有增强系间窜跃的作用，将增大从 S_1 态向 T_1 态的系间窜跃的速率常数和量子效率，从而导致荧光量子效率降低。

（7）溶剂极性效应

同一化合物在不同的溶剂中进行测试，其荧光光谱也不同。一般来说，随着溶剂极性的增加，荧光化合物的波长会红移，其原因是在极性溶剂中，电子跃迁的能量差更小，且跃迁的概率增加。此外，溶剂的黏度对荧光强度也有影响，当黏度增加时，分子间的碰撞会减少，无辐射跃迁也会减少，从而使荧光强度增强。

（8）温度效应

温度对荧光强度有很大的影响。一般随着温度的升高，荧光化合物的荧光强度和量子效率均会下降。当温度升高时，分子的运动会变得更快，分子间的碰撞会增加，相应的无辐射跃迁

也会变多，从而降低量子效率和荧光强度。

（9）pH 值

当荧光化合物本身是酸性或碱性时，溶液的 pH 值对荧光强度也有明显的影响。这是因为 pH 值不同时，化合物分子与离子间的动态平衡发生改变，从而使荧光强度发生变化。每一种荧光物质均有其最佳的发射荧光的形式，其所处的 pH 值范围称为最佳的 pH 值范围。

5.1.3 发光量子效率与发光强度

如图 5-2 给出的综合范式（将科学范式理解为包括假定、概念、策略、方法和技术等一整套知识和实验结构的复合体，它可以为科学研究和现象解释提供一个框架。）所示，$^*R(S_1)$和$^*R(T_1)$的光化学和光物理过程的速率常数决定了这些电子激发态所能发生过程的效率。量子效率（Φ）就是一种效率参数，可用来测定那些能够诱导光化学和光物理的某些特定结果的吸收光子分数。效率参数 Φ 可用摩尔比加以表达，即被 R 所吸收的光子物质的量与沿着图 5-2 所示特定途径行进的物质的量之比；或用动力学的语言加以表达，即关注的*R 衰变途径的速率与*R 所有衰变途径速率之和的比。分子有机化学态的能级图（图 5-3）可以作为一种方便的范式来描述不同电子组态、辐射和非辐射跃迁的速率、能量、效率等。有机分子在吸收光后的绝对发光量子效率 Φ_e 是一个重要的实验参数，它包含了许多结构以及电子激发态的有用信息。此外，在发展光控开关与传感器方面，有机分子发光已经成为了分析化学和现代光子学的一个很有价值的工具。

Kasha 规则：基态分子吸收一个光子生成单重激发态，依据吸收光子的能量大小，生成的单重激发态可以是 S_1，S_2，S_3，…由于高级激发态之间的振动能级重叠，S_2、S_3 等会很快失活到达最低单重激发态 S_1，这种失活过程一般只需 10^{-12}s。然后由 S_1 再发生光化学和光物理过程。同样，高级三重激发态（T_2，T_3，…）失活生成最低三重激发态 T_1 也很快。所以，一切重要的光化学和光物理过程都是由最低单重激发态或最低三重激发态开始的。

有机分子受光激发，只有从 S_1 态（热平衡的）发射的荧光，或者从 T_1 态（热平衡的）发射的磷光可从实验中观察到。无论是 S_1 态还是 T_1 态的发光强度，都由发光量子效率（荧光 Φ_F，磷光 Φ_P）确定。Φ 值是发光过程效率的直接和绝对的量度，它被定义为光子数（发射的）与光子数（吸收的）间的比值。当量子效率低于 10^{-5} 时，实验中很难测量。

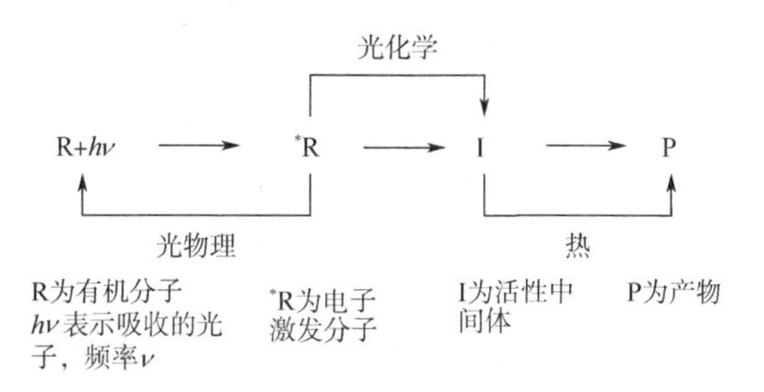

图 5-2 总光化学途径*R→P 和总光物理途径*R→R 的综合范式

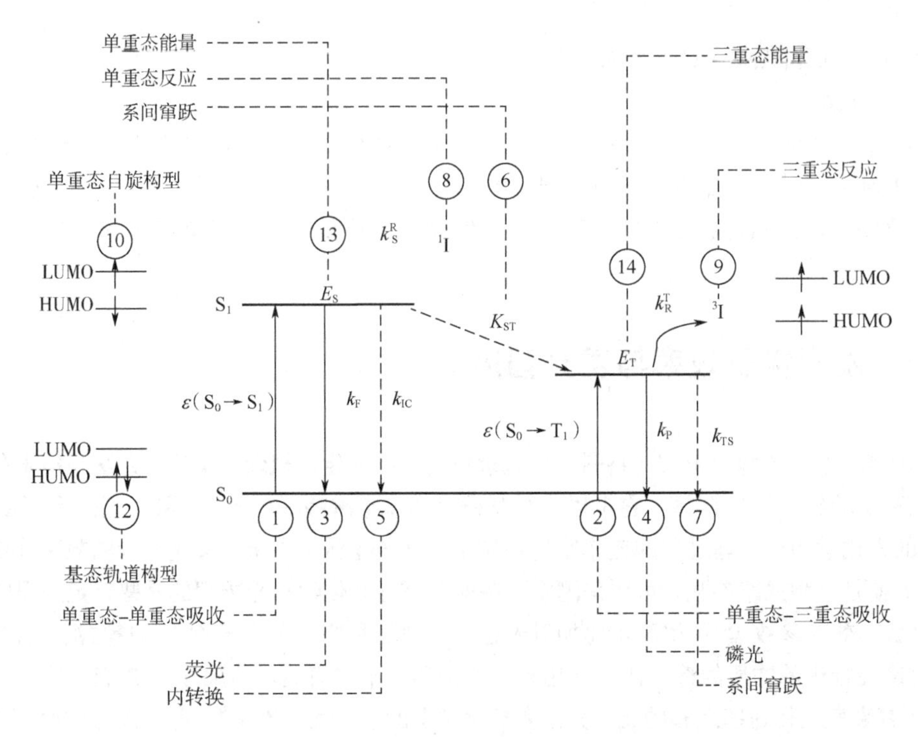

图5-3　分子有机化学态能级图模型

式（5-1）给出了特定能态$^*R(S_1)$或$^*R(T_1)$的发光量子效率Φ_e的一般表达式

$$\Phi_e = {}^*\Phi k_e^0 \left(k_e^0 + \sum k_i\right)^{-1} = {}^*\Phi k_{er}^0 \qquad (5\text{-}1)$$

式中，$^*\Phi$是发光态的生成效率；k_e^0是发光的速率常数；$\sum k_i$为发光态所有非辐射失活过程的速率常数之和；实验寿命$\tau = (k_e^0 + \sum k_i)^{-1}$。$\tau$以及由此而得到的实验发光量子效率$\Phi_e$强烈依赖于$k_e^0$和相关的$\sum k_i$大小。$k_e^0$在不同的实验条件下变化通常不是很大，一般与温度及其他环境因素无关。有机分子的荧光速率常数一般在$10^8 \sim 10^9 s^{-1}$；而$\sum k_i$的大小则随着实验条件的改变在几个数量级内变动。

例如，在室温下流动溶液内，双分子扩散猝灭过程（氧是一种有效的电子激发态猝灭剂）、光物理的非辐射失活以及光化学反应等，都可以与激发态的辐射衰变相竞争。因此，即使$^*\Phi$接近于1，Φ_e也可以是非常小的。为了更好地观察电子发射光谱，需要减小$\sum k_i$的值。如可将样品冷却到很低的温度，使样品成为一个类似于聚合物的刚性固态样品（如77K，此时有机溶剂基本都是固态）。低温以及样品刚性化可使由双分子扩散引起的猝灭过程被消除，所得$\sum k_i$比k_e^0小。同时，刚性的溶剂基质可以限制某些分子的运动，许多能与$^*R$发光相竞争的过程在低温下被猝灭，从而使发光的量子效率达到实验可测的程度。

值得注意的是，即使有机分子的荧光和磷光光谱是在77K的有机玻璃体中测定的，总的发射量子效率（$\Phi_F + \Phi_P$）通常都小于1.00。显然，仍有一些非辐射的过程可从S_1态发生，如式（5-2）所示，$\sum \Phi_R$是从S_1与T_1发生的光化学和光物理非辐射跃迁量子效率之和。

$$\Phi_F + \Phi_P + \sum \Phi_R = 1 \qquad (5\text{-}2)$$

从77K荧光光谱中推演得到的数据可依据式（5-3）加以分析，式（5-3）是式（5-2）的一个特殊形式（$^{*}\Phi=1.00$，因为发光态即为吸收态，$k_e=k_F$，$\sum k_i=k_{ST}$）。

$$\Phi_F=k_F(k_F+k_{ST})^{-1}=k_F\tau_S \tag{5-3}$$

式中，τ_S 可定义为$(k_F+k_{ST})^{-1}$。式（5-3）有两个极限情况：$k_F \gg k_{ST}$，Φ_F 约为 1.00；$k_F \ll k_{ST}$，$\Phi_F=k_F/k_{ST}$。依据这些极限条件，当 k_F 很大或者 k_{ST} 很小时，Φ_F 接近于 1；反之，当 k_F 很小 k_{ST} 很大时，Φ_F 接近于 0。

磷光是激发态辐射跃迁的另一重要类型。通常观测到的磷光都是从 $T_1 \rightarrow S_0$ 跃迁时释放的辐射。一般磷光比荧光弱得多，因为发射磷光的 T_1 态通常不易从 S_0 态直接吸收光子而形成，主要是从 S_1 态经系间窜跃形成。由于荧光和内转换过程的竞争，从 S_1 态向 T_1 态系间窜跃的量子效率大大降低。磷光量子效率 Φ_P 的一般表达式可从式（5-4）得到

$$\Phi_P=\Phi_{ST}k_p^0(k_p^0+\sum k_d+\sum k_q[Q])^{-1}=\Phi_{ST}k_p^0\tau_T \tag{5-4}$$

式中，Φ_{ST} 为系间窜跃 $S_1 \rightarrow T_1$ 的量子效率；k_p^0 为磷光的辐射速率；$\sum k_d$ 为 T_1 态的所有单分子非辐射失活速率常数之和（包括光化学反应）；$\sum k_q[Q]$为 T_1 态所有双分子失活速率常数之和（包括光化学反应）。根据定义，T_1 的实验寿命可由 $\tau_T=(k_p^0+\sum k_d+\sum k_q[Q])^{-1}$ 给出。式（5-4）表明磷光量子效率为一系列因子的乘积。除非这些因子可通过实验确定和控制，否则 Φ_P 就不是一个可用于表征 T_1 态的可靠参数，即使它在一定的动力学分析中可作为一个有用参数。实验中发现有机分子 Φ_P 数值范围很宽。对于高的 Φ_P 值（约为 1），要求 Φ_{ST} 约为 1，$k_p^0>$（$\sum k_d+\sum k_q[Q]$）。在 77K 时，可以看到所有主要的双分子扩散性猝灭的失活过程（$\sum k_q[Q]$项）均受到抑制，因此 T_1 的主要非辐射失活是 $T_1 \rightarrow S_0$ 的系间窜跃过程。在这样一个极限条件下，磷光量子效率可被简化为式（5-5），Φ_P 值仅依赖于 Φ_{ST} 的值，以及磷光发射与系间窜跃速率间的竞争。

$$\Phi_P=\Phi_{ST}k_p^0(k_p^0+k_{ST})^{-1}\ (77\text{ K}) \tag{5-5}$$

在室温下观察到流动溶液中的磷光，在过去被看作是一种稀少的反常现象。现在已经清楚，如果能在 77K 下观察到磷光，那么只需要满足如下两个条件：

① 严格地排除体系中存在的能通过扩散猝灭而使三重态失活的杂质（如分子氧）和其他基态与激发态的分子。

② 在室温下，三重态的活性单分子失活速率常数低于 10^4s^{-1}（光物理或光化学）。

想要在常规实验中测到磷光现象，要求化合物的 Φ_P 值大于 10^{-5}。而 Φ_P 的值可借助磷光以及所有可使 T_1 态失活的过程来表述。在 $T_1 \rightarrow S_0$ 有效生成的情况下，Φ_P 可通过下式得到

$$\Phi_P \approx \frac{k_p^0}{k_d+k_q[Q]+k_p^0} \approx \frac{k_p^0}{k_d+k_q[Q]} \quad \text{（在多数流动溶液中）} \tag{5-6}$$

式中，k_d 为 T_1 态的所有单分子失活速率常数之和；$k_q[Q]$为 T_1 态所有双分子失活速率常数之和。

如上面所讨论的，“纯”T_1（n，π*）态的典型值为 10^2s^{-1}，T_1（π，π*）态的 k_p^0 值为 10^{-1}s^{-1}。对于 $\Phi_P \approx 10^{-4}$ 的情况来说

$$\text{对于}T_1(\text{n},\pi^*),\ k_d+k_q[Q]\approx 10^6\,\text{s}^{-1} \tag{5-7}$$

$$对于T_1(\pi,\pi^*),\ k_d + k_q[Q] \approx 10^3 s^{-1} \quad (5\text{-}8)$$

如果 Q 为扩散性猝灭剂，可以计算出一个能观察到磷光的猝灭剂浓度的极大值[Q]。对于非黏性的有机溶剂来说，扩散的最大速率常数 k_{dif} 约为 10^{10}L/(mol • s)，因此可以得到

$$若k_{dif}[Q] < 10^6 s，则[Q] < 10^{-4} mol/L \quad (5\text{-}9)$$

$$若k_{dif}[Q] < 10^3 s，则[Q] < 10^{-7} mol/L \quad (5\text{-}10)$$

对于[Q]的极限值，10^{-4}mol / L 相对容易获得，但是 10^{-7}mol / L 则必须在严格纯化溶剂和除氧的情况下得到。所以不难理解，为什么可在流动的溶液中观察到从 T_1（n，π^*）态发射的磷光，但是很难观察到从 T_1（π，π^*）态释放的磷光，除非采用特殊的手段来消除双分子猝灭。

通过外部或内部的重原子扰动，可使芳香烃类化合物的 k_p^0 值增大。在特定的重原子溶剂（如溴代萘）中 k_p^0 值可接近 10~$10^2 s^{-1}$。这些情况下，如果重原子溶剂本身并非三重态的猝灭剂，则芳香族烃类化合物也能观察到磷光。在适宜的环境中，甚至在气相条件也能出现芳香族烃类化合物的磷光。同时，利用超分子笼（如胶束的疏水内核）来替代分子的溶剂笼也是一种降低三重态扩散性猝灭的重要方法。

电子吸收光谱的实验测定基于两个重要定律，即 Lambert 定律和 Beer 定律。Lambert 定律规定，被介质吸收的入射光比例与入射光的起始强度 I_0 无关。这条定律对于通常的光源（例如灯泡）来说能很好地近似，但并不适用于高强度的激光。Beer 定律规定，被吸收的光子数与光路中的吸收分子的浓度成正比。但当分子处于较高浓度并开始有聚集态生成时，这条定律并不能得到很好的近似。与吸收相关的实验量通常测定所谓的光密度值［OD，如式（5-11）］，其中，I_0 是落在样品上的入射光的强度，而 I_t 是经过样品（通常厚度为 1cm）后的透射光强度。例如：OD 值为 2.0 相应于约 1%的透过或约 99%的吸收；OD 值为 1.0 则相应于约 10%的透过或约 90%的吸收；当 OD 值为 0.01 时，则相应于约 98%的透过或约 2%的吸收。

$$OD = \lg(I_0 / I_t) = \varepsilon cl \quad (5\text{-}11)$$

式中，c 为样品浓度；l 为通过各向同性样品的光程长度；ε 为吸光分子的吸收系数，是一个与化合物性质和所用光波长有关的常数。当 c 用摩尔浓度单位（mol / L），l 用厘米（cm），对数以 10 为底时，ε 为摩尔消光系数。

发射光谱是指在固定激发波长和恒定激发光强 I_0 下，发光强度 I_e 与被激发物质发光波长（nm 或 Å）的函数关系，对于发光分子 A 的弱吸收溶液（OD < 0.1），其 I_e 可由式（5-12）给出

$$I_e = 2.3 I_0 \varepsilon_A l \Phi_F [A] \quad (5\text{-}12)$$

式中，ε_A 为吸光分子的吸收系数；Φ_F 为 A 的发光量子效率［如式（5-3）］，Φ_F 通常与激发波长无关（Kasha 规则）；[A]为 A 的浓度。因此，从式（5-12）可得出，在给定的[A]、I_0 和 l 下，样品的发光强度 I_e 与吸收系数（ε_A）成正比。作为激发光波长的函数，发光强度 I_e 会随 ε_A 变动而变动，激发光谱与吸收光谱有着相同的光谱形状和外观。

5.1.4 聚集诱导发光

发光物质在聚集状态下，与它们的稀溶液相比，可能会表现出发射的减弱、不变或增强。

在许多常规系统中，发光物质会部分或完全地出现发射猝灭现象。自 1958 年 Förster 发现浓度猝灭效应以来，聚集诱导猝灭（aggregation-caused quenching，ACQ）现象被人们熟知已有半个多世纪之久。人们对 ACQ 进行了广泛的研究，对其光物理过程和工作机理有了深入的了解。传统的发光体通常以孤立分子的形式发出强烈的光，但当它们聚集时，分子就会被限制于毗邻区域。如相邻发光体的芳香环，特别是杆状发光体的芳香环，具有强烈的分子间π-π 堆叠作用，这些聚集体的激发态往往通过非辐射通道衰减或弛豫回到基态，导致发光体的发射猝灭。聚集诱导荧光增强（aggregation-induced emission，AIE）是另一种与生色团聚集有关的光物理现象。AIE 的概念是唐本忠课题组在 2001 年提出的，过去十几年，AIE 材料在生物监测、成像及诊疗方面都取得了不错的发展。在稀溶液中，一般的 AIE 分子内部存在活跃的振动和转动，导致分子吸收能量后，各种振动和转动把能量“坐地分赃”了，从而导致分子发光强度低；而当这些分子聚集在一起后，彼此的限制作用限制了分子内部的运动，分子在吸收能量后大部分以发光的形式释放，从而表现出发光增强的现象。例如产生 AIE 现象的原型六苯基噻咯（HPS），当溶解在良好的有机溶剂（如四氢呋喃）中时，HPS 几乎不发光，当加入不良溶剂水并且体积分数达到 80%时，由于 HPS 分子在水介质中大量聚集，产生 AIE。再如四苯基乙烯（TPE），分子的中心烯烃定子被四个周围的芳香转子（苯环）包围。在稀溶液中，芳香转子围绕烯烃定子单键轴的动态旋转，使光子能量转化为热能，从而导致 TPE 分子几乎不发光。形成聚集体后，分子间π-π 堆叠相互作用限制了分子内旋转，同时高度扭曲的分子构象趋于平面化，从而导致发光增强。

自 2001 年 AIE 概念被提出以来，对于 AIE 现象真正机理的研究一直在进行，也提出了许多机理的可能途径，包括构象平面化、J-聚集构型、E / Z 异构化、扭曲分子内电荷转移（TICT）和激发态分子内质子转移（ESIPT）等。机械学上，对于 AIE 现象的机理主要用以下三个方面进行解释，包括分子内旋转的限制（restriction of intramolecular rotations，RIR）、分子内振动的限制（restriction of intramolecular vibrations，RIV）和分子内运动的限制（restriction of intramolecular motions，RIM）。但是，至今还没有一种方法能够得到实验数据的完全支持，也没有一种方法能够适用于所有已经报告的 AIE 系统。

5.1.5 荧光探针

以荧光化合物作为指示剂，连接识别基团，经过特殊设计的荧光分子可选择性识别待测物，然后将分析对象的化学信息以荧光信号的方式表达，具有这种功能的分子即为荧光探针分子。随着人们对荧光化合物电子光谱及光物理过程的深入研究，特别是对荧光化合物的分子结构及周围环境给化合物光谱行为和发光强度所带来的影响及对其规律的认识，使化学家们在利用荧光化合物分子作为探针来监测不同体系的状态及其变化，或某种反应历程及其动态学问题等方面，都取得了巨大的进展。荧光探针方法最基本的特点是：高度灵敏性和极宽的动态响应时间范围。前者是当探针分子浓度极稀时，如体系中仅有百万分之一级别的含量存在时就可以检测出荧光，这对那些要求尽量减少外来分子影响的研究体系来说非常重要。后者是探针分子可以采用发射荧光或磷光的化合物。已知荧光的发射时间为 10^{-10}~10^{-6}s，而磷光则为 10^{-6}~10^{-1}s。两种不同发光体系所跨越的时间间隔达到 10 个数量级以上，这使得荧光探针不仅可用于对某些体系稳态性质的研究，而且还可以对某些体系的动态过程、以至瞬态过程进行检测和研究。

荧光化合物之所以能用来研究一系列体系在不同条件下发生的物理或化学过程，以及不同特殊体系的结构及其物化特征，主要是与探针化合物所具有的光物理特性有关。例如不少荧光化合物都有不同程度的分子内电荷转移特征，它们在不同极性的溶剂中会因它们间的相互作用引起溶致变色效应，从而导致其电子光谱，特别是发射光谱的变化，包括如光谱峰波长的位移、发光量子效率的变化等。因此根据测得的光谱特征的变化就可对荧光探针分子所处环境介质的极性和其他有关性质做出判断，达到检测的目的。

按化合物的分子结构可以将发光化合物分为如下三类：①具刚性结构的芳香稠环化合物；②具共轭结构的分子内电荷转移化合物；③某些金属配合物。其中，具有共轭结构的分子内电荷转移化合物是目前研究得最为广泛的一类。下面给出几个示例，通过分析化合物分子在激发后分子内的电荷密度的变化及其可能引起的分子构型变化，来解释为什么具有共轭的分子内电荷转移化合物是一类具有较好辐射衰变能力的发光化合物，以及如何在分子设计上进一步提高发光化合物的发光能力。

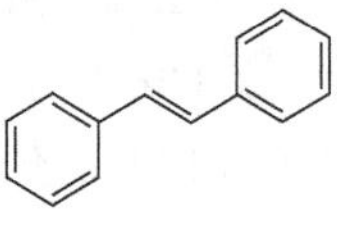

1, $\Phi_F = 0.01$ 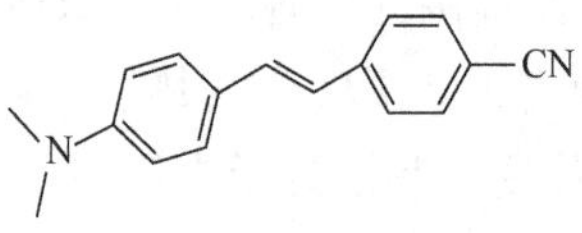 2, $\Phi_F = 0.03$

以上两种化合物都属于二苯乙烯共轭衍生物。但化合物 2 分子的两端分别连有推电子的 *N*, *N*-二甲基氨基和拉电子的氰基，因此 2 是一种典型的具共轭的分子内电荷转移化合物。当它们吸收光被激发处于激发态时，分子内原有的电荷密度分布会发生变化。化合物 1 激发态的电荷密度集中于双键上，而化合物 2 由于发生了分子内的光诱导电荷转移，引起分子极化，因而其电荷密度分布主要集中于分子的两端。正因如此，化合物 1 易于发生光异构化反应，使之从反式转变为顺式，引起构象的变化。而化合物 2 不易发生光异构化反应，因此成为一种有较高荧光量子效率的化合物。

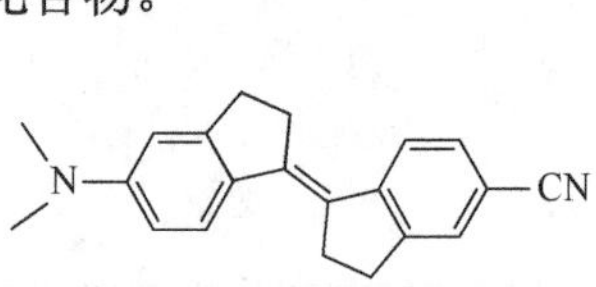

3, $\Phi_F = 0.002$ 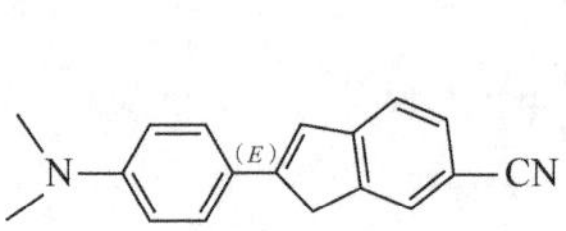 4, $\Phi_F = 0.74$

再比较以上两种芪的衍生物。可以看到，当将分子内苯基间的两个单键通过桥联结使之不能转动，仅保留其中的双键处于自由状态时（如化合物 3），其 $\boldsymbol{\Phi}_F$ 值出现了大幅度的下降；如将双键和单键同时阻抑起来，仅留一个单键处于自由状态时（如化合物 4），则其 $\boldsymbol{\Phi}_F$ 值有很大程度的提高。这一结果充分表明，在推-拉型芪类衍生物分子激发态的衰变过程中，自由双键的存在是一种极其重要的非辐射衰变通道，它强烈地影响着化合物 $\boldsymbol{\Phi}_F$ 的大小。因此如何设法阻抑双键的异构化，就成为设计具有较高 $\boldsymbol{\Phi}_F$ 值光致发光化合物的重要思路之一。

上面讨论了分子内的自由双键在非辐射衰变中所起的作用，下面将对该类分子激发态衰变过程中单键的旋转问题进行讨论。已知分子内连有电子受体及电子给体基团的非共轭化合物是不发光的（如下面的 4-氰基-*N*, *N*-二甲基苯胺），该化合物分子被激发后可发生光诱导经过键

（through bond）的分子内电子转移，而导致荧光猝灭。

但对于具共轭结构的化合物分子，如上述化合物 2，化合物被激发时，由于强烈的分子内光诱导电荷转移，原来处于与苯基腈共平面的 *N*, *N*-二甲基氨基发生扭转，使之与苯基腈平面处于相互正交的状态，这就使原来的共轭结构被破坏，部分的电荷转移转变为整个电子的转移，导致荧光猝灭。但是分子的热运动，常可使发生了扭转的这种基团间的正交结构被破坏，使电子云分离的正交状态又变为局部重叠。因此在荧光光谱中除可观察到定域激发的荧光发射外，还可观察到电荷转移发光，即所谓的双重荧光现象（dual fluorescence）。这种强烈的分子内电荷转移会导致共轭体系的破坏，从而引起分子内基团的扭转以及电子转移的出现。这是一种自发进行的去耦过程（self decoupling），亦称“自去耦”，是在自然界（如光合作用及视觉过程）中普遍存在的现象。正是有了这一过程，方可使工作体系能有效地将吸收的电子能量经耦合系统转移至作用中心，并在电子转移发生后，形成去耦结构以阻止消耗能量的电子转移重合过程的发生，以利于下一步反应的实现。因此自去耦也是自然界经过长期发展而形成的一种最佳选择，它和自然界中存在的其他重要过程如自组装（self assembly）等具有同样重要的意义。

溶剂效应会对化合物电子光谱产生影响，分子内共轭的电荷转移化合物在不同极性溶剂中的溶致变色效应（solvatochromism）就是以溶剂对光谱的影响为基础而提出的。这种效应可以分为如下两类：一般性效应和某些特殊效应。前者是与溶剂的折射率（n）相关的电子极化能力（electronic polarizability）和与溶剂的介电常数（D）相关的分子极化能力（molecular polarizability）相互联系。而后者是由氢键、酸碱作用、配合物生成等构成的特殊效应。

一般性效应在性质上主要还是静电相互作用，即当溶质分子被激发后从 S_0 态跃迁至 S_1 态，常伴随发生分子内不同原子中心处电荷密度的重新分布。因此在其周围原有的溶剂分子会因电荷密度的变化而发生相应的松弛，从而导致能量的耗失。不同极性的溶剂（n，D）会引起化合物吸收光谱和荧光光谱的变化（Stokes 位移的变化），因而有一系列不同的用于联系溶剂极性和光变动的公式。一般说来，如果不存在溶剂与溶质分子间的特殊效应，则由溶剂的 n、D 值所导出的溶剂极性参数与溶质分子的 Stokes 位移间存在良好的线性关系，如式（5-13）

$$\nu_{SS}=\frac{(\mu_e-\mu_g)^2}{hca^3}f(D,n)+C \tag{5-13}$$

式中，ν_{SS} 为 Stokes 位移；μ_e、μ_g 分别为溶质分子在激发态和基态时的偶极矩；h 为 Planck 常数；c 为光速；a 为 Onsager 空腔半径。溶剂参数 $f(D，n)$可有不同表达式，如

$$f(D,n)=\frac{D-1}{2D+1}-\frac{n^2-1}{2n^2+1} \tag{5-14}$$

或

$$f(D,n)=\frac{(D-1)/(2D+1)-(n^2-1)/(2n^2+2)}{[1-\beta(n^2-1)/(2n^2+2)]^2[1-\beta(D-1)/(2D+2)]} \tag{5-15}$$

式中，β 因子接近于 1，因此如果得到某一发光化合物在不同极性溶剂中的 Stokes 位移

ν_{SS}，并以ν_{SS}对$f(D, n)$作图，就可得具有很好线性关系的函数图，由此可求出该化合物激发态与基态的偶极矩变化值。但由于溶质与溶剂分子间，除上述一般性作用外，尚有特殊的相互作用存在，采用上述溶剂极性参数$f(D, n)$往往不能满足线性关系，因此就有多种经验性的极性参数如E_T(30)的出现。求这类经验参数时，一般测定一种化合物在不同极性溶剂中的电子光谱位移，如该化合物能涵盖的溶剂数量越多，且溶剂化显色谱带的位移越大，并保持良好的线性关系，则该经验参数的价值越高。如采用吡啶鎓-*N*-苯氧内盐染料（reichardt's dye）在溶剂中的紫外可见光谱（UV-Vis）吸收谱带的电子跃迁能来表征E_T(30)。由于该分子具有分子内电荷迁移（CT）特性的π-π*吸收谱带，应用范围广，它可用于表征从强极性的水［E_T(30)：63.1kcal / mol］直至非极性的已烷［E_T(30)：30.9kcal / mol］等100余种纯溶剂。

按照数值，溶剂可大体分类如下：质子性溶剂［E_T(30)：47~63］、非质子极性溶剂［E_T(30)：40~47］以及非极性溶剂［E_T(30)：30~40］。将某一发光化合物在具有不同E_T(30)值的溶剂中测得的ν_{SS}与溶剂的E_T(30)值作图，就可得到一条线性较好的直线。以此直线关系为标准，就可从测得的发光光谱变化中推知该发光化合物所处环境的极性大小。由此可见，发光化合物的溶致变色效应可以作为估测该化合物分子周围环境（或介质、极性大小）的根据，可用作探针分子探测周边环境性质。特别是对某些特殊环境，如表面活性剂分子形成的胶束内核、囊泡的双分子膜等不易检测的微小环境。此外，还可利用发光化合物分子的疏水特性以及它们在不同极性环境中发射波长的变化，探测表面活性剂分子在溶液中形成胶束的临界浓度CMC值（探针化合物由水相进入油相），以及伴随极性变化的各种转变过程的临界参数（如胶束临界转变温度CMT值等）。

5.1.6 荧光化学敏感器

5.1.6.1 概述

荧光化学敏感器（fluorescence chemical sensor）和分子信号系统（molecular signaling system）的应用是荧光探针技术不断发展的产物。显然，它也和近年来超分子化学的进步和发展（包括分子识别等问题）密切相关。此外，还必须提到的是荧光化学敏感器在药物化学、生化分析、食品安全和质量控制、环境监测和光学成像以及环境科学等领域具有广泛应用，这也大大地加速了它的发展。上面讨论的荧光探针技术涉及的检测问题是和探针所处环境相联系的，包括环境的特征，以及某些外界因素如温度、压力等。一般说来，分子信号系统所检测的往往属于较简单的环境变化，如pH的变化，因而对外来物种接受体的设计也相对比较简单。而荧光分子敏感器所检测的是环境中确实存在的外来物种，包括阳离子、阴离子以及各种分子实体。因此对荧光化学敏感器分子中包含的外来物种接受体的设计就显得比分子中荧光发光部分的设计更为复杂和重要。

对某特殊被检物种有高度专一识别能力且灵敏的荧光化学敏感器，其高度专一识别功能的获得关键在于对外来物种接受体的设计。生物体中酶具有特异结合性和识别性，对被接受物种的识别功能是基于它们间多种不同相互作用力协同配合的结果。因此这种具有相互协同能力的识别物种和其共轭"酶"间存在着最大的配位常数，即有最强的特异性识别能力。应当指出，目前人们设计的接受体系所涉及的相互作用力还是比较单一化的，往往局限在静电相互作用或疏水相互作用等。而多元化的体系，即具有更高、更专一识别能力的体系，还处在较初级的研究阶段。

5.1.6.2 识别

分子识别是超分子化学的核心内容之一。分子识别即主体（受体）与客体（底物）通过分子间作用力的协同作用以特定选择性相互结合，并产生某种特定响应的过程。根据超分子的主客体原则，通常荧光化学敏感器可被划分为三部分（图5-4），即识别基团部分（recognition）、荧光团部分（fluorophore）和连接臂部分（linker）。荧光团通过连接臂与识别基团连接在一起。荧光化学敏感器与被识别的客体（底物）通过超分子识别或化学键相互作用结合后，诱导分子荧光团部分发生荧光信号变化，包括荧光强度、荧光激发或发射波长、荧光寿命以及荧光各向异性的变化等。

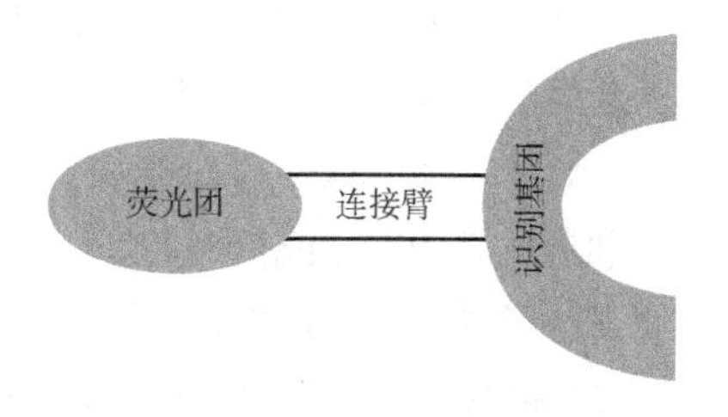

图5-4 荧光化学敏感器结构图

目前报道的荧光分子对客体（底物）的识别过程主要包括以下几种类型：

① “键合-信号输出”识别过程。这种识别过程是最常见的一类荧光识别过程。荧光分子利用弱相互作用力，如静电引力、范德华力、配位作用力、氢键、偶极-偶极相互作用力等，对客体（底物）进行识别。此类识别过程是一种可逆的过程，这也是此类识别的典型特点。然而弱相互作用力的识别过程存在较多的缺点，包括荧光化学敏感器的选择专一性较低、灵敏度不高等。

② “反应型”识别过程。反应型识别过程是指通过特定的化学反应对客体（底物）分子进行识别的过程。换言之，反应型识别过程是通过特定的化学反应改变荧光分子某些取代基的供、吸电子能力或者共轭体系的大小等，使得分子的荧光性质发生改变，如分子的发射波长、荧光强度的变化或者两者的协同变化等，从而实现主体对客体（底物）分子的检测。此类识别过程是不可逆的，可以大大提高荧光化学敏感器的灵敏度。

③ “置换型”识别过程。此类识别过程是利用识别基团部分与客体（底物）之间的相互作用强于识别基团部分与荧光团部分之间的相互作用，用客体（底物）将荧光团部分置换出来，发出荧光，从而实现荧光检测客体（底物）的识别过程，此类识别过程的典型特点是具有高效的选择性。

5.1.6.3 分子的信号传导机理

目前，在上述几种识别过程中，荧光化学敏感器分子的荧光信号传导机理主要包括以下几种：光诱导电子转移（photoinduced electron transfer，PET）机理、分子内电荷转移（intramolecular change transfer，ICT）机理、荧光共振能量转移（fluorescence resonance energy transfer，FRET）机理、激发单体-激基缔合物（monomer-excimer）机理、激发态分子内质子转移（excited state intramolecular proton transfer，ESIPT）机理以及聚集诱导发光（aggregation-induced-emission，AIE）机理等。

（1）光诱导电子转移（PET）机理

PET 机理是指电子供体（donor）或者电子受体（accept）受到激发光激发后，处于不同态的电子供体和电子受体之间发生电子转移，导致荧光基团不能发出荧光或者发出的荧光很弱。20 世纪 70 年代初，Weller 等科学家在丰富的实验基础上对 PET 机理进行了详细的证明，并提

出了以下方程

$$\varepsilon = E(\mathrm{D}/\mathrm{D}^+)_{\mathrm{OX}} - E(\mathrm{A}/\mathrm{A}^+)_{\mathrm{red}} - \Delta E_{0.0} - e_0^2/(a\varepsilon) \tag{5-16}$$

式中，$E(\mathrm{D}/\mathrm{D}^+)_{\mathrm{OX}}$ 为电子给体的氧化电位；$E(\mathrm{A}/\mathrm{A}^+)_{\mathrm{red}}$ 为电子受体的还原电位；$\Delta E_{0.0}$ 为跃迁能量；$e_0^2/(a\varepsilon)$ 一般为 10^{-2}eV。

基于 PET 的荧光化学敏感器，荧光团与分析物之间的反应引起荧光团的 HOMO 与 LUMO 间邻近轨道的存在或消失，进而引发荧光的猝灭和增强。当敏感器分子的识别基团部分和荧光团部分通过非共轭连接臂连接时，形成光诱导电子转移，一般分为两种过程，即 accept-excited PET（a-PET）过程和 donor-excited PET（d-PET）过程。基于 a-PET 机理，当探针分子未和客体（底物）结合时，分子识别基团部分的 HOMO 能级处于荧光团部分的 HOMO / LUMO 能级之间，所以识别基团部分的 HOMO 轨道上的电子可以激发跃迁至激发态荧光团部分的 HOMO 空轨道，从而导致荧光团部分 LUMO 轨道上的电子不能跃迁回到原来的 HOMO 轨道，荧光猝灭，此过程就是 a-PET 过程［如图 5-5（a）所示］。当分子的识别基团部分与客体或者底物结合之后，分子的识别基团部分的供电能力下降，使得它的 HOMO 能级低于分子荧光团部分的 HOMO 能级，a-PET 被阻止，分子的荧光恢复。基于 d-PET 机理的敏感器分子在未结合客体或者底物时，它的识别基团部分处于缺电子状态，且它的 LUMO 能级处于荧光团部分的 HOMO / LUMO 能级之间，所以分子的荧光团部分被激发光激发之后，其 HOMO 轨道上的一个电子跃迁至荧光团部分的轨道上，随后立即通过非辐射跃迁转入敏感器分子识别基团部分空着的 LUMO 轨道，分子的荧光被猝灭［如图 5-5（b）所示］。当与客体或者底物结合后，它的 LUMO 轨道高于分子荧光团部分的 LUMO 轨道，从而抑制了 d-PET 的发生，分子恢复了荧光。

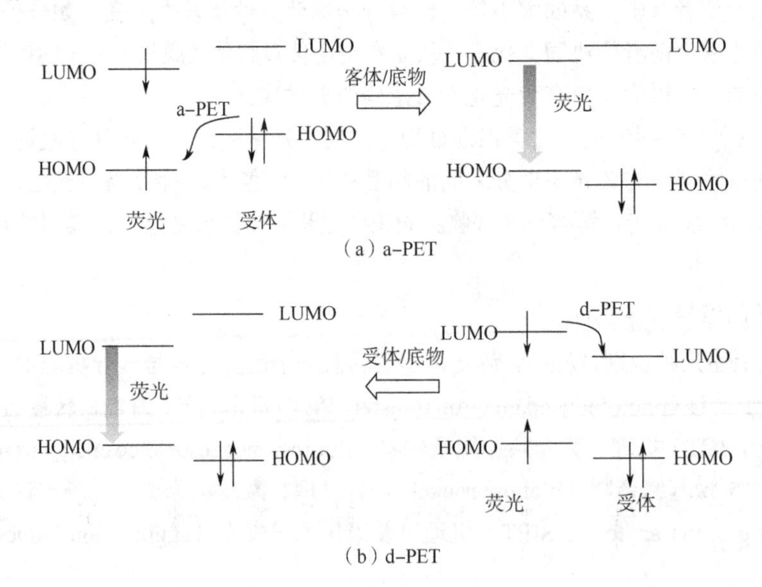

图 5-5　PET 机理的前线轨道能量示意图

（2）分子内电荷转移（ICT）机理

分子内电荷转移机理是指敏感器分子通过共轭 π 键将供电子基团（如伯氨基、叔氨基等）

与吸电子基团（如醛基、苯并咪唑等）连接在一起，形成强的供电子基团与强的吸电子基团之间的推拉电子体系（参见 5.1.5 节）。

（3）荧光共振能量转移（FRET）机理

FRET 属于非辐射跃迁的一种，该机理主要是将能量供体的激发态能量通过偶极-偶极作用传递给处于基态的受体（如图5-6 所示）。

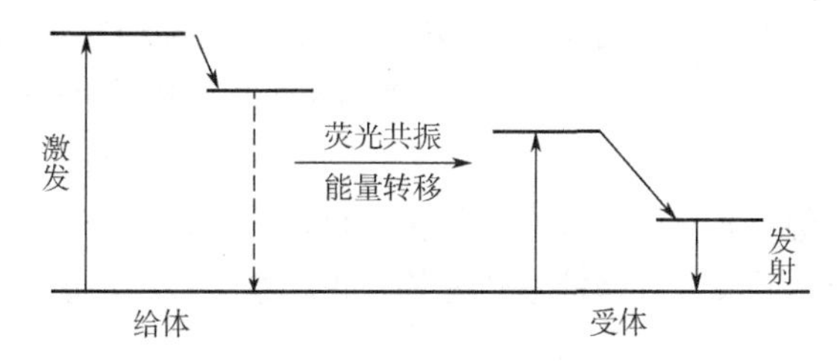

图5-6 荧光共振能量转移机理

以荧光共振能量转移为信号传递机理的荧光敏感器主要由以下三部分组成：可作为能量供体的荧光团部分（donor）、可作为能量受体的荧光团部分（acceptor）和适合长度的连接臂（linker）。此种机理对供体的荧光团部分（donor）和受体的荧光团部分（acceptor）之间的距离和空间大小有严格的要求。一般情况下，供体的荧光团部分（donor）和受体的荧光团部分（acceptor）之间连接臂的长度（一般在 70~100Å 之间）要远远大于 donor 和 acceptor 的碰撞直径，且 donor 的发射光谱与 acceptor 吸收光谱要有一定程度的有效光谱交叠。

供体的荧光团部分（donor）和受体的荧光团部分（acceptor）之间的转换效率可以用 Förster 理论解释，如式（5-17）所示。

$$E = R_0^6 / (R_0^6 + R^6) \tag{5-17}$$

式中，R_0 是 Förster 半径，它表示供体能量传递一半时，供体荧光团部分和受体荧光团部分之间的距离；R 是供体荧光团部分和受体荧光团部分之间的实际距离。根据 Förster 理论，可依据式（5-18）进行简化计算

$$R_0=0.211(k^2 n^{-4} \Phi_D J_{DA})^{1/6} \tag{5-18}$$

式中，n 是溶剂折射率；Φ_D 是能量供体的荧光量子效率；k^2 是有机小分子荧光团的偶极取向；J_{DA} 是能量供体荧光团部分的发射光谱与能量受体荧光团部分的吸收光谱之间的重叠程度，可由下式计算得到。

$$J_{DA}=\int_0^\infty I_D(\lambda)\varepsilon_A(\lambda)\lambda^4 d\lambda \tag{5-19}$$

式中，$I_D(\lambda)$ 是能量供体部分的荧光发射强度；$\varepsilon_A(\lambda)$ 是能量受体部分的摩尔消光系数。

由以上各式可以看出，荧光化学敏感器分子的 FRET 转换效率与 k^2、R 和 J 三个数值有关。对有机小分子来说，一般情况下，k^2 为常数。因此，基于 FRET 机理的荧光分子的设计主要注重以下两个方面的修饰：①调节能量供体的荧光团部分与能量受体的荧光团部分的距离；②提高能量供体荧光团部分的发射光谱与受体荧光团部分的吸收光谱之间的重叠程度。

（4）激发单体-激基缔合物（monomer-excimer）机理

一般情况下，当结构相同的或不同的荧光团之间的距离和位置合适时，其中一个处于激发

态的荧光团和另外一个处于基态的荧光团会形成激基缔合物。因此，形成激基缔合物的关键在于两个荧光团之间的相对距离，这样在荧光光谱中，原有单体的荧光发射峰强度减弱或者消失，而出现激基缔合物的荧光发射。

（5）激发态分子内质子转移（ESIPT）机理

该机理是电子受到光激发后处于激发态，分子内部的质子受体与质子供体之间发生质子转移过程。一般情况下，该种机理中质子较容易转移到邻近的 N、O、S 等杂原子上。容易发生 ESIPT 的分子一般含有分子内氢键。基于这种机理的荧光化学敏感器一般具有较高的发光效率和较大的 Stokes 位移。

除了上述几种常见的荧光分子的荧光信号传导机理之外，其他一些荧光信号传导机理，如碳氮双键异构化、聚集诱导发光和键能量传递等，也相继被报道和研究。

5.2 电致发光材料与器件

人们对光明的渴望与追求，从来没有停止过。历史上人们对于各种人造光源的不懈创造与发明，正是这种渴望与追求的体现。从最初的钻木取火，到现在随处可见的发光二极管（LED / OLED），再到将来的人造太阳（核聚变反应堆），人们无限的想象力和创造力正在源源不断地倾注到这种渴求中。本节讨论的就是各种人造光源中的重要一员：电致发光（electroluminescent，EL），又称为场致发光，是通过加在两电极的电压产生电场，被电场激发的电子碰击发光中心，而引致电子在能级间的跃迁、变化及复合，导致发光的一种物理现象。

关于电致发光的基本原理，还得从光的基础知识，甚至是导体 / 半导体的基础知识说起。物质按导电性能的强弱程度，大致可以分成导体、半导体和绝缘体三种。固体物理中的能带理论可以给这种划分提供一个非常直观的解释。简单来说，能带理论提供了一种基于电子能量的解释框架。在这个框架中，最重要的概念就是根据核外（或者更确切地说，是分子最外层）电子能级的不同，把它们的能级分成两种能带：价带和导带。处在价带中的电子基本被束缚在所属的原子核附近，不能自由移动，能量更低（因为与原子核的相互作用更强，能量更负）。而处在导带中的电子能量相对更高，可以自由移动，尤其是在有外加电场的情况下。这两种能带之间的能量范围被称为禁带。一般不把禁带说成电子的能带，因为事实上通常没有处于禁带的电子。值得注意的是，禁带的宽度（更直观的说法是高度）决定着物质的导电性能。

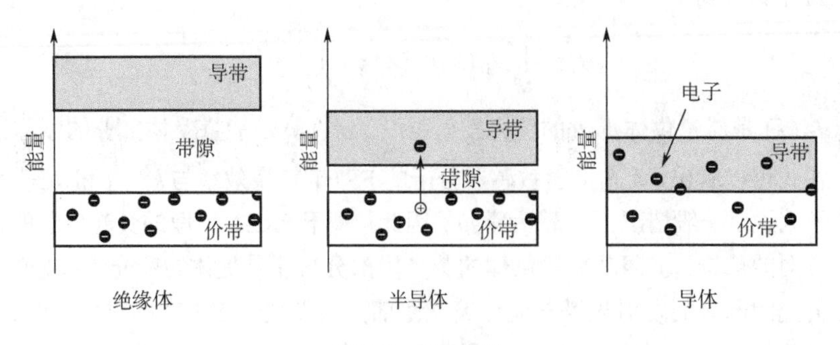

图 5-7 能带模型

如图5-7所示，作为导体，价带没有被电子充分占据，或者被占满的价带和空的导带有重合（所以没有禁带存在）。通常这两种情况同时发生，而电子可以自由移动，尤其是在有电场的情况下，电子变成载流子，形成电流。对于绝缘体，价带一般因为共价键的存在而被电子占满。这些电子不能移动，像是被“锁”在原子附近。若要获得导电性，电子必须获得足够的能量，冲破宽阔的“禁带”，跃迁到导带当中。当然，代价是很高的，通常意味着绝缘材料被“高压击穿”。半导体中也存在禁带，但是同绝缘体相比，其宽度要小很多，以至于常温时电子都有可能从价带跃迁到导带，从而成为载流子。同时，在价带中留下一个空穴，可以被价带中的其他电子填充，进而形成空穴的移动，成为价带中的载流子。由于电子和空穴总是成对出现，半导体晶体整体呈现电中性。没有掺杂的半导体被称为本征半导体，其中自由电子和空穴的浓度可以达到 10^{10} 个 / cm^3。由于电子总是趋向于更低的能态，那么当没有外部能量补充，能量消耗到一定程度时，导带中的电子就会跃迁回价带和空穴结合。特定温度下，跃迁到导带和反向回到价带的电子达到平衡。而当温度升高时，相对于低温，跃迁到导带的电子更多，使得半导体在高温环境中的电导率更高。

有趣的是，在电子跃迁回低能态的过程中，有可能伴随着发光现象。这里说“有可能”，是因为并非所有向低能态的跃迁都伴随发光。这样就有所谓“辐射跃迁”和“非辐射跃迁”的区别。本质上就是当电子向低能态跃迁的时候，失去的能量是以光子的形式释放，还是以其他形式比如热能释放。由于电子的能级总是分立的，所以辐射出的光子的能量也相应地是一些分立的值，而这些值完全由电子所处物质的原子（或分子）决定。同时，光子的能量完全取决于其波长（或频率），而波长又决定光的颜色，因此可以看到不同颜色的光。

到这里，关于发光，我们可以有一个大体的印象。发光材料中的价电子因吸收外部能量，从低能态（价带）跃迁到高能态（导带），然后再以发射光子的形式释放能量，跃迁回低能态。不同物质的原子 / 分子的分立能级不同，导致光子的能量 / 波长 / 颜色不同。据此可以知道，前面提到的各种发光现象，无非就是为电子提供能量的机制不同而已。比如白炽发光，就是电子跃迁能量由热能提供。相应地，化学发光、光致发光和力致发光就是电子分别从化学能、光能和机械能获得能量，再发生辐射跃迁。电致发光其实就是物质（通常是半导体）中的价电子由外电场获得能量跃迁到导带后，再发生辐射跃迁回到价带而发光。电致发光一个最直接和最广泛的应用就是电子显示器件。这些器件可进一步细分为两个大类：弱场型（或注入型）器件，如发光二极管（LED）、有机发光二极管（OLED），其中的光子是由电子-空穴在二极管的 P-N 结中复合时发出的；强场型器件，就是在发光材料中，被外加的强电场加速的高能电子（或称过热电子）通过碰撞而激发被称为“发光中心”的离子，而光子就是后者的电子发生辐射跃迁时所发出的。由于 LED / OLED 优异的表现，弱场型电致发光器件还有另一个特别的称谓——固体发光器件，用于区别传统上基于真空（比如白炽灯）、气体（比如霓虹灯）或蒸气（比如水银灯）等的发光器件。

5.2.1 无机电致发光材料与器件

无机电致发光材料历史较久，并早已进入实用阶段。这类材料从形态上可分为单晶型、薄膜型和粉末型三种。从工作方式上可分为交流（AC）型、直流（DC）型和交直流（ADC）型三种。按激发条件又可分为高场型和低场型两种。还可按发射光谱分成红、黄、绿、蓝和白等多种。有关无机电致发光材料和显示器件的分类如图5-8所示。

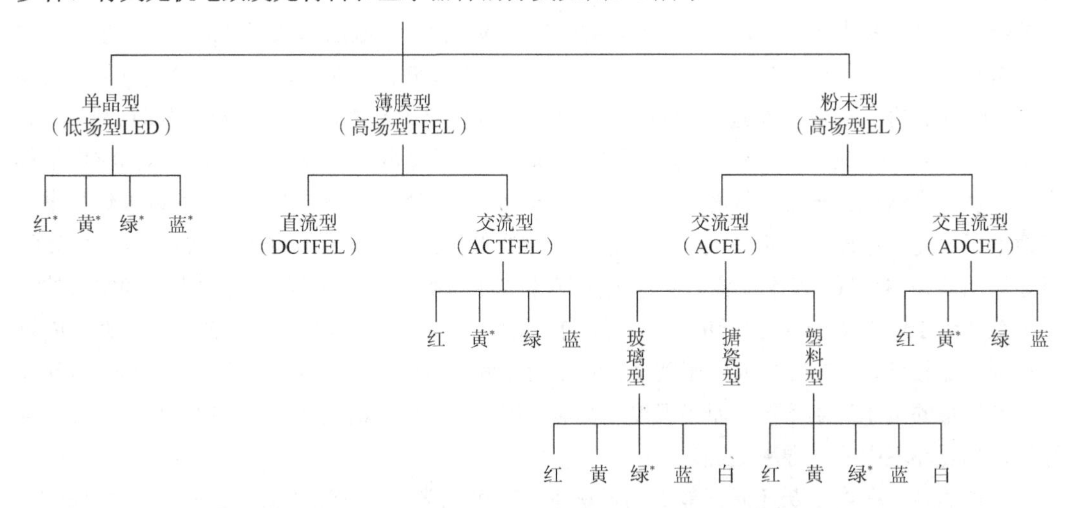

图5-8 无机电致发光材料和显示器件分类

5.2.2 无机粉末电致发光材料与器件

交流型电致发光材料（ACEL）和显示器是无机类EL材料和器件中发展最早的。它在整个EL发展历史中是先行者和开拓者，对EL的发展具有重大意义。

1936年，法国的Destriau发现将硫化锌荧光体粉末浸入油性溶液中，使其封于两块电极之间并施加交流电压，会产生发光现象。该现象称为Destriau现象，又称本征EL。在此后的10多年里，这一现象并未受到人们的关注，甚至有人对它的意义持怀疑态度，因为观察到这一现象的装置（图5-9）很难使人相信它的应用潜力。随后Destriau又设计出更接近实用化的平面型发光器件结构（图5-10）。然而透明电极仍是实用化的巨大障碍，但这一设计确定了现代粉末型EL器件的基本结构。

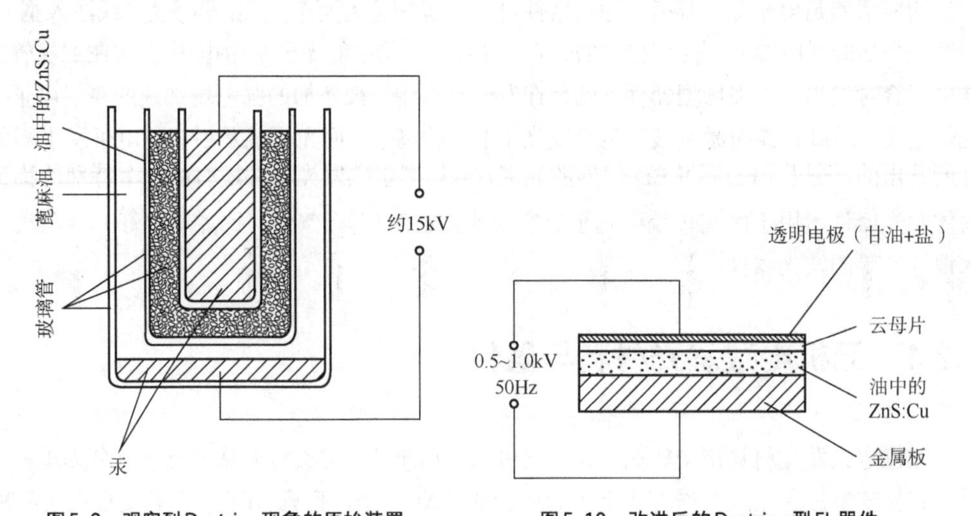

图5-9 观察到Destriau现象的原始装置

图5-10 改进后的Destriau型EL器件

多年后，随着透明、导电的薄膜 $InSnO_2$（一般称它为 ITO）研制成功，即 ITO 可以用作透明电极，Sylvania 公司开发研制出分散（或称为体内效应）型 EL 器件，并于 1952 年推出商品名为 Planelite（即平面发光）的电致发光新光源。一时间，以照明为目的的大规模研发在全球范围内展开，发光天棚和发光墙壁等新一代固体化平面照明光源被人们所热爱。但是，随着时间的推移，这种 ACEL 器件的亮度、寿命和发光颜色的局限性越来越明显。

几乎就在粉末型 ACEL 被大多数人冷落和放弃的同时，另一种新型粉末 EL 材料获得迅速发展。它就是可以在直流电压激发下获得高亮度的粉末 EL 材料，称为直流电致发光（DCEL）材料。1954 年 Zalm 首次发现直流电致发光现象，但是在 1966 年前，DCEL 材料并未引起人们的注意，研究工作也很少。当时，DCEL 材料亮度低，激发电压高，发光只限于个别颗粒，半寿命极短以致难以进行定量的测量，直到 1966 年，英国的 A. Vecht 等制出较好的 ZnS：Mn 的 Cu 粉末 DCEL 材料并首次报道 DCEL 材料的定量数据。20 世纪 70 年代初英国的 DCEL 材料基本达到应用水平并开始应用研究。同时，中国学者发现这种材料在交流电压下的发光特性甚至优于它在直流电压下的发光特性，是目前为止发现的唯一可在交流和直流电压下发光的两用型 EL 材料，称为交直流型粉末 EL 材料（ADCEL）。此外，这种材料还具有非常优异的脉冲特性，使它非常适用于高信息量的矩阵寻址显示。

5.2.2.1 粉末型 EL 的发光机理

固体吸收外界能量后很多情形是转变为热，并非在任何情况下都能发光，只有当固体中存在发光中心时才能有效地发光。发光中心通常是由杂质离子或晶格缺陷构成。发光中心吸收外界能量后从基态激发到激发态，当从激发态回到基态时就以发光形式释放出能量。固体发光材料通常是以纯物质作为主体，称为基质，再掺入少量杂质，以形成发光中心，这种少量杂质称为激活剂（发光）。激活剂是对基质起激活作用，从而使原来不发光或发光很弱的基质材料产生较强的发光。有时激活剂本身就是发光中心，有时激活剂与周围离子或晶格缺陷组成发光中心。为提高发光效率，还掺入其他杂质，称为共激活剂，它与激活剂一起构成复杂的激活系统。例如硫化锌发光材料：Cu、Cl 及 ZnS 是基质，Cu 是激活剂，Cl 是共激活剂。激活剂原子作为杂质存在于基质的晶格中时，与半导体中的杂质一样，在禁带中产生局域能级（即杂质能级，见半导体）；固体发光的两个基本过程激发与发光直接涉及这些局域能级间的跃迁。要实现固体中的发光，必须对固体中的发光中心进行持续地激发，使电子持续在高和低能级之间跃迁运动。固体中的电子被激发的方式主要有四种：热激发、光激发、高能粒子束（包括电子束）激发和电（场或流）激发。而电致发光属最后一种，也是这四种激发方式中最复杂的一种。

5.2.2.2 粉末型 EL 发光材料

① 材料的组分和构成。粉末型 EL 荧光粉是粉末型 EL 平板显示和发光器件最重要的基础材料。它的基本组分包括基质、激活剂和共激活剂。基质是荧光粉的主体（粉末状无机材料），主要是以 ZnS 为代表的Ⅱ-Ⅵ族化合物，如 ZnS、CdS、ZnSe、CaS 及它们的混合晶体（固溶体）等，其中 ZnS 是最好和最重要的基质材料。发光中心作为基质，粉体颗粒微晶结构中的光辐射之源是必不可缺的，正是它使基质从不能发光的状态被“激活”转为具有良好发光特性的发光物质。最好和最重要的发光中心是 Cu^+ 和 Mn^{2+}，其次还有 Al^{3+}、Ag^+、Pb^{2+} 及稀土离子等。共激活剂主要是促进发光中心离子的掺入，也可能成为发光中心的组成部分，但共激活剂对发光材料不一定总是必要的，它的作用只是对发光起辅助和促进。而且，对 Mn^{2+} 激活的 ADCEL

ZnS 荧光粉也可不掺杂共激活剂。

② 荧光粉的激活。荧光粉的激活是使符合荧光粉组合要求的，不具有 EL 特性的材料，最终获得良好 EL 特性的工艺过程。激活过程主要是实现 EL 所必需的两个关键条件：一是发光中心的掺杂，二是掺入过量的铜。发光中心的掺杂是基于高温下的固体化学反应。荧光粉的基质材料在高温下其晶体结构可以产生热分解，热分解产生的离子态 M 和 X 可以逸出晶体之外，或停留在晶体内形成晶格缺陷，如图 5-11 所示。

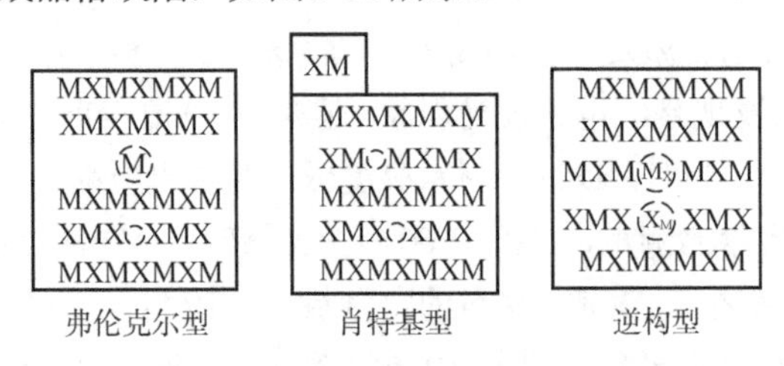

图 5-11　3 种晶格缺陷类型

已有实验证明，当材料被加热到温度超过它熔点的约 0.52 倍时，固体中原子或离子的热扩散会明显增强，于是杂质通过热扩散进入基质晶格，或占据晶格间隙，或占据晶格缺陷的空位取代相应基质离子，在一定温度下达到热平衡后此状态大部分可保持到常温。另一重要条件是重掺杂铜。每克光致发光（PL）材料基质铜掺杂量仅为 10^{-4} 数量级，而粉末 EL 则需高达 10^{-3} 数量级，掺入的铜量超过形成发光中心的需要量。除上述两个关键的激活条件以外，还需要一些其他的辅助激活条件才能取得最佳的激活效果。

③ 晶格缺陷的电学性质和电荷补偿。激活发光体晶粒所掺入的杂质的选择是以晶格缺陷的电学性质（表 5-1）和电荷补偿原理为依据的。激活发光体所掺入的杂质 Cu^+ 在基质 ZnS 中通常处于取代 Zn^{2+} 的位置，相当于表 5-1 中形成受主能级一栏中的 F_M 型缺陷，因而成为发光中心。但 Cu^+ 比 Zn^{2+} 缺少一个正电荷，因为晶体必须是中性的，所以晶格中会产生一个 S^{2-} 空位来补偿两个 Cu^+ 杂质离子所缺失的两个正电荷。但晶体产生和维持一个 S^{2-} 空位需要较高的能量，形成这种 F_M-V_X 缺陷组合比较困难。但是如果掺入缺少一个正电荷的 Cu^+ 取代 Zn^{2+} 的同时，也掺入缺少一个负电荷的 Cl^- 取代 S^{2-}，这种电荷互补的 F_M-V_X 缺陷组合的形成能量较低，比较容易掺入。另一个途径是掺入缺少一个正电荷的 Cu^+ 取代 Zn^{2+} 的同时，再掺入多一个正电荷的 Al^{3+} 取代另一个 Zn^{2+}，也可起到电荷补偿的作用而避免形成 S^{2-} 空位。这种电荷互补的掺杂方式更容易实现发光体的激活。上面两类电荷互补的杂质中，起电荷补偿作用的 Cl^- 或 Al^{3+} 就是共激活剂。在 ZnS 中与 Cu 同族的金属离子 Ag^+ 和 Au^+ 也可作为发光中心，但以 Cu^+ 为最好。与 Cl 同族的 F^-、Br^- 及 I^- 亦可作为共激活剂。激活剂对 EL 的影响很大，而共激活剂的影响较小，所以通常可用 Br^- 等取代 Cl^-。

表 5-1　各种晶格缺陷的电学性质

形成施主能级的缺陷	形成受主能级的缺陷	形成施主能级的缺陷	形成受主能级的缺陷
M_i　V_X　X_M	X_i　V_M　M_X	F_M(F 的原子价 > M 的原子价)	F_M(F 的原子价 < M 的原子价)
F_i(F 为正电性元素，如金属)	F_i(F 为负电性元素)	F_X(F 的原子价 < X 的原子价)	F_X(F 的原子价 > X 的原子价)

注：M——基质晶格中正离子组分；X——基质晶格中负离子组分；V——基质晶格中的空位；F——掺入的杂质；M_i，X_i——基质晶格间隙位置上的正负离子组分；F_i——基质晶格间隙位置上的杂质；F_M，F_X——基质晶格正负组分位置上的替代杂质；M_X——基质晶格负电组分位置上的正电组分；X_M——基质晶格正电组分位置上的负电组分；V_M，V_X——基质晶格正负组分的空位。

④ 气相输运和重结晶。在制备过程中，基质材料的气相输运和重结晶过程对发光体结构的形成至关重要。基质 ZnS 等原料是由大约 10μm 大小的针状颗粒聚结成的粉团，粒度约 1μm，X 射线分析时看不出明显的晶体结构，与发光体的结构要求不符。材料制备过程中高温掺杂的同时也需要使这些基质原料生长成具有一定粒度和一定晶体结构的发光体，唯一的办法是通过气相输运过程使原料重结晶。但由于Ⅱ~Ⅵ族化合物，特别是 ZnS 的蒸气压较低，气相输运重结晶过程特别漫长。在 800~1100℃，N_2 氛围中长时间烧结仍得不到好的结果。实验发现在 NH_3、H_2、硫蒸气、H_2S 及 HCl 等氛围，重结晶过程可以大大加快，尤其是在 HCl 氛围重结晶过程最强烈。这些气相氛围被称为矿化剂。在 HCl 氛围中烧结 ZnS 时，由于 ZnS 原料不同大小粉团颗粒周围的蒸气压不同（小颗粒周围蒸气压较高），在它们之间会形成 Zn 和 S 的蒸气压差和浓度梯度，这使 $ZnCl_2$ 和 H_2S 从小颗粒向大颗粒输运（HCl 在小颗粒周围与浓度较高的 Zn 和 S 反应，而生成的 $ZnCl_2$ 和 H_2S 的浓度也更高），HCl 则从大颗粒向小颗粒输运（大颗粒周围的 $ZnCl_2$ 和 H_2S 浓度较低，而未参与反应的 HCl 浓度较高）。来自小颗粒的 $ZnCl_2$ 和 H_2S 在大颗粒周围形成了浓度超过此处平衡浓度的 $ZnCl_2$ 和 H_2S，于是发生逆反应而生成 ZnS 沉积在 ZnS 大颗粒上。这个过程不断重复，导致大颗粒逐渐变大，小颗粒逐渐变小，HCl 扮演输运者的角色。其他气体类似。

5.2.2.3 粉末型 ACEL 器件

ACEL 器件结构如图5-12 所示，主要包括玻璃型、塑料型和搪瓷型。

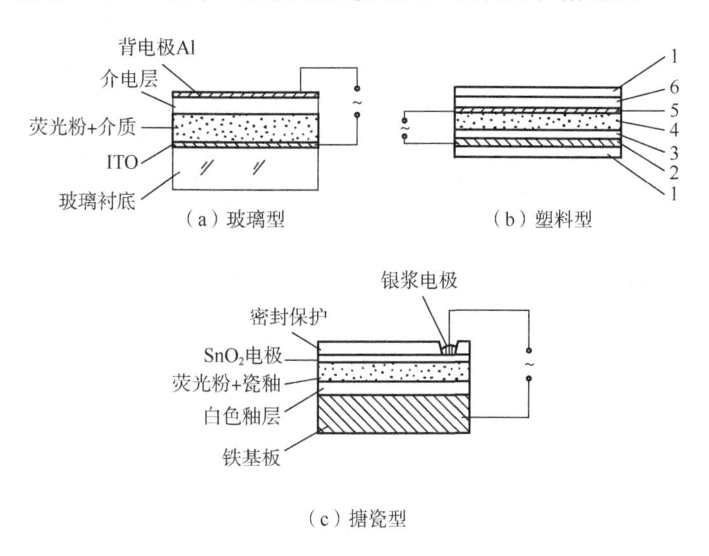

图5-12 ACEL 器件的基本结构

图5-12（a）中玻璃衬底和它上面的一层透明电极（ITO）成为一体。发光层是由荧光粉和具有一定黏着力与介电特性的有机树脂材料，即统称为介质的材料按一定比例混合后在 ITO 上涂覆而成，厚度约几十微米。介电层采用高介电常数的白色 TiO_2 或 $BaTiO_3$ 等粉末材料，与有机介质混合涂覆在发光层上固化成膜，主要作用就是防止电击穿和增加发光层发光的反射。这一层并非必不可少，依据情况可以不用。背电极多采用真空蒸发 Al、Ag 或 Sn 等。最后，这一结构必须整体密封防潮，较好的防潮办法是加分子筛。

图5-12（b）的结构与（a）基本相同，其中：1 为包封塑料（二氯乙烯与氯乙烯的异分子

聚合树胶、聚三氟氯乙烯等材料)；2 为金属电极；3 为介电层（TiO_2 或 $BaTiO_3$）；4 为荧光粉 + 介质（氰基乙基纤维素）层；5 为 ITO 电极；6 为聚酯基片。这种器件与图 5-12（a）所示玻璃器件的主要区别是：ITO 导电膜是通过高真空溅射做在很薄的透明聚酯膜衬底上，密封也是用热塑性塑料膜。它属全塑料型器件，是一种超薄（约 0.5mm）、抗震和具有可挠性的 ACEL 器件。

图 5-12（c）的结构与（a）、（b）也基本相同，但以铁基板作为一个电极，上面涂一层高介电常数的白色搪瓷釉层，以增加光的反射。在白色釉层上烧结发光层，发光层是由搪瓷粉与荧光粉混合后喷涂成层烧结而成。在发光层上再烧结透明导电膜。在透明导电膜上再最后烧结一层透明搪瓷密封保护层。这种搪瓷型 ACEL 器件抗震、抗冲击，但亮度低，这是它的致命弱点。

粉末型 EL 器件要想获得持续而明亮的发光，介质起着十分重要的作用。仅从发光的角度，介质并非是必需的。薄膜型 EL 器件和高温高压下粉末（ZnS 和 Mn）的烧结体均属无介质发光器件，其发光特性优于有介质 EL 器件。但要使具有分散性和流动性的粉末型荧光粉牢固地涂覆在 ITO 衬底上，形成固化的厚膜发光层，具有一定黏结能力的介质是必不可少的。粉末型 EL 器件要求荧光粉 + 介质层内的平均电场强度一般要在 10^4V / cm 量级，而荧光粉颗粒内局部高场区场强达到 10^5~10^6V / cm 才能获得明亮的发光。但无介质荧光粉层内，荧光粉颗粒之间的孔隙率大约可达 0.3~0.4，孔隙中充满空气。正是这些孔隙的存在使外加电压难以达到 10^4V / cm 量级的平均场强。因为大气压下的空气在两平行平面电极的火花间隙之间击穿放电的电场强度仅为 3.2×10^4V / cm，而对不规则放电间隙还要低很多。特别是空气的介电常数约为 1，在与介电常数约为 8 的 ZnS 材料混合时会使孔隙中空气承受的场强比平均场强高很多，所以在有大量孔隙存在的荧光粉层中，在达到平均场强之前已发生孔隙中空气的电击穿。在荧光粉与介质混合的情况下，颗粒间的孔隙被介质填塞，外加电压可以很容易达到所需要的平均场强而获得明亮的发光。这就是 Destriau 最早通过混在液体电介质中的荧光粉发现粉末型 EL 现象的原因。

20 世纪 60 年代后，ACEL 器件作为面光源照明的梦想破灭，但 ACEL 器件的应用价值并未因此而丧失：

① 特殊照明。液晶显示器（liquid crystal display，LCD）的发展和大规模应用迫切需要解决它被动显示的缺陷。为开拓在弱光和黑暗环境下的应用，就必须解决 LCD 背照明光源的问题。已有几种背照明技术用于 LCD 显示，其中主要背照明光源的技术对比见表 5-2。

表 5-2　主要 LCD 背照明光源技术对比

技术类别	发光亮度 / (cd / m²)	寿命 / kh	厚度 / mm	功耗 / (mW / mm²)	价格 /（美元 / 个）
ACEL	70~100	2~10	0.3~0.8	0.05	20~60
冷阴极荧光灯（CFL）	85~170	10~20	20~22	0.15	150~250
发光二极管（LED）	170	20	10~11	0.50	25~60

从表 5-2 可见，在发光亮度满足 LCD 背照明要求的前提下，ACEL 器件凸显了其超薄、体轻、低功耗的独特优势，而这一优势正是作为背照明光源的首要技术要求，加之又是均匀的面光源，不需要散射和导光系统，价格低，因此已成为 LCD 首选的背照明光源，在医疗器械和船舱等领域获得广泛应用。

② 数字、符号显示。在多数人工照明条件下，ACEL 器件可以用于各种数字、符号的指示和识别显示。在一定条件下，一个 40mm 高的字符可在 10~12m 处清楚显示，20mm 高的字符可在 3~5m 处清楚显示。目前，发绿色光的 ACEL 器件还是特殊照明光源，如家庭和宾馆客房等的地脚灯，生产流程、机械设备运行等的状态模拟显示，以及液晶矩阵寻址显示等。

5.2.2.4 粉末型 ADCEL 器件

交直流型电致发光（ADCEL）材料有好多种，除 ZnS：Mn 外，还有 CaS：Eu、CaS：Ce 和 SrS：Eu 等。ZnS：Mn 发出明亮的黄色光，其他材料可发射绿、红和蓝等多种颜色光，但目前最好和最成熟的只有 ZnS：Mn。

① 器件结构。图5-13 是 ADCEL 器件的基本结构。这里氧化物夹层是通过高真空溅射形成的薄层透明氧化物层，如 Al_2O_3、Y_2O_3、MgO、SiO_2、ZnS 或涂覆的高分子聚合物膜等，它的作用非常重要。从器件结构上看，ADCEL 器件与 ACEL 器件十分接近。特别强调，在直流电压工作时，外加电压必须按图 5-13 所示的极性相接，即 ITO 接正极，这里称为正接；反之，称为反接。

② 包铜处理。在制备 ADCEL 器件之前还需对 ZnS：Mn 进行包铜处理，使每个 ZnS：Mn 粉末颗粒表面包覆一层 p 型导电的 Cu_xS，如图5-14 所示。这一工艺过程恰好与 ACEL 荧光粉在掺杂和烧结后用 KCN 或 $NH_3 \cdot H_2O$ 溶液洗掉表面过剩的 Cu_xS 相反。这也是 ADCEL 和 ACEL 材料的重要区别之一。包铜是将不导电的 ZnS：Mn 粉末浸在 $CuCl_2$ 或其他铜盐的溶液中处理，通过化学反应在 ZnS：Mn 颗粒表面上形成一层 Cu_xS。通过 Ar 离子溅射刻蚀的办法进行浓度分布分析，结果表明，Cu_xS 的厚度可达 0.15μm。

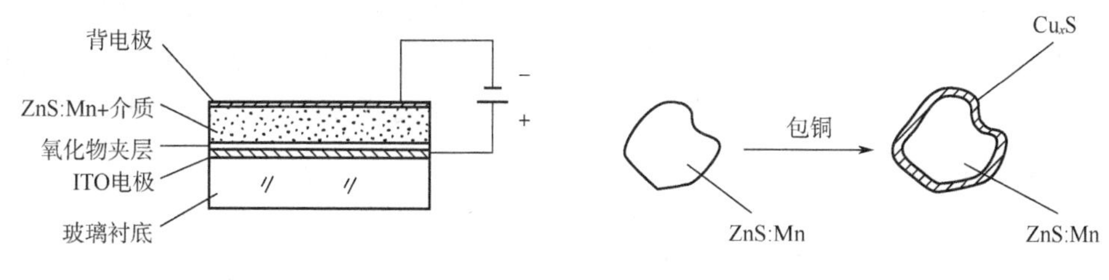

图5-13 ADCEL 器件的基本结构

图5-14 ADCEL 材料的包铜

③ 激发条件和介质。ACEL 器件的激发是通过交变电场，所以荧光粉颗粒可以与电极处于完全不接触状态，依靠位移电流激发发光中心。ACEL 器件可以看成是一个有损耗的容性负载元。但 ADCEL 恰好与 ACEL 器件相反，它的激发必须通过传导电流来实现，所以荧光粉颗粒必须与电极有良好的接触并有传导电流直接流过荧光粉颗粒，所以 ADCEL 器件是一个电阻性负载元件，这是 ADCEL 与 ACEL 器件的另一个重要差别。因此在选用介质时需要考虑其导电性。ADCEL 器件的介质通常选用电阻率低的纤维素类，如硝基纤维素，而且粉介比尽量要高，以便增加粉末颗粒的填充密度。

④ 形成过程。形成过程是 ADCEL 器件制备过程中特有的电加工过程，不经过这一过程，ADCEL 器件的外部激发条件就不能实现，器件也就不能被激发而发光。形成过程的本质是在直流电压作用下 Cu^+ 向阴极的迁移及由此引起的一系列次级光电过程。由于 Cu^+ 的迁移，荧光粉 / 介质层中紧靠 ITO 的薄层形成乏铜区，如图5-15 所示。

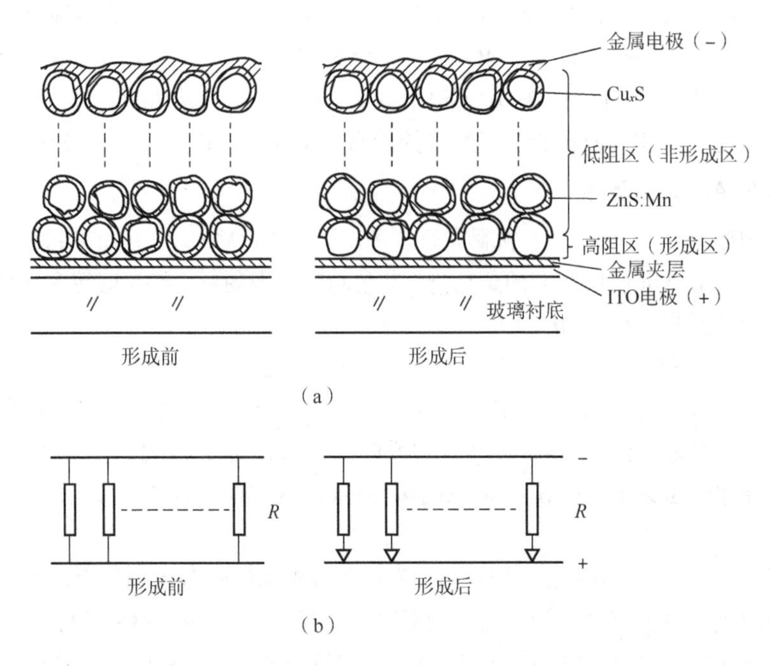

图5-15 （a）ADCEL器件形成过程后高阻层的形成及其（b）等效电路

⑤ ADCEL器件的应用。粉末EL在20世纪50年代以其作为固体平面光源照明的潜力在全世界掀起广泛的研究热潮，后来由于ACEL器件的局限性，人们对其的关注度逐渐降低。ACEL器件的主要问题是发光亮度、使用寿命、发光效率和发射光谱等与照明的要求相差甚远。然而ADCEL器件在低照度照明和显示中有广泛的应用价值。如用于家庭卧室、宾馆客房、车和船客舱的地脚灯照明，用于井下、仓库、楼道和卫生间等低照度照明和指示照明。其亮度、寿命和光谱等技术特性具有明显优势。

5.2.3 无机薄膜电致发光材料与器件

5.2.3.1 无机薄膜电致发光

20世纪50年代，粉末电致发光的研究取得了很大的进展，具有一定亮度的稳定发光，展现了应用于平面光源的潜力。但是粉末电致发光器件中必须将有机介质黏合ZnS：Cu粉末，涂在透明导电层上，再镀上第二电极，方能成为平面发光器件。由于有机介质的存在影响发光的亮度、效率、分辨率和寿命等，研制薄膜型的电致发光势在必行，因为薄膜电致发光器件不需任何有机介质。1947年，Memasten发明了以SnO_2为主要成分的透明导电薄膜，使电致发光在面光源与平板显示中的应用成为可能。器件的发光来源于两个电极之间，器件的发光面积可以显著增加，以弥补发光效率低的不足，但是电致发光比较微弱的问题一直得不到解决。20世纪60年代，ZnS：Mn，Cu薄膜研制成功，稳定的薄膜直流电致发光得以实现，但是发光寿命很短。

1968年，美国Bell实验室首次利用稀土氟化物掺杂ZnS制备出多色薄膜TFEL器件，在交流电压的作用下获得三价稀土离子的特征发光。1974年，日本夏普公司的T. Inoguchi等采用双绝缘夹层结构的 TFEL 器件，即将发光层夹在两层绝缘层中间，结构如图5-16所示，得到具有使用价值的无机TFEL 器件。采用双绝缘层，器件耐电压可达 100~200V，绝缘层的保护作用可以使发光层加上很高场强而不被击穿，为平板显示器件的开发和生产提供了可靠的基础。经过近十年的研究与发展，1983 年日本夏普公司批量生产出 320 × 240 线和 512 × 128 线的矩阵显示屏，分辨率为 3 线 / mm，显示宽度约 100cd / m^2。相继美国 PLANAR 公司也生产出交流电致发光薄膜产品，芬兰的 Lohja 公司独立地发展原子层外延（ALE）技术，获得了更高的亮度（约为 10000cd / m^2），并且也有产品问世。但是交流电致发光薄膜有两个缺点：驱动电压高，工作电压约 150V，需要高压集成片，周边驱动器电压高，价格贵；ZnS：Mn 发光为橙黄色，即使分光可以有红色成分和绿色成分，但缺少蓝光，不能实现彩色显示。

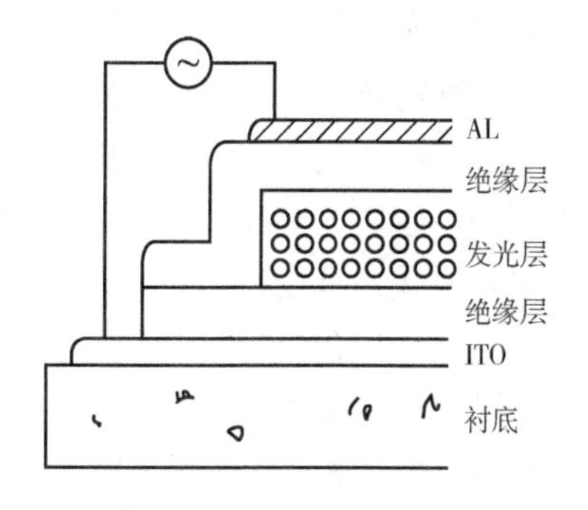

图 5-16　传统双绝缘层结构的TFEL

5.2.3.2　各种颜色的电致发光薄膜

1971 年 TN 型 LCD 推出后，LCD 产业迅速发展，随着半导体技术的发展和有源矩阵概念的提出，TFT-LCD 技术开始逐步成型，并于 20 世纪 90 年代初期在日本产业化。虽然电致发光薄膜平板显示器具有主动发光、视角宽和运行温度范围广等优点，但是彩色化滞后，使电致发光薄膜器件不能成为主流产品，应用只限于军事、野外等用途。采用新型双绝缘层结构，ZnS：TbF_3 薄膜电致发光给出绿色发光，主要发射谱线峰值约 540nm，发光亮度也接近 ZnS：Mn，可以做成单色发光器件，也可以做彩色器件中绿色发光成分；ZnS：SmF_3 薄膜电致发光给出粉红色发光，主要发射谱线峰值约 625nm 和 575nm，色纯度较差，发光亮度低，达不到要求；ZnS：TmF_3 薄膜电致发光给出蓝色发光，发射谱线峰值在 488nm 附近，色坐标不能完全满足要求，更主要的是 Tm^{3+} 内部的跃迁过程导致红外发光很强而蓝色发光很弱，发光亮度为 10cd / m^2 左右。

1984 年日本鸟取大学研制成功碱土金属硫化物薄膜的电致发光材料，SrS：Ce（K）薄膜电致发光为蓝色，发光峰在 460nm 左右，最高发光亮度达 1700cd / m^2；CaS：Eu（K）薄膜电致发光为红色，主要发光峰在 625nm 左右，发光亮度超过 1000cd / m^2。为实现彩色化显示，三基色中，绿色和红色发光基本得到解决，绿色发光可以用 ZnS：TbF_3 薄膜或者用 ZnS：Mn 橙色发光带分解；红色发光可以用 CaS：Eu（K）薄膜或者用 ZnS：Mn 橙色发光带分解。唯独蓝色发光还未实现，SrS：Ce（K）薄膜蓝色电致发光亮度偏低，色纯度差，它的另一缺点是 SrS 材料吸水性强，器件稳定性差，因此蓝色电致发光薄膜是实现彩色化的瓶颈。蓝色电致发光薄膜的改进与探索从未间断，20 世纪 90 年代，将 Ga_2S_3 加入到 SrS 中，制成 $SrGa_2S_4$: Ce 薄膜，电致发光发射带谱峰向短波方向移动，色纯度得到改进。2000 年，Heikenfeld 用 GaN：Tm 制备出蓝色 TFEL 器件，拓宽了蓝色 TFEL 材料的选择范围。

CaS、SrS、$BaAl_2S_4$ 和 MGa_2S_4（M = Ca，Sr）是进入 21 世纪以来开发的新型基质材料，这些基质的禁带宽度在 4.0~4.3eV 之间。由于这些材料在制备过程中失硫非常严重，不能用常规的热蒸发和电子束热蒸发方法制备出高质量薄膜。采用分子束外延和原子束外延技术可以得到高质量薄膜，高质量硫化物薄膜对提高器件的稳定性起着至关重要的作用。

5.2.3.3 无机电致发光薄膜器件

电致发光薄膜做平板显示器件，大多做成矩阵屏，可用作文字、数字和图形显示器。矩阵屏是电致发光薄膜做大面积多像元显示器的最好方式。首先将ITO用光刻方法制成平行条状，然后在光刻好的ITO衬底上做好发光薄膜，背电极Al也做成平行条状且与ITO条状电极相互垂直，如图5-17所示。

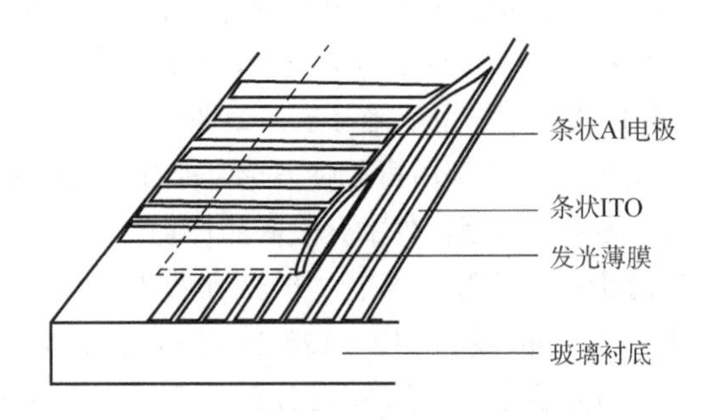

图5-17 电致发光薄膜矩阵屏结构示意图

橙色ZnS：Mn和绿色ZnS：Tb单色电致发光薄膜显示屏已经实现商品化生产，但是它们只能用于特定场合，如军事上的应用。要作为大众化的商品必须实现彩色化，如民用电器中彩色显示所必需的三基色发光器件或黑白显示中的白色发光器件。到1994年已经实现的彩色电致发光薄膜显示器：像元数，320（×3）×256；像元间距，0.3mm×0.3mm；色彩，16级；填充系数，红13%，绿35%，蓝48%；发光亮度，红9cd / m^2，绿15cd / m^2，蓝4cd / m^2，合成白光30cd / m^2。显然这样的彩色电致发光薄膜显示屏的水平还比较低，像元数少、色彩少和亮度低。实现彩色化的电致发光薄膜显示屏有多种方案，其中最简单的方法有两种：

① 白色电致发光薄膜加三基色RGB滤光片，这一方法与LCD显示器相似。这一方案简单容易，唯一的工作要点是研制白色电致发光薄膜，这一方案可以有以下组合

SrS：Ce / ZnS：Mn和SrS：Ce / ZnS：Tb / CaS：Eu

合成的白色电致发光光谱的色坐标必须落在白色区域，含有三基色发光成分，经滤光后，RGB的亮度比应接近2∶6∶1。薄膜SrS：H_0给出的三基色谱线发射的白色电致发光的发光亮度可达1500cd / m^2，色坐标$x=0.32$，$y=0.38$，但是亮度还达不到实用要求。

② 将三基色电致发光薄膜，即蓝色电致发光薄膜SrS：Ce、绿色电致发光薄膜ZnS：Mn和红色电致发光薄膜CaS：Eu分别沉积在彼此相邻的ITO条状电极上，蒸完条状背电极Al之后，每三个RGB组成一个彩色像元。这一技术要求蒸发发光薄膜的掩模要精确，各薄膜的厚度也要严格控制，使之受外加电压控制协调一致。此外还可利用透明的背电极，使前面的矩阵屏做成全透明的，后面的矩阵屏与其在色彩上互补一起组成彩色显示屏。

5.2.4 无机单晶电致发光材料与器件

发光二极管简称LED，由含镓（Ga）、砷（As）、磷（P）和氮（N）等的化合物制成，是在半导体p-n结或与其类似的结构加正向电流时以高效率发出可见光、近红外光或近紫外光的器件。半导体基本材料的物理特性不同，发光二极管所产生的光的波长是不同的。传统意义的LED仅指发射可见光的二极管，发光波长在380~760nm。但随着新材料的开发和器件工艺的不断成熟，发光二极管的范围已扩展到近红外和近紫外区域。发射红外辐射的二极管称为红外发光二极管，发射紫外辐射的二极管称为紫外发光二极管。

1952年观察到Ge和Si的p-n结有复合发光现象。当时，关于半导体的物理性质已有相当多的知识，同时器件工艺也正在提高。正因为如此，才有可能从基础方面来研究复合发光现象。

1962 年，当时在美国通用电气公司工作的 Holon yak 博士用化合物半导体材料砷化镓研制出第一批发光二极管，能够产生低亮度红光，效率小于 0.1lm / W，远低于白炽灯效率，而且成本很高，通用电气公司当时未予以重视。后来 Monsanto 和 HP 公司在此基础上改进性能并降低成本，于 1968 年生产了 $GaAs_{0.35}P_{0.65}$ / GaAs 的红色发光二极管，效率达到 1 lm / W，并成为了市场上的主导产品。自从 GaAsP LED 开始，连续不断的科研成果使 LED 的发光效率提高的速度达到每 10 年提高 10 倍，30 年竟提高 1000 多倍，导致今日的 LED 比通用光源白炽灯甚至卤素灯具有更高的效率。20 世纪 70 年代中期，新研究和开发的液相外延生长（LPE）GaP：ZnO 红色 LED 和 GaP：N 绿色 LED 进入市场，其后 Craford 等研制的氢化物气相外延以磷化镓为衬底（透明衬底技术）的 $GaAs_{0.35}P_{0.65}$：N / GaP 橙红色 LED 和 $GaAs_{0.15}P_{0.85}$：N / GaP 黄色 LED 面世，不久也成为商品。1985 年之前，LED 的发光效率通常小于 2lm / W，包括单异质结 AlGaAs / GaAs LED，其应用仅限于指示灯。这种应用要求 LED 亮或不亮，仅显示一种状态。AlGaAs 材料也是相对较早的 LED 材料，先用液相外延（LPE），后来用金属有机物化学气相淀积（MOCVD）方法生产，但退化问题较为突出，尤其是在室外显示大屏幕和汽车高位刹车灯的应用上。因而，发展新材料成为当时的迫切任务。

AlGaInP 和 AlGaInN 类 LED 材料是在 20 世纪 80 年代才发展起来的，这两种材料成熟的主要原因在于 MOCVD 技术的成熟。AlGaInP LED 通常采用 GaAs 作衬底。其后 Crford 等又开发 GaP 透明衬底技术，将红色和黄色的双异质结材料制成 LED，其发光效率提高到 20 lm / W，这就使 LED 的发光效率超过白炽灯（15lm / W），后又提高到 40~50lm / W。近两年通过截头锥体倒装结构技术，红、黄光 LED 发光效率可分别达到 102lm / W 和 68lm / W，外量子效率提高 5~7 倍。用此材料制成的绿光（525nm）LED，发光效率也达到 18lm / W。高性能的 AlGaInN LED 于 1993 年由日本 Nichia 公司的 Nakamura 等研制成功。他在用 InGaN 材料设计研制双异质结紫外光激光器时，偶然发现一个灿烂夺目的超高亮度蓝光（450nm）LED，光强达到 1~2cd / m^2，采用的方法是双气流（TF）MOCVD，采用的工艺是在氮气氛围下热退火制作 InGaN p 型层。AlGaInN LED 的成功研制，使 LED 的动态全彩显示成为可能，大大扩展了 LED 的应用领域。继高亮度 GaN 基蓝光 LED 问世之后，Nichia 公司很快又推出绿光（525nm）和蓝绿光（505nm）LED，不久又推出以蓝光芯片覆盖钇铝石榴石为主体的荧光粉制成的超高亮度白光 LED。目前白光 LED 在许多场合已基本替代白炽灯，随着工艺的不断成熟，其亮度不断提高。目前，LED 的发展趋势主要是实现全彩、提高亮度、改进封装和显示大型化，以及 LED 材料外延生长的新技术实现产业化。

5.2.4.1 发光二极管的工作原理

发光二极管是结型发光器件。图 5-18（a）是发光二极管的基本结构图，将一块电致发光半导体材料置于一个有引线的架子上，然后用环氧树脂密封，起到保护内部芯线的作用，所以 LED 的抗震性能好。其核心部分为 LED 芯片［图 5-18（b）］，芯片直径一般为 200~350μm，其主要结构是 p-n 结，一般要包含 n 型层和 p 型层，并在 p 面和 n 面上分别制作电极，此外还有发光层。n 型层和 p 型层提供发光所需的电子和空穴，它们在发光层复合发光。发光层一般选取比 p 型层和 n 型层禁带宽度更窄的材料，这样 p 型层和 n 型层能起势垒作用，将更多的电子和空穴限制在发光层，增加复合发光的概率。同时，由于 n 型层和 p 型层的禁带宽度更大，发光层所发出的光更容易通过，能减少对所发出光的吸收。为提高 LED 的发光效率，人们设计出不同的发光层结构，如单量子阱、多量子阱和异质结结构等，以增加复合发光的概率。

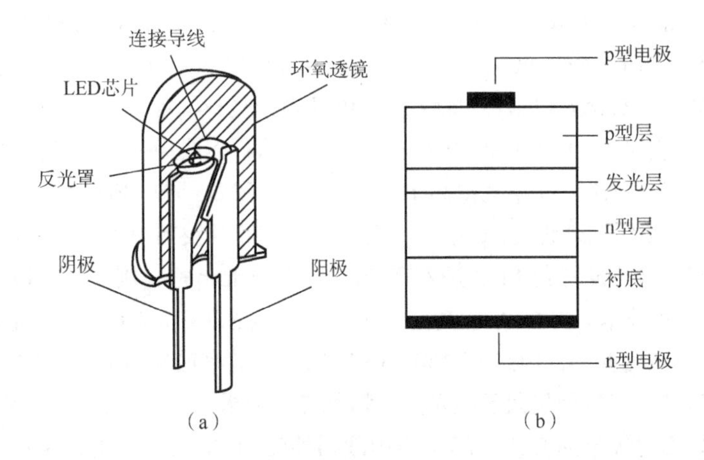

图5-18　(a) LED的基本结构和 (b) LED芯片结构示意图

图5-19为发光二极管的发光原理简图。图5-19 (a) 表示热平衡下p-n结的能带图。图中V表示价带，E_F表示费米能级，D表示施主能级，A表示受主能级，E_g表示禁带宽度。在n区导带上，实心点表示自由电子。在p区价带上，空心点表示自由空穴。在n区导带底附近有浅施主能级D，由于施主电离，向导带提供大量电子。因此，在n区中的多数载流子是电子。同样，在p区，浅受主能级A电离，向导带提供大量空穴。p区的多数载流子是空穴。在热平衡时，n区和p区的费米能级是一致的。图5-19 (b) 表示在p-n结上加正向电压（电池的负电极连接到n区，正电极连接到p区）时，p-n结势垒降低，出现n区的电子注入p区，p区的空穴注入n区的非平衡状态。被注入的电子和空穴成为非平衡载流子（又称为少数载流子）。在p-n结附近，当非平衡载流子和多数载流子复合时，便把多余的能量以光的形式释放出来，这就可观察到p-n结发光。这种发光也称为注入式发光。此外，一些电子被俘获到无辐射复合中心，能量以热能形式散发，这个过程被称为无辐射过程。为提高发光效率，应尽量减少与无辐射有关的缺陷和杂质浓度，减少无辐射过程。实际情况下，不同材料制备的发光二极管的芯片结构有所不同，具体发光情况也有所不同，但基本原理相近。

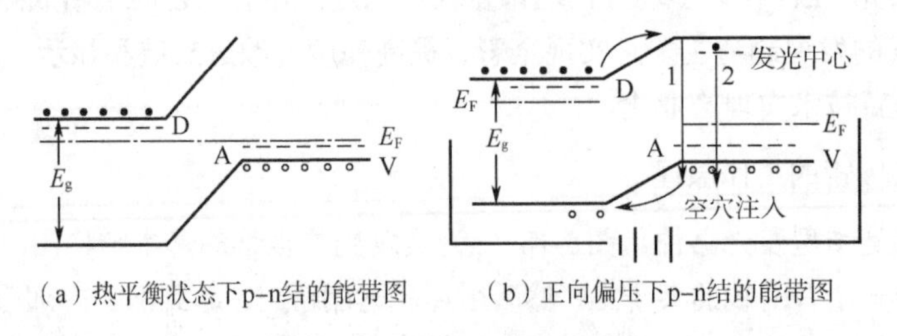

图5-19　LED发光原理简图

5.2.4.2　发光二极管材料的选择

① 带隙宽度合适。p-n结注入的少数载流子与多数载流子复合发光时释放的光子能量小于或等于带隙宽度。因此，发光二极管材料的带隙宽度必须大于或等于所需发光波长的光子能量。可见光的长波极限约为700nm，所以就可见发光二极管而言，E_g必须大于1.78eV。要得到

更短波长的发光二极管，所选择的材料的 E_g 要更大。

② 可获得电导率高的 n 型和 p 型晶体。制备优良的 p-n 结要有 n 型和 p 型晶体，而且这两种晶体的电导率应该很高，以有效提供发光所需的电子和空穴，提高发光二极管的发光效率。

③ 可获得完整性好的优质晶体。晶体的不完整性对发光现象有很大影响。此处所说的不完整性是指能缩短少数载流子寿命并降低发光效率的杂质和晶格缺陷。因此，获得完整性好的优质晶体是制作高效率发光二极管的必要条件。获得优质晶体的影响因素很多，衬底的选择、晶体的性质及晶体的生长方法均与晶体的完整性有关。如 SiC 能满足①和②两个条件，但晶体生长温度很高，不能得到完整性好的晶体，这就成为研制 SiC 发光二极管的障碍。GaN 早期在制作蓝光二极管方面进展缓慢，主要是由于没有合适的衬底材料、位错密度大及难以得到 p 型材料等问题，缓冲层技术的采用和 p 型掺杂技术的突破，才使 GaN 基材料及其外延生长的研究变得空前活跃。衬底选择一般遵循结构匹配、晶格常数匹配、热膨胀系数匹配、尺寸大和价格适宜等原则。

④ 发光复合概率大。发光复合概率大对提高发光效率是必要的，多用直接带隙材料制作发光二极管的原因就在于此。目前超高亮度 LED 绝大多数是由直接带隙半导体材料制备的。但即便是间接跃迁晶体，只要能采用优质晶体并掺入适当的杂质以形成发光复合概率大的高浓度的发光中心，也可获得高效率发光，而且光向外部发射的损耗也小。

表 5-3 显示用于制造高性能 LED 的材料、LED 颜色和相应的材料生长技术。其中，AlGaInP 系和 AlGaInN 系均为直接带隙半导体材料。因此这种材料制备的 LED 发光效率最高，流明效率已可超过日光灯。用于制备 LED 的 AlGaAs 材料是由直接带隙的 GaAs 和间接带隙的 AlAs 混晶组成的直接带隙材料。GaP 是间接带隙半导体，GaP 红、绿光 LED 是分别通过 Zn-O 对发光中心和 N 等电子陷阱发光的。GaP LED 的发光效率比其他三种材料制备的 LED 低，只能做普通亮度显示。除上述四种相对成熟的材料外，研究者正致力于新材料的研制开发，目前 LED 新材料的新宠是正在飞速发展的有机发光材料和 ZnO 发光材料。

表 5-3 商品化LED的材料、颜色和生长技术

材料	颜色	技术	材料	颜色	技术
GaP	红、绿	LPE	AlGaInP	红、橙、黄、绿	MOCVD
AlGaAs	红、红	LPE，MOCVD	AlGaInN	绿、蓝、紫、紫外	MOCVD

5.2.4.3 发光二极管在显示中的应用

① LED 显示屏。自 20 世纪 80 年代中期，就有单色和多色显示屏问世，起初是文字屏或动画屏。90 年代初，电子计算机技术和集成电路技术的发展，使得 LED 显示屏的视频技术得以实现。特别是 90 年代中期，InGaN 蓝色和绿色超高亮度 LED 的成功研制和迅速投产，使室外屏的应用大大扩展。根据显示屏的日照情况、背景亮度、屏幕尺寸和画面质量等因素和要求，确定屏的像元密度、亮度和视角。每个像元中选用的不同颜色的 LED 数量和亮度不同。

② 交通信号灯。LED 的寿命长达 10 万小时，远高于目前使用的白炽灯，而功耗比白炽灯

小很多，可以大大减少维护费用和电力消耗。而且 LED 信号灯和指示灯使用的是多个 LED，寿命具有连续性，这样可避免由于单个发光元件突然失效带来的隐患。交通信号 LED 灯近几年来取得了长足的进步，应用发展迅猛。各色 LED 取代传统交通信号和指示灯已成为必然的趋势。

③ 液晶屏背光源。用 LED 作为液晶显示的背光源，不仅可显示绿色、红色、蓝色和白色，还可以作为变色背光源。

④ 汽车用灯。LED 用作刹车灯，它的响应时间为 60ns，比白炽灯的 140ms 要短许多，与普通刹车灯相比，在高速公路上遇紧急情况时，能提前 5~6m 亮起刹车灯，可减少车祸发生的概率。超高亮 LED 还可以做成汽车的尾灯和方向灯等，也可用于仪表照明和车内照明。

⑤ 其他应用。LED 还能用于检测、医学、化工和生物方面。紫外光 LED 在产品检测、防伪和生物杀菌等方面有着广泛的用途和前景。

5.2.5 有机电致发光材料与器件

5.2.5.1 OLED 的发展及优势

有机薄膜电致发光器件，又称为有机发光二极管（OLED），是继无机 LED 后迅速发展起来的一种双极注入复合发光型显示器件。早在 20 世纪 50 年代人们就开始了用有机材料制作电致发光器件的探索，A. Bernanose 等在蒽单晶片的两侧加上 400V 的直流电压观测到发光现象，单晶厚 10~20mm，驱动电压较高，而且发光亮度和效率也比较低。1987 年，美国 Kodark 公司的邓青云和 Vanslyke 首次发表具有实用价值的低驱动电压小分子 OLED 双层器件的开创性工作后，OLED 才作为光电性能优异且极具商品化前景的平板显示技术而引起学术界和工业界的高度重视。他们工作的创新之处在于将双层有机薄膜夹在 ITO 透明电极（阳极）和 Mg:Ag 电极（阴极）之间，将芳香二胺的薄膜作为空穴传输层而将有较高荧光量子效率和良好电子传输特性的 8-羟基喹啉铝（Alq_3）作为发光层，此结构大大提高了电子和空穴在发光层中复合的概率。通过在 Alq_3 中进行不同的掺杂还可以获得绿、蓝绿和橙红色发光，使人们看到 OLED 可实现彩色化显示的潜在应用前景，此后人们又发展出三层和多层夹心结构器件。特别是 1990 年英国剑桥大学的 Burroughes 及其合作者研究成功第一个高分子 EL，聚亚苯基乙烯（PPV）用作发光层并通过在常压下将其旋涂成膜等简单工艺，制备出聚合物的有机发光二极管（PLED）后，国际上掀起了双极注入复合发光的研究热潮。与 LCD、LED 及 TFEL 相比，OLED 具有以下明显的优势：

① 相较于 LCD 或 LED 的晶体层，OLED 的有机塑料层更薄、更轻而且更柔韧，并且具有全固体化、主动式发光、视角大、响应速度快及可在柔性衬底上制备轻、薄、可卷曲及折叠器件等优势。

② 与 TFEL 相比：

a. 低压直流驱动，易与集成电路相匹配。因驱动电路中不需高压集成块，成本较 TFEL 明显下降。

b. 采用选择范围广的有机荧光材料，易于得到 TFEL 不易获得的蓝光材料，从而实现全色显示。

c. 对 PLED 而言，采用常压下旋涂工艺，制作过程简单，成本较低。

5.2.5.2 OLED 的结构及工作原理

OLED 器件的基本结构属于三明治型夹心式结构，即真空蒸发或旋涂方式得到的发光层及载流子输运层夹在 ITO 透明导电玻璃（阳极）与金属背电极（阴极）之间，施加一定的直流电压后，发光从透明导电玻璃一侧输出并被观察到。如图 5-20 所示，OLED 的结构可分为以下几类：

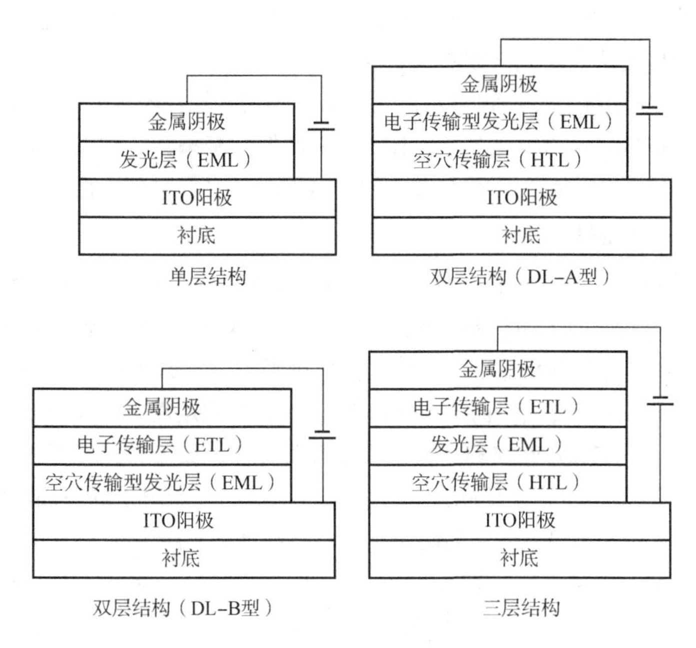

图 5-20　几种典型的器件结构示意图

① 单层结构。此结构中发光层（EML）夹在 ITO 导电层与金属 Al（或 Ca，Mg：Ag 等）背电极之间，即 ITO / EML（小分子或聚合物）/ Al，此结构器件制作方便，且有较好的二极管整流特性，在 PLED 中较为常见。

② 双层结构。此类结构可克服单层结构中发光层只具单一载流子传输类型（电子传输型、空穴传输型），引起的电子与空穴复合区靠近阳极或阴极所产生的猝灭而导致发光效率的降低。双层结构分为下列两种：

a. DL-A 型。各有一层空穴传输层（HTL）和具电子传输功能的发光层，前者可阻挡电子并将它们限制在发光层处，与从阳极注入的空穴进行复合，产生发光，即 ITO / HTL / EML / Al。

b. DL-B 型。各有一层电子传输层（ETL）和具空穴传输功能的发光层，前者可阻挡空穴并将它们限制在发光层处，与从负极注入的空穴进行复合，产生发光，即 ITO / ETL / EML / Al。

③ 三层结构。此结构中兼具电子与空穴传输功能的发光层两侧各有电子传输层与空穴传输层，且经过它们传输的电子和空穴被有效地限定在发光层中复合而产生发光，即 ITO / HTL / EML / ETL / Al。

④ 多层结构。此结构中将双层结构或多层结构器件叠合在同一器件中，以得到由三基色组成的彩色或白色 OLED 器件。

OLED 属于载流子双注入型发光二极管，是在外界驱动电压下，从阴、阳电极注入的电子与空穴在有机发光层中复合而产生的发光。以三层结构器件为例，具体发光过程可分为以下几个阶段：

① 载流子的注入。在外加驱动电压后，电子和空穴各自从阴极和阳极向电极间的有机功能层注入，即电子向电子传输层的最低未占分子轨道（即 LUMO 能级，相当于半导体的导带）注入，而空穴向空穴传输层的最高占据分子轨道（即 HUMO 能级，相当于半导体的价带）注入。

② 载流子的迁移。注入的电子和空穴分别经过电子传输层和空穴传输层向它们之间的发光层迁移，这种迁移被认为是跳跃或隧穿运动。

③ 激子的形成和迁移。电子和空穴在发光层中的某一复合区复合而形成激子，激子在电场作用下迁移，将能量传递给发光分子，使其受到激发从基态跃迁到激发态。

④ 电致发光的产生。受激分子从激发态回到基态时发生辐射跃迁而产生光子并释放光能。

5.2.5.3 小分子 OLED 材料

用于 OLED 的材料按分子结构一般可分为小分子有机化合物和高分子聚合物，有的作为发光材料，有的作为载流子传输材料，有的兼而有之。小分子发光材料相对比较成熟，其红、蓝、绿三基色材料在发光效率和稳定性方面已基本达到产业化的要求。高分子发光材料纯度不易达到很高，其中绿光材料较优，而红、蓝光材料在效率和稳定性方面离产业化尚有一定差距。

常见的有机小分子空穴传输材料多为芳香多胺类材料，如芳香二胺类的 TPD 和 NPB 等。因胺上的 N 原子具有很强的给电子能力而显示出正电性。由于电子的不间断给出而呈现出空穴的迁移特性和较高的空穴迁移率。为防止此类材料成膜后重结晶现象的发生，需采用熔点和玻璃化温度较高的空穴传输材料，如星状爆炸物：*m*-MTDATA（熔点高达 200℃）等。图5-21给出了几种较典型的空穴传输材料的化学结构式。

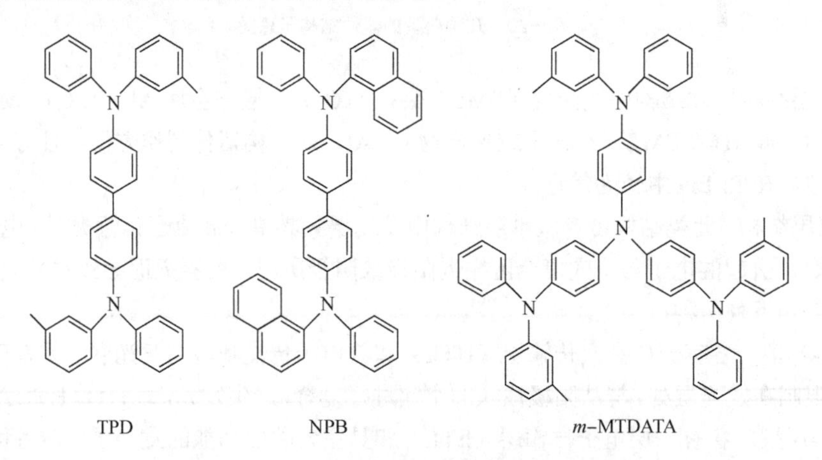

图5-21 几种较典型的空穴传输材料的化学结构式

常见的电子传输材料均为具有大共轭平面的芳香族化合物，大都有较强的接受电子能力，可有效地在正向偏压下传递电子，如噁唑衍生物（PBD）、噁二唑类衍生物（OXD）、1,2,4-三唑衍生物（TAZ）以及兼具发光材料性质的 8-羟基喹啉铝（Alq_3）等。图5-22 给出两种较典型的电子传输材料的化学结构式。

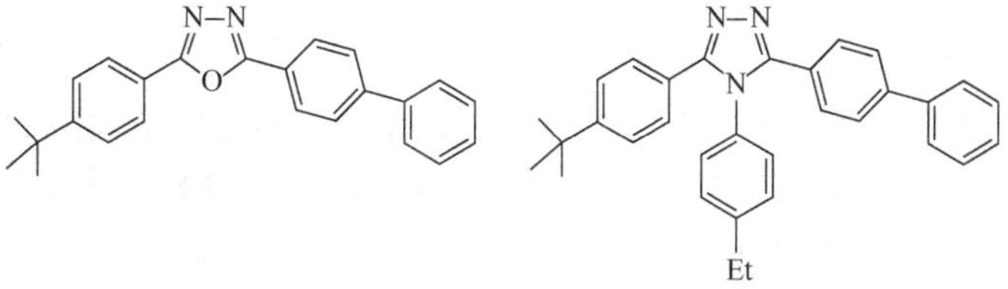

PBD　　　　p-EtTAZ

图5-22　两种较典型的电子传输材料的化学结构式

小分子的发光材料，一种是多环芳香化合物，如图5-23所示，常见的有丁二烯衍生物（TPB）和三苯胺衍生物NDS（兼具空穴传输特性）等。另一种是金属有机配合物，如图5-24所示，此种材料为内络盐类，配合物为电中性，配位数达到饱和。由于兼具有机材料的高量子效率和无机材料的优良稳定性，故是一类很有应用前景的发光材料。其中较典型的有8-羟基喹啉金属螯合物，如：8-羟基喹啉铝（Alq_3）、8-羟基喹啉锌或铍（Znq_2，Beq_2）和8-羟基喹啉稀土配合物（Tbq_3，Euq_3）等。Alq_3材料的成膜质量好，玻璃化温度高且具电子传输特性。此材料本身发蓝绿色的光，如掺杂其他荧光染料可发红光和蓝光。Tbq_3等稀土配合物可得到含稀土离子特征谱线的发光。此外还包括羟基苯并噻唑（噁唑）类配合物，主要有$Zn(BTZ)_2$、$Zn(NBTZ)_2$、$Zn(BOX)_2$等。它们做成器件后的最高亮度均在1000cd / m^2以上，其中$Zn(BTZ)_2$还能发白光。

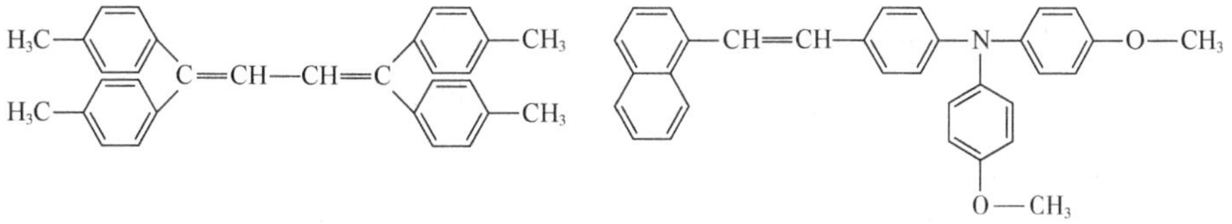

TPB　　　　NDS

图5-23　两种小分子多环芳香化合物发光材料的化学结构式

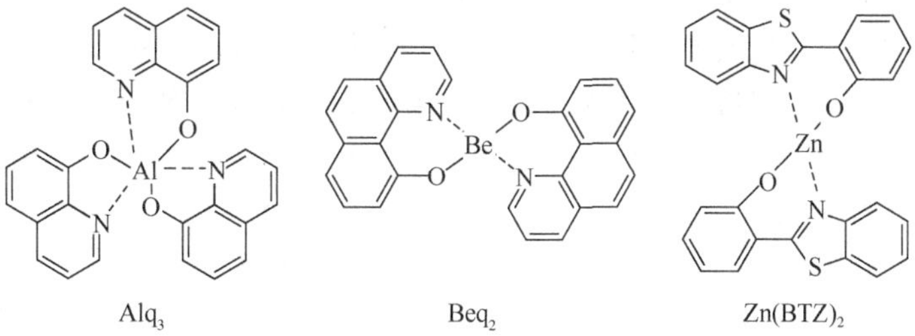

Alq_3　　　　Beq_2　　　　$Zn(BTZ)_2$

图5-24　几种金属有机配合物发光材料的化学结构式

还有一类小分子发光材料为有机荧光染料，一般是以低浓度掺杂在具有发光和载流子传输性质的母体中，其吸收光谱与母体的发射光谱间有很好的重叠，可通过Förster共振能量转移，将传输层所形成的激子的能量转给染料分子，发出染料分子的荧光。对于Förster能量转移来说，最典型的转移体系是单重态-单重态间的跃迁。下面列出两种“允许”的跃迁过程。

$$^1D^* + {^1A} \longrightarrow {^1D} + {^1A^*} \tag{5-20}$$

$$^{1}D^{*}+{}^{3}A(T_{n})\longrightarrow{}^{1}D+{}^{3}A^{*}(T_{m})\tag{5-21}$$

式（5-20）是单重态-单重态间的共振能量转移，而式（5-21）是单重态与三重态间的能量转移，但这里的跃迁并非从基态跃迁到三重激发态，而是从三重激发态 T_n 跃迁到高阶的三重激发态 T_m，因此这是允许发生共振能量转移的。在转移过程中，能量给体和受体间的距离可超过二者范德华半径之和。一般作用距离在 10nm 以内。依据能量给体与受体跃迁偶极矩间的相互作用机制（偶极机制），偶极-偶极相互作用的速率常数有如下关系

$$K_{ET}(R)=\frac{1}{\tau}\left(\frac{R_0}{R}\right)^6\tag{5-22}$$

即速率常数与二者距离的 6 次方成反比，距离越大则转移速率越慢。另外，它又与给体的辐射寿命成反比关系。式中的 R_0 为临界猝灭半径，即二者相距为 R_0 时，K_{ET} 值恰好等于辐射寿命的倒数。

转移速率常数 K_{ET} 还可通过量子力学进行表示，表述如下

$$K_{ET}=(2\pi/h)\left|\langle D,A^{*}\left|H_{DA}\right|D^{*},A\rangle\right|^{2}\int g_{D}(E)g_{A}\mathrm{d}E\tag{5-23}$$

式中第三项即为光谱的重叠积分，因此光谱的重叠是能量转移成功的基本条件。

通过掺杂染料与母体间的能量转移过程可使器件发出不同波长的光。典型的绿光染料包括 Coumarin 6（发射峰为 500nm）、喹丫啶酮（QA）和六苯并苯（发射峰为 500nm）等；红光染料包括 DCM（发射峰为 595nm）、DCJT 和 TPBD 等激光染料。这些都是常用于 OLED 器件中的性能较佳的染料，对器件的发光效率与寿命均有明显的影响。

5.2.5.4 高分子 OLED 材料

高分子 OLED 是由英国剑桥大学的科学家 Friend 等发现提出的。其发光材料主要集中在三类共轭高分子，包括聚对苯乙烯（PPV）、聚噻吩（PTh）、聚对苯（PPP）及聚烷基芴（PAF）。

PPV 是高分子 OLED 发光材料的典型代表，是目前研究最多、最广泛、最深入，也是最有发展前途的一类高分子 OLED 材料。PPV 是一种亮黄色发光聚合物，经过结构修饰，其发光颜色可从橙色调至绿色，发光效率达到 14 cd / A，是最早用于 OLED 的聚合物发光材料。其中可溶性的 MEH-PPV 材料可直接旋涂成膜，很有实用价值。图5-25 是 MEH-PPV 的合成路线图，它是橙红色发光聚合物，可溶于常用的有机溶剂，如氯仿、四氢呋喃、二甲苯等。采用 1%的四氢呋喃溶液，旋涂成膜的单层器件 ITO / PANi / MEH-PPV / Ca，其发光为橘红色，波长为 591nm、驱动电压为 4V 时，亮度达 4000cd / m^2，最高亮度超过 10000cd / m^2，外量子效率为 2%~2.5%，相应流明效率约为 3~4.5lm / W。在初始亮度为 400~500cd / m^2 时，工作寿命为 2000h。MEH-PPV 用于高分子 LED 器件组装的最大特点是能带位置与两电极具有较好的匹配性，因此，非常适用于单层器件组装。

聚噻吩（PTh）作为高分子发光材料的突出特点是发红光，但是荧光量子效率较低，导致其器件的电致发光效率和亮度较低。PTh 类发光特性的研究主要集中在可溶液加工的聚（3-烷基噻吩）作发光层制成的发橙红色光的 LED 器件，并研究了烷基链长对电致发光特性的影响，发现随着烷基链段的增长，其发光强度增大，但是器件的发光亮度都较低。

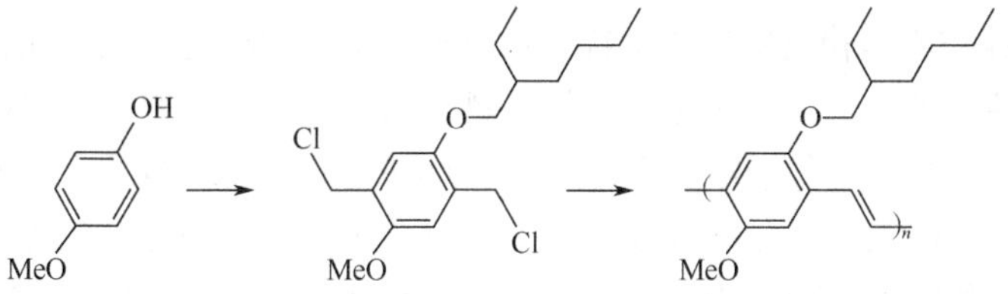

MEH-PPV

图5-25 MEH-PPV合成反应

PAT PCHMT PCHT PTOPT POPT

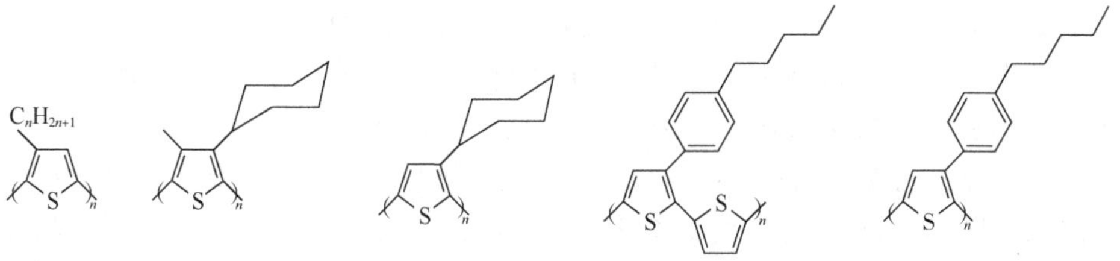

图5-26 几类PTh衍生物的分子结构

如图5-26所示，3-位取代基的空间位阻效应有利于调控分子的共平面性，从而调节发光链段的有效共轭程度，实施对发光波长即颜色的控制。例如：利用不同PTh衍生物作为发光层，可分别制作出蓝光（PCHMT，440nm）、绿光（PCHT，520nm）、橙光（PTOPT，590nm）和红光（POPT，660nm）的LED器件，其外量子效率可达0.1%~1%。采用PTOPT作为发光层，PBD作电子传输层组装的双层结构器件，其发光颜色存在电压依赖性。因此，也可通过电压控制发光颜色，实现白色发光。

聚烷基芴（PAF）系列由于具有大的禁带宽度，是蓝光高分子的典型代表，第一个蓝光PAF聚合物（发光波长为470nm）由日本Yoshino研究小组报道。美国DOW公司研究出了可以发绿光和红光的PAF类发光聚合物，将相关研究推向一个高潮。其中绿光材料性能最佳，做成器件后寿命超过10000h。而蓝光材料的寿命为几千小时，其稳定性有待提高。

另一类发光材料是三线态磷光材料，其特点是充分利用三重激发态的能量（约占激发总数的75%）提高电致发光器件的量子效率。发射磷光的OLED最早是在1998年由美国Princeton大学的Baldo以及Forrest等提出的。他们用典型的八乙基卟啉铂（PtOEP）（结构如图5-27所示）作为发光材料，PtOEP的磷光发射峰值波长在650nm左右，其三重态寿命可达130μs，当它作为客体加入Alq_3主体中时，外量子效率可达4%左右。PtOEP的发光系来自配体激子的发光，这类配合物的缺点是其三重态寿命较长，给激发态的发光带来较大的损失，且损失的多少（如湮没的损失等）和其寿命的平方成正比。为降低三重态的寿命以减少T-T湮没，人们开始利用金属配合物三（乙-苯基吡啶）铱［$Ir(PPy)_3$］激发态中的MLCT发光跃迁。这一配合物具有较宽的绿色发光（发光峰值在515nm处），磷光寿命约为1μs，从而在器件中展现出比PtOEP明显优越的性能。

$Ir(PPy)_3$ PtOEP

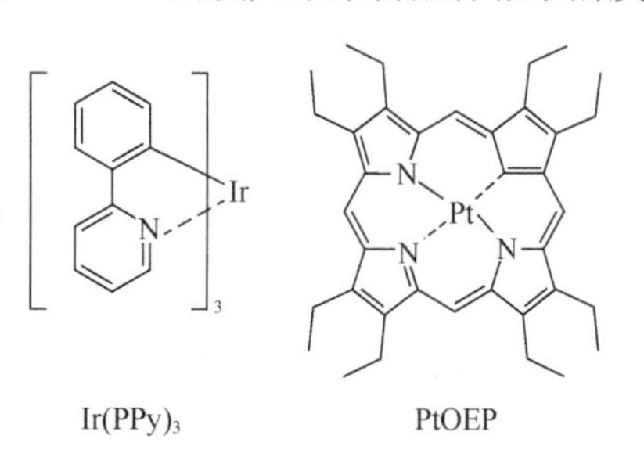

图5-27 八乙基卟啉铂的结构

高分子 OLED 空穴传输材料有望解决有机小分子空穴材料的热稳定性、易结晶和溶液加工等问题，通常将性能优良的有机空穴传输材料引入高分子侧链和主链中构造出新型高分子空穴传输材料。P-型共轭高分子除可用作高分子 OLED 的发光材料外，还可用作空穴传输材料。如聚乙烯咔唑（PVK），它是一类经典的高分子空穴传输材料，通过电子在咔唑基团之间的跳跃来实现空穴传输。此类材料的空穴迁移率仅为 $10^{-7}cm^2/(V \cdot s)$，只有在高电场下，才能有效地传输空穴。

聚硅烷是另一种具有代表性的高分子空穴传输材料，与π-π共轭高分子相比，聚硅烷的分子结构特征是σ-共轭，其电荷在 Si—Si σ 键上的离域使电离能降低，空穴迁移率升高。室温下空穴迁移率达 10^{-4}~$10^{-5}cm^2/(V \cdot s)$，这一数值比三芳胺衍生物［$10^{-3}cm^2/(V \cdot s)$］略低，比 PVK 高 2~3 个数量级。所有采用高分子空穴传输材料的双层结构器件，都表现出很高的发光效率和亮度。例如 PVK / Alq_3 器件，发光亮度可达 $10^4cd/m^2$。

如上所述，高分子发光材料一般具有较好的空穴传输特性，而电子传输性能较差。为达到电子 / 空穴的平衡注入和传输，在阴极和发光层之间引入电子传输层，无疑可以改善器件性能。通常通过把有机电子传输材料掺杂在聚合物基体（如 PMMA）中来解决电子传输材料容易结晶、产生相分离的问题。

像高分子空穴传输材料一样，高分子电子传输材料合成的有效途径是将性能优异的有机电子传输材料如 PBD 和 TAZ 等高分子化。如图 5-28 所示，采用 A（PPOPH）作电子传输层，制成的 ITO / MEH-PPV / PPOPH / Al 双层结构器件，其发光效率与单层器件 ITO / MEH-PPV / Ca 基本相同，说明具有电子传输性质。但 PPOPH 的电子传输能力较低，电子迁移率较小，使器件的工作电压增高。当采用电子传输能力更好的 B（PPOPH）时，驱动电压的增幅较小。此外，含有三唑结构单元如 TAZ 的聚合物（PFTAZ）和聚喹啉（PPQ），也是常用的性能优良的高分子电子传输材料。

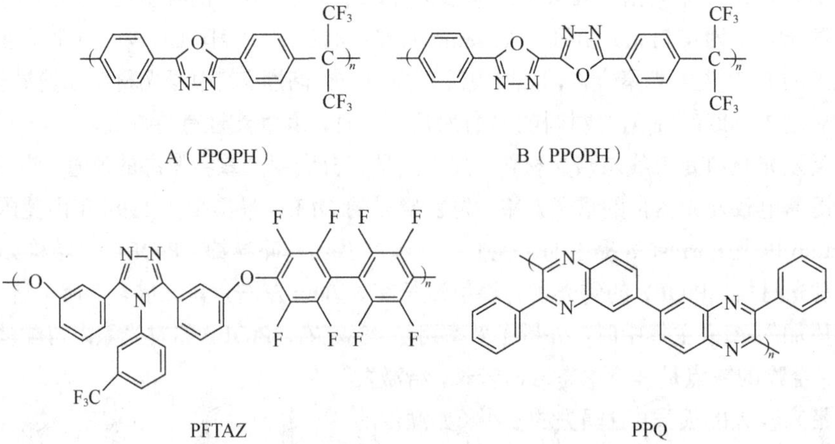

A（PPOPH）　　B（PPOPH）

PFTAZ　　PPQ

图 5-28　典型高分子电子传输材料的分子结构

5.2.6　OLED 器件性能

OLED 发光材料和器件的基本性能包括三方面，即发光颜色和色纯度，发光效率，稳定性和寿命。

5.2.6.1 发光颜色和色纯度

在发光颜色和色纯度上，发光材料的价电子结构决定了其吸收光谱和荧光光谱，从而决定了其电致发光光谱。具有共轭结构的有机小分子或高分子材料，其 π 电子的离域程度和共轭程度决定了 HOMO 和 LUMO 结构、能隙大小，也决定了其价带、导带位置和禁带宽度。因此，可通过改变生色团的化学结构或取代基种类、位置，使材料的发光颜色覆盖紫外到红外的波段。例如通过改变 PPV 的结构，就可以实现蓝光到深红色光的调控。一般来说，发光基元的有效共轭长度越长，发光越红移；有效共轭长度越短，发光越蓝移。有机小分子和高分子发光材料一般都是宽带光谱，谱峰的半高度宽大约在 100～200nm，因此常存在发光色纯度差的问题。发光材料常常有多个生色团并存，当生色团之间没有任何作用时，发光颜色可以实现简单的相加，如红、绿、蓝三基色相加可以获得白光。当生色团之间形成激基复合物或有能量转移时，发光颜色变得复杂，失去加和性。如当两种生色团相遇形成激基复合物后，总的能隙变小，发光红移；当两个生色团之间发生能量转移时，短波长生色团被激发后可将能量转移给未激发的长波长生色团，从而发出长波长的光。再如两种绿光和蓝光生色团，共混或共聚后，在一定条件下发生蓝光向绿光的能量转移，从而导致聚合物或混合物只发绿光，而且发光效率大幅度提高。

5.2.6.2 发光效率

OLED 的发光效率可以表示为：能量效率 $\eta_E = B/(IV)$ 和内量子效率 $\eta_q = n_p / n_e$，分别代表注入单位电功率所产生的光功率和注入一个电子所产生的光子数。它们之间的关系可以用下式表示

$$\eta_E = \eta_q \varepsilon_p / (eV) \tag{5-24}$$

式中，ε_p, e, V 分别为光子能量、电子电荷、施加的电压。将 OLED 发光过程进一步分解为载流子注入和迁移、激子的形成和衰减等单元步骤，内量子效率由各单元步骤的效率决定，可表示为

$$\eta_q = \gamma \eta_s \eta_f \tag{5-25}$$

式中，γ为载流子复合系数，即形成激子的载流子占全部注入载流子的比例；η_s 为单重态激子的形成概率；η_f 为单重态激子的辐射衰减效率，即激子的荧光量子效率。

上式中γ反映载流子注入均衡性和迁移过程中载流子（尤其是少数载流子）的损失情况，因此载流子的迁移率直接影响载流子复合系数γ，在理想的器件中，两种载流子的迁移率都应该较大，并且相差较小。

对于单重态激子的形成概率 η_s，根据自选统计理论，单重态激子和三重态激子的形成概率比例是 1∶3，即单重态激子仅占“电子-空穴对”的 25%，而 75%的“电子-空穴对”由于形成了三重态激子对电致发光没有贡献。因此，理论上 OLED 的电子发光最大量子效率不超过 25%，由于各种非辐射衰减的存在，量子效率一般都低于 25%。

荧光量子效率 η_f 即辐射跃迁激子数占激子数的比例，因此 OLED 材料的荧光量子效率决定相应器件的发光效率。高效率的 OLED 器件必须采用高荧光量子效率的有机高分子材料，特别是在薄膜状态下。有机小分子发光材料的荧光量子效率可达 80%～100%，而高分子发光材

料的荧光量子效率相对较低，一般在20%左右，只有少数能达到70%～80%。一般要求有机高分子发光材料在薄膜状态下的荧光量子效率大于50%。

5.2.6.3 稳定性和寿命

OLED器件的稳定性和寿命是其实用化的关键指标。一般要求使用寿命至少3000h，一般要达到10000h。OLED器件的老化主要表现为储存和使用过程中性能的逐渐下降，发光亮度减弱，器件逐渐变黑乃至破坏。

OLED器件老化主要有以下几种情形：

① 温度。注入OLED的电功率只有很少一部分变成光能，绝大部分是以热能的形式释放，这样就导致器件的工作温度升高。升温加速材料的分子热运动，引起玻璃化转变、结晶和相分离，从而易引起相界面的变化和层界面的剥离。

② 氧化。虽然OLED器件上施加的电压不高，但是内部电场却很大，微量氧的存在，尤其是单重态氧的存在会引起强烈的氧化反应，正负极和发光材料都可能被氧化，导致器件变质。

③ 水分。在高电场作用下，微量水可能引起化学或电化学反应，导致电机和发光材料的变质和破坏。

④ 杂质。杂质的存在会捕获载流子和激子非辐射衰减的中心，引起内部电场的局部畸变，导致器件老化和蜕变。

5.2.7 OLED应用展望

目前，OLED / PLED的研究取得了长足的进展和巨大的进步，已进入全面应用和产业化阶段。随着制备技术的日趋成熟和器件尺寸的增大已扩展到手提电脑、壁挂电视等方面。作为一种新型的全固体化、平板化和环保型的显示器，以其主动式发光、亮度高和低功耗等特性代表未来光电显示产品的发展趋势。尤其是在一些特殊场合，如航空航天、低温环境和高速动态显示等方面，由于OLED / PLED产品的体积小、质量轻、响应速度快和使用温度范围广等特点而将被广泛应用。但OLED / PLED目前有一些关键技术需要进一步解决与完善：

① 材料分子工程。综合性能优良的发光材料应满足以下要素：a.具有较高的荧光量子效率；b.具有较好的载流子传输性质；c.具有良好的溶解性；d.具有优良的加工性和成膜性。

② 彩色化技术。对于OLED来说，彩色化技术趋于成熟。在真空蒸发发光层的过程中，一般通过掩模板的精确移动在同一层中分别制备出红、绿、蓝条状薄膜，加上其他功能层和垂直方向的条状阴极，从而得到含三基色的发光像元。但此法会使屏的分辨率受到一定的限制。

另一种是对OLED / PLED均适用的白光器件加上彩色滤色片的方法，即具有足够光强和效率的含红、绿、蓝三种基色成分的白光与彩色滤色膜配合可得到彩色化显示，在一定程度上与LCD类似。对于PLED来说，还可以利用喷墨打印技术来实现彩色化显示，即将红、绿、蓝三种单色发光聚合物材料配制成一定浓度的三色溶液，利用类似于喷墨打印的方法将它们分别打印到衬底上，在衬底表面上形成所需的三种基色的高分子溶液液滴点阵，待干燥后形成厚薄均匀、大小一致、形状规则的像元点阵。

OLED 的有机发光材料一直存在寿命问题，特别是在彩色 OLED 面板中，RGB 红、绿、蓝三色采用不同的有机发光材料，亮度衰减周期不同，这就导致显示屏在使用过程中发生色彩变化。

③ 柔性化技术。使 OLED / PLED 实现可卷曲的柔性显示并与有机 TFT 等结合起来，能更充分地展现有机半导体技术的独特魅力，并获得电子报纸、墙幕电视和衣袖上的显示器等电子产品。但必须克服柔性塑料基片的平整度较差和水、氧透过率远高于玻璃基片而造成的器件易老化的问题。为此，必须对基片进行改性，通过制备聚合物、陶瓷类材料的交替多层膜等方法改善塑料基片的表面平整度，增加其对水、氧气的阻隔性。目前柔性器件的成本较高，相当于玻璃衬底的数倍，但采用新型柔性衬底或改进工艺后，预计其成本可不高于玻璃衬底，并可实现产业化。

④ 提高分辨率和稳定性。为解决使用阴极模板使器件成品率和分辨率降低的问题，人们采用了阴极隔离术。利用高精度光刻技术将有机绝缘材料和光刻胶制成倒梯形隔离柱来解决相邻像素间的短路问题，进而提高分辨率，而稳定性则是整个器件技术指标的综合体现，它与材料选择、成膜质量器件结构的优化、封装与驱动技术等许多因素有关。

⑤ 其他新技术的采用。目前采用的一些新技术进一步推动了 OLED / PLED 的发展。如硅片上的 OLED 即硅基发光二极管（OLEDoS）显微技术，具有视角大、驱动电压低、响应速度快和成本低（能集成控制电子线路）等特点，很有发展前景。此外还有表面发射 OLED 器件技术、透明 OLED 器件技术以及丝网印刷制备 OLED 器件技术等。这些都是很有潜力的制备新技术。

鉴于 OLED / PLED 作为平板型显示器的突出优势，国际上相关的产业界都对其倾注很大的热情与兴趣。经过十多年的迅速发展，它已从基础研究阶段跨入产业化阶段，其应用开发的序幕已经拉开，消费者也开始领略到小尺寸 OLED 产品的诱人风采，如移动电话和数码相机中的彩色显示屏等。今后的目标是将其推向壁挂式电视和笔记本电脑等大、中尺寸的显示产品和柔性显示产品。

5.3 化学发光

5.3.1 化学发光基本原理

化学发光（Chemiluminescence）是物质在进行化学反应过程中伴随发生的一种光辐射现象，按照机理过程可分为直接发光和间接发光。一个化学反应要产生化学发光现象，必须满足以下条件：第一是该反应必须提供足够的激发能，并由某一步骤单独提供，因为前一步反应释放的能量将因振动弛豫消失在溶液中而不能发光；第二是要有有利的反应过程，使化学反应的能量至少能被一种物质所接受并生成激发态；第三是激发态分子必须具有一定的化学发光效率释放出光子，或者能够转移它的能量给另一个分子使之进入激发态并释放出光子。化学发光反应的发光类型通常分为闪光型（flash type）和辉光型（glow type）两种。闪光型发光时间很短，只有零点几秒到几秒。辉光型又称持续型，发光时间从几分钟到几十分钟，或几小时至更久。

直接化学发光一般指物质之间发生化学反应生成新物质，反应释放的能量被新物质吸收使其跃迁到激发态，由激发态回到基态的过程中产生光辐射。这里新物质的激发态是发光体，此发光过程由产物直接参加反应，故称作直接化学发光。其过程如下所示

$$A+B \longrightarrow C^*$$
$$C^* \longrightarrow C+h\nu$$

发光强度（I_{cl}）取决于反应速率和化学发光效率（ϕ_{cl}）

$$I_{cl}(t)=\phi_{cl}KC_AC_B$$

间接化学发光又称能量转移化学发光，一般由三个步骤组成，如反应物 A 和 B 生成 C，C 吸收能量变为激发态中间体 C^*（能量给予体），C^* 分解时释放能量又转移给 F（能量受体），使 F 激发并回到基态时产生发光。

$$A+B \longrightarrow C^*$$
$$C^*+F \longrightarrow F^*+G$$
$$F^* \longrightarrow F+h\nu$$

其中，C^* 为激发态分子，将能量传递给 F^*，再由 F^* 释放光子。

$$E=\frac{d^{-6}}{d^{-6}+R_0^{-6}}$$

式中，E 为能量转移率；d 为相互转移能量的分子中心之间的距离，Å；$R_0=9700(JK^2\phi_{cl}n^{-4})^{\frac{1}{6}}$；$J$ 为给体发射带和受体吸收带重叠积分；K 为偶极-偶极相互作用的定向因子；ϕ_{cl} 为没有能量受体参与下，给体的化学发光效率；n 为给体和受体之间介质的折射率。

化学发光效率为 ϕ_{cl}，可表示为

$$\phi_{cl}=\phi_c\phi_e\phi_f$$

式中，ϕ_c、ϕ_e、ϕ_f 分别为化学发光反应效率、激发态分子能量转移效率、激发态分子发射光子效率，由于化学反应中激发态分子数目少或能量转移效率低，所以反应的发光效率较低。

5.3.2 生物系统化学发光

生物系统中有化学发光的现象，如萤火虫、某些细菌、真菌、原生动物、蠕虫以及甲壳动物发射的光。这类生物发光现象通常是有酶参与的化学发光现象，是在一种特殊酶作用下，使化学能转化为光能。不同生物体的发光颜色不尽一致，多数发射蓝光或绿光，少数发射黄光或红光，例如微生物一般都会发出淡淡的蓝光或者绿光，某些昆虫会发黄光。动物界 25 个门中，就有 13 个门 28 个纲的动物具有发光现象，从最简单的原生动物到低等脊椎动物中都有发光动物，如鞭毛虫、海绵、水螅、海生蠕虫、海蜘蛛和鱼等。动物的发光，除其自身发光即一次发光以外，由寄生或共生而产生二次发光的例子也不少。

5.3.2.1 生物发光机制

萤火虫发光是因为它的细胞中含有荧光素、荧光素酶（luciferase）两种发光物质。它们与三磷酸腺苷（ATP）及氧一起发生反应，在氧与荧光素结合时发生电子转移，同时发生能量的变化释放出荧光光子。又如海萤的发光，是通过在自身分开的腺体中分别合成荧光素和荧光素酶，当把两者同时喷进水里时就会在水中反应而发光，波长460nm，光为蓝色。细菌的发光机制与前两种不同，底物在催化循环中会形成还原型核黄素磷酸盐和醛化合物，当遇到荧光素酶和氧时，就会形成一种激发的络合物。络合物断裂时生成氧化核黄素磷酸盐、酸、水及一个光子，波长470～505nm，光为蓝绿色。腔肠动物发光是一种间接发光，从一个发光种传递激发态能量给另一个发光种，即有敏化生物发光现象。这种发光可发出不同颜色的光，较多地偏向红色，波长480～490nm。海笋属、蚯蚓属及柱头虫属等的发光包括两个过程，虫荧光素与氧或过氧化物单独或两者作用后先生成超氧阴离子（自由基），然后再激发发出光。

除了上述生物发光外，水母的荧光蛋白光致发光现象同样深得科学家的关注。2008年，钱永健、下村修和马丁三位研究员凭借在绿色荧光蛋白研究方面取得的成就获得诺贝尔化学奖。这种蛋白能够在紫外光照射下发出绿光。在发光水晶水母体内发现的绿色荧光蛋白会让水母在焦躁不安时变成绿色。数百年来，绿色荧光蛋白一直就是水母以及其他深海动物生存的法宝。在未来，它们甚至可以成为人类的一种防卫机制，尤其是在对抗癌症方面。

5.3.2.2 生物化学发光应用

生物发光机制是一种非常具有经济效益的发光方法，例如人们可以从萤火虫等生物体内提炼出发光效率高的荧光素，但是由于生物体中荧光素含量很低，很难实现实际应用。于是人们开始人工合成荧光素和荧光素酶，实现生物冷发光的应用。发光菌的发光反应由于机制简单，在生物科技领域具有很大的潜在应用。如发光菌可以简便而快速地检测环境毒物或污染物，当环境中含有如重金属、石化污染物、氰化物、有毒气体甚至发射线等生物毒素时，均会影响发光菌的正常发光生化反应而使发光亮度降低。毒物浓度越高，亮度降低现象越明显。因此，人们可以利用发光菌开发出能检测环境毒物的产品，快速检测环境中是否含有生物毒素或排放污水中是否具有毒性等。

1960年，美国太空总署发展了一种ATP生物发光技术来检测外层空间是否有生命存在。这个检测原理就是荧光素在ATP和荧光素酶的存在下，生成氧化荧光素（oxi-luciferin）发出荧光，主要检测的就是ATP的存在。这个技术也可用于生乳活菌数的检测或设备清洁度的评估。生乳活菌数的检测原理是先将生乳中非微生物的ATP利用酵素进行分解，再加入酵素促使活微生物中的ATP释放出来，加入荧光素就可以使它与ATP作用产生荧光。乳品的品质可以通过ATP生物冷光仪读取相对吸光值来判断。

荧光素酶只有在ATP和氧气存在的条件下，才能催化荧光素的氧化反应发光，因此只有在活细胞内才会产生发光现象，并且光的强度与标记细胞的数目线性相关。于是，人们通过分子生物学克隆技术，将荧光素酶的基因插到想观察的细胞染色体内，通过单克隆细胞技术的筛选，培养出能稳定表达荧光素酶的细胞株，将标记好的细胞注入动物体内。因此，在观测前只需注射底物荧光素即可实现活体成像追踪，通过软件和图像分析，就可以计算出所选区域的光子数。利用该技术可以实现细胞、细菌乃至病毒的标记，研究细胞的生长、迁移、信号传导等途径。

5.3.3 化学发光免疫分析

将化学发光与抗原体相结合而形成的免疫分析技术，即为化学发光免疫分析。

化学发光免疫分析具有以下优势：

① 灵敏度高。化学发光免疫分析能够检出放射免疫分析和酶联免疫分析等方法无法检出的物质，对疾病的早期诊断具有十分重要的意义。例如虫荧光素酶系统测定 ATP，灵敏度可达 10^{-18}mol，是目前测定 ATP 方法中最好的一种。对于一个具有高量子效率（$Q = 0.1 \sim 1$）、低成本的化学发光体系，可测得灵敏度为 10^{-21}mol 的 ATP，使分析单个细胞成为可能。

② 动力学线性范围宽。发光强度在 4~6 个量子之间与测定物质浓度呈线性关系。与显色的酶免疫分析吸光度（OD 值）为 2.0 的范围相比，具有明显优势。

③ 光信号持续性强。特别是辉光型化学发光免疫分析，产生的光信号持续时间可达数小时甚至一天，大大地简化了实验操作与测量。

④ 分析方法简便快速。绝大多数分析测定为仅需加入一种试剂（或复合剂）的一步模式。

⑤ 结果稳定、误差小。样品系自己发光，不需要任何光源，免除了各种可能因光源稳定性、光散射、光波选择器等带来的结果影响。

常用的化学发光体系如下。

（1）鲁米诺体系

鲁米诺，又称发光氢，英文名为 5-amino-2, 3-dihydro-1, 4-phthalazinedione，化学式为 $C_8H_7N_3O_2$，是应用最早最多的化学发光物质，在碱性条件下被氧化剂氧化后，在水溶液中产出最大辐射波长 425nm 的光，发光效率 ϕ_{el} 在 0.01~0.05 之间。其反应机理如图 5-29 所示。

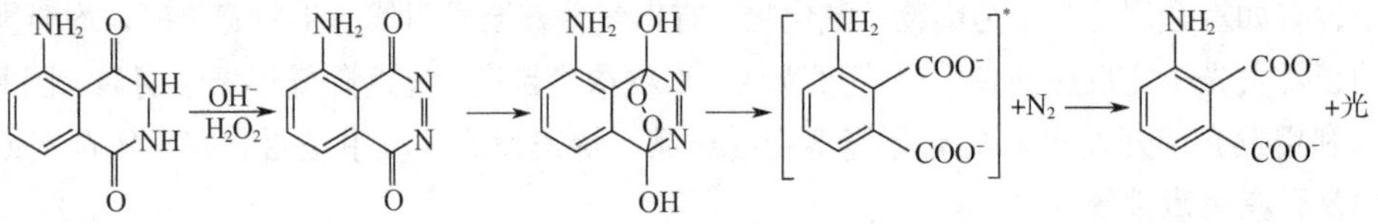

图 5-29　鲁米诺发光机制

通常情况下，鲁米诺与 H_2O_2 的化学发光反应相当缓慢，但当某些催化剂存在时反应非常迅速。最常用的催化剂是金属离子，在很大浓度范围内，金属离子的浓度与发光强度成正比，从而可进行某些金属离子的化学发光分析，利用这一反应可以分析含有金属的有机化合物，达到很高的灵敏度。

异鲁米诺（6-氨基-2, 3-二氢-1, 4-酞嗪二酮）的发光效率比鲁米诺要低，氨丁基乙基异鲁米诺（ABEI）、氨己基乙基异鲁米诺（AHEI）、氨丁基乙基萘二酰肼（ABENH）等其他取代基的衍生物可以用于提高其发光效率，也可用于发光免疫测定。结构式如图 5-30 所示。

（2）光泽精和吖啶酯衍生物

光泽精（lucigenin）也是一种常用的发光化学试剂，其在碱性条件下被氧化可以发光，波长在 420～500nm 左右，发光效率介于 0.01~0.02 之间，其发光机理如图 5-31 所示。

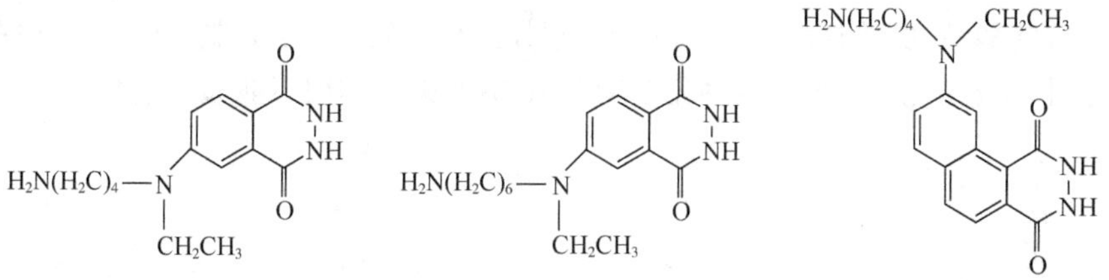

O
NH
NH
$H_2N(H_2C)_4$—N
O
CH_2CH_3
ABEI

O
NH
NH
$H_2N(H_2C)_6$—N
O
CH_2CH_3
AHEI

$H_2N(H_2C)_4$　CH_2CH_3
N
O
NH
NH
O
ABENH

图5-30　几种改进的异鲁米诺的分子结构

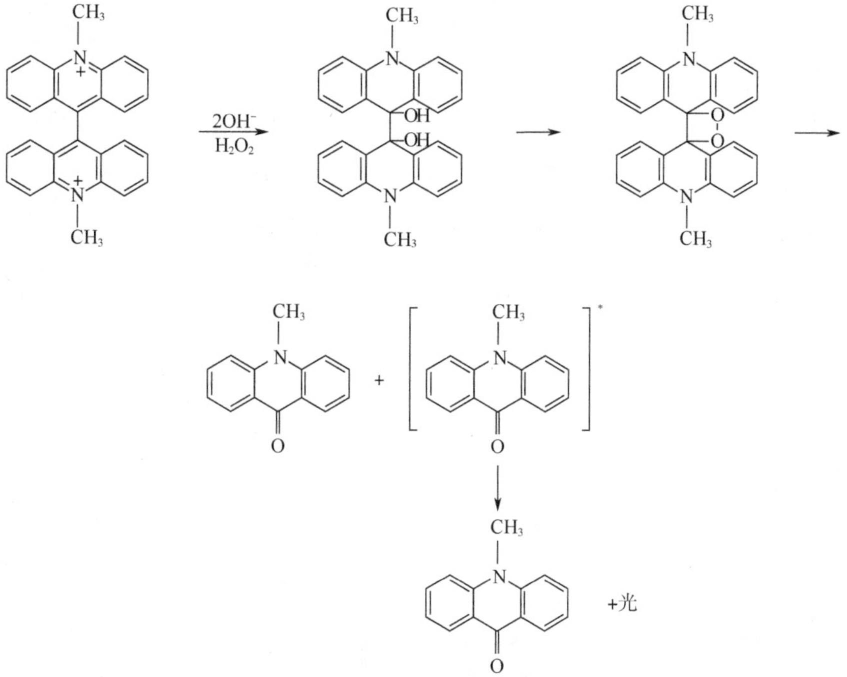

CH_3
N^+
N^+
CH_3
$2OH^-$
H_2O_2
CH_3
N
OH
OH
N
CH_3
CH_3
N
O
O
N
CH_3

CH_3
N
O
+
CH_3
N
O
]*

CH_3
N
O
+光

图5-31　光泽精化学发光机制

通过半个光泽精分子氧化生成的吖啶酯，也是很好的化学发光试剂，其发光机理如图5-32所示。

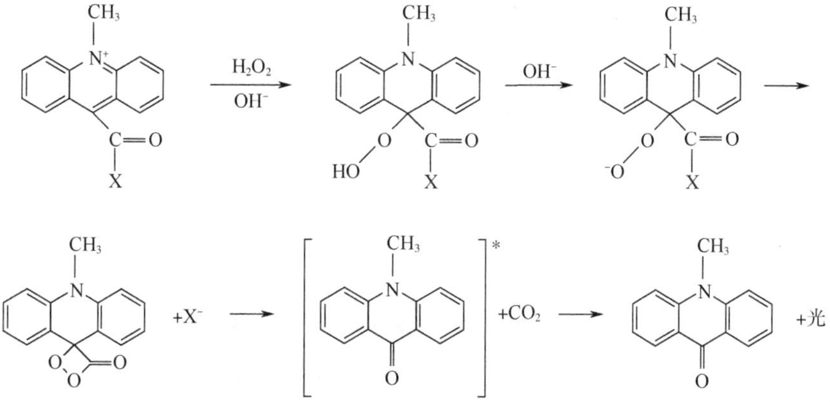

CH_3
N^+
C=O
X
H_2O_2
OH^-
CH_3
N
HO　O　C=O
X
OH^-
CH_3
N
^-O　O　C=O
X

CH_3
N
O　O　O
$+X^-$
CH_3
N
O
]*
$+CO_2$
CH_3
N
O
+光

图5-32　吖啶酯化学发光机制

同样，吖啶酯经过修饰后（图5-33）也可以发生化学发光反应，制成化学发光探针，用于生物大分子化学发光免疫分析，这种化合物在 H_2O_2 和碱的作用下能够迅速发光，且适用于小分子和生物大分子。

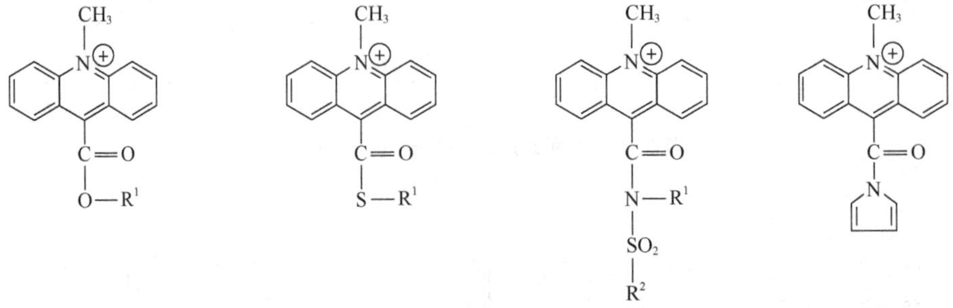

(Ⅰ)　　(Ⅱ)　　(Ⅲ)　　(Ⅳ)

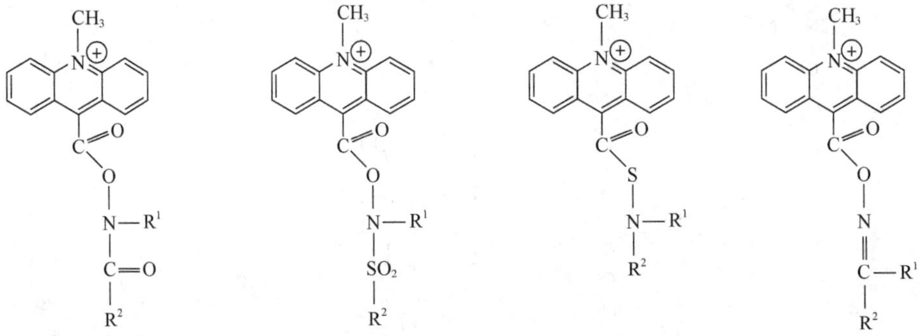

(Ⅴ)　　(Ⅵ)　　(Ⅶ)　　(Ⅷ)

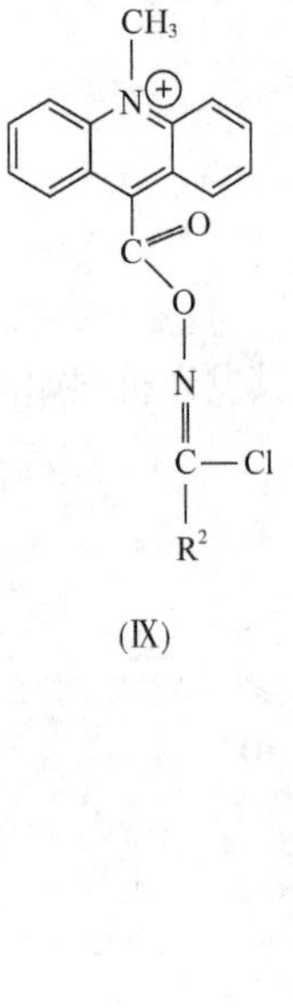

(Ⅸ)

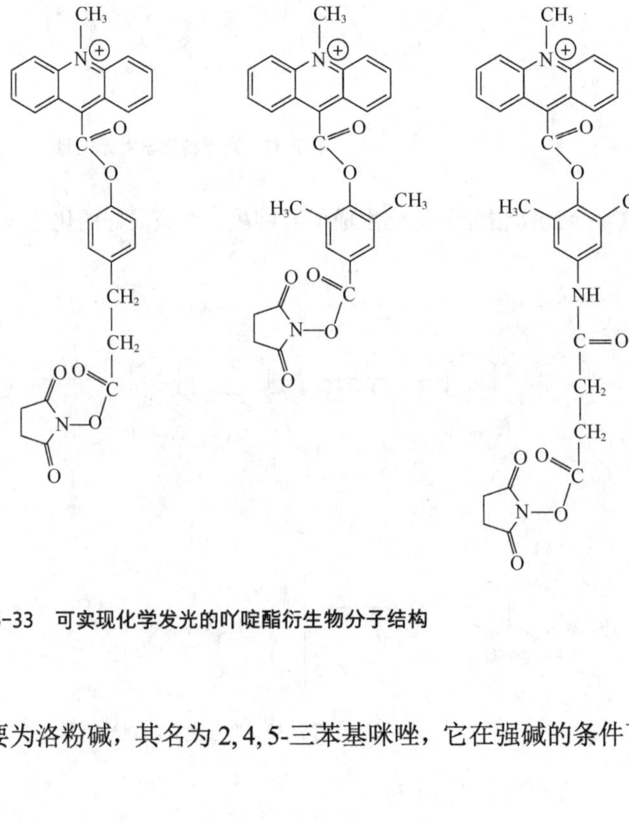

图5-33　可实现化学发光的吖啶酯衍生物分子结构

（3）咪唑类

咪唑类化学发光分子主要为洛粉碱，其名为2, 4, 5-三苯基咪唑，它在强碱的条件下，被氧化成过氧化物，然后同过二噁丁烷中间态转化为二芳基酰胺激发态，激发态再回到基态的过程以辐射的形式发出光子，所以可以用来检测金属离子。其发光原理如图5-34所示。

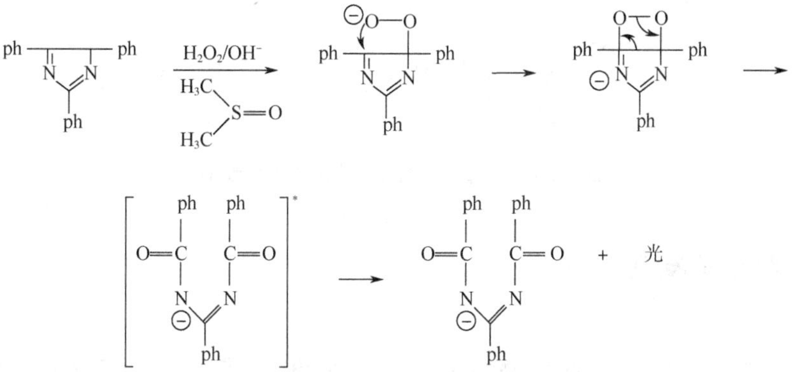

图5-34　洛粉碱化学发光机制

（4）过氧草酸酯类

最早被发现的过氧草酸酯类化学发光体为草酰氯，草酰氯与过氧化氢反应时，在苯等有机溶剂中，会发出微弱的光，后发现草酸酯也有同样的性质，相较于草酰氯更稳定，Rauhut提出了过氧草酸酯类化学发光反应机理，如图5-35所示。

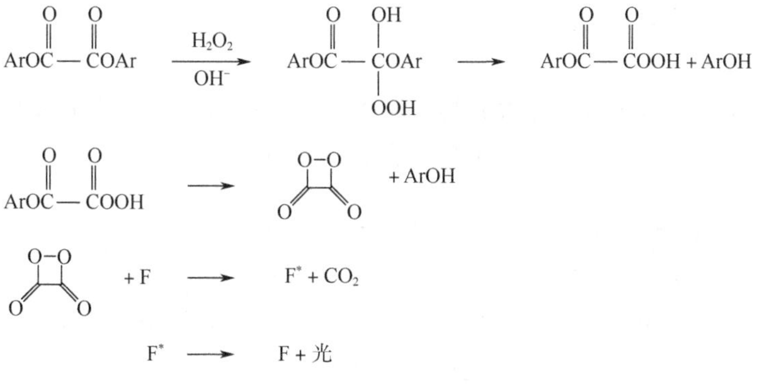

$F^* \longrightarrow F + 光$

图5-35　过氧草酸酯引发的化学发光机制

（5）1, 2-二氧杂环丁烷类

1, 2-二氧杂环丁烷类比鲁米诺体系有更低的发光效率，但是在不同的修饰基团下，二氧杂环丁烷类衍生物具有较大的影响，此类发光试剂具有种类多、稳定性好、发光持续性长的特点，如图5-36所示。双自由基的机理主要由热分解产生，生成三重激发态 T_1，产率高但是在溶液中易猝灭，酶或者化学反应分解1, 2-二氧杂环丁烷类通过交换发光机理，产生单重激发态 S_1。

早期研究表明，1, 2-二氧杂环丁烷类发光物质，由于热不稳定性，在水溶液中发光容易猝灭，且发光过程难以控制，可以通过芳香烃、环烷烃、烷氧基等取代基修饰1, 2-二氧杂环丁烷，以改变试剂的化学发光性质，例如同过螺旋己二环烷烃的修饰可以提高体系的热稳定性。

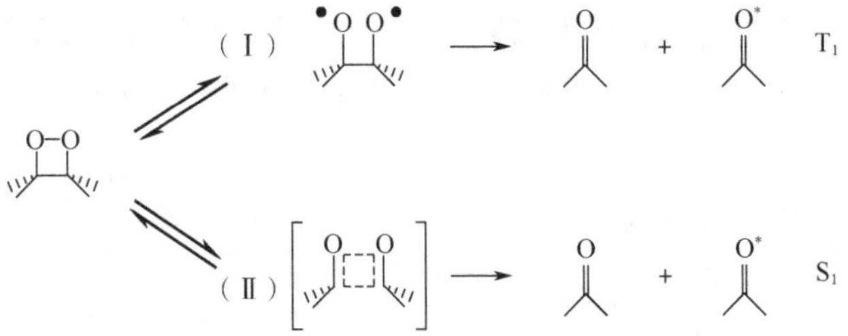

图5-36　1,2-二氧杂环丁烷类的化学发光机制

5.3.4　电化学发光

电化学发光（electrogenerated chemiluminescence，ECL）是电化学法和化学发光法的结合，是指通过电化学方法来产生一些特殊物质，然后这些电生的物质之间或电生物质与其他物质之间进一步反应而产生的一种发光现象。它保留了化学发光方法所具有的高灵敏度、线性范围宽、观察方便和仪器简单等优点，同时具有许多化学发光方法无法比拟的优点，如重现性好、试剂稳定、控制容易和一些试剂可重复使用等，从而引起人们的广泛注意。目前，ECL 技术已经在免疫分析、核酸杂交分析和其他生物分析中广泛应用，不仅推动了生物化学和分子生物学的研究，也为临床诊断带来了一次技术革命。

5.3.4.1　电化学发光类型与机理

（1）有机物电化学发光

有机物如多环芳烃（PAH）的 ECL 为高能量电子转移反应，在支持电解质的有机溶剂中，处于无氧环境，产生芳香自由基离子伴随化学发光。反应机理为

$A + e^- \longrightarrow A^-$　　还原

$B - e^- \longrightarrow B^+$　　氧化

$A^- + B^+ \longrightarrow {}^1A^* + B$　　电子转移（能量充足系统）

或$A + B^- \longrightarrow {}^3A^* + B$　　电子转移（能量缺乏系统）

${}^3A^* + {}^3A^* \longrightarrow {}^1A^* + A$　　三重态湮灭

${}^1A^* \longrightarrow A + h\nu$　　化学发光

其中，A 为多环芳烃，B 为与 A 相同或不相同的多环芳烃，${}^1A^*$为单重激发态，${}^3A^*$为三重激发态。

芳香自由基离子由双电极体系中的阴极氧化和阳极还原产生，也可以由单电极施加正负脉冲产生。在能量充足的体系，芳香自由基正负离子湮灭反应直接产生单重激发态；而在能量缺乏的体系，芳香自由基离子先生成三重激发态，三重激发态湮灭产生单重激发态，单重激发态回到基态产生化学发光。由于多环芳烃的化学发光需要无氧、无水的有机溶剂体系，限制了其分析应用。

很多化学发光反应可以通过电化学反应手段产生，研究最多的是在碱性介质中，鲁米诺和过氧化氢的电化学反应，其机理与鲁米诺和过氧化氢发生化学发光反应类似，其机理为：在碱

性环境下鲁米诺氧化形成鲁米诺阴离子，进一步氧化成偶氮化合物，在过氧化氢的作用下，生成激发态 3-氨基邻苯二甲酸，发出光子（图5-37）。

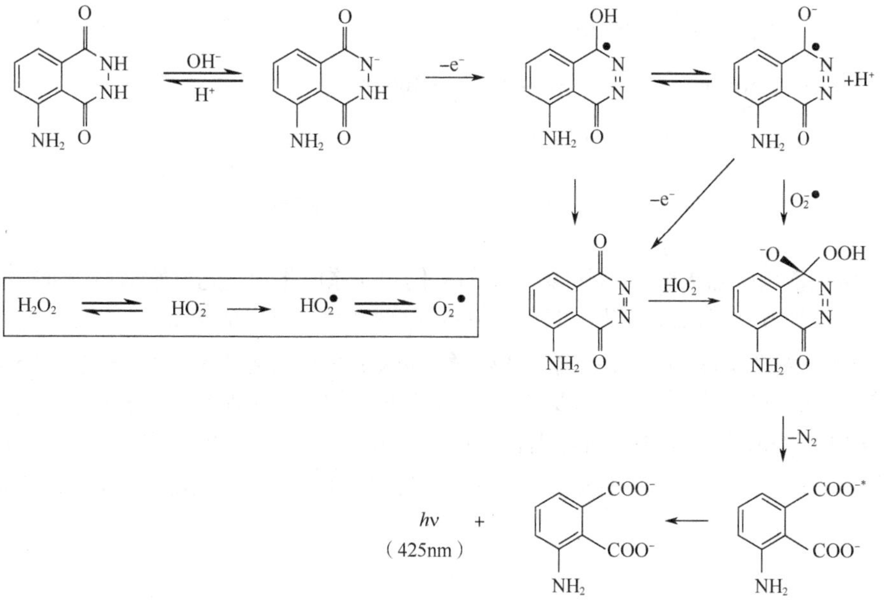

图5-37　鲁米诺电化学发光机制

（2）无机物电化学发光

很多金属配合物和原子簇化合物能产生电化学发光，其中研究较多的是三联吡啶钌化合物 $Ru(bpy)_3^{2+}$ 及其衍生物。$Ru(bpy)_3^{2+}$ 在水溶液和氧存在下可以进行电化学发光，发光波长约为 610nm，常温下有高量子效率，且 $Ru(bpy)_3^{2+}$ 在固相和水溶液中较稳定，因此在电化学发光分析中应用广泛。其反应机理如图5-38 所示。

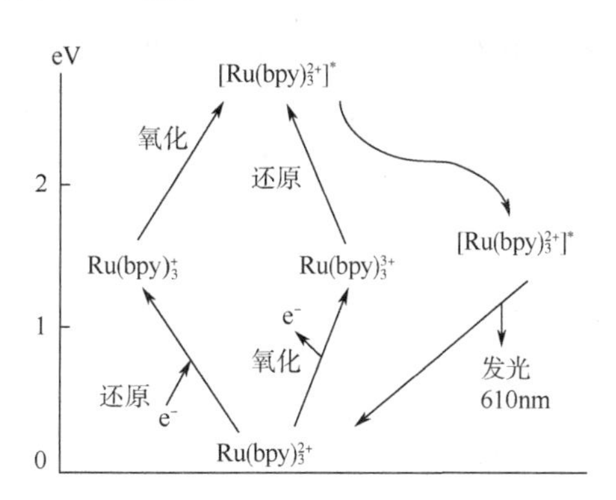

图5-38　$Ru(bpy)_3^{2+}$ 的电化学发光反应示意图

水溶液中的 $Ru(bpy)_3^{2+}$ 具有较强的稳定性，当对电极施加一定的正负双跃脉冲时，在 +1.3 ~ −1.3V（*vs*.Ag / AgCl）电位范围内，$Ru(bpy)_3^{2+}$ 将分别发生氧化和还原反应，生成 $Ru(bpy)_3^{3+}$ 和 $Ru(bpy)_3^+$，这两者再发生湮灭反应，生成激发态的钌（$[Ru(bpy)_3^{2+}]^*$），该激发态的 $[Ru(bpy)_3^{2+}]^*$ 返回到基态时伴随波长为 610nm 的橘红色光，这是一个典型的电化学发光湮灭反应的例子（如

图5-39 所示)。

$$Ru(bpy)_3^{2+} - e^- \longrightarrow Ru(bpy)_3^{3+}$$ (氧化)(1)

$$Ru(bpy)_3^{2+} + e^- \longrightarrow Ru(bpy)_3^{+}$$ (还原)(2)

$$Ru(bpy)_3^{+} + Ru(bpy)_3^{3+} \longrightarrow Ru(bpy)_3^{2+} + [Ru(bpy)_3^{2+}]^*$$ (湮灭)(3)

$$[Ru(bpy)_3^{2+}]^* \longrightarrow Ru(bpy)_3^{2+} + h\nu$$ (发光)(4)

图5-39 $Ru(bpy)_3^{2+}$ 的电化学发光机制

由于水溶液电位窗太窄,常规电解产生的氧化和还原电化学发光原始物不能进行湮灭电化学发光,所以加入一些共反应物,可通过单电位阶跃来产生电化学发光。如 $Ru(bpy)_3^{2+}$ / 三丙胺(TPrA)电化学发光体系,其氧化-还原型电化学发光反应机理包括以下几种。一是如图5-40 所示,当体系中存在强还原性共反应物 TPrA 时,只要对电极施加一个合适的氧化电位,$Ru(bpy)_3^{2+}$ 就可以被氧化成 $Ru(bpy)_3^{3+}$,同时 TPrA 也在电极上被氧化,并进一步生成还原性产物 TPrA•,TPrA • 与 $Ru(bpy)_3^{3+}$ 发生氧化还原反应,产生激发态的 $[Ru(bpy)_3^{2+}]^*$,$[Ru(bpy)_3^{2+}]^*$ 返回基态时释放出光子。

$$Ru(bpy)_3^{2+} - e^- \longrightarrow Ru(bpy)_3^{3+}$$ (氧化)(1)

$$TPrA - e^- \longrightarrow TPrA^{+\cdot}$$ (氧化)(2)

$$TPrA^{+\cdot} \longrightarrow TPrA\cdot + H^+$$ (脱质子)(3)

$$TPrA\cdot + Ru(bpy)_3^{3+} \longrightarrow 产物 + [Ru(bpy)_3^{2+}]^*$$ (电子转移)(4)

$$[Ru(bpy)_3^{2+}]^* \longrightarrow Ru(bpy)_3^{2+} + h\nu$$ (发光)(5)

图5-40 $Ru(bpy)_3^{2+}$ / TPrA 的电化学发光机制一

二是如图5-41 所示,$Ru(bpy)_3^{2+}$ 在电极表面直接被电化学氧化形成 $Ru(bpy)_3^{3+}$,同时 $Ru(bpy)_3^{2+}$ 也被电化学氧化产生的具有强还原性的 TPrA • 自由基还原,形成 $Ru(bpy)_3^{+}$,$Ru(bpy)_3^{+}$ 与 $Ru(bpy)_3^{3+}$ 发生湮灭反应形成激发态的 $[Ru(bpy)_3^{2+}]^*$,并发出光子。

$$Ru(bpy)_3^{2+} - e^- \longrightarrow Ru(bpy)_3^{3+}$$ (氧化)(1)

$$TPrA - e^- \longrightarrow TPrA^{+\cdot}$$ (氧化)(2)

$$TPrA^{+\cdot} \longrightarrow TPrA\cdot + H^+$$ (脱质子)(3)

$$Ru(bpy)_3^{2+} + TPrA\cdot \longrightarrow Ru(bpy)_3^{+} + 产物$$ (还原)(4)

$$Ru(bpy)_3^{+} + Ru(bpy)_3^{3+} \longrightarrow Ru(bpy)_3^{2+} + [Ru(bpy)_3^{2+}]^*$$ (湮灭)(5)

$$[Ru(bpy)_3^{2+}]^* \longrightarrow Ru(bpy)_3^{2+} + h\nu$$ (发光)(6)

图5-41 $Ru(bpy)_3^{2+}$ / TPrA 的电化学发光机制二

三是 TPrA 与 $Ru(bpy)_3^{3+}$ 发生氧化反应,生成强还原性的 TPrA • 自由基,进而与 $Ru(bpy)_3^{3+}$ 发

生反应，放出光子（如图5-42所示）。

$Ru(bpy)_3^{2+} - e^- \longrightarrow Ru(bpy)_3^{3+}$ （氧化）（1）

$TPrA + Ru(bpy)_3^{3+} \longrightarrow TPrA^{+\cdot} + Ru(bpy)_3^{2+}$ （还原）（2）

$TPrA^{+\cdot} \longrightarrow TPrA\cdot + H^+$ （脱质子）（3）

$TPrA\cdot + Ru(bpy)_3^{3+} \longrightarrow$ 产物 $+ [Ru(bpy)_3^{2+}]^*$ （电子转移）（4）

$[Ru(bpy)_3^{2+}]^* \longrightarrow Ru(bpy)_3^{2+} + h\nu$ （发光）（5）

图5-42 $Ru(bpy)_3^{2+}$ / TPrA的电化学发光机制三

同时还提出了一种不同于传统 $Ru(bpy)_3^{2+}$ / TPrA体系电化学发光的反应机理。即 $Ru(bpy)_3^{2+}$ 被由电化学氧化产生的具有强还原性的TPrA·自由基还原形成 $Ru(bpy)_3^{+}$，$Ru(bpy)_3^{+}$ 进而与TPrA·反应形成激发态的 $[Ru(bpy)_3^{2+}]^*$，并放出光子（如图5-43所示）。

$TPrA - e^- \longrightarrow TPrA^{+\cdot}$ （氧化）（1）

$TPrA^{+\cdot} \longrightarrow TPrA\cdot + H^+$ （脱质子）（2）

$TPrA\cdot + Ru(bpy)_3^{2+} \longrightarrow TPrA^{+\cdot} + Ru(bpy)_3^{+}$ （还原）（3）

$Ru(bpy)_3^{+} + TPrA\cdot \longrightarrow [Ru(bpy)_3^{2+}]^* +$ 产物 （电子转移）（4）

$[Ru(bpy)_3^{2+}]^* \longrightarrow Ru(bpy)_3^{2+} + h\nu$ （发光）（5）

图5-43 $Ru(bpy)_3^{2+}$ / TPrA的电化学发光机制四

当体系中存在强氧化剂如 $S_2O_8^{2-}$ 时，$Ru(bpy)_3^{2+}$ 就会被还原为 $Ru(bpy)_3^{+}$，同时另一反应物也会在该电极上被还原，形成一种具有强氧化性的中间体物质，并继续与 $Ru(bpy)_3^{+}$ 发生氧化还原反应，然后产生激发态的 $[Ru(bpy)_3^{2+}]^*$，最后引发电化学发光现象。其反应机理如图5-44所示。

$Ru(bpy)_3^{2+} + e^- \longrightarrow Ru(bpy)_3^{+}$ （还原）（1）

$Ru(bpy)_3^{+} + S_2O_8^{2-} \longrightarrow Ru(bpy)_3^{2+} + SO_4^{-}\cdot + SO_4^{2-}$ （氧化）（2）

$Ru(bpy)_3^{+} + SO_4^{-}\cdot \longrightarrow [Ru(bpy)_3^{2+}]^* + SO_4^{2-}$ （电子转移）（3）

$[Ru(bpy)_3^{2+}]^* \longrightarrow Ru(bpy)_3^{2+} + h\nu$ （发光）（4）

图5-44 $Ru(bpy)_3^{2+}$ / $S_2O_8^{2-}$ 的电化学发光机制

5.3.4.2 电化学发光定量

对于给定发光体的电化学发光体系，在任意时间 t 时体系的发光强度可用公式表示为

$$I_{ECL}(t) = N_A F_{ECL} K_f \int VC^* dV$$

式中，N_A 为阿伏伽德罗常数；F_{ECL} 为电致发光效率，此处认为 $F_{ECL}=1$；K_f 一般被认为是一级反应常数，且 $K_f=F_{ECL}/t^*$；C^* 为激发态分子的浓度；V 为所讨论微区内溶液的体积；t^* 为激发态分子的寿命。

由此可见，ECL 强度与分析物的浓度成正比，这就是电化学发光分析方法进行定量分析的基础。

5.4 机械发光

5.4.1 机械发光的简介

机械发光材料，也可称为力致发光材料，是一种可以将加载的机械力（如变形、摩擦、碰撞、振动等）转换为可见光的荧光材料。作为机械发光的一个重要类别，弹性力致发光（EML）材料在弹性范围内的机械发光强度与加载应力呈线性关系。这种具有潜力的弹性力致发光材料可以作为应力探针来检测人工皮肤、工程结构、活体的应力分布。该探测器具有无线传输、非破坏性、可重复性、实时可视等特点。截至 2014 年，据估计约 50%的无机盐及有机化合物具有机械发光现象，比如常见的石英、方糖、有机物、碱金属卤化物、分子晶体、各种矿物岩石、铁电聚合物、玻璃等。1978 年，印度科学家 B. P. Chandra 提出了一般术语“mechanoluminescence（ML）”来描述由于机械作用转移到材料而产生的所有类型的发光。机械发光的现象也可能由相转变时的形状改变而激发出来。

目前为止，机械发光荧光粉也从紫外光、蓝光、绿光到红橙光覆盖了整个可见光谱区，图 5-45 汇总了报道的一些典型的机械发光荧光粉。$SrAl_2O_4$: Eu^{2+}（SAOE）和 ZnS: Mn^{2+} 普遍被认为是最佳的机械发光材料，除了基质的特殊结构外，对稀土元素和过渡金属元素有较高的溶解性，也可能是导致这两者机械发光强度高的原因。SAOE 是一种余辉时间可达 60h 的长余辉材料，其发光位于黄绿光波段，Dy^{3+} 作为共掺杂离子能在基质中引入新的陷阱能级，显著改善

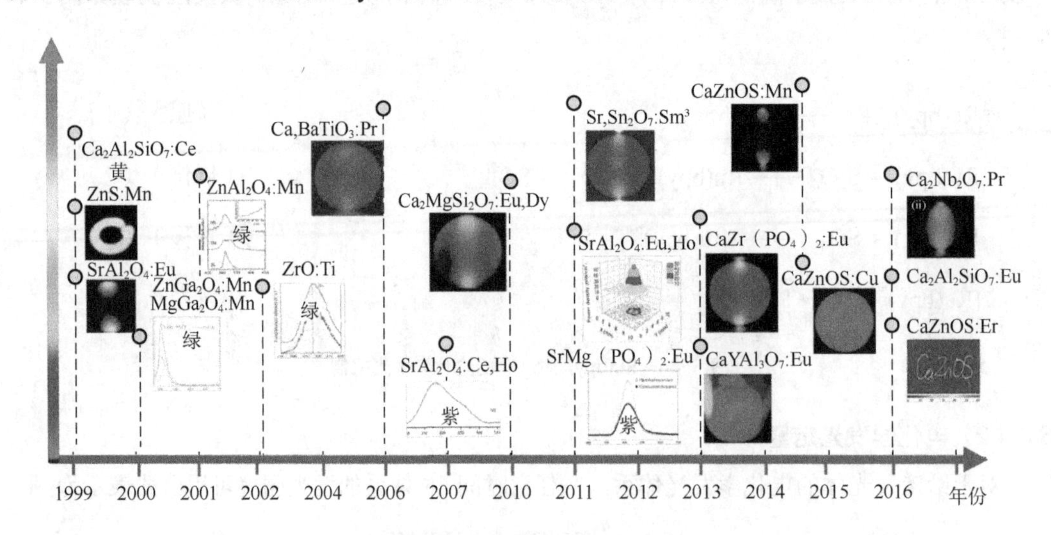

图 5-45 弹性力致荧光粉的发展

其余辉性能。在接收到可见光的辐照后会将能量储存起来，再将能量以余辉的方式慢慢释放。而对于暴露于有光环境的应力监测情况，该材料的余辉发光势必会成为一种噪声，对应力激发的发光信号产生干扰，因此应用范围受到极大限制。而另外一种优异的机械发光材料 $ZnS:Mn^{2+}$ 虽然具有极低的响应阈值，但是由于硫化物的热稳定性和化学稳定性较差，极大地影响了其在实际领域的应用。

5.4.2 机械发光的分类

可以按作用形式的不同，将机械发光的形式分为以下两种（图5-46）：一类是由摩擦引起的发光，即摩擦力致发光；另一类是由形变引起的发光，即形变力致发光。两个物体在接触或者分开的时候由于摩擦生热、生电或者化学反应而产生的发光现象称为摩擦力致发光。典型的例子有感光胶片撕开时的发光、荧光材料 ZnS: Mn 产生的摩擦发光。根据诱导机制摩擦引起的发光被进一步分为电诱导摩擦力致发光（electrically induced tribo ML）、化学诱导摩擦力致发光（chemically induced tribo ML）和热诱导摩擦力致发光（thermally induced tribo ML）。物体受到机械力作用时，发生形变产生的发光就称为形变力致发光。根据可恢复的程度，它又可分为破裂诱导摩擦力致发光、弹性力致发光和塑性力致发光。其中物体在断裂时断裂层产生的发光称为破裂诱导摩擦力致发光，属破坏性力致发光，如方糖、分子晶体、石英、碱金属卤化物、矿物以及生物材料等。非破坏性力致发光又分为弹性力致发光和塑性力致发光，分别是物体在发生弹性形变和塑性形变时发生的力致发光。弹性力致发光材料具有应力发光强度与施加机械应力成正比的特点，这一特性使其具有极大的应用前景。

形变力致发光和摩擦力致发光的区别在于：①形变力致发光只与力和形变程度有关，而与力的施加形式以及施加力的物体无关，而摩擦力致发光会受到摩擦物体和被摩擦物体的影响；②形变力致发光不是由于物体表面之间的接触而发出的光，而摩擦力致发光则恰恰相反。

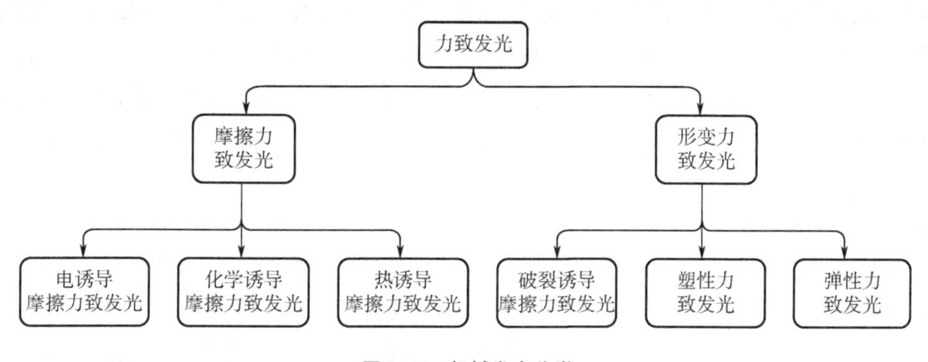

图5-46 机械发光分类

5.4.3 机械发光材料的发光机理

（1）电子捕获

机械发光材料在受到光子激发时，在发光中心处于基态的载流子就会激发到激发态上，在热振动作用下，部分受激发的载流子进入导带，被导带底附近的能级陷阱捕获。当材料受到机械力作用时，发生局部原子位移并且在局部产生形变，形成局部电场，引起载流子释放。转移至发光中心，发出光子。以 $SrAl_2O_4$: Eu^{2+} 为例，在施加压力的时候，$SrAl_2O_4$ 产生晶格变形，形成局部原子位移和电场，变形区域的载流子被释放，转移至 Eu^{2+} 发光中心，发出绿光。

（2）电子撞击

在固体发生不可逆的形变时，电子逃离与轰击附近的气体导致发光。电子撞击最典型的例子是发生在空气中的电子轰击，以蔗糖为例，蔗糖晶体在受到应力时随之发生的压电效应会产生电子，产生的电子轰击附近的氮气，从而产生发光现象。

（3）化学发光

晶体断裂期间发生的化学反应释放能量可引起发光。新产生的裂缝表面能够吸收或吸附周围气体分子，这个过程中释放能量可导致发光。某些晶体断裂化学反应能够释放出足够多的能量，且能量转移至反应最后的产物并且使其进入激发态，从而释放光子。

5.4.4 机械发光材料的研究现状与应用

机械发光荧光粉的优异特性有：①发光强度与应力大小成正比；②机械能-光能的高效转换，某些阈值低的机械发光荧光粉在几牛顿力的作用下就可以得到高的发光亮度；③机械发光性能稳定。这种将机械能转换为光能的独特性能使得机械发光荧光粉在很多领域展现出巨大的应用潜力。在现有研究成果的基础上，机械发光荧光粉已经在建筑物应力探测、应力记录、风力驱动显示、电子加密签名、生物成像等领域呈现出良好的应用潜力。

（1）应力探测

最早的关于力致发光的记载是1605年，Francis Bacon 在他的著作 *The Advancement of Learning* 中写道：用小刀迅速划过方糖表面会看到有闪光出现。从1999年开始关于力致发光材料的报道逐渐增加。最先被报道的是 $SrAl_2O_4$: Eu^{2+}（SAOE）机械发光材料，即使用指尖轻轻划过，也可以看到很强的绿光，这种材料不但机械发光强度高且余辉时间长。近些年，发现很多类似的无机材料也具有弹性发光的性能，如铝酸盐类 $SrAl_2O_4$: Eu 和 $SrAl_2O_4$: Ce 等；硅酸盐 $CaMgSi_2O_7$: Eu，Dy 和 $Sr_2MgSi_2O_7$: Eu，Dy；磷酸盐 $SrMg_2P_2O_8$: Eu 和 $CaZrP_2O_8$: Eu 等。

弹性力致发光材料在弹性范围内，机械发光强度与加载应力的大小存在线性关系。这种具有潜力的弹性力致发光材料可以作为应力探针。Xu 等首先开发出了用来检测应力分布的力致发光装置，表明 $SrAl_2O_4$: Eu^{2+} 基的力致荧光粉所受力的大小与其产生的光学信号是呈一定比例的，之后将这种方法应用于骨头的裂缝检测。将 $SrAl_2O_4$: Eu^{2+} 涂抹于骨头表面，当骨头断裂时会发出明亮的光斑，这样的检测方法具有操作方便且灵敏度高的特点，易于观察了解物体表面的受力情况，并对物体本身结构不造成其他影响（图5-47）。

（2）压力传感器

压力传感器也是弹性力致发光材料的重要用途，如有科学家发现机械发光材料可记录人的签名和签名习惯（签名期间施加在每个像素上的压力和速度）。基于这种思路，他们开发出了一种 ZnS: Mn 机械发光材料的压力传感矩阵器件，用于记录单点动态压力和二维平面压力状

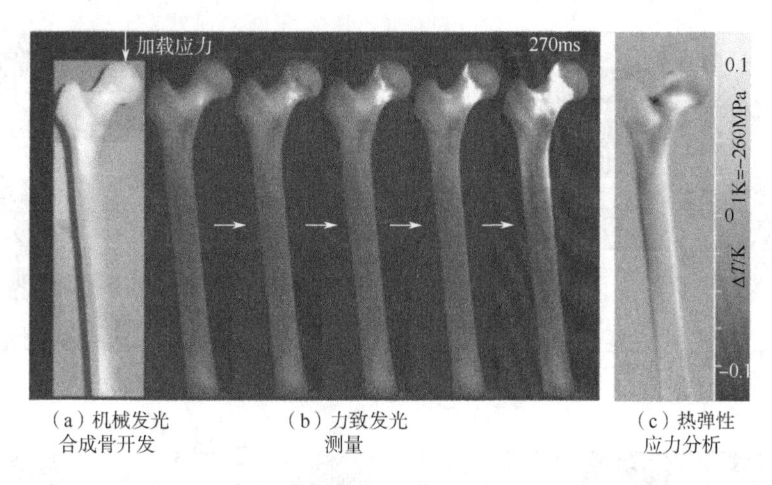

图5-47 弹性力致发光材料作为应力探针的应用

况，测量范围为0.6~50MPa，且不需外部电源。该器件的中间层使用ZnS: Mn颗粒作为机械发光材料，在顶部和底部夹着两层聚合物层（聚对苯二甲酸乙二醇酯，PET）作为保护层，该器件可获得小于10ms的快速响应时间和254dpi的高空间分辨率。而且该器件经过数千次循环测试之后，依然可以保证其稳定性和可重复性。如图5-48所示，通过记录手写签名和签名习惯，证明这种记录设备可用于安全电子签名。与现有技术相比，该器件可在签名过程中收集到更多独特、可靠的个性化信息以大幅度提高安全性。未来这类器件可能会在实时压力显示、智能传感器网络、高级安全系统和人机界面中应用。

（3）成像技术

在生物医用领域，当人造关节等假肢植入体内后，关节处的应力分布会有所变化，为了保证植入的假肢能够在活体内长期服役，对假肢所承受的应力进行评估尤为重要。K. Hyodo等将机械发光荧光粉涂敷在合成骨表面，得到一种“机械发光人体假肢”。在模拟实验中，通过分析ML得到局部区域负荷分布图，结合CCD技术，可观察到高清晰度和高度可视化的机械动态环境。证实了机械发光荧光粉在体外生物力学研究分析中得到有效应用。

Nao Terasaki等人将荧光标记材料和机械发光荧光粉$CaYAl_3O_7$: Eu^{2+}复合在一起，将超声波视作一种生物组织的无损和无创的刺激，激发机械发光荧光粉，实现超声波辐照的机械发光。超声波诱导机械发光的强度取决于机械发光材料的种类以及超声波的输入强度等。超声波诱导的机械发光可以作为生物组织的光源，实现生物组织成像和荧光标记的应用。虽然超声波诱导机械发光得以实现，但还有诸多问题需要解决以便在生物组织中实现更多的应用。例如改善超声波诱导机械发光强度和材料的毒性。为此他们进行了人白血病细胞K562的细胞存活能力毒性测试，结果表明机械发光颗粒并没有毒性。与光致发光的生物标记技术相比，这种方法避免了对生物组织的光损伤，且组织的吸收和散射不会导致超声波的衰减。但是他们从未研究过真实器官，缺乏在生物体内的研究经验。若能解决以上问题，机械发光材料就可作为切实可用的生物光源。现阶段对机械发光材料的研究逐步向着纳米化、多功能化、复合化发光可调等方向发展。

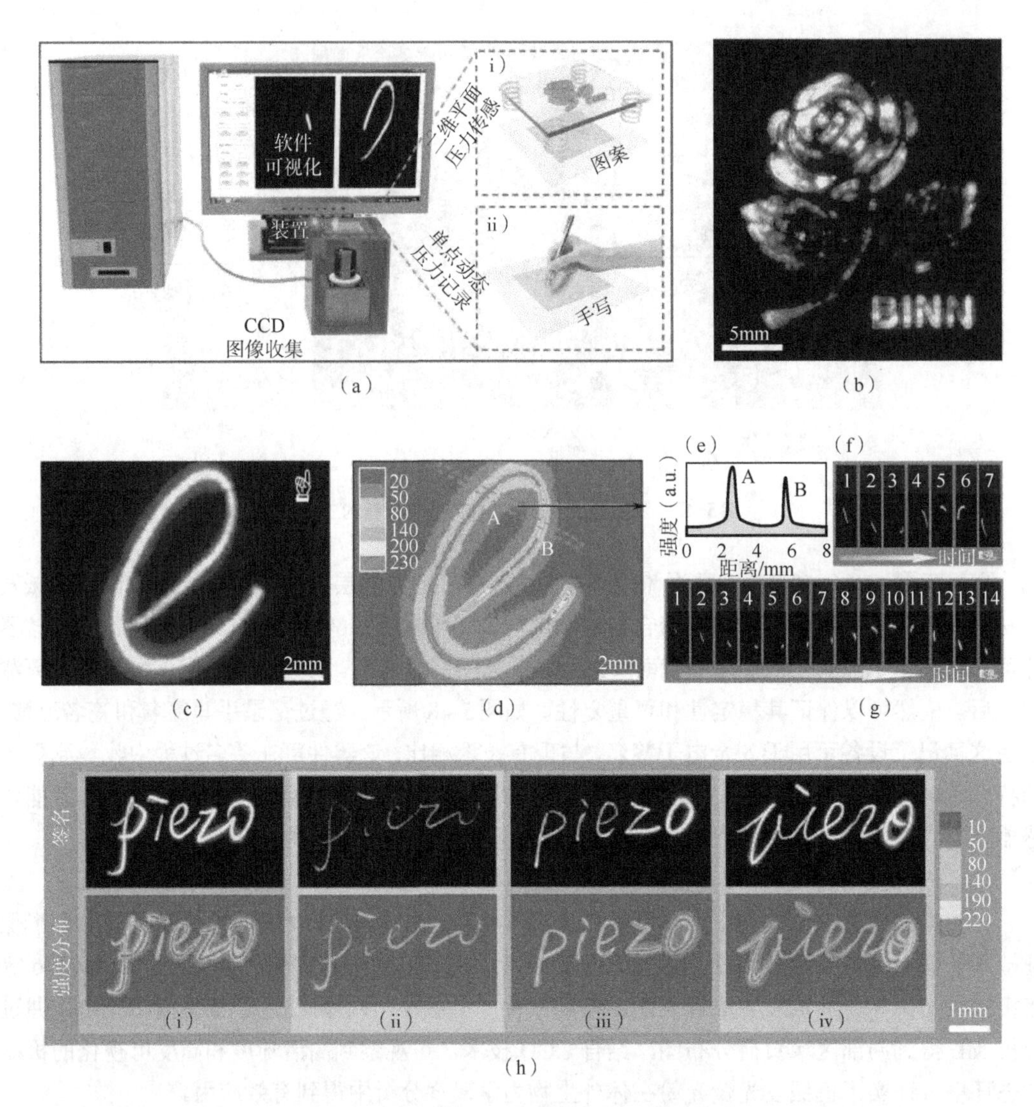

图5-48 弹性力致发光材料作为压力传感器的应用

5.4.5 机械发光变色材料

机械发光（荧光或磷光）变色材料是指在外力刺激下，材料的发光颜色随之发生改变的化合物。通过力改变分子发光颜色有两种途径：一是化学结构的改变，二是物理聚集状态的改变。前者是化合物在外力作用下发生了化学反应，即发生旧键的断裂和新键的形成，它本质上是受力前后形成了不同分子，发出不同颜色的光；而后者则是在外力作用下，分子堆砌方式、分子构象或分子间相互作用等发生了改变，从而影响分子的能级水平，导致发光颜色在受力前后发生变化。尽管通过化学结构的改变来调节发光颜色是研究工作者最容易想到，理论上也是最有效的方法，但在固态利用外力刺激来实现分子水平的化学反应是很难的，往往由于固态反应转化率低而使化学反应很难进行。而且在固体状态下，化学反应往往是不可逆的，故此类化合物难以可逆地进行智能响应。目前为止，通过分子化学结构的改变来实现力致发光变色的成功案例非常少。

与在溶液中不同，有机分子在固态的发光性质与其分子排列、构象变化以及分子间相互作用密切相关，因此任何可能导致分子堆砌方式和构象发生改变的刺激都将影响最高占据分子轨道（HOMO）和最低未占分子轨道（LUMO）的能级水平，即能隙（ΔE_g），从而影响发射光的波长（颜色）。而且这种分子堆砌方式和构象的改变往往可以通过其他的刺激方式，如热退火或溶剂熏蒸等予以恢复，从而实现光发射的可逆转变。通过物理聚集状态的改变来实现机械发光变色比通过化学反应（成键或断键）容易得多。到目前为止，已经报道的基于物理聚集状态改变的力致变色有多种类型。这类材料除了具有重要的基础理论研究价值外，还在机械感应、压力感应、荧光探测、保险纸张、智能记忆等诸多高科技领域具有广阔的应用前景。

5.4.5.1 有机金属配合物类机械发光变色材料

金属有机配合物是机械发光变色材料的重要类型，根据化合物所含金属元素的不同将其进行分类，可分为含金有机配合物、含铜有机配合物、含铱有机配合物等。图5-49为含金的有机金属配合物［$(C_6F_5Au)_2$（*m*-1,4-diisocyano-benzene）］，其预制物发蓝光，研磨后转变为黄色荧光，经溶剂处理后样品又能恢复到蓝光发射。研磨能够将含微晶固体转变成亚稳态无定形粉末。单晶结构分析显示，Au-Au 之间的最短距离为5.19Å，远大于正常的Au-Au 化学键的距离（2.7~3.3Å），这说明金属间的作用很弱。同时由于缺乏其他有效的分子间作用力（如C—H⋯π等作用），分子间很容易发生滑移，从而影响其发光性质。

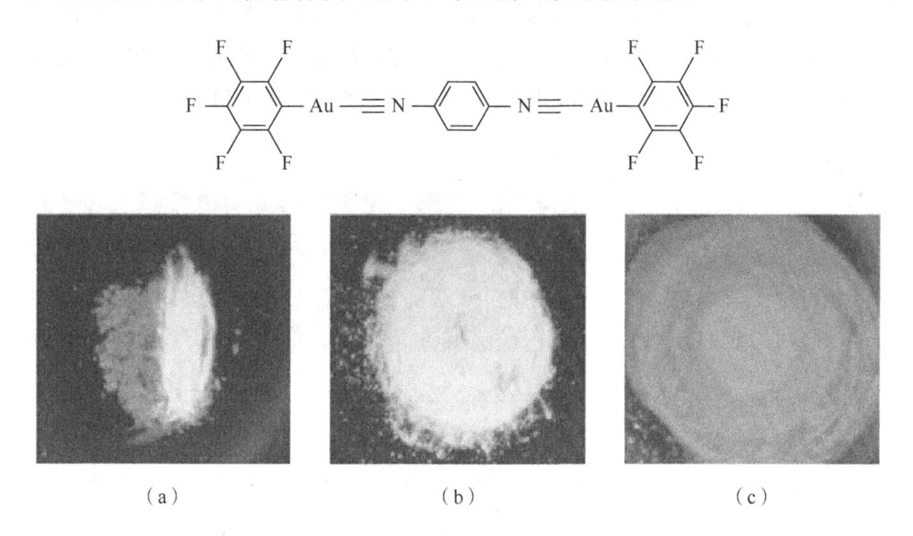

图5-49 $(C_6F_5Au)_2$（*m*-1, 4-diisocyano-benzene）的化学结构和研磨前后以及经过二氯甲烷熏蒸后的照片

5.4.5.2 有机化合物的机械发光变色材料

如图5-50所示，具有压力诱导变色性质的聚对苯乙烯衍生物发射蓝绿色荧光；当向其施加1500psi（1psi = 6.895kPa）的压力时，样品发射光谱红移到激基缔合物的黄色荧光区。经加热处理，黄色荧光又恢复到原始的蓝绿色。广角XRD粉末测试结果表明，样品荧光颜色的变化和其相态密切相关。随着温度升高，样品由相对有序的近晶相转变成无序的向列相，发射光谱随之由蓝光向黄光转变，这表明分子的无序排列更有利于激基缔合物的形成。

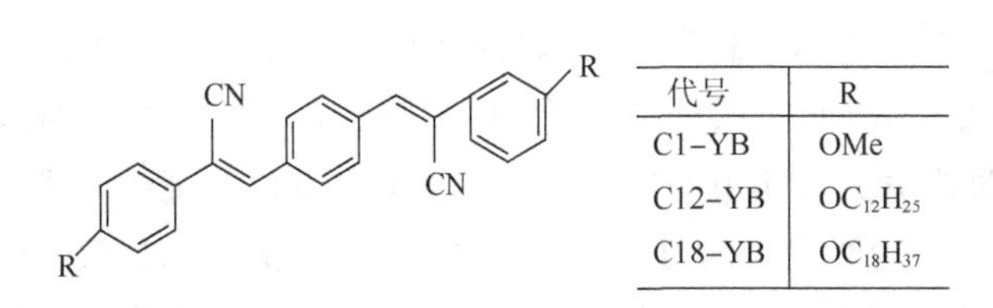

代号	R
C1–YB	OMe
C12–YB	$OC_{12}H_{25}$
C18–YB	$OC_{18}H_{37}$

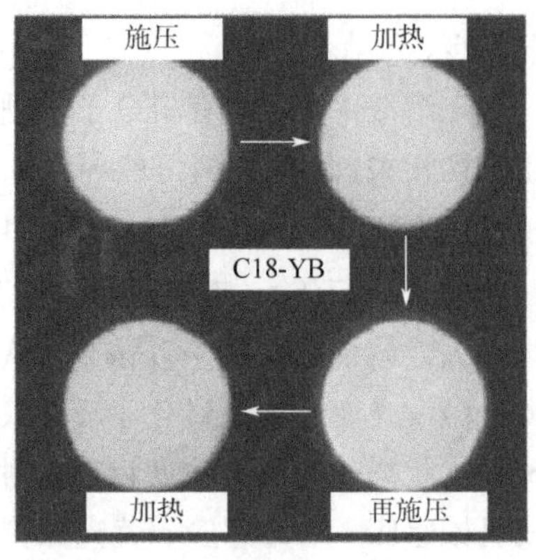

图 5-50　聚对苯乙烯衍生物的化学结构和机械发光变色过程调控

硼的亚氟苯酮衍生物也具有力致荧光变色性质。该类化合物不仅具有较窄的发射半峰宽，而且还表现出同质多晶的性质。对于这类化合物的研究，有助于理解分子排列方式和荧光性质之间的构效关系。含硼亚氟苯酮衍生物 BF_2AVB（如图 5-51 所示）的荧光性质与其固体形态有关。棱柱型、针状和树枝状的晶体分别显示出绿色、蓝绿色和蓝色荧光。单晶结构表明，发绿光晶体中分子内二氟硼络合的二酮能够和邻近的甲氧基苯酚共平面，而发蓝绿光晶体中分子内扭转角较大。两种排列方式对称性不同，造成 π-π 作用有所区别，从而引起荧光上的差异。BF_2AVB 具有力诱导荧光变色性质。经摩擦后，样品出现在 460nm 的绿色荧光转变为 542nm 的黄色荧光，样品的荧光颜色在室温下可以自动恢复。检测其发射光谱变化可以发现，研磨停止后，发射光谱的半峰宽很快就不断变窄并向短波长方向移动。这说明研磨的样品是无定形的，分子的自由度较大，利于激基缔合物的形成。激基缔合物形成能量势阱，捕捉光生成激子，从而发射出黄色荧光。

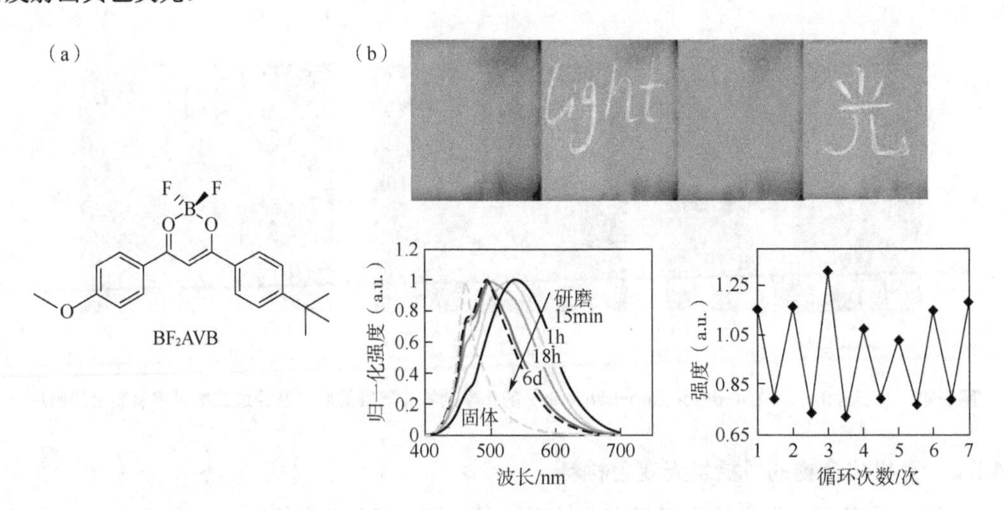

图 5-51　BF_2AVB 分子结构及发光光谱和颜色的可逆变化

5.4.5.3　影响机械发光变色的因素

改变材料的化学结构是调节机械发光变色材料发光颜色最常用的方法，如利用不同的推拉电子化学单元以及调节化合物能带等方法实现发光颜色的调节。最近人们发现化合物作用力的大小、作用力方式、顺反异构以及化合物外围的柔性链的取代等都对机械发光材料的光学性质有着极为重要的影响。

一般来说作用力的大小对机械发光材料的影响较小，只有在极端的压力条件下才对材料的发光有显著的影响。如四（2-噻唑）取代噻吩化合物（图5-52），不同作用力方式对机械发光变色有显著影响，在研磨化合物这种各向异性的方式下，发光由黄色转变为绿色，然而在各向同性的等静压力下发光由黄色转变为红色，需特别说明的是各向同性的等静压高达3.2GPa。

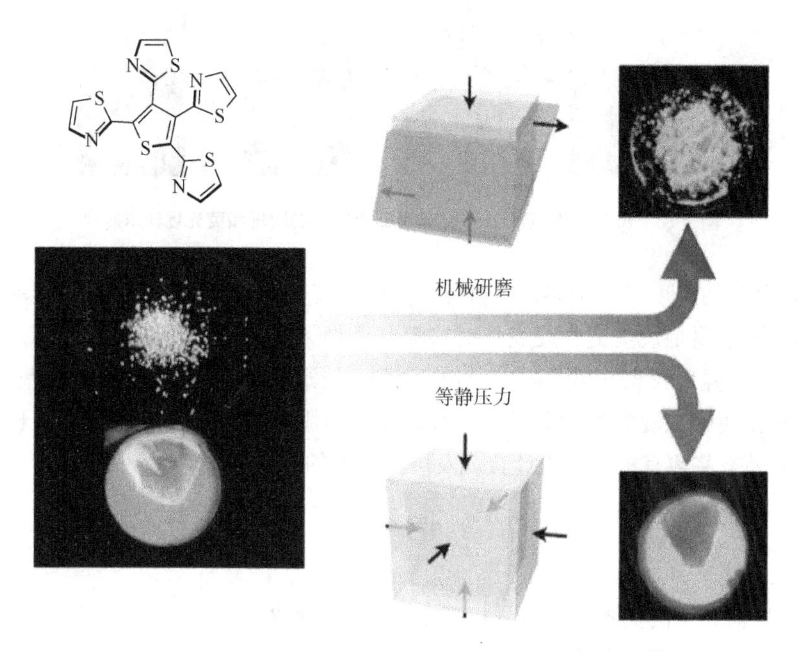

图5-52 四（2-噻唑）取代噻吩的化学结构及机械发光变色

化合物的顺反异构经常对材料的机械发光变色有影响。如具有 *E* 型和 *Z* 型的 BPHTATPE（图5-53），四苯乙烯结构基元使这两个异构体都具有 AIE 性能。研究发现，*E* 型 BPHTATPE 由于分子结构比较对称，相比 *Z* 型的异构体更易结晶，具有明显的机械发光变色性能。研磨后的样品，随着常温放置时间的延长，发光颜色逐渐变回到研磨前的颜色。这与该化合物含较长的柔性间隔基团有关，柔性间隔基团导致分子中基团的运动活性提高，容易恢复到原来的结晶状态。

（*E*）-BPHTATPE
纯*E*异构体

图5-53

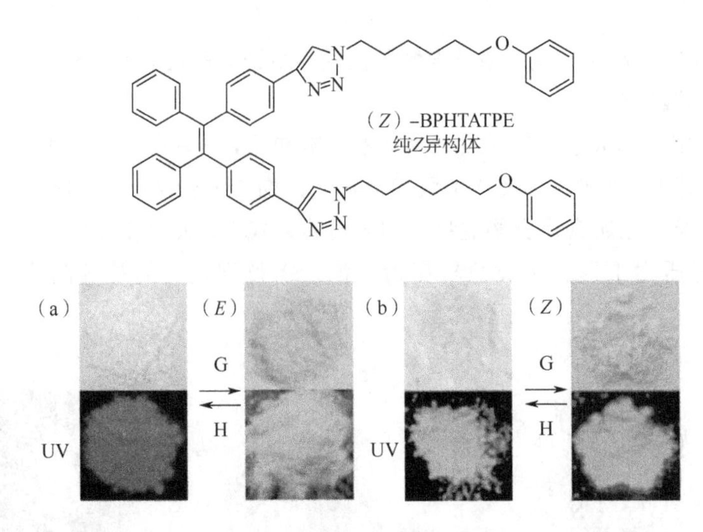

图5-53 BPHTATPE顺反分子结构及研磨前后的明场和荧光场粉末照片

另外，烷基链的长度对一些共轭有机分子的固态荧光性质、光电性质以及刺激响应行为具有重要影响。这主要是烷基链长度变化对共轭分子骨架构象和分子间相互堆砌方式等的影响所致。聚集诱导/强化荧光发射（AIE/AEE）材料的固态荧光性质更易受到烷基链长的影响，这与它们强烈扭曲的共轭骨架和分子间各种弱相互作用有关。因而改变烷基链长可能成为具有功能导向的晶态共轭有机材料设计合成及可控制备的一种手段。

思考题

1.荧光敏感器分子的荧光信号传导机理主要有哪几种？
2.发光二极管是结型发光器件，简述其工作原理。
3.简述发光二极管材料的选择原则。
4.有机电致发光材料应具备哪些性质？
5.简述OLED的主要传输机理及OLED材料的优势和不足。
6.理想的小分子空穴传输材料应当具有哪些性质？
7.简述化学发光的基本原理。
8.化学发光免疫分析具有哪些优势？
9.什么是电化学发光？简述其机理。
10.什么是机械发光？机械发光变色的影响因素有哪些？

参考文献

[1] 徐叙瑢，苏勉曾. 发光学与发光材料[M]. 北京：化学工业出版社，2004.
[2] 滕枫，侯延冰，等. 有机电致发光材料及应用[M]. 北京：化学工业出版社，2006.
[3] 张中太，张英俊，等. 无机光致发光材料及应用[M]. 北京：化学工业出版社，2005.
[4] 李祥高，王世荣，等. 有机光电功能材料[M]. 北京：化学工业出版社，2012.
[5] 黄春辉，李富友，黄维. 有机电致发光材料与器件导论[M]. 北京：化学工业出版社，2005.

第6章

有机非线性光学材料

6.1 有机非线性光学材料的原理和设计

6.1.1 概述

非线性光学是研究在强光作用下物质的响应和场强呈现非线性的学科，它是随着激光技术的出现而发展形成的一门学科分支。激光器是科学史上当之无愧的伟大发明之一，它的诞生为许多新学科的发展奠定了基础。自从1961年Franken等人在实验中观察到了二次谐波现象，随后的数十年时间里，非线性光学的研究经历了几个发展阶段，发现了大量的非线性光学（nonlinear optic，NLO）效应。分别是：

1962年，Armstrong从理论上预言了光整流现象；

1962年，Bass等人首先从实验上观察到了光整流现象；

1962年，Woodbury从实验上观测到了光的受激拉曼散射现象；

1963年，Hopfield等人第一次从实验上观测到了双光子吸收现象；

1964年，Chiao用红宝石激光在石英中观测到了受激布里渊散射；

1965~1967年，光参量放大和光参量振荡在实验室中被证实；

1967年，New和Ward首先在原子气体中实现了三次焰波的产生；

1967年，Zaitsev等人首次观测到了受激瑞利散射。

这些研究和发现不仅大大增长了有关光与物质相互作用的知识，而且也使光学技术产生了革命性的变化，同时也为其他应用学科特别是材料化学学科提供了崭新的探索领域，在激光、通信、电子仪器及医药器材等领域有重要的应用价值。

强光在电介质体系中传播时，光频电场会引起介质极化（电子极化）。极化矢量在空间的分布称为极化场（P）。介质的光学性质是由光频电场引起的极化场决定的。其中，微观介质和宏观介质的感应极化强度（P）是电场强度（E）的非线性函数，关系如下

$$\overline{P}=P_0+\chi^{(1)}\overline{E}+\chi^{(2)}\overline{EE}+\chi^{(3)}\overline{EEE}+\cdots \tag{6-1}$$

式中，P_0为介质自发极化强度

$$\overline{P}=\mu_{\mathrm{i}}+\alpha\overline{E}+\beta\overline{EE}+\gamma\overline{EEE}+\cdots \tag{6-2}$$

式中，μ_{i}为分子的永久偶极矩；α或$\chi^{(1)}$是线性极化率或系数；β或$\chi^{(2)}$是二阶分子极化率或相干系数（第一超极化率）；γ或$\chi^{(3)}$是三阶分子极化率或相干系数（第二超极化率）。其中$\chi^{(1)}$与介电常数（ε）的关系为

$$\varepsilon=1+4\pi\chi^{(1)} \tag{6-3}$$

$\chi^{(1)}$ 是与极化率矢量和电场矢量所有项都有关的二阶张量，有 9 个分量，所以ε也是有 9 个分量的二阶张量。

因为高阶系数对 P 的贡献下降很快，一般光波的电磁场很弱，上式的第二项以及以后各项均可忽略，P 与 E 呈现线性关系。当光是激光类高强光时（约 10^7V / m），第二项以及以后各项均不可忽略，因此导致了 P 与 E 呈现非线性关系。第二项引起的三波混频，如倍频、和频和差频效应等，是非线性光学效应中最常见的一种，属于二阶非线性光学效应。其中第三项导致了三倍频效应，如四波混频、光受激散射、光克尔效应以及三次谐波等，又称三阶非线性光学效应。

每一种非线性效应的产生过程都可以由两个部分组成，强光首先在介质内感应出非线性响应，然后在产生反作用时非线性地改变该光场。从这一观点来看，所有的介质基本上都是非线性的，光学非线性是构成物质的原子核及其周围电子在磁场的作用下产生非线性运动的结果，一切物质都存在非线性光学效应。但是，这些效应有高有低，能否被人们观察到，取决于许多因素，包括物质本身结构的内在原因，以及非线性材料晶体生长加工技术因素等外在原因。由于各种条件的限制，只有为数不多的材料可以作为实用的非线性光学材料。

非线性光学材料是指一类受到外部光场、电场和应变场作用，频率、相位和振幅等发生变化，从而引起折射率、光吸收、光散射等变化的材料，能够进行光波频率转换和光信号处理。例如，可利用混频现象实现对弱光信号的放大，利用非线性响应进而实现光记录和运算功能等。非线性光学性质是在激光类的强相干光作用下才表现出来的光学性质，因此对非线性光学材料的选择提出如下要求：

① 有较大的非线性极化率。虽然这是基本要求，但是由于目前激光器的功率可达到很高的水平，即使非线性极化率不太大，也可通过增强入射激光功率的办法来加强所要获得的非线性光学效应。

② 有合适的光学透过波数，即在激光工作的频段内，材料对光的有害吸收及散射损耗都很小。

③ 能以一定方式实现位相匹配（见光学位相复共轭）。

④ 材料的损伤阈值较高，能承受较大的激光功率或能量，亦即材料的光学和化学稳定性好。

⑤ 有合适的响应时间，分别对脉宽不同的脉冲激光或连续激光做出足够响应，便于实用加工。

因此，一种好的非线性光学材料应是由易极化、具有非对称的电荷分布、具有大的 π 电子共轭体系以及非中心对称的分子构成的材料。另外，此类材料在工作波长内可实现相位匹配，有较高的功率破坏阈值，宽的穿透能力，材料的光学完整性、均匀性、硬度及化学稳定性好，易于进行各种机械、光学加工。当然，价格便宜与易于生产也是选择材料需要考虑的因素。

6.1.2 非线性光学效应

不同频率的光波之间可以进行能量变换，引起频率转换的各种混频现象叫作光学变频效应。光学变频效应包括由介质的二阶非线性电极化所引起的光学倍频、光学和频与差频效应、光参量放大与振荡效应以及由介质的三阶非线性电极化所引起的四波混频效应等。

（1）光学倍频效应

假设入射光的光场为

$$E = E_0 \cos \omega t \tag{6-4}$$

若晶体的二阶非线性极化率不为零，则取前两项电极化强度为

$$\begin{aligned} P &= \varepsilon_0(\chi^{(1)}E + \chi^{(2)}E^2) \\ &= \varepsilon_0\chi^{(1)}E_0 \cos \omega t + \varepsilon_0\chi^{(2)}E_0^2 \cos^2 \omega t \\ &= \chi^{(1)}\varepsilon_0 E_0 \cos \omega t + \frac{1}{2}\chi^{(2)}\varepsilon_0 {E_0}^2 + \frac{1}{2}\chi^{(2)}\varepsilon_0 E_0^2 \cos 2\omega t \end{aligned} \tag{6-5}$$

式中，$\chi^{(1)}$、$\chi^{(2)}$ 为一阶和二阶非极性极化系数。第一项是激发频率不变的出射光波，第二项是导致的光学整流，第三项则是导致的二次谐波，即产生了倍频光。光学倍频现象是指非线性介质内两个基频入射光子的湮灭和一个倍频光子的产生。用作激光倍频的材料必须能够实现相位匹配。在倍频过程中，基频光一旦射入非线性光学材料，在光路上的每一位置都将产生二次极化波，这些极化波都发射出与之相同频率的二次谐波。这些二次谐波在材料中的传播速度与入射基频光波在材料中的传播速度相同，但受材料折射率色散的影响，由二次极化波发射的二次谐波的传播速度与入射基频光波的传播速度不同。在正常色散范围内，频率增高，折射率变大，所以材料中的二次谐波总是跟不上二次极化波的传播。二次谐波相互干涉的结果，决定了在实验中观察到的二次谐波的强度，这个强度与二次谐波的相位差有关，相位差为零时即相位匹配，二次谐波不断加强。如果相位差不一致，则二次谐波相互抵消。当相位差为 180° 时，不会有任何二次谐波的输出。因此，要想得到较强的二次谐波输出，就要求不同时刻在材料中不同部位所发射出的二次谐波的相位一致。相位匹配技术的应用，可使材料的非线性光学效应大幅度提高，从而为非线性光学材料的应用奠定了理论基础。

（2）光学和频与差频效应

当两束频率为 ω_1 和 ω_2 的光波同时射入非线性光学介质内时，如果只考虑极化强度 P 的二次项，将发生耦合作用产生角频率 $\omega_3(=\omega_1 \pm \omega_2)$的和频和差频极化波。光波混频和倍频一样，也是二阶非线性光学效应，当 $\omega_3 = \omega_1 + \omega_2$ 时，将产生和频，又称频率上转换。通过和频可以将不可见的红外光转换为可见光，甚至紫外光。当 $\omega_3 = \omega_1 - \omega_2$ 时，将产生差频，又称频率下转换，通过差频可获得远红外以至亚毫米波段的激光。混频过程的有效转换，必须要满足光量子系统的能量守恒和动量守恒关系（即相位匹配条件），才能使频率上转换有效地得到最大的输出功率。混频效应的应用虽然不如倍频效应那样广泛，但它仍不失为获得新的光波段的重要手段。

（3）光参量放大与振荡效应

当一束频率为 ω_p 的强激光射入非线性光学材料时，若在材料中再加入频率远低于 ω_p 的弱信号光 ω_s，由于差频效应，材料中将产生频率为 $\omega_p - \omega_s = \omega_i$（称为空载频率）的极化波。当此光波在材料中传播时，又与泵浦光混频，便产生频率为 $\omega_p - \omega_i = \omega_{s'}$ 的极化波。若原来频率为 ω_s 的信号波与新产生的频率为 $\omega_{s'}$ 的光波之间满足相位匹配条件，则原来的 ω_s 信号光波在损耗泵浦光波的作用下得到了放大，这就是光参量放大原理。这一光参量放大过程，需要满足频率关系

$$\omega_p = \omega_s + \omega_i \tag{6-6}$$

另外，为了达到最大的能量转换，三种光波还应满足相位匹配条件，即

$$k_p = k_s + k_i(\text{波矢}) \tag{6-7}$$

或

$$n_p\omega_p = n_s\omega_s + n_i\omega_i \tag{6-8}$$

式中，n_p、n_s和n_i分别表示材料在相应频率时的折射率。

在光参量放大过程中，能量的转换效率是很低的。为了获得较强信号的光，可把非线性光学材料置于光学谐振腔内，以使频率为ω_s和ω_i的极化波不断地从泵浦光吸收能量，从而产生增益。当增益超过腔体损耗时，便发生振荡。

（4）电光效应

材料在受到光入射的同时，若再受到外加电场的作用，引起的材料折射率的变化现象称为电光效应。从材料的线性电光效应的发光机制来看，材料的电光效应也归属于非线性光学研究的范畴，其二阶非线性电极化强度$P_i^{(2)}$可表示为

$$P_i^{(2)} = \chi_{ijk}^{(2)}(\omega' = \omega + \Omega)E_j(\omega)E_k(\omega) \tag{6-9}$$

式中，ω为光频电场的频率，即外加电场的频率（$\Omega \ll \omega$）；$\chi_{ijk}^{(2)}$为二阶电极化系数，为一个三阶张量。

材料的电光效应，通常采用Pockels方法来描述，即将材料的光学性质用介电隔离率张量[β_{ij}]来表示。如果把未加外电场的材料的介电隔离率张量表示为β_{ij}^0，施加外加电场后的用β_{ij}表示，则介电隔离率张量的改变量可表示为

$$\Delta\beta_{ij} = \beta_{ij} - \beta_{ij}^0 \tag{6-10}$$

材料的电光效应可表示为

$$\Delta\beta = \Delta\left(\frac{1}{\varepsilon_{ij}}\right) = \Delta\left(\frac{1}{n_{ij}^2}\right) = \gamma_{ijk}E_k(\Omega) + h_{ijkl}E_kE_l + L \tag{6-11}$$

式中，γ_{ijk}为材料的线性电光系数，或称为Pockels系数，m / V或cm / V；h_{ijkl}为材料的二次电光系数，或称Kerr系数，cm²/V²。介质隔离率张量的变量（β_{ij}）与外加电场一次项E_k成正比的变化现象，称为线性电光效应或Pockels效应（泡克耳斯效应）；与外加电场的二次项$E^2(E_kE_l)$成正比的变化现象，称为二次电光效应，或称为Kerr效应（克尔效应）。这两种现象都称为电光效应，也叫电致双折射效应。

（5）四波混频效应

四波混频效应是介质中四个光波互相作用而引起的非线性光学现象，它起因于介质的三阶非线性极化。当有至少两个不同频率分量的光一同在非线性介质（如光纤）中传播时就有可能发生四波混频效应。其相互作用方式如图6-1所示，可分为三类。

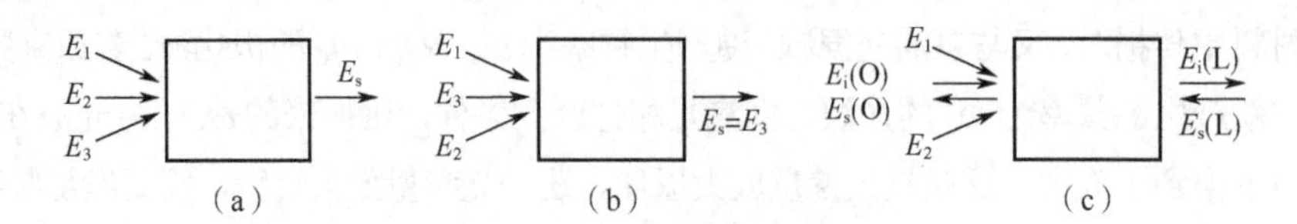

图6-1 四波混频中的三种作用方式

第一种情况，在三个光波频率为ω_1、ω_2和ω_3泵浦场作用下，得到的信号光波频率为ω_s，这是最一般的三阶非线性效应；第二种情况，输出光与一个输入光具有相同模式的情况，在这种情况下，$\omega_s=\omega_3$，由于三阶非线性相互作用的结果，E_3将获得增益或衰减；第三种情况，后向参量放大和振荡，这是四波混频中的一种特殊情况。其中两个强光波作为泵浦光场，而两个反向传播的弱波得到放大。这与二阶非线性过程中的参量放大相似，其区别在于这里是两个而不是一个泵浦光场，两个弱光分别是信号光波和空闲光波。

在四波混频中，相位匹配非常重要，可以大大地增强信号光波的输出。由于四波混频在所有介质中较容易观测到，而且变换形式多，在很多领域具有重要应用。例如，可以利用四波混频将可调谐相干光源的频率范围扩展到红外和紫外；在材料研究中，共振四波混频技术也是非常有效的光谱分析工具。其中简并四波混频是指参与作用的四个光波的频率相等，这时支配这个过程的三阶非线性极化强度一般有三个波矢不同的分量

$$P_s^3(\omega)=P_s^3(k_1+k_1'-k_i,\omega)+P_s^3(k_1-k'+k_i,\omega)+P_s^3(-k_1+k'+k_i,\omega) \tag{6-12}$$

其中

$$P_s^3(k_1+k_1'-k_i,\omega)=\varepsilon_0\chi^{(3)}(\omega)\vdots E_1(k_1)E_1'(k_1)E_i^*(k_i)$$

$$P_s^3(k_1-k_1'+k_i,\omega)=\varepsilon_0\chi^{(3)}(\omega)\vdots E_1(k_1)E_1'^*(k_1')E_i(k_i)$$

$$P_s^3(-k_1+k_1'+k_i,\omega)=\varepsilon_0\chi^{(3)}(\omega)\vdots E_1^*(k_1)E_1'(k_1')E_i(k_i)$$

简并四波混频的输出可以利用耦合波方程求解，其四波相互作用可以理解为如下的全息过程：三个入射光波中的两个相互干涉，形成一个稳定光栅，第三个光波被光栅衍射，得到输出波。

四波混频过程是对相位非常敏感的（即四波混频作用依赖于涉及的所有光的相对相位）。当激光在光纤等介质中满足相位匹配的条件时，四波混频作用会随着传播距离的增加而有效增强。相位匹配的条件意味着四波混频中的各个分量的频率很接近或者介质有一个合适的色散曲线。当相位严重不匹配时，四波混频作用会被大大地抑制。在固体介质中，还可以通过调节不同光束之间的方向和角度来实现相位匹配。

6.1.3　光折变效应

光折变是指光致折射率变化，是一种非局域效应，可以在mW级的激光作用下表现出来。光折变材料可用于全息存储、光学图像处理、光学相位共轭等许多方面，目前已形成了非线性光学研究领域中的一个重要的新分支，即光折变非线性光学。人们对光折变效应的研究兴趣迅速增强的原因包括：比较简单的设备，在室温下用低功率激光可实现多种光学变换，诸如利用光折变时间微分效应进行图像追踪，作为一种光信息处理器件；简并四波混频加上非相干光调制，实现把非相干图像转换成相干图像，高效率自泵浦相位共轭镜，可实现图像畸变复原；全光学全息关联存储，将使未来的计算机具有仿真大脑的功能，实现图像识别、语言学知识处理、高增益光放大等。

光折变效应的基本过程：

① 光频电场作用于光折变材料时，光激发电荷并使之转移和分离；

② 电荷在材料内的转移和分离，引起了电荷分布的改变，建立起空间电荷场，强度约为

10^5V / m;

③ 空间电荷场通过有关材料的线性电光效应，致使材料的折射率发生变化。

在一定意义上来说，光折变效应与光强无关，入射光的强度只影响光折变过程进行的速度。通过光折变效应建立折射率相位光栅需要时间，它的建立不仅在时间响应上显示出惯性，而且在空间分布上也是非局域响应的，即折射率改变最大的地方并不对应于光辐射最强处。

影响光折变材料实用化的因素有很多，主要包括以下几种：①光折变材料各项性能还不能满足制作器件的要求，如响应速度慢或增益低；②对光折变微观过程与形成机制还缺乏深入的了解；③光折变晶体生长还存在薄弱环节；④晶体后处理对光折变性能的影响等。

评价光折变材料的主要性能参数包括：①光折变灵敏度，主要通过两种标定方法进行测定：晶体的一定折射率改变所需要的入射光的能量；在光存储中厚度为1mm的晶体达到1%的衍射效率时所吸收的能量。②光折变动态范围，指光场可导致的折射率变化的最大范围，它决定着一定厚度的晶体中可实现的最大衍射效率，以及在一定体积内所能记录的不同全息光栅数目。③光折变响应时间。④光折变效应的分辨率。

6.1.4 有机非线性光学材料的分子设计

具有非线性光学效应的有机分子材料、金属有机络合物材料和高分子材料统称为有机非线性光学材料。有机（包括聚合物）材料的非线性光学响应来源于分子在光电场作用下的极化，而这种极化作用是通过非定域的π电子产生的，由于π电子在分子内部易于移动、不易受晶格振动的影响，因此其极化比无机材料的离子极化容易，故其非线性光学系数往往可比无机材料高1~2个数量级。另外，有机非线性光学材料响应速度快，近于飞秒，而无机材料只有皮秒；光学损伤阈值也高（高达GW / cm^2量级）。通过其结构-性能关系的理解可以设计出丰富多变的有机非线性材料。当然，相比无机非线性材料，有机非线性材料也有不足之处，如热稳定性低、可加工性不好等。高分子非线性材料和金属有机非线性材料就是针对有机非线性材料的不足而产生的，是一类很有前景的新材料。

根据非线性材料的性能指标，有机非线性材料同样要求分子的非极性极化率大，分子最大吸收波长短，透光度好，在可见光区无吸收，有较高的光转化率和稳定性。但在分子设计上，提高分子的一阶超极化率和吸收波长的蓝移往往相矛盾，极化率增大的同时，有机分子吸收波长会红移，从而降低了材料的透明性。

在进行功能体系分子设计时，理论模型与量子化学的一些计算方法往往能通过研究分子和材料的微观结构与性质之间的关系，对分子性能进行预判。为了指导有机非线性材料的设计和制备，新的理论随着非线性光学材料的迅速发展不断完善。影响较大的理论模型有非谐振子模型、键参数模型、双能级模型、键电荷模型、电荷转移模型、阴离子基团理论、双重基元结构模型、价键理论、“辅助基团”理论、二次极化率矢量模型和簇模型理论等。目前用于研究有机二阶非线性材料的主要是双能级模型和电荷转移模型。

（1）双能级模型

广泛接受的双能级模型是由Oudar和Chemla首先提出的。主要的思想是采用导带和价带

之间的平均能隙 E_g 来近似计算非线性光学系数，并推导出如下计算公式

$$\beta_{ijk}(-2\omega,\omega,\omega)\approx\frac{1}{2\hbar^2}\left[\frac{\delta_i m_j m_k}{\Omega_{eg}^2-\omega^2}+m_i(\delta_j m_k+\delta_k m_j)\frac{\Omega_{eg}^2+2\omega^2}{(\Omega_{eg}^2-\omega^2)(\Omega_{eg}^2-4\omega^2)}\right] \tag{6-13}$$

式中，$m=\mu_{eg}$，为跃迁偶极矩，μ_e 是激发态偶极矩，μ_g 是基态偶极矩，$\delta=\Delta\mu=\mu_e-\mu_g$，当 m 和 δ 平行于 z 时有

$$\beta_{zzz}(-2\omega,\omega,\omega)\approx\frac{3\hbar^2}{2m}\times\frac{W}{(W^2-\hbar^2\omega^2)(W^2-4\hbar^2\omega^2)}f\Delta\mu \tag{6-14}$$

其中 $W=\hbar\Omega_{eq}$，是第一跃迁能，f 是跃迁振子强度，故得

$$\beta=\frac{W^4}{(W^2-\hbar^2\omega^2)(W^2-4\hbar^2\omega^2)}\beta_0 \tag{6-15}$$

$$\beta_0=\frac{3e^2\hbar^2}{2mW^3}f\Delta\mu \tag{6-16}$$

β_0 只与分子本身的性质有关，是反映分子本身性质的物理量，与外界条件无关。表明分子的二阶非线性光学系数与振子强度 f 和激发态与基态偶极矩之差 $\Delta\mu$ 成正比，分子基态偶极矩越低或者激发态偶极矩越高，分子的二阶非线性光学系数越大。这为人们设计有效的非线性光学材料提供了直观可靠的理论依据。这个式子反映在结构上，就要求分子具有 π 共轭体系，并且 β_0 值的大小与 π 共轭体系大小成正比；另外，要求 π 体系两端与推拉电子基团相连，推拉电子能力越强，β_0 值越大。

双能级模型的原型使用了 4-（*N*, *N*-二甲氨基）-4′-硝基苯乙烯（DANS）分子，其结构如图6-2 所示。在 DANS 中，苯环与双键提供了共轭 π 电子，二甲氨基充当电子给体，硝基为电子受体。根据双能级模型，二阶有机非线性光学分子应具有如下特点：①分子为非中心对称；②分子中存在大的 π 电子共轭体系，π 电子体系越大，β 值越大；③分子具有电荷转移结构，分子两端分别接上推电子基团和拉电子基团。虽然这种双能级模型相当成功地指导了人们设计新的非线性光学生色团，但是不能形象和具体地表达结构与性能的关系，也无法预测分子的更高阶分子超极化率。

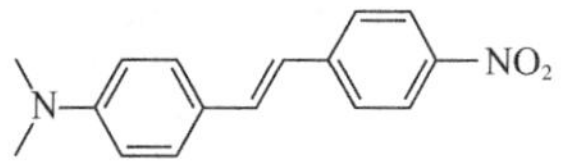

图6-2　DANS 的分子结构

（2）电荷转移模型

1970 年，Davydov 等提出电荷转移理论，他们认为每个有机分子是产生非线性光学效应的基元，若有机分子在电子跃迁时伴随着偶极矩的改变，而且发生很大变化时，则这种分子对非线性光学系数的贡献最大。这种理论主要应用于具有共轭 π 电子体系的有机化合物。J. Zyss 等证实具有电荷转移性质的共轭分子是有机非线性材料中最有效的影响因素，这为寻找新型有机非线性材料指明了方向。

（3）键参数模型

鉴于上述双能级模型不能具体地表达分子结构与性能之间的关系，在双能级模型的基础上，1993 年 Gorman 和 Marder 研究了具有推拉电子结构的多烯分子体系的二阶极化率 β 与分子结构的关系，并提出键长变化（bond length alternation，BLA）理论。BLA 是一种结构参数，它是分子单键和双键键长之差的平均值。键长变化理论的要点是二阶非线性光学系数 β 的大小

与大共轭生色团分子基团的极化程度有关，而生色团分子的极化程度是由分子基态极限共振结构决定的。如图6-3 所示，在多烯中，分子具有共轭的双键（0.134nm）和单键（0.145nm）。当两种共振形式对基态结构的贡献逐渐相同时，BLA 逐渐减小［如（a）~（d）］。从两种共振形式（多烯和两性离子）的线性组合角度来讨论基态分子结构与 BLA 的关系，可以看出，对于弱受体、给体的烯烃来说，中性共振形式支配着基态波函数，分子有很大的 BLA 变化；但随着给体、受体强度的增大，电荷分离状态共振形式（两性离子态）对基态波函数的贡献增大，BLA 变小；而当两种共振形式对基态波函数的影响相同时，分子基本不出现键长变化。

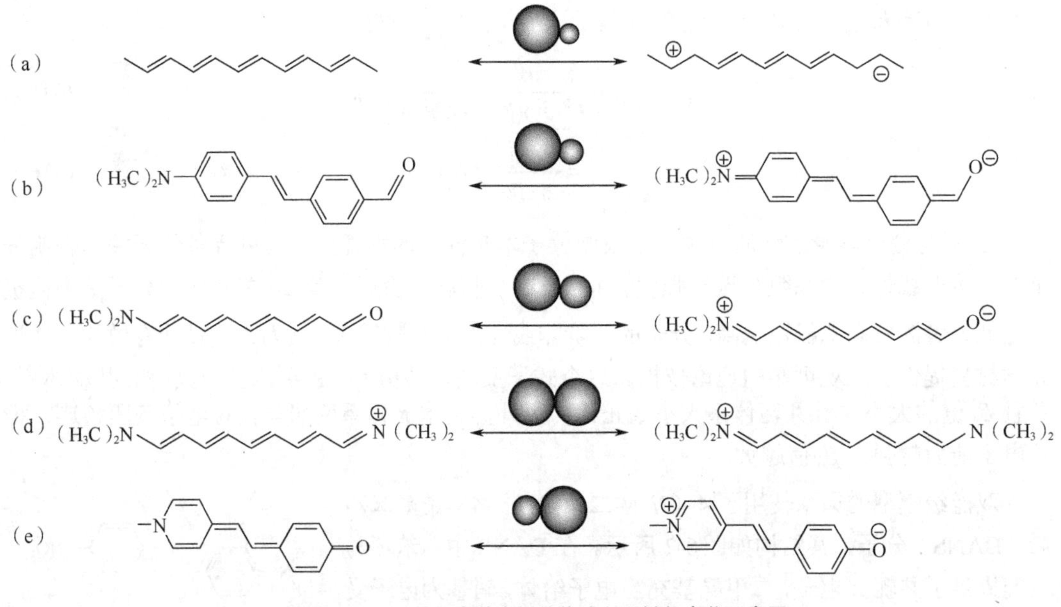

图 6-3　Marder 等研究的多烯结构式以及键级变化示意图

因此，可以通过调节分子的基态极限共振结构，也就是中性态与电荷分离态之间的能量均衡来调节二阶非线性光学系数β的最优值。与键长变化的关系如图6-4 所示，β的值先增大，达到最大后开始下降，并变为负值，最终达到负极大值。根据 BLA 与β的关系，可以预测分子的 $\mu\beta$ 值（分子极化率，单位 $C \cdot m^2 / V$）。图 6-5 是设计的一些具有很大 $\mu\beta$ 值的非线性生色团。

（4）“辅助基团”理论

“辅助基团”理论是 1997 年 Albert 提出的又一重要理论。将噻吩、呋喃、吡咯等杂环称为富电子杂环，因为这些环上的碳原子的电荷密度比苯环上的碳原子的电荷密度大。将吡啶、嘧啶、吡嗪等杂环称为缺电子杂环，因为这些环上的碳原子的电荷密度比苯环上的碳原子的电荷密度小。研究了在给定的供吸电子取代基的情况下，用这些杂环代替二苯乙烯中的苯环时β值的变化规律。研究结果表明，当噻吩等富电子杂环与供电子基团相连时，噻吩环起辅助的供电子基团作用，有利于增强分子的非线性极化率；当吡啶环等缺电子杂环与吸电子基团相连时，吡啶环起辅助的吸电子基团作用，同样有利于增强分子的非线性极化率。但有关研究表明，许多非线性光学分子的非线性特性，不符合“辅助基团”理论预测的结果。

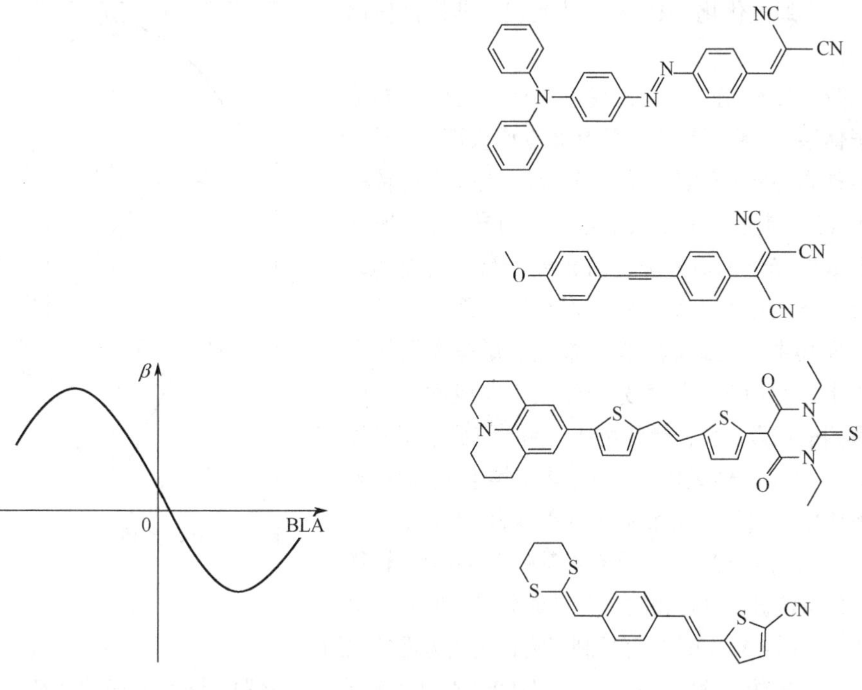

图6-4　给体-多烯共轭桥-受体模型的 β 值与键长改变值（BLA）关系图

图6-5　典型二阶有机非线性光学分子结构

（5）价键理论

价键理论也广泛用于对非线性光学性质的理论指导和计算研究。1996 年，Barzoukas 在二态模型的基础上提出了 two-form two-state 模型。把分子的基态看成是由两种极限共振结构杂化组成的，一个是中性的烯式共轭结构，另一个是电荷分离结构，并定义了一个新的参数 MIX 来表征每一种结构对分子基态的贡献。

$$\mathrm{MIX} = -\cos\theta = -\frac{V}{\sqrt{V^2+4t^2}} \tag{6-17}$$

式中，$V=\langle \Psi_Z \mid H \mid \Psi_N \rangle - \langle \Psi_N \mid H \mid \Psi_N \rangle$，为电荷分离态和中性态的能量差；$-t=\langle \Psi_Z \mid H \mid \Psi_N \rangle$，为电荷分离态 Ψ_Z 和中性态 Ψ_N 的耦合。

根据二态模型可以导出 α 、β 和 γ 与 MIX 的关系

$$\alpha = (1-\mathrm{MIX}^2)^{3/2}\frac{\mu_{\mathrm{cs}}^2}{4t} \tag{6-18}$$

$$\beta = -\mathrm{MIX}(1-\mathrm{MIX}^2)^2\frac{3\mu_{\mathrm{cs}}^3}{8t^2} \tag{6-19}$$

$$\gamma = (1-\mathrm{MIX}^2)^{5/2}(5\mathrm{MIX}^2-1)\frac{3\mu_{\mathrm{cs}}^4}{16t^3} \tag{6-20}$$

根据 α 、β 和 γ 与MIX 的关系曲线（图6-6）可知，当 MIX = 0 时，α 值出现最大；当 MIX = $\pm(1/5)^{1/2}$ 时，β 绝对值出现最大：当 MIX = $\pm(3/5)^{1/2}$ 时，γ 值出现最大。对于推拉共轭体系

来说，MIX 与推拉电子基团的强度和中间共轭桥等因素有关。这样通过优化 MIX 就可达到优化非线性极化率的目的。

对二阶非线性光学材料来说，以往研究的主要是偶极分子体系，其特征是分子具有非零偶极矩，分子是非中心对称和各向异性的，有一个给体-受体电荷转移轴，而且其分子超极化率β张量也是各向异性的。所以最好的非线性光学偶极分子是由π电子给体与受体通过共轭π电子为中介而组成的。对这种体系的分子工程考虑主要集中于对硝基苯胺、推拉多烯等原型化合物的修饰上。然而应用这类分子体系于非线性光学仍存在一系列的问题，如：针状物体结晶时遇到了明显的困难，而稍扁平的球体更易形成有序晶格堆砌，强偶极分子更易形成中心对称晶格堆砌而减小偶极-偶极相互作用；准一维的分子结构使超极化率张量减小，沿电荷转移轴的单一分量使极化聚合物的电光系数分量之间有一恒定比值（$r_{13}/r_{33}=1/3$），从而限制了它在电光方面的应用。

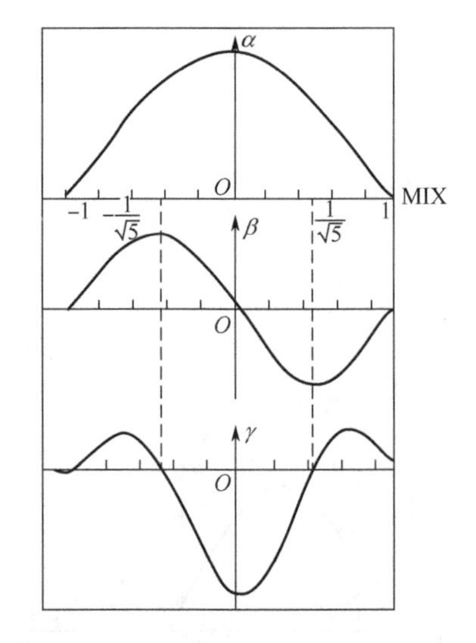

图6-6　α、β 和 γ 与MIX的关系曲线

近年来提出的“八极非线性分子”能针对性地解决以上问题。这类分子的特征是：不存在偶极矩；分子是非中心对称但各向同性的，而且β张量也是各向同性的；分子中至少有 3 个 D-A 轴。典型的例子包括胍阳离子平面八极分子及其同系物 1, 3, 5-三硝基-2, 4, 6-三氨基苯和类似的分子。对八极分子感兴趣的理由是：八极分子各向同性β张量使其$r_{13}=-r_{33}$，或$|r_{13}|=|r_{33}|$，因此有可能得到双重极化电调制；八极分子的高对称性使其具有比偶极分子更好的透明性；分子的各向同性还使分子能更有效地组装成宏观体系。八极分子体系的提出和实践把有机非线性光学材料的分子工程研究向前大大推进了一步。

6.1.5　非线性光学性质计算方法

除用上面提出的理论模型预判分子性质外，量子化学的计算也能预测物质的非线性光学性质，并且能正确认识具有良好非线性光学性质物质的分子结构特性，从而进行有效分子设计、实验合成等。非线性光学现象来自非线性极化率的产生，往往材料的宏观非线性极化率只有微观分子的 1 / 3。所以，为了在实际中能够有效应用，在理论计算时，非线性光学材料必须具有大的非线性极化率$\chi^{(2)}$和$\chi^{(3)}$。运用量子化学方法计算非线性光学性质的理论方法有导数法、有限场法、耦合微扰 Hartree-Fock 方法、态求和方法等。

（1）导数法

在均匀静电场中的分子，其体系的总能量可以按泰勒级数展开

$$E=E^0-\mu_i^{\circ}F_i-\frac{1}{2}\alpha_{ij}F_iF_j-\frac{1}{6}\beta_{ijk}F_iF_jF_k-\frac{1}{24}\gamma_{ijkl}F_iF_jF_kF_l-K \quad (6\text{-}21)$$

式中各下标为直角坐标，E^0为外加电场等于 0 时的分子能量，外电场强度在 i 方向的分

量为 F_i，分子偶极矩在 i 方向的分量为 μ_i，线性极化率张量为 α_{ij}，一阶超极化率的张量为 β_{ijk}，二阶超极化率的张量为 γ_{ijkl}。α_{ij}、β_{ijk}、γ_{ijkl} 可写成能量 E 对电场强度 F_i 的微分形式，再通过解析导数方法（CPHF）或数值微分方法求得。

（2）有限场法

有限场法（finite-field，FF）是一种数值微分的方法，也称数值法。FF 方法最初由 Cohen 和 Roothaan 两人提出，它将描述外部电场强度 F 与分子内电荷的相互作用项 μF 直接加入总哈密顿量中，然后求出在给定电场强度下体系的能量。

$$H = H_0 + \mu F \tag{6-22}$$

式中，μ 为分子的总偶极矩。计算不同方向电场强度下分子的总能量，通过自编程序求解方程组，可得到 μ、α、β、γ 的值。

当在空间 i 方向加一均匀电场 F_i 后，式（6-21）变为

$$E(F_i) = E^0 - \mu_i F_i - \frac{1}{2}\alpha_{ij} F_i^2 - \frac{1}{6}\beta_{ijk} F_i^3 - \frac{1}{24}\gamma_{ijkl} F_i^4 - K \tag{6-23}$$

若在 i 和 j 方向同时施加电场 F_i、F_j，式（6-21）变为

$$\begin{aligned} E(F_i,F_j) = {} & E^0 - \mu_i F_i - \mu_j F_j - \frac{1}{2}\alpha_{ii} F_i^2 - \frac{1}{2}\alpha_{jj} F_j^2 - \alpha_{ij} F_i F_j \\ & - \frac{1}{6}\beta_{iii} F_i^3 - \frac{1}{2}\beta_{iij} F_i^2 F_j - \frac{1}{2}\beta_{ijj} F_i F_j^2 - \frac{1}{6}\beta_{jjj} F_j^3 - \frac{1}{24}\gamma_{iiii} F_i^4 \\ & - \frac{1}{4}\gamma_{iijj} F_i^2 F_j^2 - \frac{1}{6}\gamma_{ijjj} F_i F_j^3 - \frac{1}{6}\gamma_{iiij} F_i^3 F_j - \frac{1}{24}\gamma_{jjjj} F_j^4 K \end{aligned} \tag{6-24}$$

根据式（6-22）和式（6-23），计算电场强度分别为（F_i,0），（$-F_i$,0），（2F_i,0），（$-2F_i$,0），（F_i，F_j），（F_i,$-F_j$），（$-F_i$，F_j），（$-F_i$,$-F_j$）下的分子能量，可联立求解得

$$\mu_i F_i = -\frac{2}{3}\left[E(F_i) - E(-F_i)\right] + \frac{1}{12}\left[E(2F_i) - E(-2F_i)\right]$$

$$\alpha_{ii} F_i^2 = \frac{5}{2}E^{(0)} - \frac{4}{3}\left[E(F_i) + E(-F_i)\right] + \frac{1}{12}\left[E(2F_i) + E(-2F_i)\right]$$

$$\beta_{iii} F_i^3 = \left[E(F_i) - E(-F_i)\right] - \frac{1}{2}\left[E(2F_i) - E(-2F_i)\right]$$

$$\beta_{iij} F_i^2 F_j = \frac{1}{2}\left[E(-F_i,-F_j) - E(F_i,F_j) + E(F_i,-F_j) - E(-F_i,F_j)\right] + \left[E(F_i) - E(-F_j)\right]$$

$$\gamma_{iiii} F_i^4 = -6E^{(0)} + 4\left[E(F_i) + E(-F_i)\right] - \left[E(2F_i) + E(-2F_i)\right]$$

$$\begin{aligned} \gamma_{iijj} F_i^2 F_j^2 = {} & -4E^{(0)} - \left[E(F_i,F_j) + E(-F_i,-F_j) + E(F_i,-F_j) + E(-F_i,F_j)\right] + \\ & 2\left[E(F_i) + E(-F_i) + E(F_j) + E(-F_j)\right] \end{aligned}$$

通过上述公式可以求得 μ_i、α_{ii}、β_{iii}、β_{iij}、γ_{iiii}、γ_{iijj}。再用以下公式求得静态偶极矩方向上的一阶超极化率 β_μ 和二阶超极化率 γ。

$$\beta_i = \frac{1}{3}\sum(\beta_{iii} + \beta_{ijj} + \beta_{ikk})$$

$$\beta_\mu = (\mu_x\beta_x + \mu_y\beta_y + \mu_z\beta_z)/(\mu_x^2 + \mu_y^2 + \mu_z^2)^{1/2}$$

$$\gamma = (\gamma_{xxxx} + \gamma_{yyyy} + \gamma_{zzzz} + \gamma_{xxyy} + \gamma_{xxzz} + \gamma_{yyzz})/5$$

FF 方法计算精确，适用范围广，因此已成为计算非线性光学系数常用的方法。有限场 FF

法计算金属有机配合物的精度高，计算结果与高斯程序自带的解析法计算得到的二阶非线性光学系数 β 的误差非常小，不足之处在于只能进行二阶非线性光学性质的计算。

（3）耦合微扰 Hartree-Fock 方法

Coupled-perturbation Hartree-Fock（CPHF）方法则是一种解析导数方法。这也是将能量按泰勒公式展开，利用解析微分法求得线性极化率和非线性超极化率在 HF 水平上的解析表达式。

在均匀的静电场中

$$\mu_a = -\frac{\partial E}{\partial F_a}$$

$$\alpha_{ab} = -\frac{\partial^2 E}{\partial F_a \partial F_b}$$

$$\beta_{abc} = -\frac{\partial^3 E}{\partial F_a \partial F_b \partial F_c}$$

$$\gamma_{abcd} = -\frac{\partial^4 E}{\partial F_a \partial F_b \partial F_c \partial F_d}$$

用上标的字母 a、b、c、d 来标记能量 E 对外场的偏导数，因此以上公式变为

$$\mu_a = -E^a$$

$$\alpha_{ab} = -E^{ab}$$

$$\beta_{abc} = -E^{abc}$$

$$\gamma_{abcd} = -E^{abcd}$$

对于闭壳层体系，分子的 SCF 能量为

$$E = V_{\text{nuc}} + 2\sum_{st} D_{st}(h_{st} + F_{st}) \tag{6-25}$$

式中，V_{nuc} 为核排斥能；D 为密度矩阵；h 为单电子哈密顿量积分矩阵；F 为 Fock 矩阵；角标 st 表示取遍所有奇函数。

$$D_{st} = \sum_{i}^{occ} C_{si}^{*} C_{ti}$$

$$h_{st} = \langle s|h|t \rangle$$

$$F_{st} = h_{st} + \sum_{uv} D_{uv}\left[2(st \mid uv) - (su \mid tv)\right]$$

式中，i 为取遍所有占据分子轨道，分子轨道系数 C_{si} 由 HF 方程得到。

$$FC = SC\varepsilon$$

式中，C 满足正交归一化条件，S 为基函数重叠积分，ε 为 F 算子的本征值。

根据闭壳层条件，并假定基函数与外场无关，V_{nuc} 和 S 关于外场是常数，当 h 没有二阶及二阶以上的导数项时，则能量 E 对外加电场的一到四阶导数的解析表达式分别为

$$E^a = 2\sum_{st} D_{st} h_{st}^a$$

$$E^{ab} = 2\sum_{st} D_{st}^b h_{st}^a$$

$$E^{abc}=2\sum_{st}D_{st}^{bc}h_{st}^{a}$$

$$=4Re\sum_{ij}^{occ}\sum_{st}\left[\left\{C_{si}^{a*}F_{st}^{b}C_{ti}^{c}-C_{si}^{a*}S_{st}C_{tj}^{c}\varepsilon_{ji}^{b}\right\}+\{bca\}+\{cab\}\right]$$

$$E^{abcd}=2\sum_{st}D_{st}^{bcd}h_{st}^{a}$$

$$=4Re\sum_{ij}^{occ}\sum_{st}\left[\begin{matrix}\left\{\begin{matrix}C_{si}^{a*}F_{st}^{b}C_{ti}^{cd}+C_{si}^{a*}F_{st}^{bd}C_{ti}^{c}+C_{si}^{ad*}F_{st}^{b}C_{ti}^{c}-\\ C_{si}^{a*}S_{st}C_{tj}^{c}\varepsilon_{ji}^{bd}-C_{si}^{a*}S_{st}C_{tj}^{cd}\varepsilon_{ji}^{b}-C_{si}^{ad*}S_{st}C_{tj}^{c}\varepsilon_{ji}^{b}\end{matrix}\right\}\\ +\{bcad\}+\{cabd\}\end{matrix}\right]$$

（4）态求和方法

态求和方法（sum-over-states，SOS）是一种标准的与时间有关的微扰理论，把含时间的电场作用作为微扰项加入总 Hamilton 算符中，由激光微扰场引起的微扰态当作未微扰的粒子-空穴状态的无穷之和，各阶极化率分别展开为各个激发态的和，由此得到的 NLO 系数是与偶极矩有关的矩阵元。其优点主要为：处理外场频率对极化率的影响较为方便；通过包含电子相关能校正的组态相互作用计算得到激发态；具有明确的物理意义，激发态性质对非线性光学响应的影响能够更直接观察到。

态求和方法（SOS）已经被补充到一些半经验的量化计算方法中，此法适用于大分子体系的非线性光学系数、色散效应等计算。

应用 Born-Oppenheimer 近似并只考虑电子相互作用，根据 Feynnan 图解理论得到分子一阶超极化率的计算公式

$$\left[\begin{matrix}\sum_{n\neq g}\sum_{n'\neq g'}\left\{\begin{matrix}\left(r_{gn}^{j}r_{n'n}^{i}r_{gn}^{k}+r_{gn}^{k}r_{n'n}^{i}r_{gn}^{j}\right)\\ \left(\dfrac{1}{(\omega_{n'g}+2\omega)(\omega_{ng}+2\omega)}+\dfrac{1}{(\omega_{n'g}-2\omega)(\omega_{ng}-\omega)}\right)+\\ \left(r_{gn}^{i}r_{n'n}^{j}r_{gn}^{k}+r_{gn}^{i}r_{n'n}^{k}r_{gn}^{j}\right)\\ \left(\dfrac{1}{(\omega_{n'g}+2\omega)(\omega_{ng}+\omega)}+\dfrac{1}{(\omega_{n'g}-2\omega)(\omega_{ng}-\omega)}\right)+\\ \left(r_{gn}^{j}r_{n'n}^{k}r_{gn}^{i}+r_{gn}^{k}r_{n'n}^{j}r_{gn}^{i}\right)\\ \left(\dfrac{1}{(\omega_{n'g}-\omega)(\omega_{ng}-2\omega)}+\dfrac{1}{(\omega_{n'g}+\omega)(\omega_{ng}+2\omega)}\right)\end{matrix}\right\}+\\ 4\sum_{n\neq g}\left\{\begin{matrix}\left[\begin{matrix}r_{gn}^{j}r_{gn}^{k}\Delta r_{n}^{i}\left(\omega_{ng}^{2}-4\omega^{2}\right)+r_{gn}^{i}\left(r_{gn}^{k}\Delta r_{n}^{j}+r_{gn}^{j}\Delta r_{n}^{k}\right)\\ \left(\omega_{ng}^{2}+2\omega^{2}\right)\end{matrix}\right]\times\\ \dfrac{1}{\left(\omega_{ng}^{2}-\omega^{2}\right)\left(\omega_{ng}^{2}-4\omega^{2}\right)}\end{matrix}\right\}\end{matrix}\right]$$

式中，上标 i、j、k 表示直角坐标分量；β_{ijk} 为二阶非线性光学系数张量在（ijk）方向上的分量；r_{gn}^{j}、$r_{n'n}^{i}$ 等表示分子中电子的跃迁矩阵元。

6.2 有机非线性光学材料

按照合成原料可将非线性光学材料分为无机材料、有机材料和有机-无机杂化材料几类。

无机非线性光学材料包括红外材料（一般为半导体材料）、可见光材料（一般为氧化物或磷酸盐、碘酸盐和铌酸盐等铁电材料）和紫外材料（一般为硼酸盐和钼酸盐等）。不同材料与光作用的物理机理并不相同，无机非线性光学材料由于其稳定的物理化学性质以及良好的机械加工性能得到迅速的发展。相比于无机非线性光学材料，有机非线性光学材料的结构对称性相对较低，因此具有更加丰富多样的晶体结构，而且有机非线性光学材料因具有非线性光学系数大、激光损伤阈值高、介电常数低、响应速度快及可加工性好等优点，在现代激光技术、太赫兹技术、光学通信、数据存储和光信息处理等领域有潜在的应用前景。如已普遍应用于太赫兹波段频率转换的有机 DAST 晶体，它和它的衍生材料的非线性系数最高可达约 300pm / V，远远超过常规的非线性无机材料。但由于有机非线性材料熔点较低、双折射率较大、易潮解以及热导率较小的本质属性，很难获得高质量的晶体材料，也限制了其进一步的发展及应用。近年来，有机-无机杂化非线性光学材料也有较大的发展，比如在钙钛矿结构中引入有机阳离子则可以得到性能优异的有机-无机杂化非线性光学晶体材料。

6.2.1　有机二阶非线性光学晶体

非线性光学晶体是重要的光电信息功能材料，分子在晶体中的取向排列直接影响晶体材料的非线性光学响应，只有非线性光学效应的分子在晶体中呈非中心对称排列时，才能使晶体具有二阶非线性光学活性。非线性光学晶体材料可以用来进行激光频率转换，扩展激光的波长；用来调制激光的强度、相位；实现激光信号的全息存储、消除波前畸变的自泵浦相位共轭等，它是光电子技术特别是激光技术的重要物质基础，是高新技术和现代军事技术中不可缺少的关键材料，在医疗、信息、能源、国防等领域有重要应用价值。

随着 20 世纪末全世界信息化浪潮的迅猛发展和光电子技术的广泛采用，国内外对光电功能晶体尤其是非线性光学晶体的市场需求剧增，在很多发达国家都处于优先发展的位置，并作为一项重要战略措施列入各自的高技术发展计划中，给予高度的重视和支持。我国无论是在非线性光学晶体的学术研究还是产业化方面，都具有国际性的影响，特别在可见及紫外波段非线性光学晶体的研究方面一直处于领先水平。随着光电信息产业的迅速发展，对高速和高密度数据处理的要求在逐步提高，在这方面传统的无机材料已难以满足需求。因此，迫切需要研发新一代的光电信息材料及应用技术，特别是发展和研究具有大非线性和高电光性能的有机非线性光学材料。

有机晶体种类繁多，由于有机分子具有可裁剪的性质，便于进行分子设计、合成及生长新型有机晶体，是当代研究非线性光学晶体材料一个新的广阔领域。有些有机非线性光学晶体的非线性光学系数比无机晶体的大 1~2 个数量级，而且光学均匀性优良，生长设备简单。目前对有机非线性光学晶体的研究主要集中在二阶非线性光学有机晶体。在适用于晶体生长的非线性光学有机材料的设计上，不仅要考虑分子本身的大非线性，而且要考虑分子的结构是否有利于使其实现非中心对称排列。这主要是因为材料的宏观二阶非线性不仅取决于其组成分子（生色团）的微观非线性，还与生色团的排列取向有关，只有形成宏观的非中心对称结构，材料才能显示出宏观二阶非线性。

6.2.1.1 离子型有机晶体

多数的有机晶体材料呈现中心对称排列而不具备宏观二阶非线性光学性质，大大增加了有机单晶方面的研究难度。长期实践表明，采用阴阳离子二元结构的分子设计是目前较为有效的策略之一。在这种材料中，阳离子是其非线性的主要来源，阴离子（大多带有磺酸基）则通过库仑力调节阳离子生色团的排列，精心设计的阴离子不但可以诱导阳离子在晶体中按非中心对称结构堆砌，而且可以通过优化排列使其宏观二阶非线性达到最大。在分子一阶超极化率相同的情况下，分子排列的差异成为影响宏观二阶非线性光学性质的主要因素。通过此方法制备的有机吡啶盐及其衍生物的非线性光学现象非常丰富，涉及二阶非线性和非线性吸收等各个领域，体现出的非线性效应也很显著。对甲苯磺酸 4-［(4-*N*，*N*-二甲氨基苯基）乙烯基］-*N'*-甲基吡啶鎓盐（DAST）是有机吡啶盐的典型代表之一，其分子结构如图6-7 所示，是日本东北大学中西八郎教授发现，并由美国 Marder 报道的首例具有良好非线性光学特性的有机离子型晶体。吡啶鎓盐中吡啶环上的碳原子与氮原子均以 sp^2 杂化轨道相互重叠形成 σ 键，构成一个平面六元环，氮原子上的孤对电子不参加共轭，吡啶成盐后并不破坏环状共轭体系，电子在光场作用下可以从一端转移到另一端，从而使有机分子的二阶非线性极化率增大。研究表明，受体强度越大，分子内电荷转移程度越大，相应的微观二阶极化率也越大。DAST 有很大的非线性系数［d_{11} = 210pm / V（1907nm)］和较小的介电常数（ε = 6.4)，DAST 的性能指数（FOM）达到 300pm / V 以上，远远大于无机晶体。

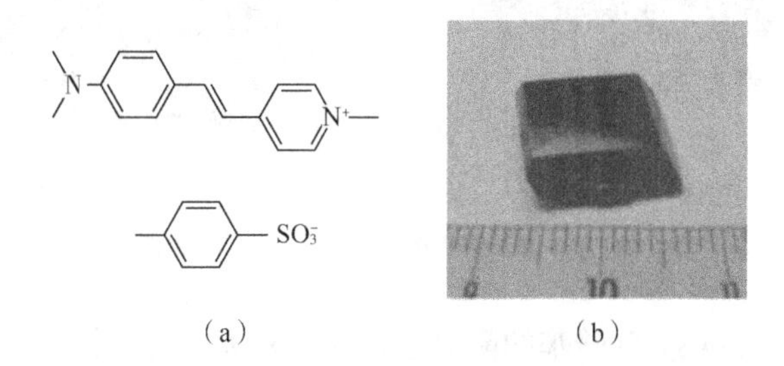

图6-7 （a）DAST的化学结构和（b）单晶图

目前离子型非线性光学晶体材料的主要研究目标是开发新的符合应用要求、兼具大非线性、较好晶体生长能力和高温及光稳定性的有机材料。研究者们在 DAST 类非线性光学晶体材料性能提升上做了很多贡献。其中一种方法是保持 DAST 中的阳离子不变，使用不同的阴离子进行修饰。Günter 等考查了甲基苯磺酸阴离子改变对 DAST 的 SHG 活性性能的影响。如图6-8 所示，当甲基苯磺酸阴离子被 β-萘磺酸替代后（DSNS-2)，其非线性比 DAST 提高 50%，是目前已经报道的非线性光学有机晶体中最大的。杨洲等合成出 3 个系列具有不同阴离子结构的吡啶盐（见图 6-8)，并且研究了阴离子大小对晶格堆砌的影响。实验结果表明，采用尺度较长的阴离子不仅难以形成非中心对称结构，而且难以生成单晶；而采用大体积的阴离子虽然不利于结晶，但由于已削弱分子间的相互作用，可望得到具有很大二阶非线性光学性能的材料。利用此方法，他们用 2,4,6-三甲基苯磺酸代替对甲苯磺酸，合成出另一种新材料 DSTMS，它的非线性和 DAST 相似，但晶体生长能力有了很大提高。这种材料在不加入晶种的条件下就可通过溶液法生成尺度为 3.3cm × 3.3cm × 0.2cm 的单晶，而且采用毛细管法可生成边长为 5mm、厚度介于 5~30μm 的单晶薄膜（图 6-9)。

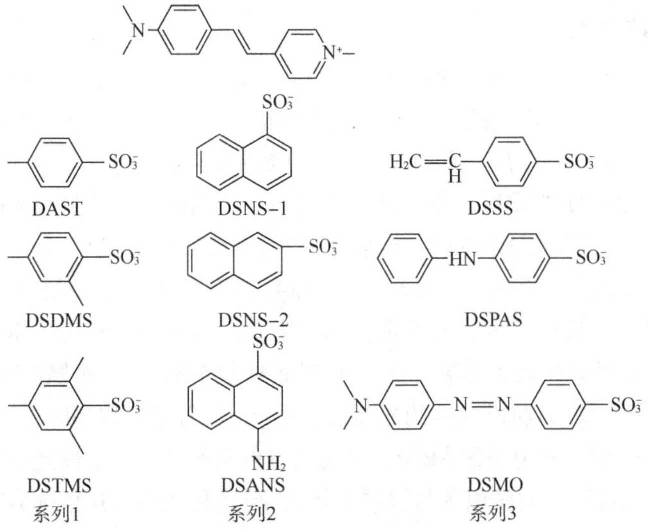

SO₃⁻
DAST
DSNS-1
H₂C=C(H)
DSSS
DSDMS
DSNS-2
HN
DSPAS
NH₂
N=N
DSTMS
DSANS
DSMO
系列1
系列2
系列3

图6-8 DAST衍生物的分子结构

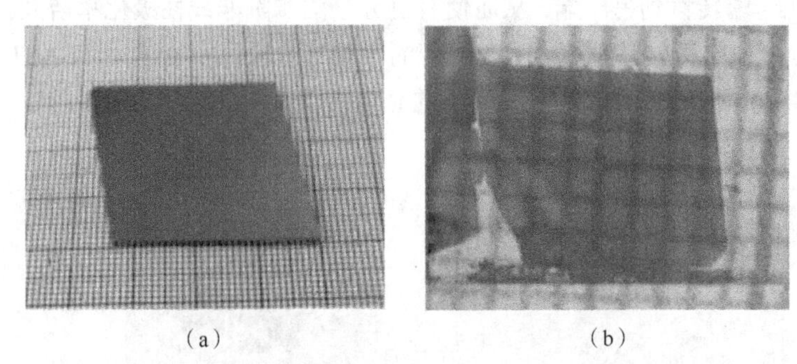

（a）　　　　　　　　（b）

图6-9 （a）DSTMS的单晶和（b）单晶薄膜图

第二种方式是保持DAST磺酸基的阴离子，改变阳离子的结构，如MC-PTs、MONT和MOPT等（图6-10），但这些材料的非线性都没有超过DAST，这可能跟改变阳离子后得到中心对称结构的概率会大大增加有关。还有一种方式是同时改变材料的阴阳离子。如Coe和Marder等分别改变阴离子和阳离子部分的基团结构，理论计算和测试表明可以得到非线性大于DAST系列的材料，但得到的晶体的宏观非线性和DAST相近，这表明此类材料在晶体堆砌中还没有达到最优化，其宏观非线性还有继续提高的余地。

HO
MC-PTs
SO₃⁻
MeO
MONT
MeO
MOPT

图6-10 MC-PTs、MONT、MOPT的分子结构

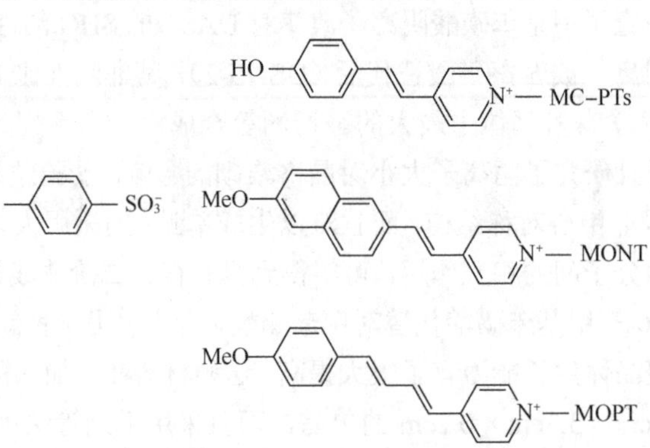

6.2.1.2 多烯烃类化合物晶体

近年来采用一类封闭构型多烯烃类化合物生长非线性光学晶体的研究取得了较好的进展。采用这一类分子的主要原因是此类分子兼具较大的非线性和良好的高温及光稳定性。当然，和所有的有机材料一样，此类材料在晶体中大多倾向于中心对称排列，如何通过分子设计来提高晶体排列的不对称性是当前研究的重点。其中一种比较有效的方法是，通过引入手性基团来提高分子排列的不对称性。例如，Kurtz 和 Perry 等人使用手性吡咯作为电子给体设计合成出非线性化合物 PyT1 和(D)-PyM3（图 6-11），通过粉末测试发现 PyT1 和(D)-PyM3 二次谐波产生（SHG）的效率是尿素的几百倍。另一种有效的方法是，通过氢键的作用来诱导分子的不对称排列。如图 6-11（c）所示的 OH1 分子，它展现出良好的电光性能，当入射光的波长分别是 632.8nm 和 785nm 时，$n_3^3 r_{333} = (2070\pm80)\mathrm{pm/V}$ 和$(970\pm100)\mathrm{pm/V}$，这在有机晶体中是非常高的。使用 160fs 的激光脉冲去照射 OH1 晶体，产生的 THz 波频率从 0.1THz 一直持续到 3THz。

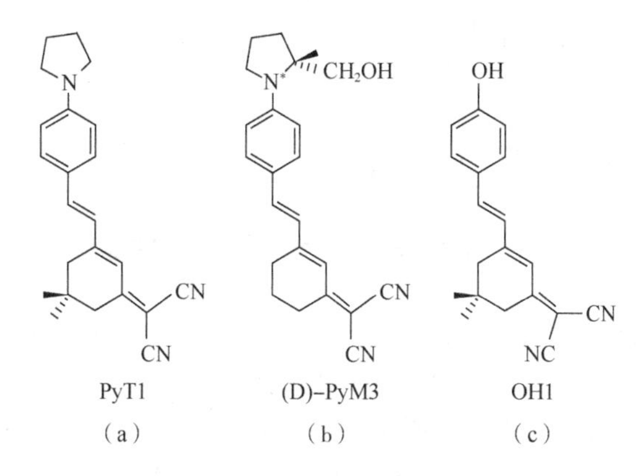

图 6-11　PyT1、(D)-PyM3、OH1 的分子结构

6.2.1.3 有机金属配合物晶体

金属、配体的多样性使得金属有机配合物的设计灵活多样。近年来，金属有机配合物逐渐成为人们探索新非线性光学材料的热点。金属有机配合物的优点主要表现在以下几个方面：①较大的基态偶极矩和极化率，以及低的激发态能量，有利于提高材料的光电响应速度；②金属原子（离子）的介入，引起更多的能级参与杂化，影响金属配合物的双光子吸收性质；③金属与配体之间的相互作用可使分子内的电荷分布发生畸变，增大分子内的电荷转移程度，有利于优化非线性光学活性；④以金属为中心的三维结构往往会带来常规有机分子没有的独特光电性能；⑤中心金属的氧化还原变化可能导致较大的分子超极化率，中心金属原子或离子能够以多种氧化态存在，其配位环境也可以不同；⑥金属原子或离子和有机配体可形成多种空间排列方式，起类似于无机物中阴离子畸变基团的作用，克服平面型有机分子晶体的双折射率过大的缺点，从而得到比较实用的非线性光学材料；⑦很好的稳定性及其他物化性能。

在已合成的众多有机金属配合物中，吡啶配合物是发展较快的一类优良的非线性光学晶体材料。Coe 等在探索具有大的二阶非线性光学性质的有机金属吡啶复合物方面做出了卓有成效的工作。例如，设计并合成了一系列基于吡啶配合物的非线性光学生色团（图 6-12），其分子二阶非线性光学极化率 β_0 可以达到 600×10^{-30}esu，这在二维平面分子中是比较大的。

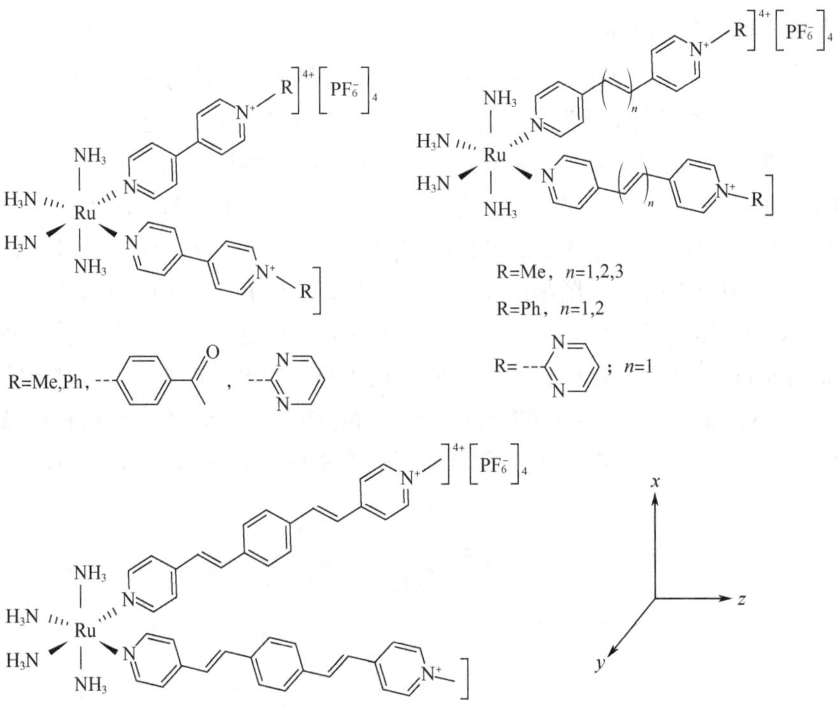

图6-12　吡啶配合物有机非线性化合物分子结构

金属咔唑也是常见的金属配合物，由于咔唑具有良好的空穴电子传输效应和平面共轭富电子环，它们的金属配合物在非线性光学材料领域具有潜在的应用价值。华东理工大学陈辉等用*N*-烯丙基咔唑为配体，合成了*N*-烯丙基咔唑三羰基铬配合物，相较于其他纯有机生色团，配合物有一个比较大的非线性吸收系数，金属羰基铬基团的配位完成了分子平面构型向三维立体结构的转变，起桥梁作用的金属中心使不同配体之间产生耦合作用，在光激发时更容易发生分子内电子云畸变。金属到配体和配体到金属的电荷转移以及金属离子本身的 d-d 跃迁诱导了新的电子多重度，从而导致非线性效应优于纯有机配体。

尽管具有二阶非线性光学性能的有机金属复合物目前还处在材料研发阶段，在晶体的生长方面还没有进行系统的研究，在实际应用上还存在着很多问题，不过由于其分子大都具有较大的非线性，其发展潜力仍是值得关注的。

6.2.2　有机高分子二阶非线性光学材料

目前，无机材料依然是市场商业化应用的二阶非线性光学材料中的首选，如铌酸锂（$LiNbO_3$）、磷酸二氢钾（KH_2PO_4）等。但是，随着光电科技的不断发展，对光电材料各方面性能的要求也在不断提高，传统的无机晶体材料由于自身难以克服的缺点（如较高的半波电压和介电常数等），极大地阻碍了其在光电科技领域的应用和推广。然而，与无机材料相比，有机高分子材料因具有较低的介电常数，易于集成以及响应速度超快等优点，已经逐渐成为当今非线性光学材料及其应用研究中的重要组成部分。

20 世纪末，高分子极化概念的提出为破坏有机二阶非线性光学材料生色团所形成的中心对称结构提供了很好的思路，可实现生色团组分的有序排列，使生色团表现出宏观非线性光学活性。如图6-13所示，电场极化的原理是：将含有非线性光学生色团的高分子材料通过特定的方式制备成高分子薄膜，在室温下，高分子链处于玻璃态，分子链中的生色团部分很难自发定向移动，因此，需要将高分子薄膜加热到其玻璃化转变温度（T_g）以上，然后加载强的直流电场诱导生色团取向排列，极化一定时间以后，降低温度并继续保持电场，从而“冻结”生色团的取向，最后再撤去电场，使高分子材料实现非中心对称排列并表现出宏观二阶非线性光学性能。

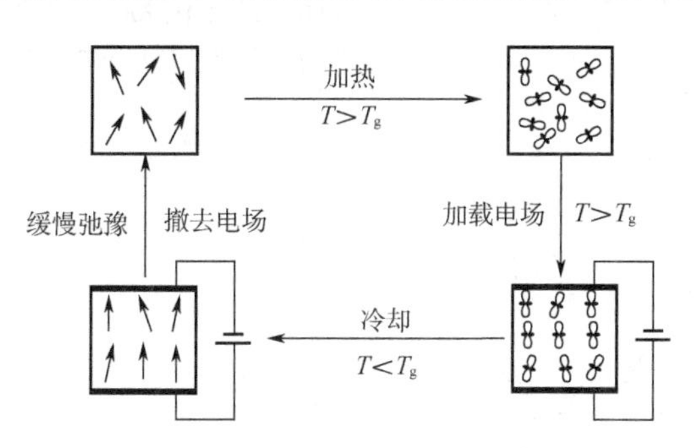

图6-13 高分子极化过程示意图

6.2.2.1 极化聚合物

极化聚合物中，偶极生色团分子一般采用掺杂或者化学键合的方法引入聚合物中，并在外加强电场的作用下使偶极分子沿着电场方向排布，从而使这种聚合物表现出宏观上的非对称性，但并不能保证所有分子的取向都一致，故这只是统计意义上得到的结果。

其中，主客体掺杂型非线性光学材料制备比较简单，可直接经电场极化制备获得而不需要将生色团分子键连到聚合物主体上。这种材料体系合成工艺简单，因而被广泛应用。但由于生色团分子与主体材料之间不存在化学键的连接，因而材料中的生色团分子受到温度影响或随时间流逝会逐渐趋向于随机排列，而非原本的统一取向。这种材料往往存在以下问题：①生色团的掺杂浓度较低，从而降低电光系数值；②聚合物与生色团的相容性差，易出现相分离现象；③随着时间的延长或温度的升高生色团易产生“弛豫”现象，生色团分子取向后的时间稳定性不高；④生色团分子容易结晶，降低聚合物光学薄膜的透明性；⑤材料的玻璃化转变温度随着生色团分子含量的增加而降低，降低了材料的热稳定性。

相比主客体掺杂型非线性光学材料，共价键连型非线性光学聚合物展现出更好的性能。根据生色团分子与聚合物骨架链段的连接方式以及形成聚合物时的结构特点，可分为侧链型、主链型、树枝状以及超支化二阶非线性光学材料等。

侧链型聚合物是指生色团分子共价连接在聚合物侧链上的高分子材料。图6-14为Alex K. Y. Jen等合成的两种新型非线性光学侧链型聚合物（PMI-A7和PMI-B7），其中生色团分子具有较高的超极化率且含有化学敏感基团，极化后生色团受聚合物主链的牵引不能自由运动，提高了生色团分子的取向稳定性。因直接键连，薄膜的光学均匀性得以改善。

主链型二阶非线性光学材料即将生色团分子键连到聚合物主链上。与侧链聚合物材料相比，主链聚合物在电场下极化取向后，生色团分子的松弛行为更加困难，因此具有较高的取向稳定性。如图6-15所示，秦金贵和李振等首次将含吲哚基团的生色团分子引入聚合物主链上，其中主链型聚氨酯的非线性光学性能通过改变生色团分子的供电基团的间隔基团来调节。

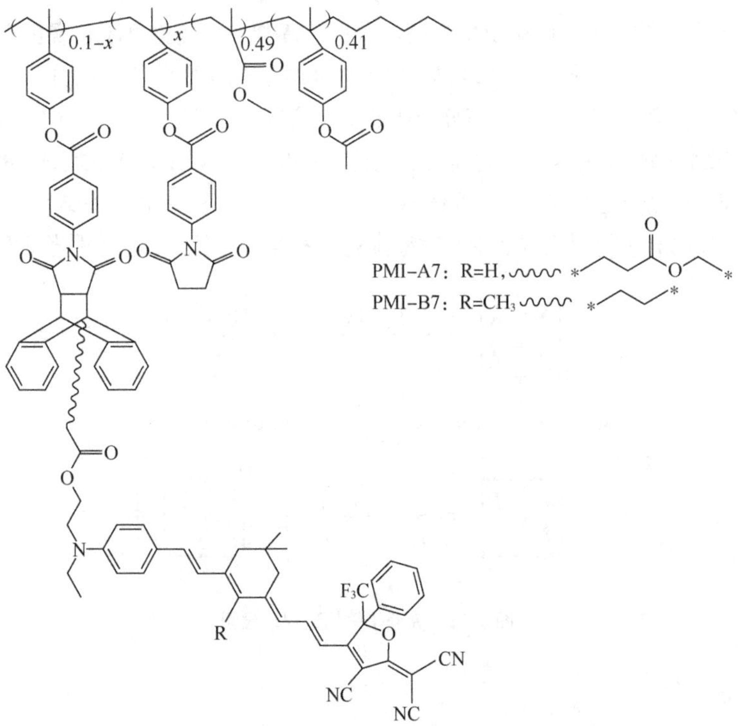

图6-14 非线性光学侧链型聚合物的分子结构

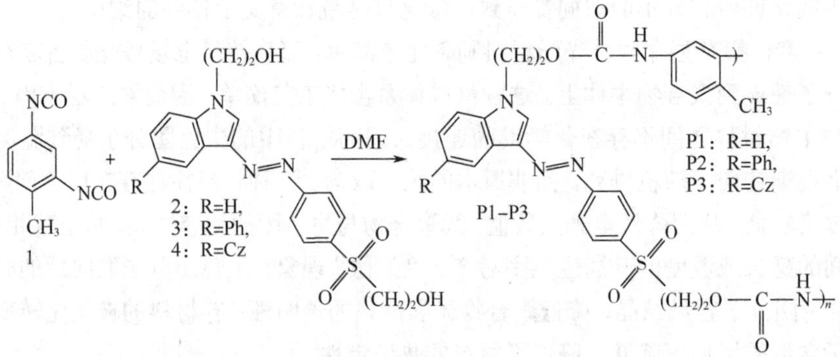

图6-15 一系列含吲哚基生色团的主链聚氨酯的制备

树枝状结构分子具有高度酯化的三维立体结构，表面富集了大量的可功能化基团，可以设计出具备优秀非线性光学性质的材料。Fréchet证明树枝状分子的支化结构可以给生色团分子提供分子内部的自由体积，使相邻生色团分子在结构上出现隔离屏蔽，这样可以减少因生色团分子之间的偶极-偶极相互作用产生的生色团有效浓度降低，进而提高其非线性性能。如研究人员将三苯胺引入主链型树枝状超支化高分子23和24，如图6-16所示。由于生色团被引入高分子的主链上，生色团的取向稳定性得到提高，高分子23和24不仅表现出优异的二阶非线性光学性能，同时具有较高的去极化温度，尤其是高分子23，d_{33}值为122pm / V，去极化温度高达117℃。

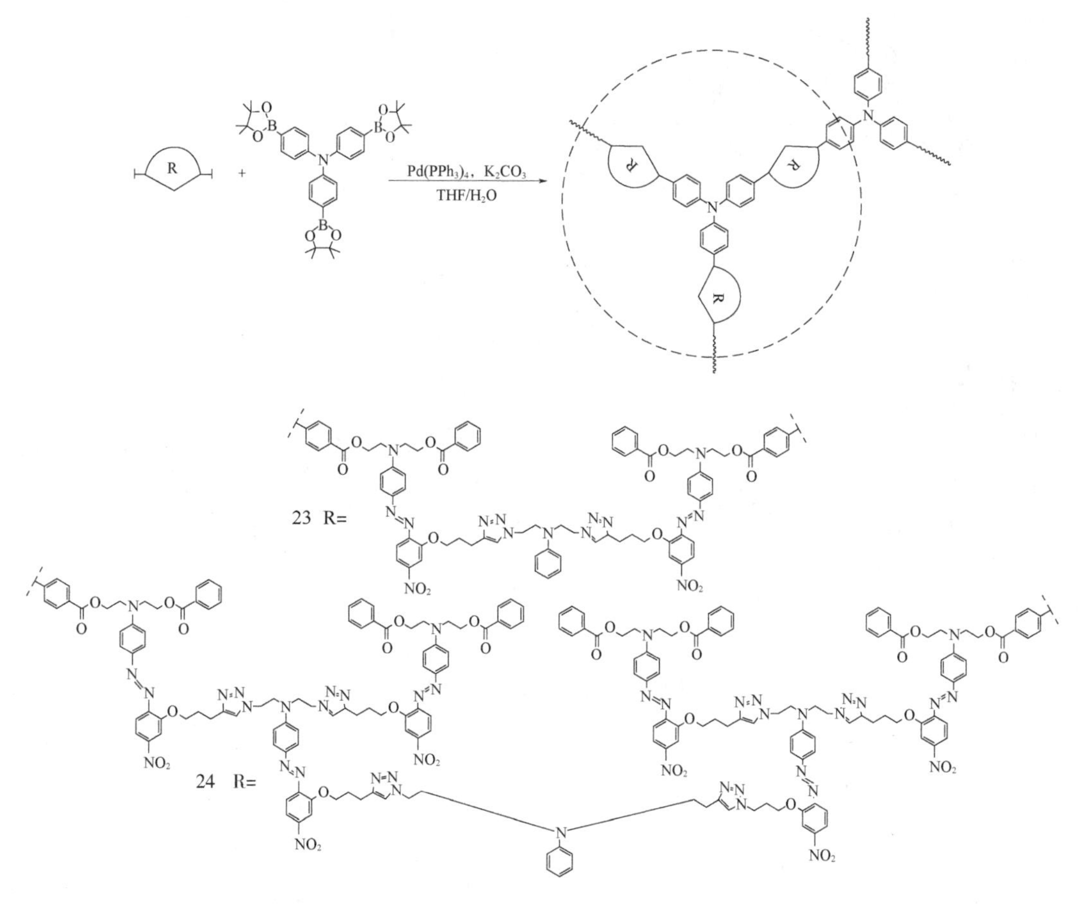

图6-16 树枝状高分子非线性材料分子结构

超支化二阶非线性光学材料即与树枝状分子一样的具有三维结构和大量分子内空隙的高度支化聚合物。超支化聚合物没有规则的几何结构，但黏度低且溶解性较好，还具有很好的成膜性，合成工艺简单，成本低。如图6-17所示，秦金贵等合成了一系列超支化的聚合物及具有同种同等生色团含量的线型聚合物，由于超支化聚合物特定的三维空间结构，球型位分离效应能够提高生色团的有效浓度，超支化聚合物表现出比对应的线型聚合物高很多的二次谐波系数，这表明材料的非线性光学性能已经有明显的提高。

6.2.2.2 高分子非线性光学材料自组装膜

美国科学家 I. Langmuir 和其学生 K. Blodgett 在二十世纪二三十年代创建出一种制备单分子膜的 LB 膜技术。LB 膜技术是使兼有长碳链疏水基团和亲水基团的两性有机分子漂浮在水面上，逐渐压缩其在水面上占有的体积，使其排列成单分子层，再转移沉积到支撑基板上获得薄膜。LB 膜作为高技术领域中的一项新技术，是实现分子组装和纳米尺度润滑的有效方法之一，也是一种制备二阶非线性光学材料的有效手段。LB 膜分子间具有规整的排列和取向。膜的厚度可在沉积过程中得到控制，也可通过改变形成疏水尾巴的 CH_2 链节的数目、插入离子等手段来调节。由于膜厚的差异可以控制在一个分子层的厚度（2~3nm 之内），对于波导应用十分有利。吉林大学的王耀利用 LB 膜技术合成出含有可光聚合的双炔基团长链分子和偶极生色团分子的二阶非线性 LB 膜，如图6-18所示。

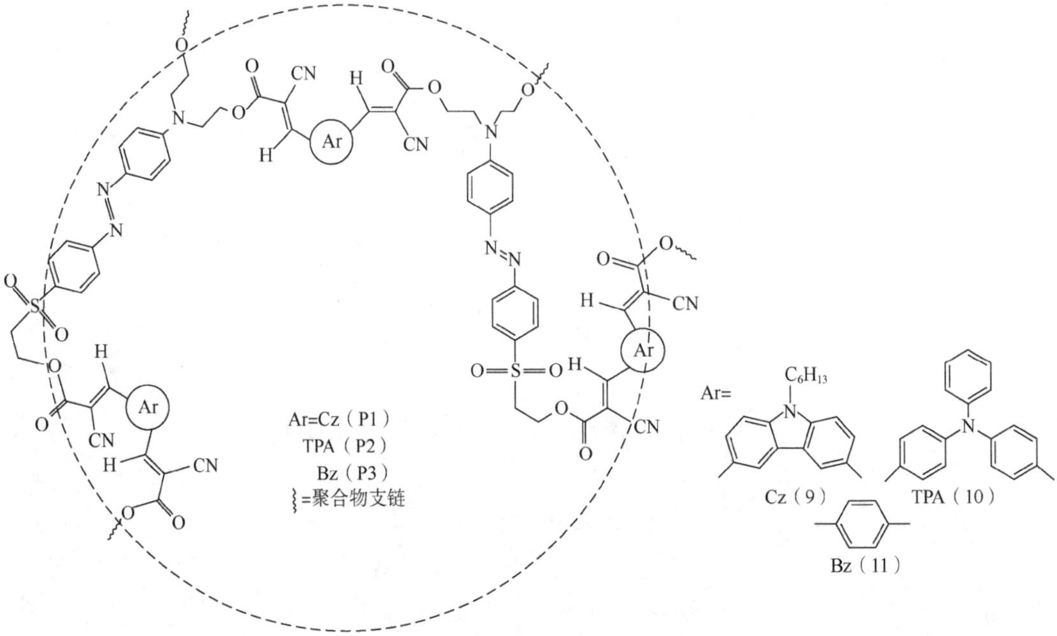

图6-17　超支化聚合物分子结构

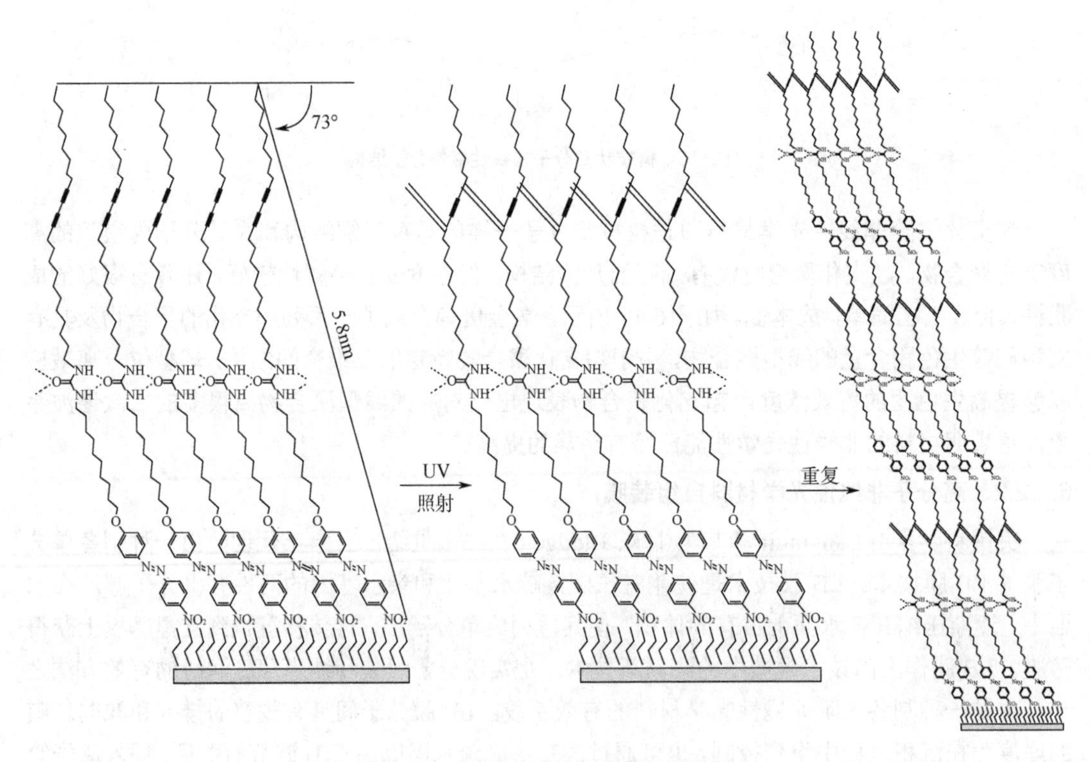

图6-18　LB膜沉积可聚合二阶非线性材料

由于具有简单、高效、成膜面积大及对成膜基底形状要求低等优点，自组装多层膜（LBL）技术受到人们的广泛重视，并且已经在理论和实际应用中有大量的研究。层状多层薄膜的成膜推动力有静电相互作用、氢键相互作用、主客体相互作用、电荷转移相互作用、亲/疏水相互作用、生物特异性相互作用、酸碱对相互作用、疏溶剂相互作用、配位相互作用、共价相互作用和多种推动力的协同相互作用。在制备 LBL 膜时，随着组装层数增加，层间的成膜推动力难以控制一致，导致膜的无序程度也会增大，组装到一定厚度将无法继续进行。所以研究如何控制层间成膜推动力，保持沉积过程的延续可控是制备多层 LBL 膜材料面临的挑战。国内 LBL 研究方面，清华大学张希院士首创并系统研究了氢键驱动的 LBL，为该领域做出重要贡献。

构筑 LBL 多层膜一般有两种途径：一是采用ω取代的双活性基团的配体，另一种是采取表面反应使表面再次活化，有时两种方法同时使用。目前主要的方法如下所列。

（1）利用硅烷与羧基聚合组装多层膜

有关ω取代的硅烷组装多层膜方面的工作已经取得一定的成果。ω取代的端基基团为甲酯、乙烯基、乙酸基、硫化乙酸基、α-卤化乙酸基卤素、甲醚链、氰基、硫氰基等的组装膜均有报道。比较典型的工作是 Tillman 等利用 23-（三氯硅基）二十三酸甲酯（MTST）作为原料成功构筑多层膜。

（2）与纳米微粒形成多层膜

构筑自组装无机纳米粒子/聚合物复合多层膜材料通常是利用吡啶与过渡金属之间典型的配位作用。可以运用这种方法将如 PbS、CdS、MnS、ZnS 及 ZnSe 等的纳米粒子组装到聚合物膜层中，这是一种很好的制备纳米粒子-聚合物复合膜层材料的方法。

（3）通过磷酸盐沉淀组装多层膜

该种方法以 Mallouk 等的工作为代表，在表面进行反应，产生一种不溶盐，利用这种方法可构筑多层膜。

（4）利用表面缩合反应构筑多层膜

利用表面缩合反应构筑功能薄膜材料的工作主要有以下几个方向：二阶非线性功能膜，以 Marks 等的工作为代表；光电功能膜，以黄春辉等的工作为代表；C_{60}衍生物自组装多层膜，以黄春辉等的工作为代表。

（5）利用金属离子桥连形成多层膜

利用金属离子桥连形成多层膜以黄春辉等的工作为代表。他们通过选用 Ce^{4+}、Zr^{4+} 和 Sn^{4+} 等高价离子为桥连离子，与羧基配位形成较稳定的自组装多层膜。

（6）静电相互作用组装多层膜

目前应用最为广泛的就是以静电相互作用为驱动力制备组装多层膜。

静电相互作用 LBL 自组装多层膜的制备过程示意图见图 6-19。经过清洗的基片先进行表面修饰，使基片的表面带有一定的正电荷，然后将其浸入带有负电荷的阴离子聚电解质溶液中。由于静电相互作用，在基片的表面会吸附一层阴离子聚电解质分子，而这种吸附在一定时间内会达到平衡，通常在 1min~1h 之内。在其达到平衡后，将基片取出反复浸入纯水中一段时间，洗去未与表面作用的聚电解质分子，这样，基片表面的电荷就从正电荷变为负电荷。基片经洗净吹干后，再次浸入带有正电荷的聚电解质溶液中，在阴离子聚电解质分子表面再吸附一层阳离子聚电解质分子。取出用纯水洗净吹干后重复以上的过程，即可得到 LBL 自组装多层膜。

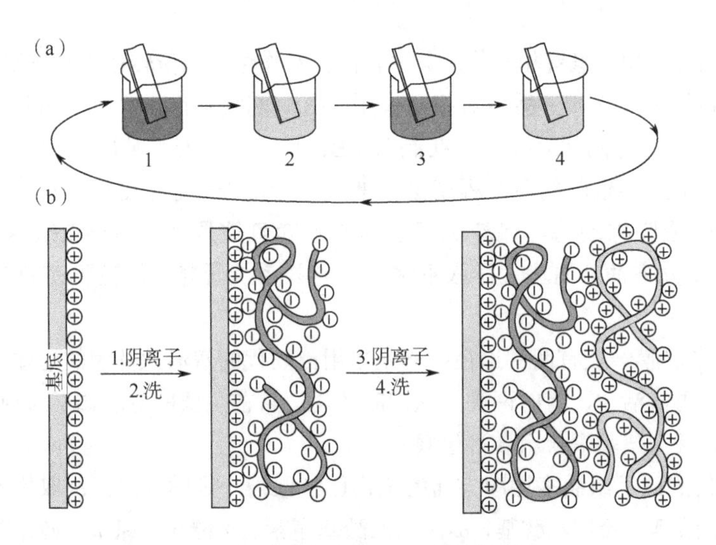

图6-19 静电相互作用LBL膜制备过程

6.2.3 有机三阶非线性光学材料

近年来，围绕对光通信及光计算的研究，人们正在研制和探索具有大的三阶非线性系数和快的响应时间的各种非线性光学材料。对于有机三阶非线性光学材料的研究主要集中在π共轭聚合物、多烯和菁染料、酞菁类化合物、富勒烯和液晶等物质。

（1）π共轭聚合物

π共轭聚合物非线性光学材料具有大的π电子共轭体系，实验表明，它们具有大的三阶非线性极化率和超快的光学响应时间，1976年，Stauteret等发现含对甲苯磺酸基团取代基的聚二乙炔（PDA-PTS）晶体具有很大的三阶非线性，因此π共轭聚合物就成为非线性光学材料研究的热点之一。

聚二乙炔是迄今为止研究最广泛的一类共轭聚合物三阶非线性光学材料，其单体结构式为 $R^1—C≡C—C≡C—R^2$，通常情况下，R^1 和 R^2 为同一取代基，其共轭的碳链骨架提供材料的三阶非线性光学特性。此外，比较常见的共轭聚合物非线性光学材料还有聚乙炔、聚噻吩、聚苯胺、聚吡咯以及它们的衍生物等。根据材料、测定方法及测定波长的不同，这些聚合物的三阶非线性极化率 $\chi^{(3)}$ 的范围为 $10^{-10}\sim10^{-5}$esu。Jenekhe等于1990年首先报道聚并噻吩苯甲烯（PBTBQ）和聚并噻吩对乙酸酯基苯甲烯（PBTABQ）的三阶非线性极化率分别为 2.7×10^{-7}esu和 4.5×10^{-8}esu。高潮等最近利用简并四波混频法对5种聚（3-烷基）噻吩取代苯甲烯衍生物（结构式如图6-20所示）进行了研究，发现它们具有较大的三阶非线性极化率（$10^{-9}\sim10^{-8}$esu）。通过讨论取代基结构对5种聚（3-烷基）噻吩取代苯甲烯衍生物的三阶非线性极化率的影响，发现由于推拉电子结

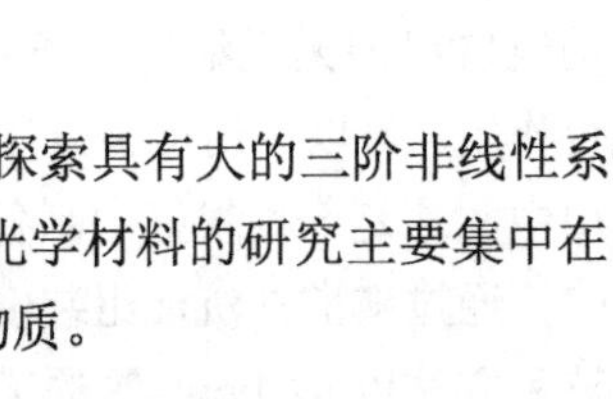

PBTNBQ $R^1=C_4H_9$，$R^2=NO_2$
PHTNBQ $R^1=C_6H_{13}$，$R^2=NO_2$
PBTDMNBQ $R^1=C_4H_9$，$R^2=N(CH_3)_2$
PHTDMNBQ $R^1=C_6H_{13}$，$R^2=N(CH_3)_2$
POTDMNBQ $R^1=C_8H_{17}$，$R^2=N(CH_3)_2$

图6-20 聚（3-烷基）噻吩取代苯甲烯衍生物

构的影响，侧链上含有硝基的PBTNBQ和PHTNBQ具有较高的三阶非线性极化率。

张志刚等报道了两种新型可溶性聚吡咯甲烯衍生物的三阶非线性极化率分别为2.1×10^{-8}esu和8.65×10^{-8}esu，在这两种聚合物中，侧链的推拉电子结构有利于共轭π电子的离域，提高分子的极化程度。

（2）多烯和菁染料

有机分子中的多烯和菁染料是一类重要的三阶非线性光学材料，如非对称碳花菁染料的$\chi^{(3)}$达到3×10^{-8}esu。有机染料分子形成J聚集体后对三阶非线性起增强作用。部花菁染料MCSe的J聚集体薄膜的$\chi^{(3)}$比非聚集体薄膜的$\chi^{(3)}$的非共振值大3倍，而共振值大10倍。花菁染料NK-3261，结构式如图6-21所示，利用飞秒激光的简并四波混频法研究其J聚集体的三阶非线性光学性质，发现在共振条件下，这种染料的J聚集体薄膜具有较大的三阶非线性极化率（$\chi^{(3)} = 5.9 \times 10^{-7}$esu）和快的非线性光学响应时间（$< 10$ps），与非聚集体薄膜相比，J聚集体的三阶非线性极化率增大30倍。Zhou等采用Z-扫描技术研究了一种花菁染料（NK-1046）的J聚集体掺杂硅溶胶-凝胶膜的三阶非线性极化率（$\chi^{(3)} = 5.9 \times 10^{-7}$esu），并发现这种薄膜具有一定的光学稳定性。

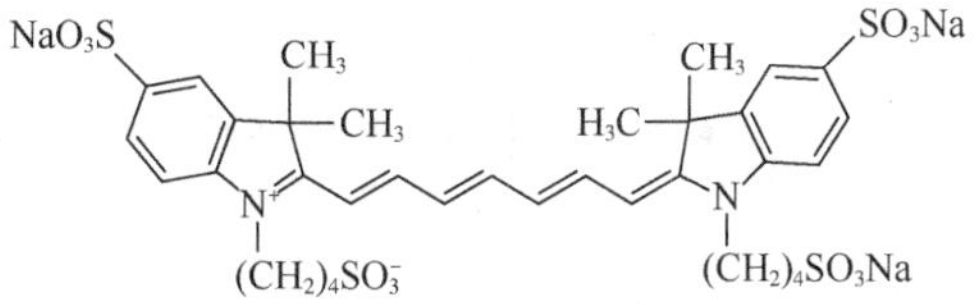

图6-21　花菁染料NK-3261

近年来，方酸菁染料引起了人们的广泛注意。除去它在光存储材料、非线性光学及感光化学方面具有潜在的应用价值外，更主要的是由于它本身具有一些特别的性质，如在可见/红外有强而窄的吸收峰，其分子中央的方酸环C_4O_2是电子接受体，两端为电子给体，是D-A-D结构，还具有分子内电荷转移性质等。对方酸菁染料做结构上的改善一直很受关注，国内有人报道过在吲哚环C_5位合成出一系列具有不同取代基的吲哚方酸菁染料，研究过不同的取代基对其基态和激发态三阶非线性的影响。Tatsuura等对一种方酸菁染料的J聚集体的三阶非线性光学性质进行了研究，其$\chi^{(3)}$值达到2.9×10^{-6}esu。

（3）酞菁类化合物

酞菁分子是一个二维的具有18个π电子构成的大π环的共轭体系。大π环中的电子特点是非局域化，在光场的作用下可以被高度极化而且具有超快的响应时间。所以，酞菁分子通常具有很强的光学非线性效应。而且酞菁分子还可以通过周围苯环与其他功能基团相连接，从而实现更大的离域电子体系或电荷转移体系，使酞菁材料显示出更好的非线性性能。

近年来，人们通过各种实验手段如三次谐波产生法（THG）、四波混频法（FWDM）及Z-扫描等对酞菁材料的三阶非线性进行研究，研究的主要热点是如何通过分子设计的方法尽可能提高酞菁的$\chi^{(3)}$值，内容包括改变中心金属原子、外围取代基以及分子取向等方面。研究表明，不同的中心金属原子对其非线性光学极化率有重要影响，中心金属原子的引入使得酞菁线性极化率至少比非金属酞菁增加1~2个数量级。而且发现当采用具有d轨道的过渡金属如Cu、Co等作为酞菁分子的中心原子时，酞菁的非线性极化率会有明显的提高，这个主要是由于中心原子与酞菁分子的共轭体系相互作用而出现一系列的低激发态能级和π电子云的扩展，对其非线性响应有贡献。

顾玉宗等采用Z-扫描技术研究了三新戊氧基溴硼亚酞菁（结构如图6-22 所示）薄膜材料的三阶非线性光学特性，观察到在 1.064μm 的非共振三阶非线性极化率和在 532nm 下的共振三阶非线性极化率 $\chi^{(3)}$ 分别为 6.1×10^{-12}esu 和 6.7×10^{-10}esu，相差两个数量级。值得注意的是，虽然亚酞菁的 Q 带有较高的跃迁能和较低的消光系数，但在相同波长处，BTN-SubPc 薄膜的 $\chi^{(3)}$ 值显著大于相关酞菁的值，这种特性推测与电子结构有关。

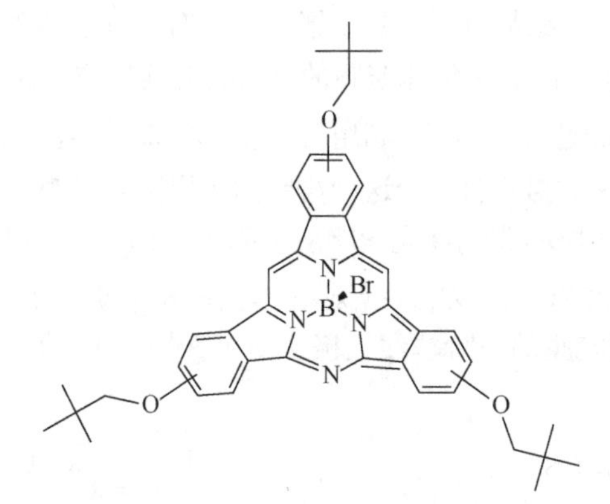

图6-22 三新戊氧基溴硼亚酞菁（BTN-SubPc）的分子结构

（4）富勒烯

富勒烯分子簇（结构如图6-23 所示）是除金刚石和石墨之外的碳的第三种同素异形体，是一系列由碳组成的笼形分子，呈凸多面体形状，大多为五边形或六边形面，具有硬度高、延展性强、导电性强及质量较轻的性质。在笼形结构的内外表面分布着丰富的共轭 π 电子云，因此富勒烯具有三维 π 电子离域结构。对于富勒烯分子簇的三阶非线性光学性质的研究也受到人们的重视。富勒烯分子具有较快的响应速度和较大的光学非线性，被认为是一种很有前途的新型非线性光学材料。但是研究发现，富勒烯本身的三阶非线性效应并不强，原因是其电子离域很大，3D 球形结构限制了它的电荷分离，但是可以通过引入各种推拉电子基团提高电荷的分离程度。实验已经证明，当富勒烯的双键被打开，接上给电子基团，所得到的衍生物分子的二阶超极化率比富勒烯有明显的提高。碳纳米管是具有特殊性质的富勒烯分子，中科院物理所的叶佩弦小组利用反向简并四波混频技术测量多层碳纳米管的γ值，结果表明碳纳米管中的单原子平均非线性贡献与 C_{60} 相比有所增强。

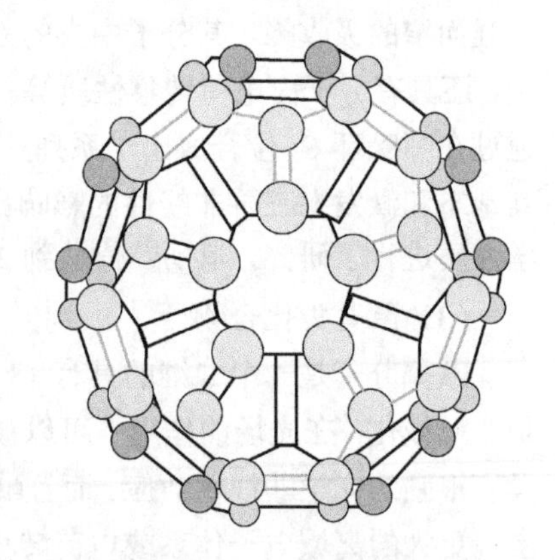

图6-23 C_{60} 的结构示意图

（5）液晶

液晶可以像液体一样流动（流动性），但它的分子却是像道路一样取向有序的（各向异性）。形成液晶的物质通常具有刚性分子结构，分子呈棒状同时还具有在液态下维持分子的某种有序排列所必需的结构因素。这种结构特征常与分子中含对位亚苯基、强极性基团和高度可极化基团或氢键相联系。牛瑞民等运用双光束前向简并四波混频法，测量了两种萘二甲酰亚氨基席夫碱类液晶材料（图6-24 所示结构）的三阶非线性效应，通过对两种液晶材料光学响应时间曲线的分析，指出在这两种液晶分子中，其非线性电极化的主要物理机制是共轭电子的畸变。液晶分子B与A相比较，由于其增长了碳链，且引入了对称的给电子基，离域轨道增长，共轭体系强于A，从而导致其三阶非线性效应优于A。B样品的吸收峰增大和红移现象也从另一侧面证实了上述观点，即共轭体系的增长导致共轭π电子离域性增强，从而引起非线性极化率系数的增强。

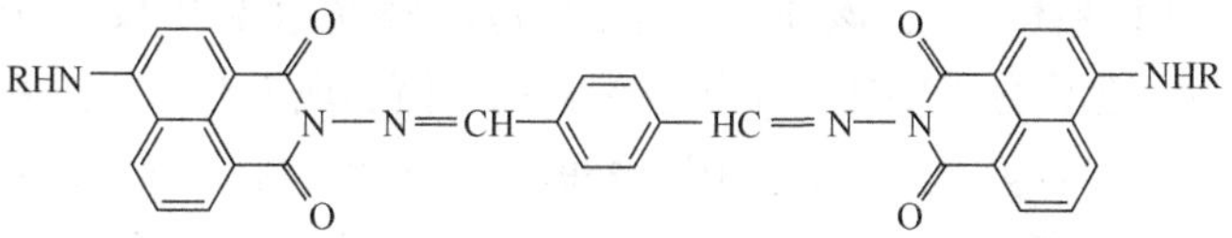

图6-24　萘二甲酰亚氨基席夫碱类液晶材料的分子结构

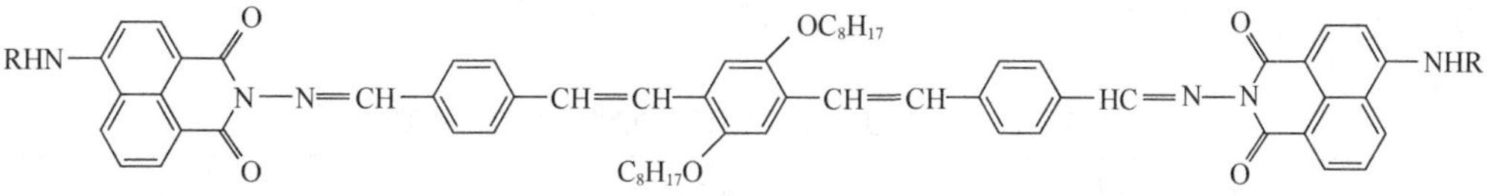

6.3　有机非线性光学器件

有机非线性光学在高性能的器件设计和制备中具有重要的作用，其中基于外界刺激响应进而实现非线性光学性能调控的有机二阶非线性光学材料具有更多的应用前景。与无机电光材料相比，有机聚合物电光材料的优势在于：①电光系数高。有机聚合物电光材料的非线性效应来源于材料中共轭π电子，外加电场对电子的分布产生明显的扰动并诱导分子内的电子（电荷）转移，产生显著的非线性极化。对于电光器件来说，电光系数高意味着半波电压低。②响应速率快。有机聚合物电光材料的响应是靠π电子云的离域，通常在几十到几百飞秒量级；而无机电光材料的非线性响应来源于晶格振动，为毫秒或者微秒量级。③带宽高。有机聚合物电光材料折射率小，介电常数低，电信号速率和光信号速率匹配，相互作用长度长，从而能满足大带宽器件的需求。目前已经制得带宽达200GHz的聚合物电光调制器，而$LiNbO_3$晶体调制器的工作带宽通常为10GHz。④可加工性好。有机聚合物电光材料可在任意衬底成膜，与现有的半导体工艺兼容性好。⑤可选择性佳。有机聚合物电光材料可以通过分子工程设计对材料的性能进行优化和提高以满足不同器件需求。极化聚合物体系是目前最常见、研究最深入的宏观有机聚合物电光材料体系。

6.3.1　电光器件

电光器件是有机非线性光学材料的主要用途之一，与热光器件相比，电光器件的响应较快，一般为纳秒至皮秒量级，在高速光网络等领域具有非常广泛的应用潜力。常用的电光器件大多是依赖于电光效应或电吸收效应来实现功能的。其中电光效应是指当对材料施加外加电场时，材料的光学性质将会随外加电场的变化而发生相应的变化，可通过设计相应的器件结构来检测这种变化。而电吸收效应则是指介质材料随外加电场的变化，其电吸收系数会发生相应的改变，可直接检测到光强的变化，但此类器件饱和功率低，温度稳定性较差。

6.3.1.1 有机聚合物电光器件的材料体系

聚合物电光器件可分为材料和器件结构两个方面。材料方面，非线型光学聚合物材料的电光特性来源于引入的生色团分子。该分子由电子供体-共轭桥-受体组成，当外界环境对其施加电场时，外电场驱动生色团分子中的 π 电子发生移动进而实现折射率的改变。作为非线型聚合物的关键成分，生色团的性能提升一直是国内外的研究热点。目前，随着生色团性能的不断提高，聚合物电光器件也逐渐被广泛应用。表 6-1 列举了被广泛使用在聚合物电光器件中的生色团分子及其在文献中所报道的对应非线型聚合物材料的电光系数。

表6-1 常用生色团分子及其对应的聚合物电光系数

生色团结构	名称	聚合物	r_{33} / (pm / V)
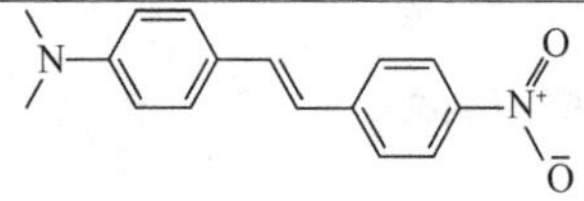	DANS	DANS / MMA(35 / 65)	6.1
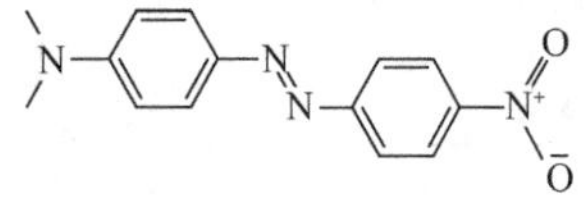	DRI	DRI-P2Vp 侧链（25%,质量分数）	15
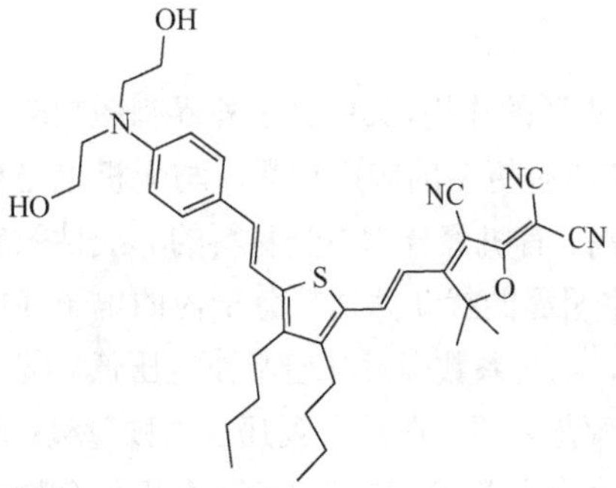	FTC	FTC / TDI / TEA 客体-主体（15%）	36
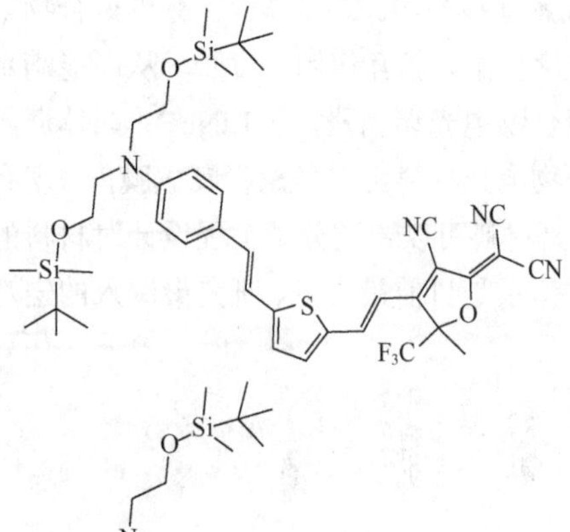	AJL8	AJL8 / APC 客体-主体（20%，质量分数）	94
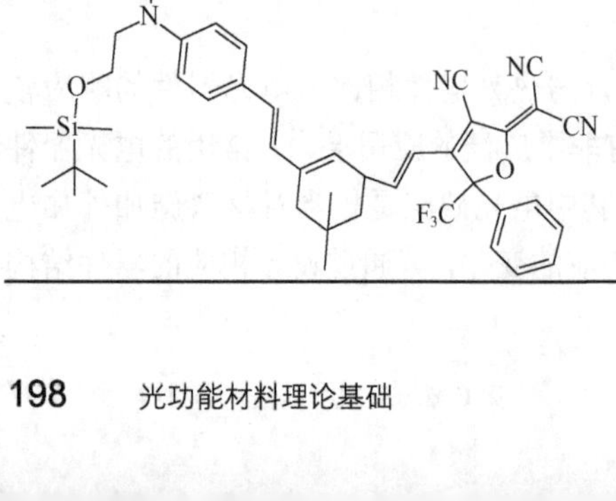	YLD124	YLD124：PMMA 客体：主体（1：3）	118

6.3.1.2 有机聚合物电光调制器

有机二阶非线性光学材料具有很大的应用前景，其中二阶倍频材料和电光材料是最有希望实用化的。二阶倍频材料主要用于制作倍频器件，实现蓝激光输出，其中对材料提出的最基本的要求是具有优异的光学透明性和高倍频系数。利用非线性光学材料的线性电光效应可以制造各种光波导器件，包括波导开关、调制器、滤光器、偏振转换器等。电光材料在光纤、卫星通信、光学陀螺仪、雷达及其他电磁信号的光子探测、处理器与超级计算机的连接、超快模-数转换、高稳定示波器等诸多领域都有广泛的应用。其中最有希望率先实现实用化的是聚合物电光调制器。电光调制材料的折射率可通过外加电场控制，通过时间变化或振幅变化的外加电场使光学载波或振幅调制，这种效应可以把信息加到光学载波信号上。

1991 年，Lockheed 研究部门的 D. G. Girton 等人报道用含有“DANS”生色团的侧链型聚合物制备出了 20 GHz 的 Mach-Zehnder 型行波有机聚合物调制器。1992 年，Hoechest Celanese Cooperation 的 C. C. Teng 制作出了 3dB 的带宽为 40GHz 的行波有机聚合物调制器。1995 年，加州大学洛杉矶分校的 W. Wensheng 等人用光外差方法将波导有机聚合物电光调制器调制频率提高到 60GHz。由于 20 世纪 90 年代初期，聚合物电光调制器的调制频率有了很大的提高，其性能比同期商用的其他类型的调制器要高很多，不少研究机构认为聚合物电光调制器将很快取代其他类型的调制器，走向成熟化、产品化。然而经过对聚合物电光调制器的深入研究，聚合物材料的热稳定性和损耗等问题逐渐凸显，因此，其实用化过程不像人们预测的那样迅速。经过一段时间的发展后，对聚合物电光调制器的研究转向寻求更稳定的聚合物电光材料，研究机构逐渐减少，其原因可能是合成的电光聚合物材料很多，但最终只有少部分新型电光材料适合制作电光器件。

经过科学家们的不断努力，在非线型聚合物电光材料的研究和器件的制备方面取得了重大的进展。1997 年，Dalton 小组、加州大学洛杉矶分校电子工程系的 H. R. Fetterman 小组和 TACAN 公司的 Y. Q. Shi 小组合作研制出调制频率高达 110GHz 的电光调制器。同年，TACAN 公司的 Wang 等人将自己研制的聚合物电光调制器运用在商用的 CATV 外调制系统中，取得了与 $LiNbO_3$ 调制相当的效果。2000 年，Y. Q. Shi 等人制备出半波电压为 0.8V 的聚合物电光调制器，所用电光聚合物材料的电光系数 γ_{33} 达 65pm / V。2002 年，Bell 实验室的 M. Lee 等人报道了调制带宽在 150GHz 以上的聚合物电光调制器，并称在 1.6THz 的调制频率时也观测到了调制信号。

经过十几年的发展，聚合物电光调制器的调制频率、带宽和半波电压等方面都取得了很大的进展，器件的集成从平面集成到垂直集成再到与超大规模集成电路的集成，聚合物电光调制器的波导和电极结构逐渐趋于实用化。

高性能的电光调制器要求有高的调制带宽，低的半波电压和光学 c 损耗，相比较于无机材料，有机聚合物在众多性能上具有明显的优势，包括：

① 电光系数高。材料电光系数 γ_{33} 是 M-Z 干涉型强度调制器的重要材料参数，其半波电压与材料的电光系数成反比。极化聚合物材料的电光系数比传统的 $LiNbO_3$ 材料大得多，可以有效降低半波电压。

对于电光调制，电场产生的相位延迟可表示为

$$\Delta\phi = 2\pi\Delta nL / \lambda = \pi n^3 rEL / \lambda$$

式中，$\Delta\phi$为电场产生的光波相移延迟。当$\Delta\phi=\pi$时，对应的电压称为半波电压（V_π），可表示为$V_\pi=\lambda h/(n^3rL)$。其中，λ为通信波长，h为波导厚度，L为波导长度，r为电光系数，n为波导材料在通信波长的折射率。在通信系统中，电光器件的增益与V_π^2成反比，而噪声与V_π^2成正比，对电光器件来说，半波电压越低越好。对高速半导体芯片，半波电压应为1V或者更低，且电光系数必须达到100pm / V量级，只有有机电光材料才能实现。

② 响应速度快。有机聚合物电光材料的应用波长通常远离材料的电子跃迁区，材料的极限响应时间是π电子系统弛豫时间，通常在几十到几百飞秒量级，响应速度可以实现GHz，甚至达到THz。而无机材料的非线性响应来源于晶格振动，为毫秒或者微秒量级。因此对于超高速电光开关和电光调制器，要求采用有机电光材料。

③ 带宽高。电光调制器的三分贝带宽用下式表示

$$\Delta f_{3\mathrm{dB}}=\frac{1.4c}{\pi|n_\mathrm{o}-n_\mathrm{m}|L} \tag{6-26}$$

式中，c为光速；L为波导长度；n_o、n_m分别为波导材料通信波长和微波的折射率。对于有机电光材料来说，由于π电子对材料的折射率有决定性作用，折射率色散小，式（6-26）中n_o和n_m值很接近，也就是电信号速度和光信号速度匹配，相互作用长度长，带宽高。有机材料可以达到的带宽大于350GHz（1cm器件），目前已经制得带宽大于200GHz的聚合物电光调制器。而$LiNbO_3$晶体等无机材料n_o和n_m相差很大，所以带宽很小，商品铌酸锂调制器的工作带宽通常为10GHz，半波电压（V_π）在5~6V之间。常见的调制器类型包括电吸收调制器（EA）、Mach-Zehnder干涉电光调制器（M-Z）、衰减全反射型电光调制器（ATR）、双折射调制器、双向耦合器。电光调制器在CATV、高比特网络、相阵列系统、计算机系统的平行互连等工业及国防领域有广阔的应用前景。

6.3.1.3 M-Z型电光调制器

M-Z光波导的电光调制器如图6-25所示。光从波导的一端注入，功率为P_i，进入Y分支后分为功率及相位相等的两束光，在外加电场V_p的作用下，两臂中传输的光产生了$\Delta\phi$的相位变化，然后在输出端发生干涉从而造成输出光强P_o的变化。

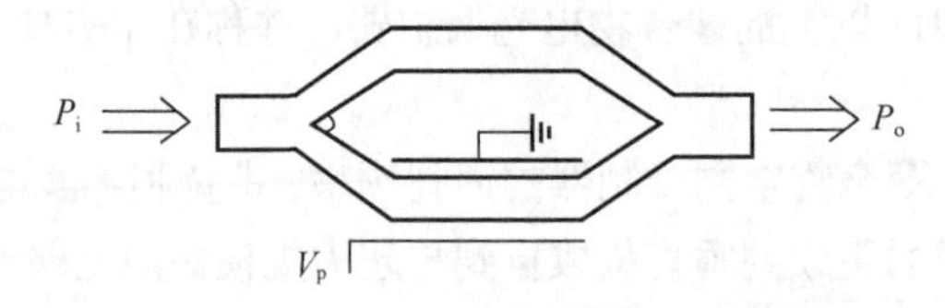

图6-25 M-Z光波导原理图

V_π为半波电压，它的意义为让两臂内传输的光产生π的相位差或者是当光强输出由最大值变到最小值所需外加电压的最小变化量。一般用V_π-L来描述M-Z干涉仪的调制效果，它表示波导电光作用区长度与半波电压的乘积。

由于波导结构的限制，光只能以分立的模式在光波导中传播，且每一种模式对应不同的传播常数β和有效折射率n_eff。TomBaehr-Jones和Michael Hochberg等人利用微扰理论提出有效折射率敏感度（effective index susceptibility）的概念，来描述调制电压对有效折射率的影响。

假设聚合物的极化电场方向、调制电场方向以及传播模式的电场方向平行，折射率 n 与调制电场 E 的关系为

$$\Delta\left(\frac{1}{n^2}\right)=r_{33}E \tag{6-27}$$

式中，r_{33} 是极化聚合物线性电光系数，因此相对介电常数ε与 E 的关系为

$$\Delta\varepsilon=-Er_{33}n^4 \tag{6-28}$$

设传播方向为 z，利用微扰理论

$$\frac{\partial n_{\text{eff}}}{\partial\varepsilon}=\frac{\iint|E|^2\,\mathrm{d}x\mathrm{d}y}{2\sqrt{\dfrac{\mu_0}{\varepsilon_0}}\iint 2Re(E_x^*H_y-E_y^*H_x)\mathrm{d}x\mathrm{d}y} \tag{6-29}$$

上式分子积分区域为涂有极化聚合物薄膜并且有调制电场的区域，分母的积分区域为整个 x-y 平面。设调制电压为 V，利用上式，定义有效折射率敏感度

$$\gamma=\frac{\dfrac{E}{V}\iint|E|^2\,\mathrm{d}x\mathrm{d}y}{2\sqrt{\dfrac{\mu_0}{\varepsilon_0}}\iint 2Re(E_x^*H_y-E_y^*H_x)\mathrm{d}x\mathrm{d}y} \tag{6-30}$$

则

$$\frac{\partial n_{\text{eff}}}{\partial V}=\gamma n^4 r_{33}$$

所以 M-Z 光波导调制器 $V_\pi-L$ 为

$$V_\pi-L=\frac{\pi}{2k_0\gamma n^4 r_{33}} \tag{6-31}$$

M-Z 型电光调制器作为集成光学的重要器件，减小其半波电压具有非常重要的意义，因此很多集成光学系统的工作电压是有一定限制的。通过器件结构设计来减小半波电压的方法主要有：

① 减小电极间距。极间电场和电极间距成反比，但电极间距太小会造成导模与电极重合，导致大的传输损耗和电极开关速度变慢。

② 增加波导长度。这是最容易实现的方法，但是这样做首先会造成更大的光传输损耗，其次会增大极间电容，从而降低调制速率。

偶氮化合物染料分散红 1（DR1：dispersion red 1）与聚合物甲基丙烯酸甲酯（PMMA）混合形成主客掺杂型聚合物。DR1 / PMMA 是第一种被极化出具有电光效应的有机聚合物材料，现已实现商用。DR1 生色团偶极矩相对较小，可以用于制作低驱动电压的电光调制器，作为主体材料的 PMMA 是一种常用的聚合物复合薄膜基质材料，有较高的透过率，玻璃转化温度（T_g）约为 105℃，且制备工艺简单、成膜容易，与客体非线型有机分子相容性好。

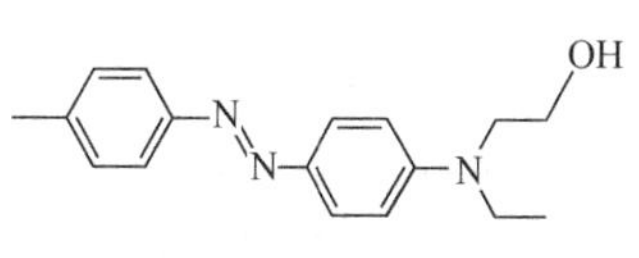

图6-26　DR1 的分子结构

生色团DR1的分子结构如图6-26所示。DR1 / PMMA对微波的介电常数为2.5，大于其对光波（1.55μm）的介电常数2.3，容易通过设计合理的波导和电极结构，达到微波和光波的速率匹配。并且其损耗角极低，信号频率达400GHz时仅为10^{-4}，介质损耗可以忽略。

6.3.2 空间光调制器

空间光调制器的英文名称是spatial light modulator （SLM），它是一种对光波的空间分布进行调制的器件。它可以在主动控制下，通过液晶分子调制光场的某个参量，例如通过折射率调制相位、通过偏振面的旋转调制偏振态，或是实现非相干-相干光的转换，从而将一定的信息写入光波中，达到光波调制的目的。它可以方便地将信息加载到一维或二维的光场中，利用光的宽带宽、多通道并行处理等优点对加载的信息进行快速处理。它是构成实时光学信息处理、光互连、光计算等系统的核心器件。

一般来说，空间光调制器含有许多独立单元，称为像素（pixel）。它们在空间上排列成一维或二维阵列，每个单元都可以独立地接受光学信号或电学信号的控制，利用各种物理效应（泡克尔斯效应、克尔效应、声光效应、磁光效应、半导体的自电光效应、光折变效应等）改变自身的光学特性，从而对光波进行调制。控制像素的信号称为“写入光”（write light），照明整个器件并被调制的输入光波称为“读出光”（read out light），经过空间光调制器后出射的光波称为“输出光”（output light）。形象地说，空间光调制器可以看作一块透射率或其他光学参数分布能够按照需要而快速调节的透明片，显然，写入信号应该含有控制调制器各个像素的信息，把这些信息分别传送到相应像素位置的过程，称为“寻址”（addressing）。其示意图如图6-27所示，图中空间光调制器上各像素的光学性质由写入信号W控制。I_R是读出光，当它通过SLM时，其光学参量如振幅、相位、频率或偏振态，受到SLM像素的调制，结果变成一束具有新的光学参量空间分布的输出光I_0。

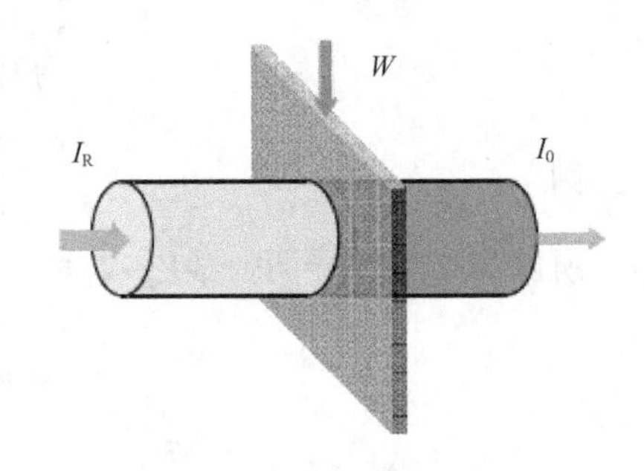

图6-27 空间光调制器示意图

6.3.2.1 偶氮聚合物光储存材料

偶氮光储存材料是一种有机聚合物材料，它是20世纪80年代出现的一类新型功能性染料，其具有一般偶氮染料的化学结构，可在光、热、电的作用下发生某些物理或化学变化，从而具有某些特殊功能或专门用途。凡是分子结构中含有偶氮基团（—N ═ N—）的化合物均称为偶氮化合物。其中，分子结构中含有偶氮基团的聚合物称为偶氮聚合物。偶氮化合物的功能性取决于偶氮基团两端的取代基。偶氮染料分子结构是在两个芳环之间以N ═ N双键连接为特征，在光和热的作用下，偶氮化合物能产生顺式（cis）和反式（trans）之间的异构化反应，且在偏振光激励下能发生光致分子取向重组，因而具有光折变、光致各向异性和光致二向色性等优良的非线性光学特性。在光致各向异性、光致变色、光信息储存、光通信、光放大、光电子学、光计算、偏振全息、图像处理、光控分子取向、分子开关、双光子吸收、全光学调制、二次谐波产生、电光调制、空间光调制器、光折变效应、集成光学等方面都具有很大的应用潜力。特别地，含偶氮有机聚合物因其在光信息储存及处理方面独特的非线性光学特性而受到人们的广泛重视。其基本结构如图6-28所示。

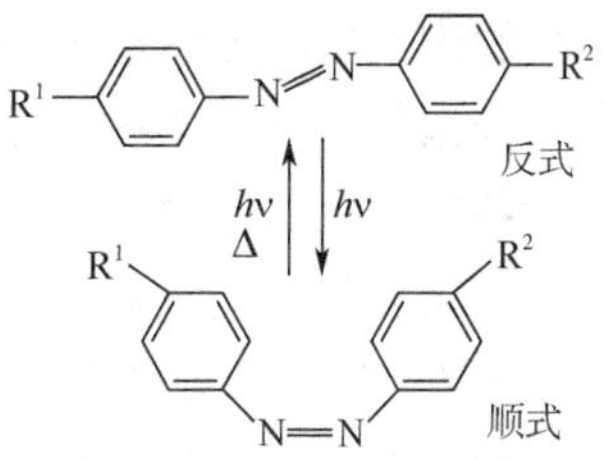

图6-28　偶氮类染料基本分子结构式及光可逆结构转变

6.3.2.2　偶氮材料的基本特性

（1）偶氮材料的二向色性

在微观领域，分子的光吸收率不是一个标量，而是具有一定的方向性。若两个方向的吸收系数不同，则两系数之差称为二向色性，宏观上吸收的二向色性表现为吸收系数具有方向性，材料的二向色性既与分子的二向色性有关，也与分子排列有关，故二向色性可作为取向度的一种表征方法。二向色性在光学上也可以理解为晶体对相互垂直的两个光矢量分量具有选择吸收的性能。当一束线偏光通过旋光物质时，其振动面会发生旋转，此即旋光现象。一般情况下，当一束线偏光通过旋光物质时可以获得两束振幅相等、传播速度和传播方向相同，但旋性相反的偏振光（一束为右旋圆偏振光，一束为左旋圆偏振光）。这两束光的分开程度取决于晶体的厚度。当平面偏振光通过具有旋光活性的介质时，由于介质中同一种旋光活性分子存在手性不同的两种构型，故它们对右旋和左旋圆偏振光的吸收不同，从而产生圆二向色性。偶氮染料分子中的手性异构不仅使分子具有旋光性，而且N═N键与苯环构成共轭大π键，减小了电子的跃迁能级，所以很容易获得良好的二向色性、较好的偏振性和较宽的吸收带。

（2）偶氮材料的光致异构反应

偶氮化合物的很多重要功能都归因于偶氮生色团的光致顺反异构效应。偶氮基团的顺反异构可导致化合物吸收光谱和相态发生显著变化，使偶氮化合物具有光致各向异性等功能。偶氮苯化合物中的偶氮基团是一种具有光学活性的官能团，它可以在光或热的作用下进行trans-cis和cis-trans异构化转变。

通常情况下，偶氮染料的顺式异构体不稳定，在光照或热激发下会回到稳定的反式结构，利用偶氮分子的这种光异构特性可以实现光存储。

（3）偶氮材料的光致双折射特性

双折射就是用来表征光学各向异性介质的参数。单轴取向介质在平行于和垂直于光轴的两个方向上具有不同的主折射率，其双折射定义为两个主折射率之差，$\Delta n = n_{\parallel} - n_{\perp}$。当光波通过这样的介质时，光的电振动在平行于和垂直于光轴方向的两个分量传播速度不再一样，由此产生了一定的相位差。由于折射率是介质中光速的量度，与分子链的极化度有关，所以双折射值的大小是介质内全部分子单元极化度的函数。同时，双折射值是聚合物材料体系中总的分子取向的量度。对于呈光学各向异性的聚合物分子，其平行分子链方向的主极化度$P_{\parallel}$不同于垂直方向的主极化度$P_{\perp}$，所以表现出双折射行为。如果材料内所有的分子都是无规（无序）分布的，则对折射率的平均贡献在所有方向上都是相同的，此时双折射值为零，介质呈现光学各向同性，仅用单一折射率值就能表征该体系。另外，外加静电场或磁场可以有效地改变材料的折射率，光场也能使介质的折射率发生改变。如果在外界作用下，原本无序的大量材料分子能产生一定的规则取向，样品就表现出光学各向异性，宏观上体现为双折射现象。含偶氮聚合物是一类典型的光学各向异性材料，在合适波长的线偏振光作用下，偶氮分子会发生重新取向，其偶极矩方向最终将垂直于线偏振光的偏振方向。这种分子取向的重新排列使含偶氮聚合物具有了光学各向异性的特性，同时也就产生了双折射。

偶氮聚合物的光致双折射现象受到很多因素的影响，例如聚合物分子的大小、分子偶极矩、泵浦光的波长和强度以及外界温度都会影响双折射值的大小。下面我们简要介绍偶氮材料产生双折射的原理，其原理和光路如下（图6-29、图6-30）：

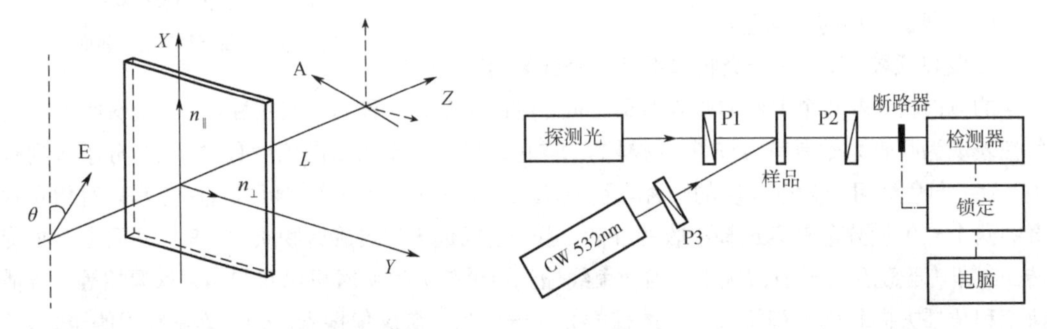

图6-29　偶氮类材料光致双折射测量原理图

图6-30　光致双折射实验光路图

在泵浦光作用下，样品中偶氮分子的取向将平行于 Y 轴，此时薄膜中折射率椭球的长轴和短轴方向分别沿 X 轴和 Y 轴方向。设介质折射率椭球长轴方向的折射率为 n_x，短轴方向的折射率为 n_y。令强度为 I_0 的探测光 E 垂直于样品的表面入射，其偏振方向与 X 轴的夹角为 θ。由于所探测的样品已具有光致双折射，那么探测光透过样品后其偏振状态将发生变化，不再是线偏振光，而变为椭圆偏振光。

在样品表面（$Z=0$），探测光在 X 轴和 Y 轴方向上的分量分别为

$$E_x(0)=E\cos\theta\exp[i(\varphi_0+\omega t)]$$
$$E_y(0)=E\sin\theta\exp[i(\varphi_0+\omega t)]$$

式中，φ_0 为探测光在样品前表面（$Z=0$）处的初相位；ω 是探测光的圆频率。当探测光透过样品薄膜后，其在 X 轴和 Y 轴方向的场分量分别为

$$E_x(d)=E\cos\theta\exp[i(\varphi_0+\omega t-2\pi n_x d/\lambda)-\kappa_x d/2]$$
$$E_y(d)=E\sin\theta\exp[i(\varphi_0+\omega t-2\pi n_y d/\lambda)-\kappa_y d/2]$$

式中，n_x，n_y 分别为 X 轴和 Y 轴方向上样品对探测光的吸收率。如果样品后面放置一检偏器 A，并要求其偏振透过方向与探测光的偏振方向垂直，那么，透过检偏器的光场为

$$E_{\mathrm{A}}=[E_x(d)\sin\theta-E_y(d)\cos\theta]\exp(-i2\pi L/\lambda)$$

式中，L 为样品后表面与检偏器之间的距离。那么透过检偏器的光强可由 $I=|E|^2$ 得到，即

$$I_{\mathrm{T}}=\frac{I_0}{4}\sin^2(2\theta)\left[\exp(-\kappa_x d)+\exp(-\kappa_y d)-2\exp\left(-\frac{\kappa_x+\kappa_y}{2}d\right)\cos(\Delta\varphi)\right]$$

在实际测量中，为了使测量信号较大，一般取 $\theta=45°$。这样 $I=I_0\exp(-\kappa d)$ 就为样品未经泵浦光作用前探测光透过样品后的光强。若探测光波长处于样品吸收带之外，那么 $\kappa=0$，则 $I=$

I_0。这种情况下，检测到的光信号强度可表示为 $I_T = I_0\sin^2(\pi\Delta nd / \lambda)$，继而光致双折射值 Δn 为

$$\Delta n = \frac{\lambda}{\pi d}\arcsin\sqrt{I_T / I_0}$$

这是测量偶氮材料光致双折射时常采用的一种便捷有效的方式，仅通过测量 I_T 和 I_0，便可方便地求得光致双折射值 Δn。实验发现，在 90mW / cm^2 的泵浦光照射下，某种常用材料的双折射值在 0℃ 时达到最大（10^{-2} 量级）。

（4）偶氮材料的光储存特性

从材料的属性出发，光储存材料可分为无机和有机两种。目前，无机光储存材料如磁光和相变材料已得到了应用。有机光储存材料从 20 世纪 80 年代开始以其独特的性质成为研究热点。有机光储存材料具有如下优点：储存密度高（10^{15}b / cm^2），可实现分子记忆；热导性小，信噪比大；熔点及软化温度低，有较高的记录灵敏度；抗磁性好；分子结构的可调性大等。偶氮类有机化合物因为优异的光学特性受到广泛的研究。

偶氮染料由于其偶氮苯生色团有两种存在形式，即反式和顺式。在通常的条件下，偶氮染料的顺式异构体不稳定，分子大多数处于反式异构体状态。在共振光作用下，反式偶氮分子吸收一个光子后跃迁到单重激发态，经过弛豫到三重激发态，偶氮双键之一绕另一键旋转，这样偶氮分子就由反式结构变成顺式结构。顺式偶氮分子不稳定，可以通过加热或避光过程慢慢地转变为反式结构，利用燃料分子的光致异构过程可以实现光存储。同时偶氮燃料中苯环上的取代基对吸收峰的位置也具有一定影响，偶氮染料由于具备良好的光学性能、热稳定性、溶解性和制备方法简单等优点，特别是偶氮染料具有短的吸收波长，故而这类材料已经成为偶氮类材料重点研究课题之一。

6.3.2.3 偶氮苯的全息图像储存

偶氮类聚合物分子，由于其在光全息及光信息处理方面的优越特性，近年来引起人们的广泛关注。在控制光的照射下，偶氮分子会产生取向变化，并且这些都可以很容易地通过控制光的偏振方向来进行控制。众所周知，空间光调制器能在二维空间对光信息进行调制，这种调制包括振幅、相位、偏振态等的调制。液晶空间光调制器就是利用液晶分子的向列相扭曲场效应来达到对光波的调制的，它在光信息处理中扮演着十分重要的角色。它不仅用作强度和相位的输入和输出器件，而且可用作相位滤波器件。液晶空间光调制器多采用电压控制，这种控制方法使得它结构相对复杂，需外加控制电路，调制特性难以掌控，因而在一定程度上限制了它的广泛应用。偶氮控制液晶空间光调制器，它利用偶氮分子的光控分子取向用薄薄的一层偶氮分子取代了现行的电压调制电路，只需改变控制光的偏振全息图样，就可以方便地实现对光信息的空间调制，而且是一种无源器件。这种新型偶氮控制液晶空间光调制器有望在数据存储与处理、二元光学及大平面液晶显示等方面得到广泛应用。

如果把液晶分子按一定的扭曲角排列在两玻璃之间，由于分子的亲和力，液晶分子的取向（指向矢）逐渐扭曲；在外电场的作用下，液晶分子方向还将发生倾斜。通过液晶层的光波（线偏振光），由于液晶分子的扭曲和倾斜（即液晶光轴发生变化），其偏振态将发生变化。如果在这样排列的液晶层两边加上起偏器，且能控制液晶分子的扭曲角和倾斜角，我们就能对光波进行二维的振幅和相位及偏振态的调制。现在的液晶装置必须依赖于一对透明电极，通过电压控制电路施加一定电压，使液晶分子方向倾斜才能实现调制。可以设想有这样一种液晶盒，这种

液晶盒的液晶被装在两玻璃片之间，一面是偶氮修饰的玻璃片，一面是卵磷脂修饰的玻璃片，如图6-31所示。由于在可见偏振光照射下，光轴方向与入射光偏振方向平行的顺态偶氮分子被选择激发，经过不断地激发，最终偶氮分子的长轴方向将旋转到大致垂直于偏振面方向的方位上。由于液晶分子的排列由玻璃基底表面的特性决定，故液晶分子的方向也会发生旋转，从而使前后表面间的液晶分子形成一定的扭曲角。可见，在这种偶氮修饰玻璃基片液晶盒中，无须驱动电压即可通过偶氮的光致顺反异构改变液晶分子的扭曲角，从而实现对光的调制。

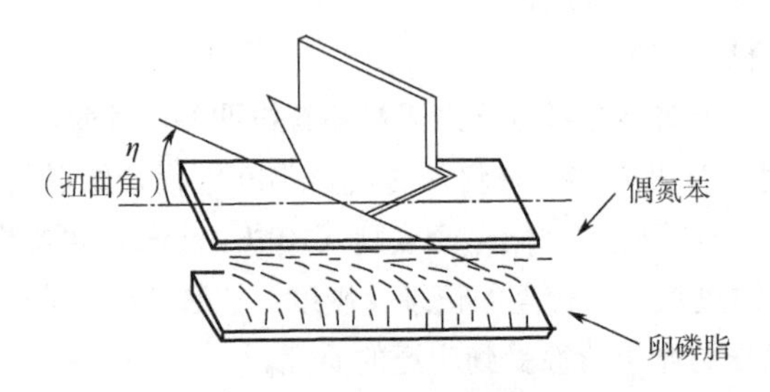

图6-31 偶氮修饰液晶盒结构图

为了实现空间调制，可以利用偏振全息控制偶氮层分子的平面内二维取向，如图6-32所示。其中1为探测光，2和3为产生偏振全息的控制光。探测光是来自He-Ne激光器的633nm激光，该波长在偶氮组分的吸收带之外，不会使偶氮分子产生顺反异构。控制光是一束连续的532nm激光，其波长处在偶氮组分的吸收带之内。控制光经分束镜M1后分为2和3两束光，再经过偏振方向正交的偏振片P2和P3照射在样本上，从而产生偏振全息。探测光经起偏器P和检偏器A后照射在光检测器上。根据偏振全息的特性，2和3的偶氮分子层面上叠加后的光强度处处相同，但偏振态在不同的点不一样，因而可以控制偶氮分子层中偶氮分子的二维空间的取向，从而实现偶氮分子层控制对He-Ne激光的空间调制。

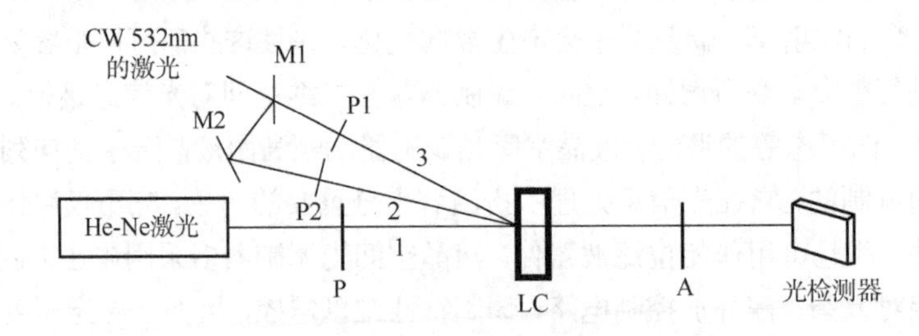

图6-32 实现空间光调制原理图

思考题

1. 非线性光学材料应具备哪些性质？
2. 简述光折变效应的基本过程。
3. 有机二阶非线性分子设计的原则是什么？
4. 有机二阶非线性光学材料可以分为哪几类？最有希望得到实际应用的是哪几种？
5. 有机非线性光学材料可以应用在哪些领域？
6. 与无机非线性光学材料相比，有机非线性光学材料有哪些优势？

7. 在光和热的作用下，偶氮化合物能产生顺式（cis）和反式（trans）之间的异构化反应，分别画出其顺反异构体的基本结构式。

8. 偶氮材料有哪些基本特性？

9. 简要介绍偶氮材料产生双折射的原理。

参考文献

[1] 张克从，王希敏. 非线性光学晶体材料科学[M]. 北京：科学出版社，2005.

[2] 樊美公，姚建年，佟振合，等. 分子光化学与光功能材料科学[M]. 北京：科学出版社，2009.

[3] Boyd R W. Nonlinear Optics [M].3rd. Elsevier，2008.

[4] 钱士雄，王恭明. 非线性光学原理与进展[M]. 上海：复旦大学出版社，2001.

[5] 游效曾. 分子材料[M]. 上海：上海科学技术出版社，2001.

第7章

光电转换功能材料

7.1 概述

功能材料是以特殊的光、电、磁、声、热、力、化学及生物学等性能作为主要研究指标的一类材料，在这些因素的作用下发生某一特定的物理或化学变化，从而使以这类材料制备的器件具有相应的特殊功能或专门用途。一般来说，功能材料可分为无机功能材料、有机功能材料、高分子功能材料和有机-无机复合功能材料等。本章重点关注有机功能材料，尤其是小分子有机功能材料。

有机功能材料从本质上讲是一类有机色素，其分子结构一般含有共轭π键和发色基团，在紫外、可见和红外光谱区具有光吸收，而有些分子还能发射荧光或磷光。在光、电、热等的作用下发生某些物理或化学的变化，从而具有某些特殊功能或专门用途。一般包括有机染料、有机颜料、有机小分子晶体、液晶和功能性有机高分子。其中，具有光→电或电→光转换性能的有机半导体材料称为有机光电功能材料。而光→电转换有机功能材料包括有机光导材料和光电动势材料。光电导指的是受光照射电导急剧上升的现象，具有此现象的材料叫光电导材料。另外，在光照下，半导体p-n结的两端产生电位差的现象称为光生伏特效应，具有此效应的材料称为光电动势材料。其最主要的应用为太阳能电池。而与有机光电动势材料相关的太阳能电池主要包括有机光伏电池和染料敏化太阳能电池。

7.2 光电导材料

有机光导材料是指在紫外光、可见光和红外光等电磁辐射作用下能产生载流子对，在电场的作用下载流子对分离成自由载流子并能使之发生迁移的有机半导体材料。有机光导材料从功能上可以分为电荷产生材料和电荷传输材料。其中电荷传输材料依据性质的不同又可以分为空穴传输材料和电子传输材料。

这些物质在暗处是良好的绝缘体，电阻率一般在$10^8\Omega \cdot m$以上，不传导电荷。光照后，电阻率迅速下降，变成电的良导体。光导材料的暗电阻、光电阻以及两者之差在很大程度上决定了其应用性能。目前主要应用于静电复印技术，其具体的复印过程示意图如图7-1所示。

① 充电。用充电装置在暗处对光导体进行充电，使光导体的表面形成均一的正的或负的静电荷电场。

② 曝光。原稿经过曝光光源照射，其反射光在棱镜系统作用下，通过再反射及聚焦使光线到达光导体表面，对充电的光导体表面进行曝光。光导体的感光层吸收光以后产生载流子对（电子和空穴），并在电场的作用下分裂为自由载流子。一种载流子通过导电极板被释放，另一种则与表面电荷中和形成无电荷区，而未曝光部分仍保持有电荷，在光导体的表面形成了静电潜影。

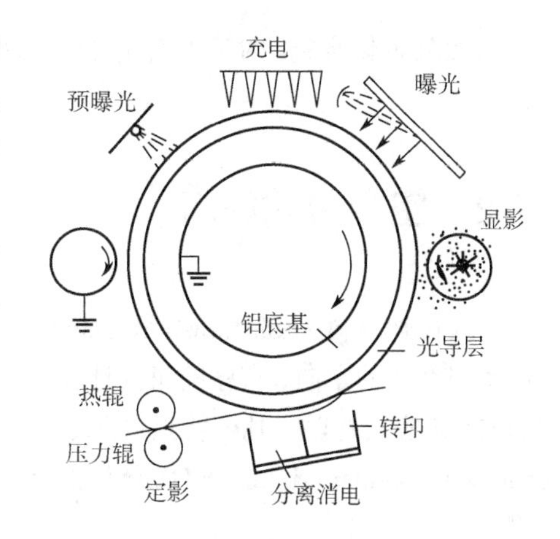

③ 显影。将带有与光导体电荷相反电性的色粉与光导体表面接触，在异性电荷相吸的作用下，使光导体表面有静电潜影的部分吸附色粉形成色粉图像。

充电
曝光
预曝光
显影
铝底基
光导层
热辊
转印
压力辊
定影
分离消电

图7-1 静电复印过程示意图

④ 转印。在反相电场的作用下，使纸与带有色粉图像的光导体接触，将色粉图像转移到纸上。

⑤ 定影。对转移到纸上的色粉加热，其中的树脂熔融后被纸张吸附，冷却后固定于纸上，成为与原稿一致的文字或图像。

从功能上有机光导材料可以分为电荷产生材料和电荷传输材料。其中电荷传输材料依据性质的不同又可以分为空穴传输材料和电子传输材料。

7.2.1 电荷产生材料

在光照以及内建电场的作用下，电荷产生材料（charge generation material，CGM）可产生电子-空穴对。因此，CGM 通常具备两个最基本的特点：有与光源波长相适应的吸光特性；吸收光后能高效地产生电荷。

如图 7-2 所示，目前常用的 CGM 包括酞菁类化合物（phthalocyanines）、方酸类化合物（squaraines）、偶氮类化合物（azo pigments）和苝类化合物（perylene pigments）。

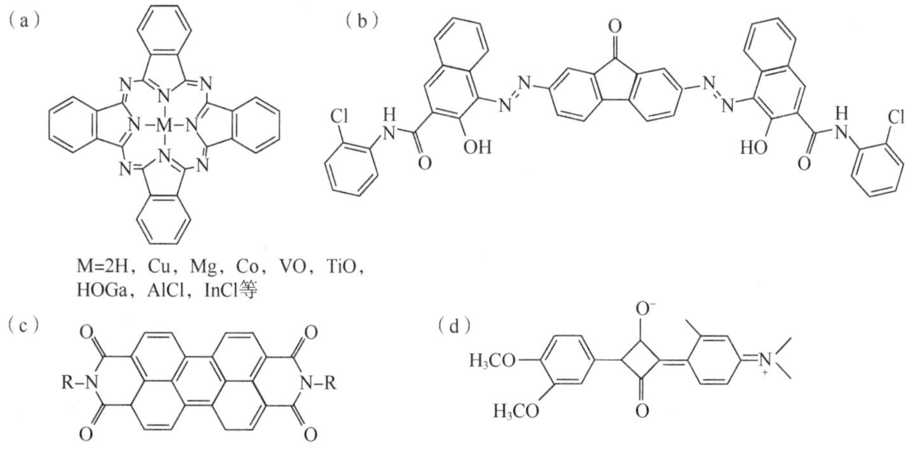

(a)
M=2H，Cu，Mg，Co，VO，TiO，
HOGa，AlCl，InCl等
(b)
(c)
(d)

图7-2 目前常用的电荷产生材料

（a）酞菁类；（b）偶氮类；（c）苝类；（d）方酸类化合物

比如酞菁化合物，对近红外光的敏感度非常高，因而广泛用作有机光导器件的电荷产生材料。

7.2.2 空穴传输材料

空穴传输材料（hole transport material，HTM）是一类当有载流子注入时，在外电场的作用下可实现空穴的定向、有序的可控迁移，从而实现电荷传输的有机光导材料。故可应用于光导体的 HTM 应具备以下几个特点：①具有高的空穴迁移率；②具有合适的最高占有轨道（highest occupied molecular orbital，HOMO）能级，保证空穴的有效注入与传输；③能形成均一稳定的薄膜。

常用的有机空穴传输材料大多是基于多芳胺类的化合物，这类芳香胺化合物上 N 原子具有很强的给电子能力，表现出很高的空穴迁移率。当前应用于有机光导体的空穴传输材料主要有芳香胺衍生物、腙类化合物、苯乙烯及丁二烯类化合物等。

芳胺衍生物是具有芳香烃取代基的胺，芳香烃的结构中通常含有一个或多个苯环。如最为常见的基本结构单元是三苯胺（TPA）和 4, 4′-联苯二胺（BPDA），如图 7-3 所示。

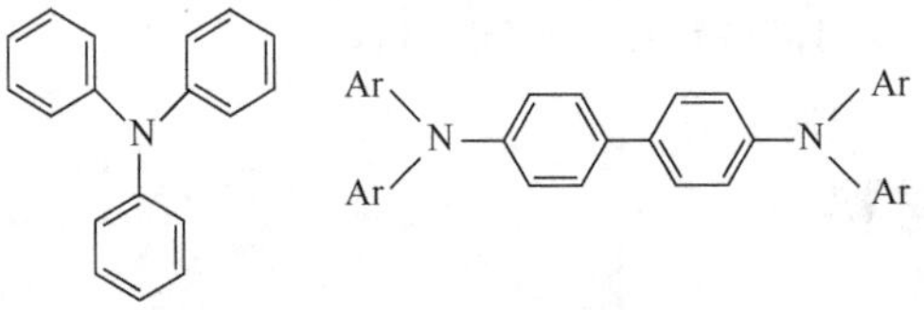

TPA　　BPDA

图 7-3　三苯胺（TPA）和 4,4′-联苯二胺（BPDA）的基本结构

常见的苯胺类空穴传输材料分子结构及其电荷迁移性能如表 7-1 所示。

表 7-1　常见的苯胺类空穴传输材料分子结构及其电荷迁移性能

HTM 类型	代表化合物	离子化电位 / eV	空穴迁移率 / [cm² / (V • s)]
高分子类	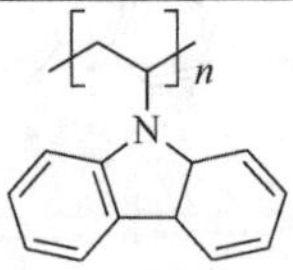	7.2	10^{-7}~10^{-6}
芳香胺类	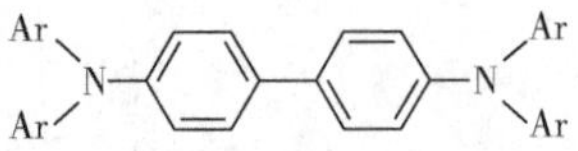	约 5.0	10^{-3}~10^{-2}
腙类	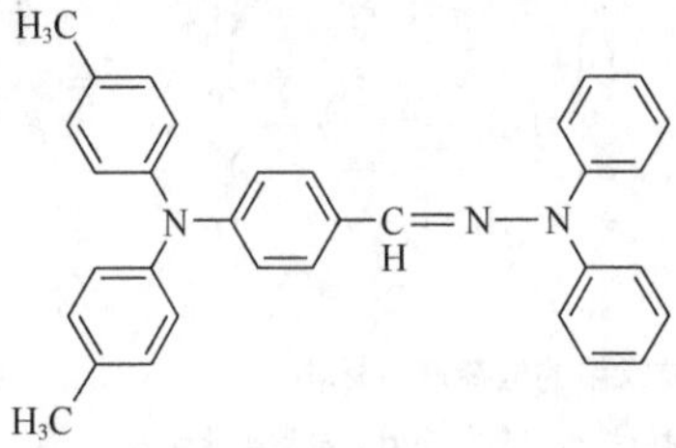	约 5.4	10^{-6}~10^{-5}

续表

HTM类型	代表化合物	离子化电位 / eV	空穴迁移率 / $[cm^2/(V \cdot s)]$
苯乙烯类	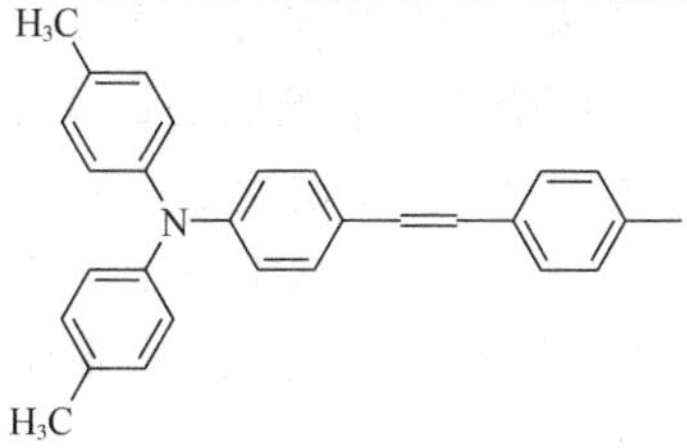 H_3C N H_3C	约5.4	10^{-5}~10^{-4}
丁二烯类	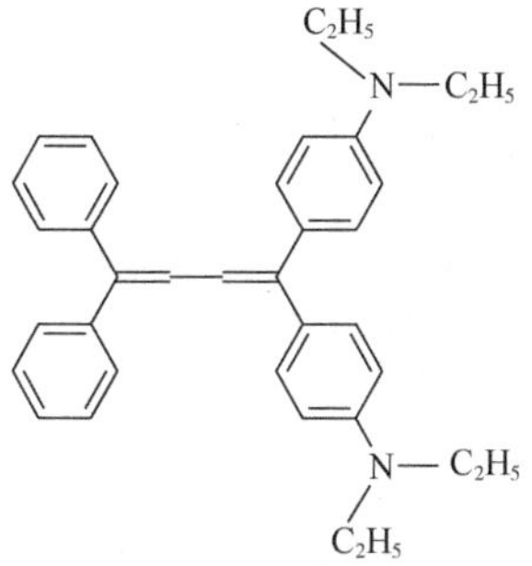 C_2H_5 N—C_2H_5 N—C_2H_5 C_2H_5	约5.7	约10^{-3}

另外，腙类化合物作为空穴传输材料在有机光导体中有着广泛的应用，得益于它们的合成工艺较为简单，原料价廉易得，成本较低。大多数腙类化合物具有较好的给电子特性，由它制成的光导体具有无毒、易制作、残余电位较低和光敏性好等优点；但腙类化合物易出现异构化现象，影响器件性能。

苯乙烯类化合物也是一类性能优良的电荷传输材料，在三芳氨基上连苯乙烯基后，会使分子共轭效应增强，传输电荷的能力提高，更有利于空穴的传递。而具有 1, 3-丁二烯结构的电荷传输材料，具有自成膜性，即不需掺入聚合物就可通过溶液涂布形成无定形膜。

7.2.3 电子传输材料

电子传输材料（electron transport material，ETM）是一类在正电场作用下使注入的电子实现可控、有序及定向迁移的有机半导体材料。通常电子传输材料需满足以下几个特点：①带有强吸电子基团或缺电子的氮原子基团，避免电子陷阱的产生；②具有非偶极性的结构，减少载流子的偶极扩散，以避免电子迁移率的降低。

最早应用于有机光导体（organic photoconductor，OPC）的电子传输材料是 2, 4, 7-三硝基芴酮（TNF），其 NO_2 为强吸电子基团，有利于电子注入最低未占分子轨道（lowest unoccupied molecular orbital，LUMO），提高电子迁移率。研究表明，硝基含量的增加有利于提高化合物的电子亲和势，增大电子转移量。但此类化合物对人体有致癌作用，开发其替代物成为新的研究目标。

酞菁化合物在有机光导体中不仅用作电荷产生材料，在适当的条件下也会显现出良好的电子传输性能。比如，二酞菁镥（$LuPc_2$）和二酞菁铥（$TmPc_2$）的电子迁移率分别可达 3×10^{-3}

$cm^2/(V·s)$和$1.5×10^{-2}cm^2/(V·s)$。而酞菁铜（$F_{16}CuPc$）的电子迁移率可达$0.03cm^2/(V·s)$，并且X射线衍射能谱表明该分子在薄膜中是高度有序并垂直于底面排列的，使得酞菁环大π键的重叠方向与电流方向一致，为电子传输提供高效通道。

近年来，联苯醌类化合物以其良好的电子传输性能和与树脂优良的相容性能而成为电子传输材料的典型代表。联苯醌类化合物通常是用相应的酚类化合物通过氧化偶合法制备，传统方法使用$FeCl_3$、$KMnO_4$为氧化剂或者利用杂多酸催化氧化、过渡金属催化氧化。Richard等报道了一种新的不使用有机溶剂的绿色合成方法，以3, 3′, 5-三叔丁基-4, 4-联苯醌（TPQ）的合成为例：首先由甲基/长链烷基亚氨基二乙酸和钼酸盐进行脱水反应，制备钼酸盐表面活性剂，反应方程式如图7-4（a）所示。

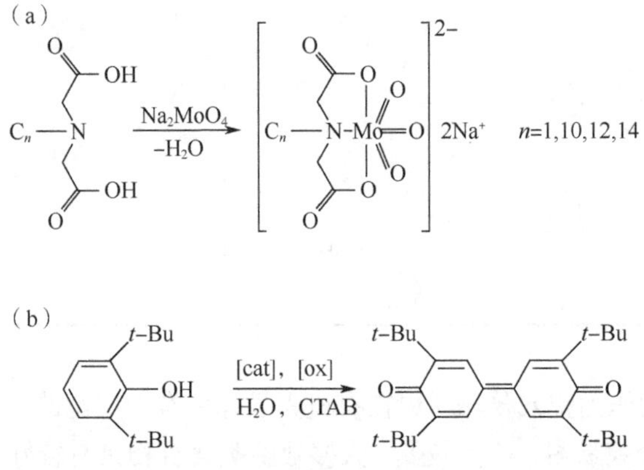

图7-4　（a）用于DPQ合成的催化剂的制备及（b）DPQ的合成路线

然后，如图7-4（b）所示，以制得的钼酸盐表面活性剂作为催化剂，过氧化氢为氧化剂，在纯水介质中由2, 6-二叔丁基苯酚（DTBQ）合成3, 5, 3′, 5′-四叔丁基联苯醌（DPQ），将制得的DPQ脱去叔丁基得TPQ，产率约为15%。

7.3　光电动势（光伏）有机材料及其在太阳能电池上的应用

7.3.1　太阳能电池的评价参数

（1）入射单色光光电转换效率（incident photon-to-electron conversion efficiency，IPCE）

定义为单位时间内外电路中产生的电子数N_e与单位时间内入射单色光子数N_p之比，是衡量太阳能电池光电转换性能的一个非常重要的参数。根据电流产生的过程，它是由光捕集效率[LHE(λ)]、电子注入纳米薄膜导带的效率（φ_{inj}）、注入电子在纳米薄膜与导电玻璃的后接触面上的收集效率（φ_c）来决定的

$$\mathrm{IPCE}(\lambda)=\mathrm{LHE}(\lambda)\varphi_{inj}\varphi_c=\mathrm{LHE}(\lambda)\varphi(\lambda) \tag{7-1}$$

在实际测量太阳能电池时，一般通过测定在一定光强的单色光照射下的短路光电流来计算IPCE(λ)值，IPCE(λ)与入射光波长λ之间的关系［式（7-1）］曲线为光电流工作谱。

$$\mathrm{IPCE}(\lambda) = N_e / N_p = 1240 J_{sc} / (\lambda P_{in}) \tag{7-2}$$

式中，J_{sc}为短路光电流密度（current of short circuit），即光照下，外电路处于短路时光伏器件单位面积产生的光电流，也即太阳能电池的最大输出电流，此时光电压为零，单位为 mA / cm^2；P_{in}为波长为 λ（单位 nm）的入射光光强，单位为 mW / cm^2。

另外，与 J_{sc}相对应，还有一个概念：V_{oc}，也就是开路电压（voltage of open circuit），指的是光照下电路处于断路时的电压，即太阳能电池的最大输出电压，此时光电流为零，单位为 V 或 mV。

（2）光电流密度-光电压曲线

IPCE 光电流作用谱反映了太阳能电池对各个波长单色光的光电转换能力。而要想全面衡量太阳能电池在白光照射下的光电转换能力，最直接的方法是测定器件的输出光电流密度和光电压曲线，即 *J-V* 曲线，典型的 *J-V* 曲线如图 7-5 所示。而评价太阳能电池的主要性能参数，除了短路光电流密度和开路电压外，还有以下几个。

电池最大输出功率（P_{max}）：*J-V* 曲线上相应的点对应的输出电流（I_{opt}）和电压（V_{opt}）的乘积的最大值。

$$P_{max} = I_{opt} V_{opt} \tag{7-3}$$

填充因子（fill factor，FF）：电池最大输出功率（P_{max}）对应的输出电流密度（J_{opt}）和电压（V_{opt}）的乘积（也就是电池的最大输出功率）与短路光电流密度（J_{sc}）和开路电压（V_{oc}）乘积的比值。

$$\mathrm{FF} = P_{max} / (J_{sc} V_{oc}) = (J_{opt} V_{opt}) / (J_{sc} V_{oc}) \tag{7-4}$$

光电转换效率，即能量转换效率（power conversion efficiency，PCE）：可由太阳能电池的最大输出功率（P_{max}）与输入光功率（P_{in}）（这里指的是白光光强）的比值得到，用以评价太阳能电池的光电转换能力。

$$\mathrm{PCE} = P_{max} / P_{in} = (\mathrm{FF} J_{sc} V_{oc}) / P_{in} \tag{7-5}$$

从图 7-5 可以看出，短路光电流密度为 *J-V* 曲线在纵坐标上的截距，而开路电压则为曲线在横坐标上的截距。也就是说，短路光电流为电池所能产生的最大电流，此时的电压为零。开路电压为电池所能产生的最大电压，此时的电流为零。而灰色阴影部分矩形的面积（最大输出功率）和虚线矩形的面积之比即为填充因子。习惯上，将白光下的光电转换效率称为总光电转换效率，用 PCE（或 η）表示，而单色光下的光电转换效率则用 IPCE 表示。

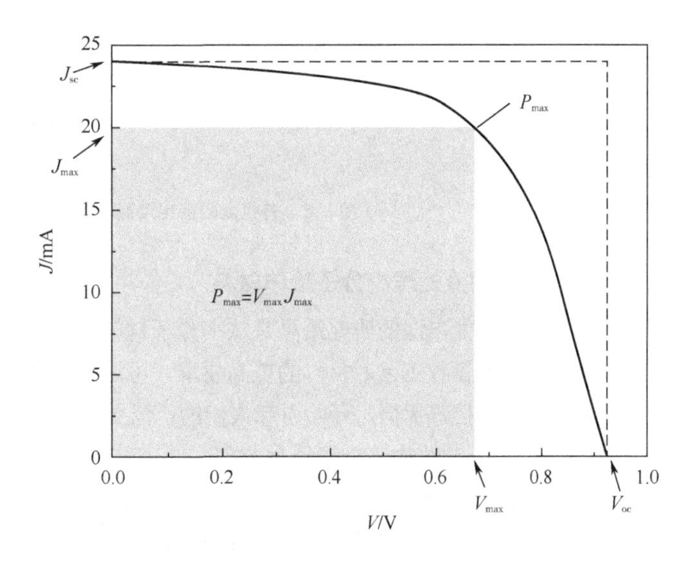

图 7-5　典型的光电流密度（*J*）-光电压（*V*）曲线

7.3.2 有机小分子太阳能电池材料

7.3.2.1 有机小分子太阳能电池基本器件结构

有机太阳能电池是利用有机小分子或有机高聚物直接或间接将太阳能转换为电能的器件。作为一种新型太阳能电池，其光电转换效率已经接近18%，因而备受关注。目前，针对其载流子迁移率的限制因素、结构的有序度、体电阻和稳定性等方面还在展开深入的研究。但是，与无机半导体材料相比，有机半导体材料具有化合物结构可设计性强、材料质量轻、制造成本低、加工性能好、便于制造大面积柔性薄膜器件和可见光吸收好的优点，是一种很有前途的太阳能电池。

对于有机太阳能电池，如图7-6所示，最初的基本结构是在两个电极之间夹一层有机层，由于激发态产生的空穴和电子的分离效率太低，而逐渐被抛弃，后来衍生出两种基本结构，包括将给体材料和受体材料分为两层和将给体和受体共混形成一层而分布于两电极中间，构成基本的器件。

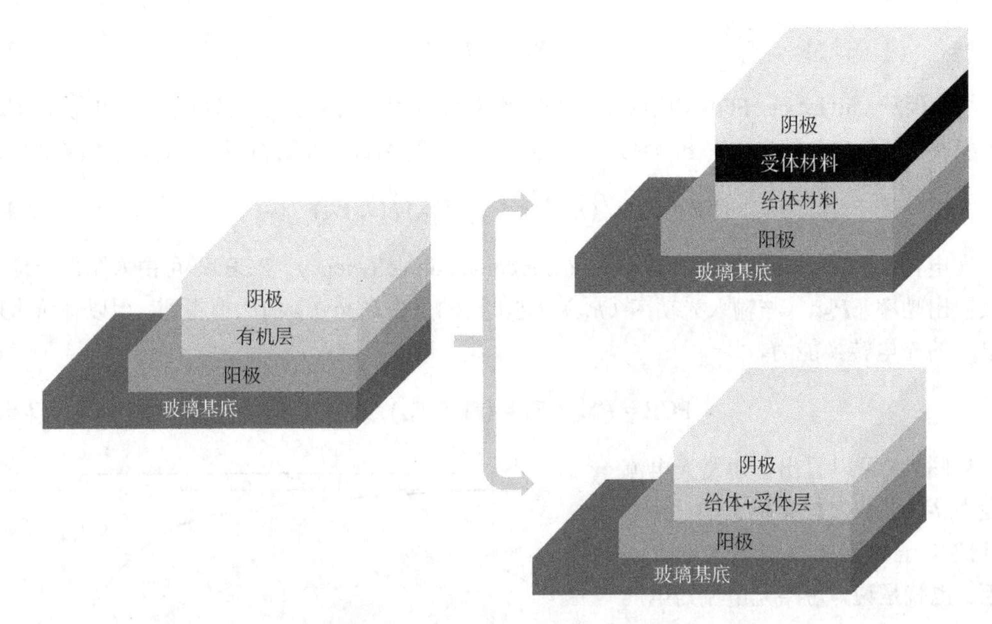

图7-6 有机太阳能电池基本器件结构的发展历程示意图

7.3.2.2 可溶液处理小分子给体材料

有机太阳能电池的研究最早是从小分子材料开始的，尤其是近年来，随着有机太阳能电池的快速发展以及器件工艺对材料的更高要求，可溶液处理小分子给体材料，由于其结构单一、易提纯和结构易调控等优势，开始引起人们的广泛关注。其代表性结构包括A-D-A和D_1-A-D_2-A-D_1。

（1）A-D-A结构小分子给体材料

对于有机光伏分子，其给体-受体（donor-acceptor，D-A）结构中，给体单元和受体单元间的推拉电子作用有助于分子内的电荷转移，并可降低分子的带隙，使得吸光范围向红外方向拓展。其最高占据分子轨道（HOMO）能级主要由给体单元决定，而最低未占分子轨道（LUMO）能级主要取决于受体单元，因而，选用合适的给、受体单元可以有效地调节D-A结构化合物的分子能级。而近几年所发展的可溶液处理的 A-D-A 结构的小分子给体材料，不同单元直接通过共轭 π 电子单元连接（如图 7-7 所示）。同样，其 A、D 单元用于调控分子能级，π 电子连接单元能够有效地调节分子的有效共轭长度以及堆积方式等。

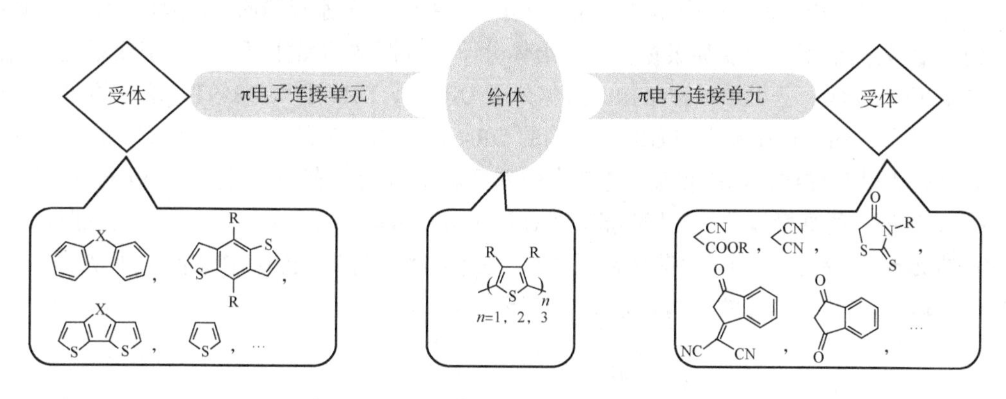

图 7-7　A-D-A 小分子给体材料结构示意图

① 寡聚噻吩类 A-D-A 小分子给体材料。噻吩作为一个富电子的共轭单元广泛应用在有机功能材料领域。而寡聚噻吩衍生物具有优越的电荷传输性能、易于调控的光物理和电化学性质，在有机光电材料领域具有重要的地位。同样，其 D、A 单元可用于调节分子内的电荷转移和分子带隙。

比如，以七个 3-辛基噻吩的聚合物为分子内给体，以双键为 π 电子连接单元，分别以罗丹宁或者二氰基亚甲基取代的罗丹宁单元为分子内受体，设计合成了两个 A-D-A 结构的有机太阳能电池小分子给体材料 DE-7T 和 DR-7T（图 7-8）。受体使用[6,6]-苯基-C_{71}-丁酸甲酯（$PC_{71}BM$）。由于双氰基的拉电子能力较硫原子显著提高，提升了激发态电荷的传输和分离性能。另外，基于 DR-7T 的器件得到接近 100%的内量子效率（这是由于可形成高度结晶的直径约 10nm 的给体微纤丝，与受体形成优越的互穿网络结构，10nm 也接近有机材料中激子的扩散长度），其最佳光电转换效率（PCE）达到 9.30%（其认证效率也达到 8.995%）。

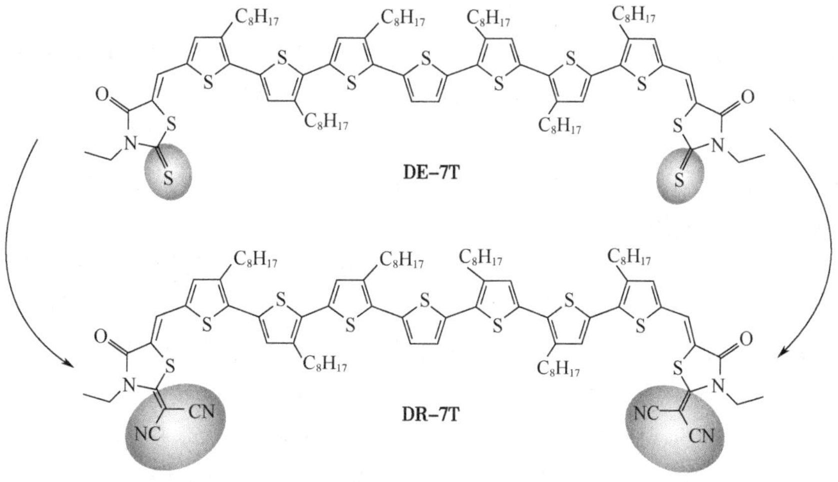

图 7-8　A-D-A 结构寡聚噻吩分子 DR-7T 和 DE-7T 的化学结构式

分子设计中的微小变化也可导致材料的结构和性能出现明显差异。DR-7T 的器件中，由于其形成互穿网络形貌，有效抑制了电荷的复合过程。同时，端基双氰基的引入，对器件性能的提升效果显著。

那么，如何选择寡聚链的基本结构呢？陈永胜教授团队分别以噻吩和联噻吩为核，设计并合成了一系列基于不同长度寡聚噻吩链的给体分子，其两端的受体仍为二氰基亚甲基取代的罗丹宁。研究发现，基于轴对称结构的给体分子 DR-5T、DR-7T 和 DR-9T（这里的 T 表示噻吩单元的数量）的器件比基于中心对称结构的 DR-6T 和 DR-8T 的器件具有更高的短路电流密度。这是因为轴对称结构基态和激发态较大的偶极矩差（$\Delta\mu_{ge}$）有利于活性层纤维网络的形成，以联噻吩为核心的寡聚噻吩，由于联噻吩间 σ 键扭转形成的二面角较大，其非平面取向和超过 3.74Å 的 π-π 堆积距离不利于电荷传输。比如，在联噻吩和噻吩两侧均连有两个 3-辛基噻吩的 DR-6T 和 DR-5T，其具体的结构式如图 7-9 所示。

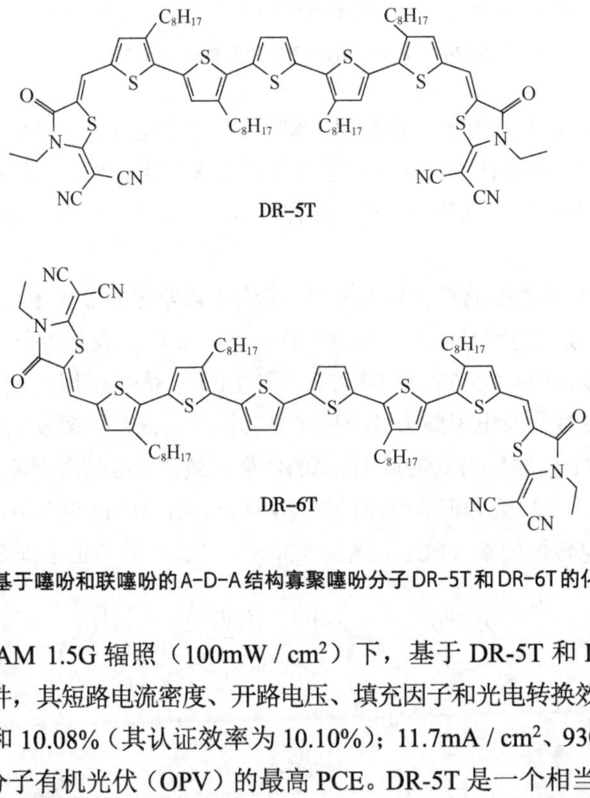

DR-5T

DR-6T

图7-9 基于噻吩和联噻吩的A-D-A结构寡聚噻吩分子DR-5T和DR-6T的化学结构式

在模拟太阳光 AM 1.5G 辐照（100mW / cm²）下，基于 DR-5T 和 DR-6T 给体分子，以 $PC_{71}BM$ 为受体的器件，其短路电流密度、开路电压、填充因子和光电转换效率分别为：15.88mA / cm²、930mV、0.69 和 10.08%（其认证效率为 10.10%）；11.7mA / cm²、930mV、0.59 和 6.33%。取得了当时单结小分子有机光伏（OPV）的最高 PCE。DR-5T 是一个相当简单的分子，可能会实现在 OPV 商业化中的应用。

针对上述联噻吩 σ 键的扭转影响共平面性和共轭度的问题，使用二并噻吩取代联噻吩形成 A-D-A 构型给体小分子。由于刚性分子的使用，很好地改善了分子的共平面性，可将光电转换效率从 6.50%提高至 8.11%。另外，人们也尝试了中心噻吩环上硫原子的取代研究，比如使用硒原子取代硫原子，由于对分子电子结构和电极形貌的影响，并未实现光伏性能的提升。

② 基于苯并二噻吩（BDT）的 A-D-A 小分子给体材料。鉴于苯并二噻吩（BDT）单元具有较大的共轭体系和很好的对称平面性，以及优越的电荷传输性能，用其取代寡聚七噻吩分子中间的噻吩单元，空穴迁移率从 $3.26 \times 10^{-4}cm^2 / (V \cdot s)$提高至 $4.50 \times 10^{-4}cm^2 / (V \cdot s)$。通常，

BDT 单元的引入，可有效提高寡聚噻吩体系的填充因子和开路电压，但由于其光吸收有限，对光电流的提升有限。比如，W. Y. Wong 等将基于 BDT 的小分子给体的噻吩取代基的辛基以具有共轭结构的乙烯噻吩取代，设计并合成分子 DCA3T（VT）BDT（图7-10），与 $PC_{71}BM$ 受体材料以 1∶0.5（质量比）混合，空穴迁移率可达到 $6.09 \times 10^{-4}cm^2/(V \cdot s)$，未经任何后处理的情况下，也可以达到 4.0%的光电转换效率。其开路电压（920 mV）和填充因子（0.63）相对较高，光电转换效率受限于仅为 $6.89mA/cm^2$ 的短路电流密度。

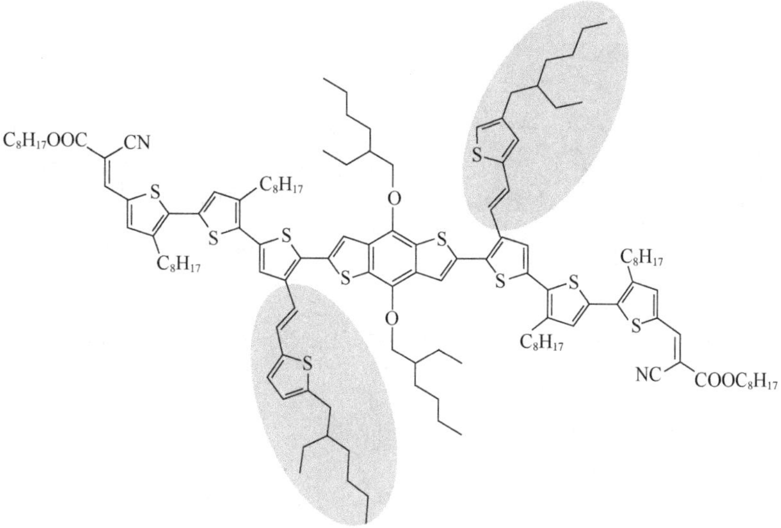

图7-10　基于BDT的A-D-A结构分子DCA3T（VT）BDT的化学结构式

李永舫院士等以 BDT 为中心，茚二酮（ID）为受体单元（端基），噻吩（T）或联噻吩（bT）为 π 桥，设计和合成了两个有机太阳能电池的小分子给体材料 D_1 和 D_2，并且选择烷氧基作为 BDT 侧链，合成了 DO_1 和 DO_2 作为对比（图7-11）。四个化合物在 450～740nm 的波长范围内具有较宽的吸收和从−5.16eV 到约−5.19eV 的相对较低的 HOMO 能级。以联噻吩为 π 桥的 D_2 比以噻吩为 π 桥的 D_1 和 DO_1 具有更强的吸收能力和更高的空穴迁移率。以给体与受体（$PC_{71}BM$）的质量比为 1.5∶1 组装器件，得到的光电转换效率分别为 6.75%（以 D_2 为给体材料）、5.67%（D_1）、5.11%（DO_2）和 4.15%（DO_1）。结果表明，设计给体分子结构时，噻吩基共轭侧链和联噻吩 π 桥的使用有利于光伏性能的提升。

可见，在以 BDT 为核心的给体分子的设计中，侧链对分子的光伏性能影响很大，甚至起到决定性的作用。随后，陈永胜教授课题组以二烷基硫醇取代传统的二烷基醇结构，设计并合成了两个以 BDT 为中心的给体分子 DR3TBDT 和 DR3TSBDT（图7-12）。以 $PC_{71}BM$ 为受体，在 AM 1.5G（$100mW/cm^2$）辐照下，基于硫醇取代基的小分子 DR3TSBDT，得到 9.95%的光电转换效率 PCE（认证效率为 9.938%），50 个器件的平均 PCE 为 9.60%。研究表明，以硫原子取代氧原子，其性能的提升主要归因于其在可见光区域吸收的提升、对电极形貌的改善，以及硫原子较大的原子半径和较弱的给电子能力。另外，该分子对活性层的厚度不敏感，当厚度达到 370nm 时，光电转换效率仍能维持在 8%以上。

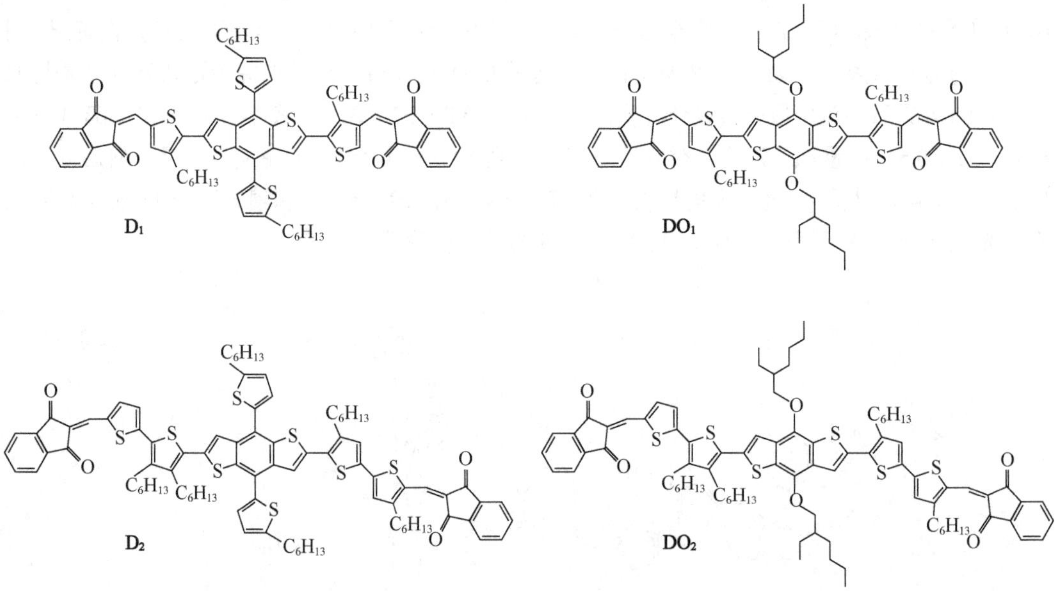

图7-11 基于BDT的A-D-A结构分子D_1、D_2、DO_1 和DO_2 的化学结构式

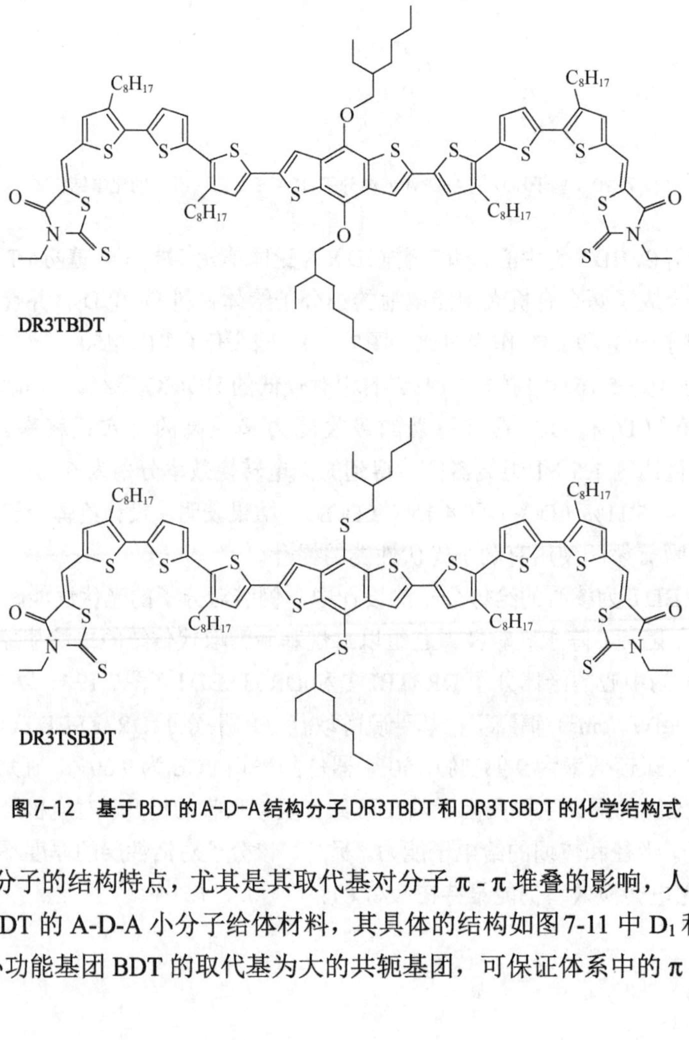

图7-12 基于BDT的A-D-A结构分子DR3TBDT和DR3TSBDT的化学结构式

根据BDT分子的结构特点，尤其是其取代基对分子π-π堆叠的影响，人们提出了新的概念。基于二维BDT的A-D-A小分子给体材料，其具体的结构如图7-11中D_1和D_2的结构。也就是说，其中心功能基团BDT的取代基为大的共轭基团，可保证体系中的π电子在共轭的侧

链中形成很好的离域，利于形成分子间更好的π-π堆叠，进而有利于电荷的传输。同时，其共轭结构的拓展，还可提升分子在可见光范围内的吸收强度，并拓展其吸收宽度。另外，研究还发现，二维结构可平衡空穴-电子的迁移率，维持较高的开路电压和填充因子，短路电流密度也有所增加，进而可在一定程度上改善器件的光电转换效率。比如，J. Ko 等将三异丙基硅乙炔引入 BDT 的侧链，未经优化的器件的开路电压高达 1.02V。

朱晓张教授课题组设计的二维结构 A-D-A 小分子给体 BSFTR，引入噻吩侧链的同时，在侧链上修饰了 F 原子和 2-乙基己基硫基，以 Y6 为受体（结构式如图7-13 所示），得到当时小分子二元体系太阳能电池的最高光电转换效率 13.69%（$V_{oc} = 0.85V$，$J_{sc} = 23.16mA/cm^2$，FF = 69.66%）。其 LUMO 和 HOMO 能级分别为−3.61eV 和−5.59eV。利用溶剂蒸汽退火（solvent vapor annealing，SVA）和热处理（thermal annealing，TA）工艺，促进了给体受体的相分离和结晶度，有利于激子解离和电荷传输、提取。可见，给受体吸收光谱的互补性、能级匹配性和细微的形貌控制在提升器件光伏性能方面也是必不可少的。

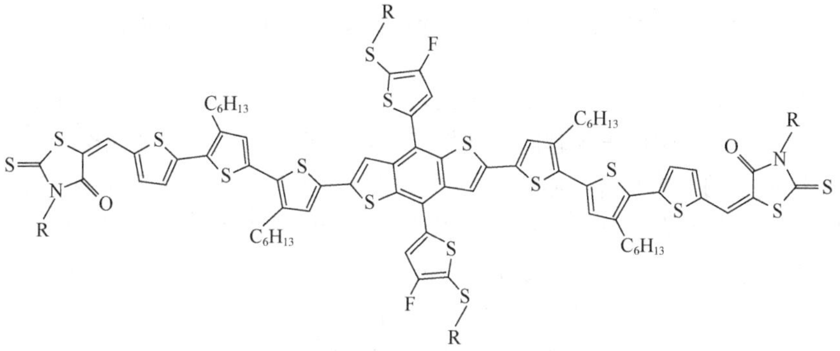

BSFTR　　　R=2-乙基己基

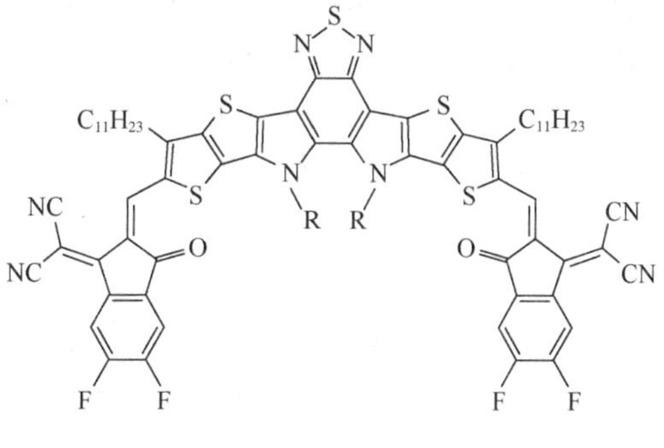

Y6

图7-13　以罗丹宁为A单元、苯并二噻吩（BDT）为D单元的二维A-D-A结构小分子给体BSFTR及其相应受体Y6分子的化学结构式

③ 基于其他功能基团的 A-D-A 小分子给体材料。研究者除了针对上述结构的 A-D-A 小分子展开研究外，也研究了其他功能基团为中心的 A-D-A 结构分子的光伏性能，比如二噻吩并噻咯、二噻吩并吡咯和卟啉及其衍生物等（图7-14）。

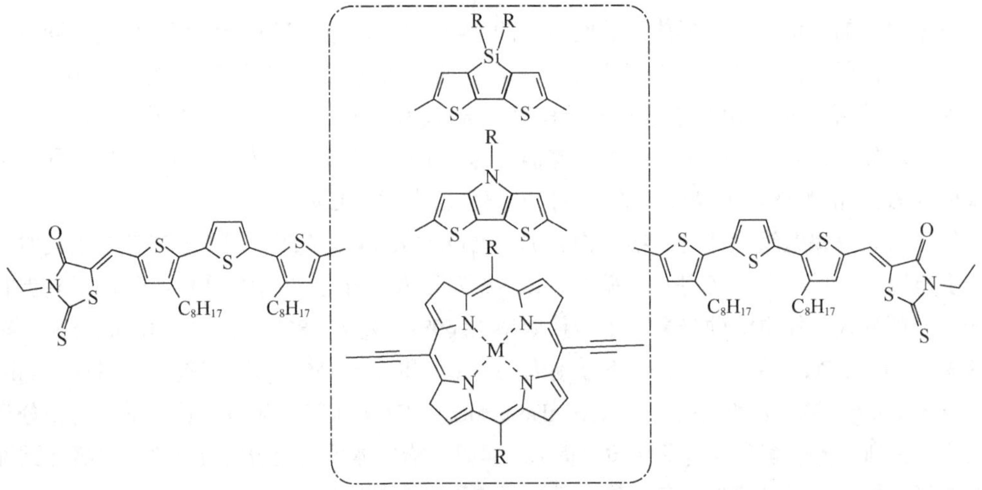

图7-14 其他功能基团为中心的A-D-A结构分子

（其中心单元从上到下分别为：二噻吩并噻咯、二噻吩并吡咯和卟啉）

比如，以二噻吩并噻咯为中心功能单元，由于电化学性质、堆积形态和活性层形貌的影响，引入硅原子后，表现出优越的光伏性能，经过两步退火后，其光电转换效率也可超过 8%。而烷基取代的二噻吩并吡咯为中心单元时其最大的优势在于可实现 300～820nm 的宽范围吸收，其带隙可降低至 1.49eV。而以卟啉锌为中心单元的相关研究中，最具代表性的要属 E. Palomares 等的工作，其设计并合成的 A-π-D-π-A 结构的卟啉基分子 VC117，与受体材料以质量比 1∶1 组装器件，经热退火后最佳光电转换效率为 5.50%。另外，其中心单元的稠环化和大共轭化是今后相关研究的拓展方向，端基受体也是小分子给体材料的优化对象。

（2）D_1-A-D_2-A-D_1 结构小分子给体材料

上面介绍的主要是 A-D-A 型的小分子给体材料，聚合物太阳能电池中聚合物最成功的设计策略是构筑了 D-A 主链结构，由此出发，G. C. Bazan 和 A. J. Heeger 等发展了可溶性 D-A-D 类材料。其代表构型为可溶液处理的 D_1-A-D_2-A-D_1 结构小分子给体材料，经过对该体系化合物的分子结构以及器件的优化，光电转换效率也可超过 9%。

① 基于二噻吩并噻咯的小分子给体材料。G. C. Bazan 课题组首先提出的 D_1-A-D_2-A-D_1 小分子给体材料以噻咯硅（dithienosilole，DTS）为中间给体单元（D_2），吡啶噻二唑（PT）为相邻的受体单元（A），双噻吩单元为侧翼给体单元（D_1），具体结构见图7-15 的化合物 1~4。设计的原则是改变吡啶噻二唑上吡啶氮原子的位置，以改变分子的偶极矩，进而影响分子的 π-π 堆积方式。

所制得的化合物，其溶液和薄膜在可见光区域都有宽的吸收范围，并且在薄膜中都有明显的肩峰出现，表明其分子间形成了很好的 π-π 堆积，其中吡啶噻二唑吡啶环上的氮原子都靠近中间给体单元的化合物 1［*p*-DTS(PTTh$_2$)$_2$］的单位吸收强度最高，光电转换效率为 4.52%。当在成膜过程中加入 0.25%（体积分数）的 1,8-二碘辛烷（1, 8-diiodooctane，DIO）后，光电转换效率可提升至 6.7%（其中 V_{oc} = 780mV；J_{sc} = 14.4mA / cm^2；FF = 0.593）。其光电转换效率的提高主要是因为加入 DIO 后形成了结晶长度在 15~35nm 的相分离。而吡啶环氮原子均

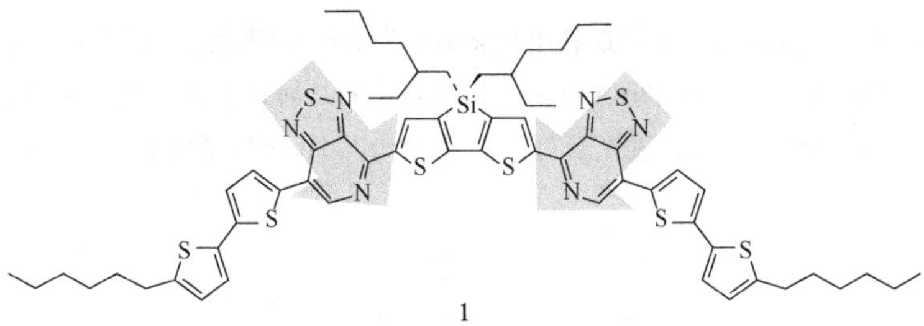

图7-15　基于二噻吩并噻咯的D_1-A-D_2-A-D_1 结构分子1~4的化学结构式

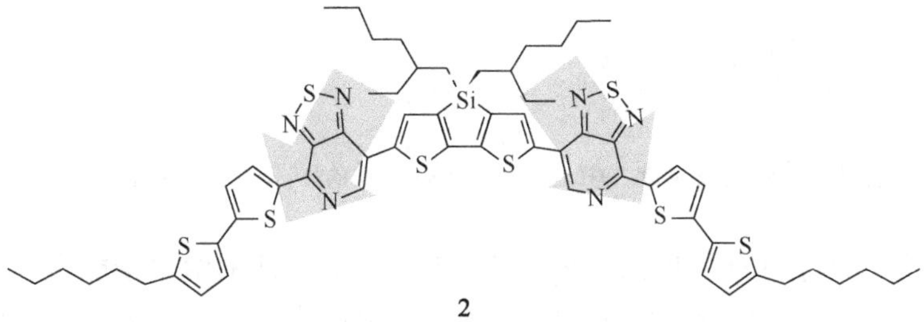

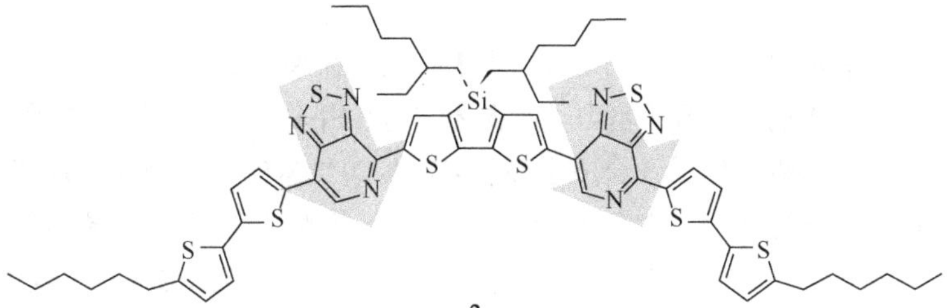

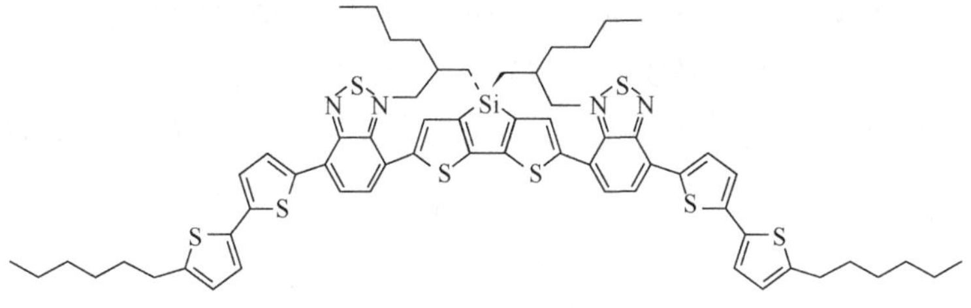

远离中心单元的另一个对称结构的化合物2，加入同样量的DIO后，其光电转换效率也可达到5.56%。但对于不对称化合物3，其器件的光电转换效率只有3.16%（无DIO时为1.78%）。显然，这些性能差异主要是由于吡啶噻二唑受体单元的不同排列方向影响了化合物的偶极矩方向，从而影响了化合物的聚集方式。另外，上述器件都是以MoO_3为空穴传输层制备的，而以PEDOT：PSS为空穴传输层制备的器件性能较差，主要是PEDOT：PSS的弱酸性使PT单元质子化而导致体相形貌不佳引起的。

为了解决PT单元易质子化的问题，Bazan研究组用氟代苯并噻二唑（FBT）作为受体单元合成了化合物*p*-DTS$(FBTTh_2)_2$（图7-16）。FBT单元的引入，不仅避免了PT单元上氮原子的质子化，同时，使其合成过程更加简化。以PEDOT：PSS为空穴传输层制备的器件，130℃热退火后，其光电转换效率为5.8%，当添加体积分数为0.4%的DIO后，光电转换效率提高至

7.00%（其中填充因子为0.68）。尤其是利用金属钡作为对电极辅助层，可将其光电转换效率提升至9.02%（V_{oc} = 780mV；J_{sc} = 15.47mA / cm^2；FF = 0.749）。另外，基于此化合物的器件通常短路电流密度较高（与其自身较宽的吸收光谱有关），但由于其HOMO能级较高，通常开路电压不高。

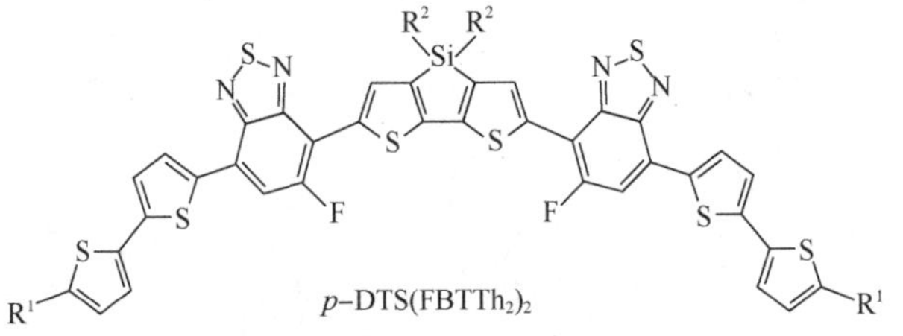

图7-16 氟原子取代的基于苯并噻二唑的D_1-A-D_2-A-D_1 结构的分子*p*-DTS（$FBTTh_2$）$_2$ 的化学结构式

另外，将苯并环丁基硅烷嵌入二噻吩并噻咯中，其较弱的给电子能力，降低了分子的HOMO能级，可将开路电压提高到0.91V。将硅原子替换成锗（Ge）原子，也得到了7.30%的光电转换效率。

② 基于茚并二噻吩（IDT）的小分子给体材料。为了拓展中心单元的共轭性，提高小分子给体的给电子能力，研究者们也展开了富电子的稠环结构的相关研究。如图7-17所示，中国科学院化学研究所的侯剑辉教授课题组设计合成了D_1-A-D_2-A-D_1结构的化合物IDT($BTTh_2$)$_2$，其中，D_2单元为茚并二噻吩，而侧翼单元，或者说A单元，还是苯并噻二唑（BT），端基给体（D_1）使用己基取代的联噻吩单元，并用于光伏性能的研究。该分子在可见光范围内显示出较宽的吸收，其光学带隙约为1.80eV。另外，该分子还具有较低的HOMO能级，有助于器件开路电压的提升。按质量比1∶3与$PC_{71}BM$混合，在未经任何处理、未使用任何添加剂的情况下，AM 1.5G（光强为100mW / cm^2）的辐照下，光电转换效率为4.25%（V_{oc} = 0.93V；J_{sc} = 9.42mA / cm^2；FF = 48.5%）。将该分子应用于本体异质结太阳能电池进一步进行性能优化，PCE有望进一步提高。

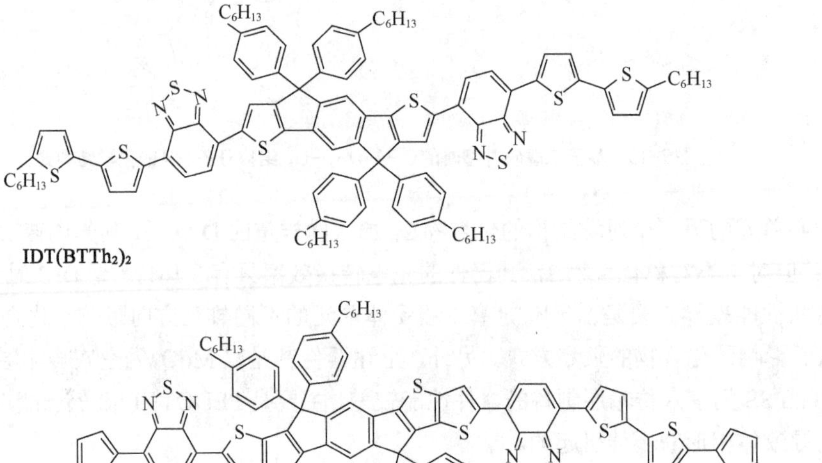

图7-17 以茚并二噻吩及其衍生物为中心单元的小分子给体IDT($BTTh_2$)$_2$和IDTT-FBT-3T的化学结构式

华盛顿大学的 A. K. Y. Jen 等更进一步在茚并二噻吩的左右再各并一个噻吩单元，拓展为 IDTT 结构，作为中心单元 D_2。同时，利用不同的末端噻吩单元，比如联噻吩、并噻吩或者三联噻吩，调节分子的偶极矩。同样，由于这些化合物较低的 HOMO 能级，其开路电压均在 0.93~0.99V 范围内。研究发现，其短路电流密度、填充因子以及光电转换效率与 D_1 的偶极矩成正相关性，三联噻吩的偶极矩最大，分子 IDTT-FBT-3T（图7-17）光电转换效率可达 6.54%。这是由于 D_1 单元偶极矩的增大，增强了分子的自聚集，在给受体界面形成高度的有序性，降低了陷阱态的比例，从而降低了电荷复合的概率，削弱了电荷转移态（charge transfer state，CT）激子的束缚能，进而改善了器件的电荷迁移率。

另外，对于分子的修饰，还可考虑苯并噻二唑上多氟原子的取代，以及在中心单元与苯并噻二唑之间引入新的功能基团，其具体的结构如图 7-18 所示。氟原子的引入可降低分子的 HOMO 和 LUMO 能级，而在 FBT 和 IDT 单元之间引入噻吩单元可提高分子在 400~600nm 范围内的吸收，改善分子的平面性，提高 π 电子的离域和固态下的分子堆积；同时未显著影响分子的 HOMO 能级，有利于获得高的开路电压。引入氟原子和噻吩单元，可使器件的光电转换效率提升至 8.10%（$V_{oc} = 0.90V$；$J_{sc} = 11.9mA / cm^2$；FF = 0.76），经器件优化，光电转换效率还可继续提高到 8.70%。这主要归因于该结构的分子高而平衡的空穴及电子迁移率。而对于 IDT 和 FBT 之间的桥连单元的影响，尝试将噻吩替换为呋喃或硒吩（图 7-18），随着呋喃、噻吩和硒吩的给电子能力依次增强，其光学带隙分别为 1.85eV、1.81eV 和 1.77eV，而其 HOMO 能级依次升高，LUMO 能级则依次降低。相比于呋喃，基于噻吩和硒吩的分子，光电转换效率分别达到 8.70%和 8.41%。因而，桥连单元给电子能力过低，不利于光伏性能的提升。

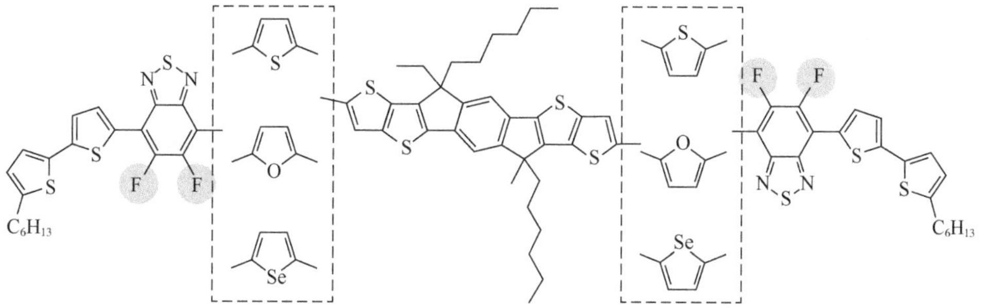

图7-18　D_1-A-D_2-A-D_1 结构给体分子茚并二噻吩与苯并噻二唑之间引入功能基团（从上到下分别为：噻吩、呋喃和硒吩）及苯并噻二唑苯环上引入多氟原子的分子设计

为了进一步拓展分子的共轭度，改善固态下的分子的堆积状态，研究者也尝试了将基于茚并二噻吩的 D_1-A-D_2-A-D_1 结构分子进行寡聚（图7-19）。研究发现，低度聚合确实可以有效降低光学带隙，而和 $PC_{71}BM$ 共混后其堆积方式趋向于 face-on 的堆积，有利于电荷的传输。当 $m = 2$ 时，也就是体系内出现 6 个氟原子时，其最佳光电转换效率达到 9.09%。

③ 基于苯并二噻吩（BDT）D_1-A-D_2-A-D_1 结构小分子给体材料。如上所述，对于 D_1-A-D_2-A-D_1 结构的分子，D_2 的选择对分子的光伏性能至关重要。苯并二噻吩（BDT）作为一个典型的给体单元，研究者也尝试将其应用到结构分子的设计中。比如，以双-（2-乙基己氧基）苯并二噻吩或双-（三异丙基甲硅烷基乙炔基）苯并二噻吩为富电子核的两种有机半导体分子的设计和合成（图7-20）。

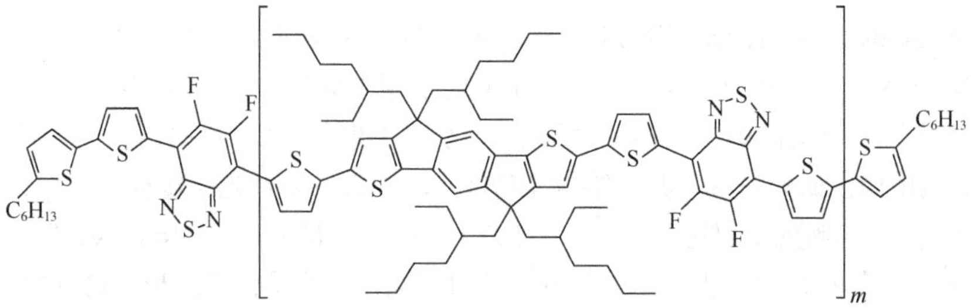

图7-19　基于茚并二噻吩寡聚的 D_1-A-D_2-A-D_1 结构分子

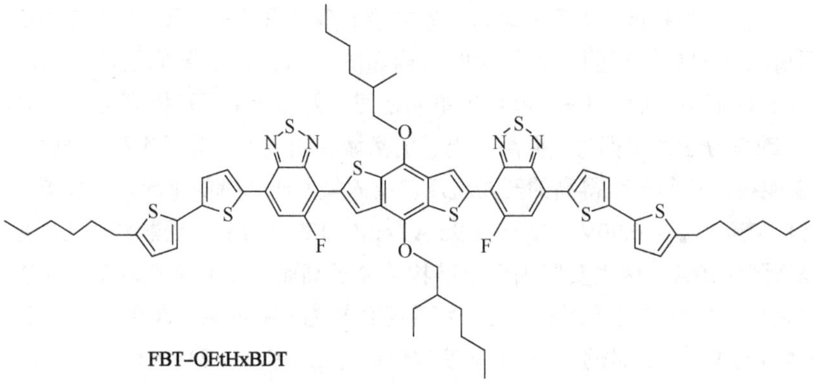

FBT-OEtHxBDT

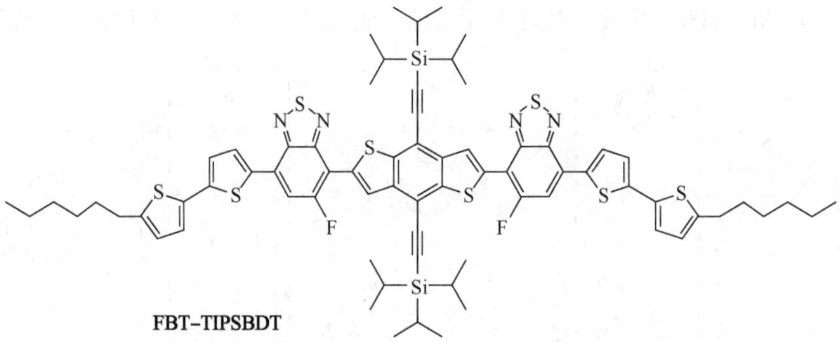

FBT-TIPSBDT

图7-20　以苯并二噻吩（BDT）为中心单元的 D_1-A-D_2-A-D_1 结构分子FBT-OEtHxBDT和FBT-TIPSBDT的化学结构式

对上述化合物进行光学和电化学性能表征，结果表明，其吸收范围跨越 350~700nm，HOMO 和 LUMO 能级有助于高效激子解离。与基于己氧基取代的 FBT-OEtHxBDT 相比，基于硅烷基乙炔的 FBT-TIPSBDT，其 π 体系的刚性和共轭性，有利于 π - π 堆积分子间电荷的转移，并降低其 HOMO 能级，使开路电压提高至 0.98V。使用 1-氯萘作为添加剂，$PC_{71}BM$ 为受体材料，光电转换效率可达到 5.69%。

与 A-D-A 结构类似，对于 BDT 单元，二维结构也是考虑的对象之一。比如，P. M. Beaujuge 等以吡啶并吡嗪（PT）作为 A 单元、BDT 为 D_2 单元，研究了 PT 单元上烷基链、D_1 单元烷基链和 BDT 单元上的侧链对分子的堆积方式、薄膜堆积方式以及电荷传输能力等的影响，同时也包括引入噻吩侧链构建二维给体材料。具体的结构见图 7-21。

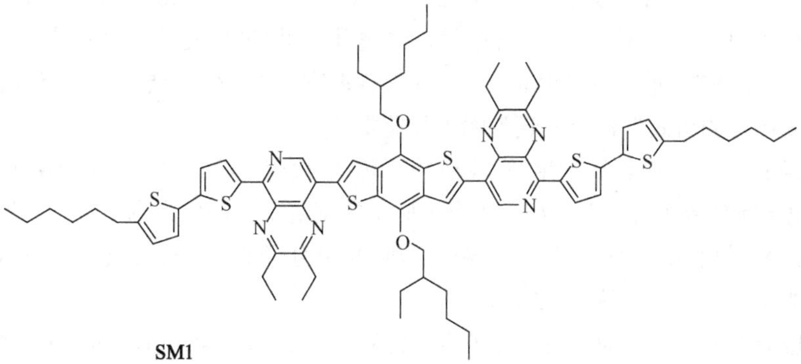

SM1

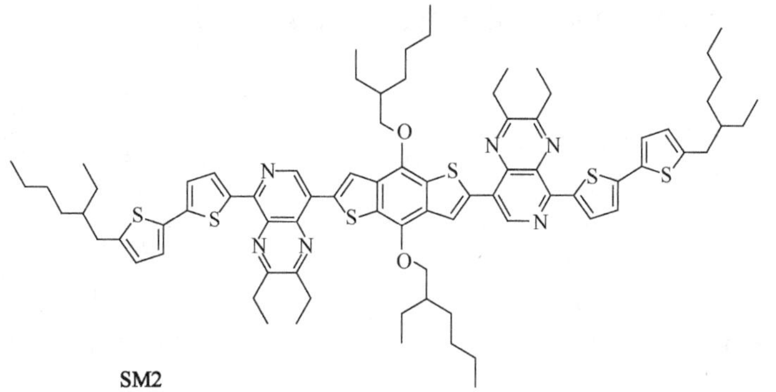

SM2

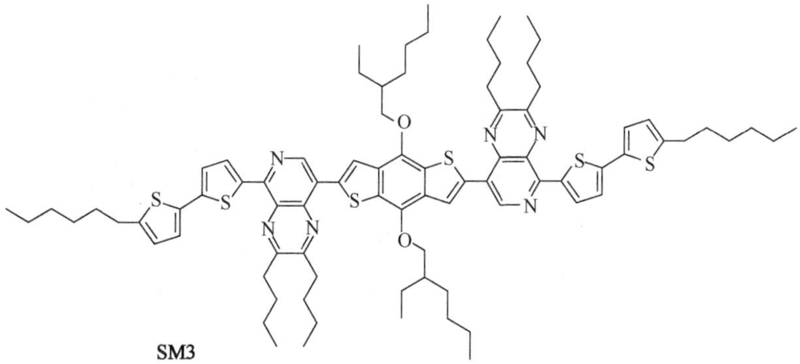

SM3

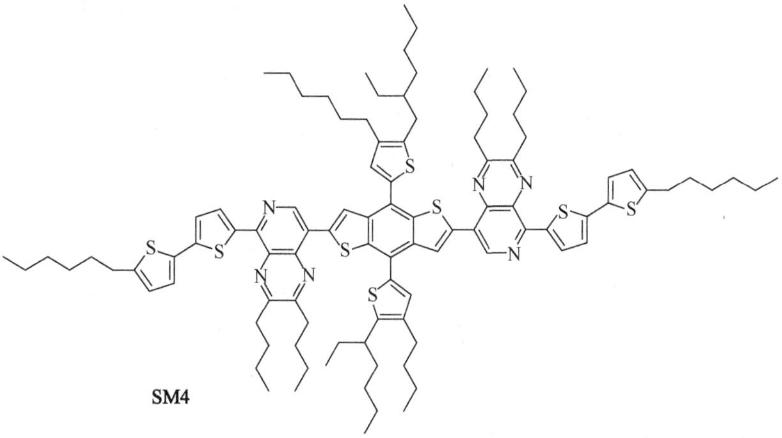

SM4

图7-21　以吡啶并吡嗪（PT）为A单元，苯并二噻吩（BDT）为D_2单元的D_1-A-D_2-A-D_1结构分子设计

研究发现，基于一维 BDT 的 SM1、SM2 和 SM3 的光电转换效率分别为 2.5%、1.0%和 2.5%（经 1,8-二碘辛烷 DIO 添加剂优化后的效率）。可见，对于一维结构，末端烷基链为直链结构有益于分子的堆积，从而有利于光伏性能的提升。而 PT 单元上的烷基链的长短对光电性能影响不大。二维 BDT 的分子（SM4）光电转换效率升至 6.5%，明显高于一维 BDT 分子。主要是由于共轭侧链的引入促使空穴迁移率的显著提升。

针对二维 BDT，研究者还利用酰基噻吩并噻吩取代苯并噻二唑，并对末端烷基链进行优化，器件光电转换效率也可达到 6.0%。4 个碳原子的端基烷基链更有利于分子的堆积和分子间的电荷传输。利用吡咯并吡咯二酮取代基于二维 BDT 分子的苯并噻二唑，以三苯胺为末端给电子基团，光电转换效率也达到 5.77%。

④ 其他结构 D_1-A-D_2-A-D_1 型小分子给体材料。D_1-A-D_2-A-D_1 型给体小分子的设计思路，还包括选择全新的中心给体单元和从高性能聚合物上截取片段。

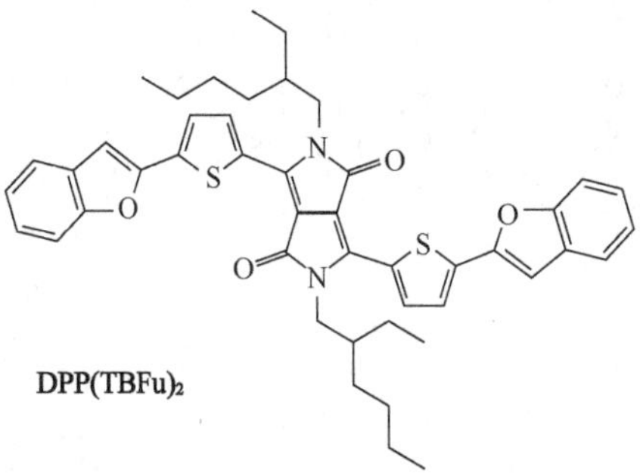
DPP(TBFu)₂

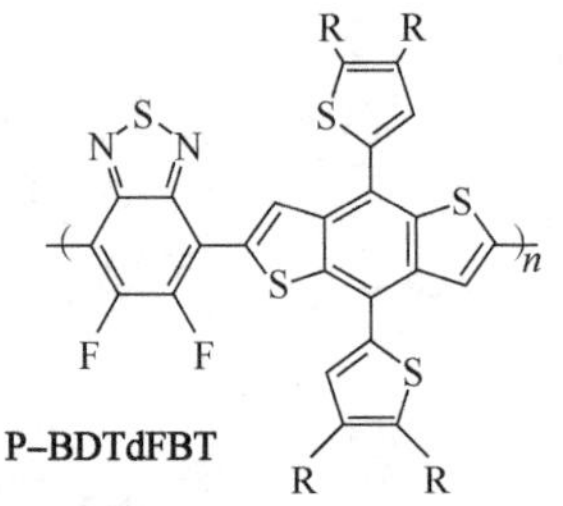
P-BDTdFBT

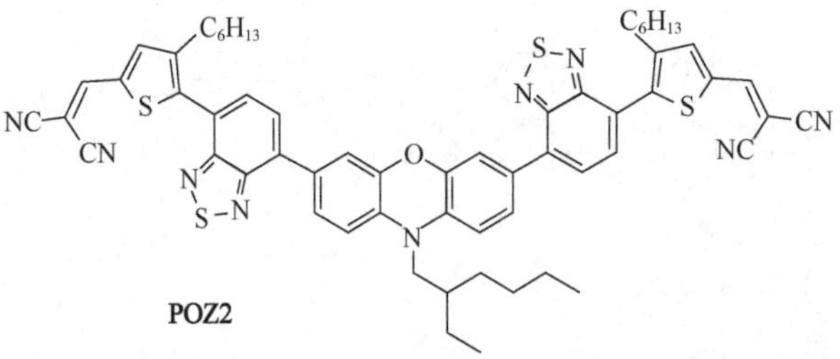
POZ2

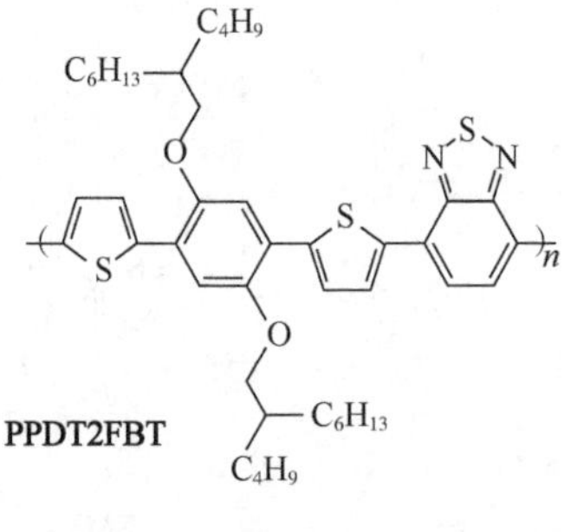
PPDT2FBT

图 7-22 其他 D_1-A-D_2-A-D_1 构型的分子结构或者所依据的聚合物分子

如图 7-22 所示，选择具有强吸光性能和良好光化学稳定性的吡咯并吡咯二酮为 D_2 单元，苯并呋喃为端基构建分子 DPP(TBFu)$_2$，通过对 DPP(TBFu)$_2$：$PC_{71}BM$ 活性层形貌进行精细的调控，器件的开路电压可达 0.92 V，短路电流密度为 10mA / cm^2，填充因子为 0.48，光电转换效率达到 4.4%。而二苯并噁嗪（phenoxazine，POZ）是含有氮和氧原子的杂环非平面单元，以其为中心单元，苯并噻二唑为 A 单元，二氰基乙烯基噻吩为端基，设计的分子 POZ2，在溶液和薄膜状态下都有较宽的紫外-可见吸收范围，且光电转换效率可达到 7.44%（V_{oc} = 0.907V；J_{sc} = 11.9mA / cm^2；FF = 0.69）。另外，从聚合物，比如从 P-BDTdFBT 和 PPDT2FBT 中截取 1~3 个单体进行小分子的设计也是材料开发的策略之一。

7.3.2.3 小分子受体材料

相对于种类众多、数量丰富的给体材料，受体材料在过去几十年的研究中主要选择富勒烯

（fullerene）衍生物，包括 $PC_{61}BM$ 和 $PC_{71}BM$ 等。这主要归因于富勒烯的球形结构、较高的电子亲和势及电子迁移率等性能优势，并已经获得较高的光电转换效率。目前，其发展遇到两大瓶颈，一是富勒烯衍生物可见光区吸收弱，能级难以调控，合成难度较大，不易提纯和成本高，以及形貌稳定性差等；二是基于富勒烯受体的有机太阳能电池效率可能已经接近理论极限，难以获得更大的突破。因此，近几年研究者越来越多地关注非富勒烯受体材料的设计合成与器件构筑。与给体材料类似，非富勒烯受体材料也分为聚合物受体材料和寡聚物 / 小分子受体材料，习惯上也把非聚合物的受体材料称为小分子受体材料。与聚合物给体材料的广泛研究和应用不同，非富勒烯聚合物受体材料种类和研究都较少。但是，小分子受体材料是目前研究最多也是最成功的材料体系。因而，本节主要从不同的分子结构类型出发，介绍非富勒烯小分子受体材料的相关研究。

（1）基于苝二酰亚胺（PDI）的小分子光伏受体材料

苝二酰亚胺（PDI）由于具有好的吸光性能、高的迁移率以及低的 LUMO 能级，常用于构筑 n 型半导体材料。

W. S. Shin 等于 2006 年首次尝试将 PDI 应用于受体材料的制备（图 7-23），分别设计合成了 PDI-C9、PDI-BI、5-PDI 和 PDI-CN 等分子。还通过侧链比如四氢吡咯和氰基单元进行能级的调节。以 P3HT：PDI-C9 为活性层的太阳能电池器件的开路电压为 0.36V，光电转换效率只有 0.182%。与 PDI-C9 相比，在 PDI 的侧面引入具有给电子能力的四氢吡咯单元的小分子 5-PDI 的 LUMO 能级有所提高，可使开路电压提高到 0.63V。但对于 PDI-CN，氰基较强的拉电子作用导致 HOMO 和 LUMO 能级过低，尤其是 LUMO 轨道和对电极的功函接近，导致开路电压及光电转换效率极低。虽然 PDI-BI 的 LUMO 和 HOMO 能级高于 PDI-CN，开路电压有所提升，但 HOMO 能级仍然低于 P3HT，光电转换效率低于 PDI-C9。这一结果显示了 PDI 单元具有用作小分子光伏受体材料的初步发展潜力。

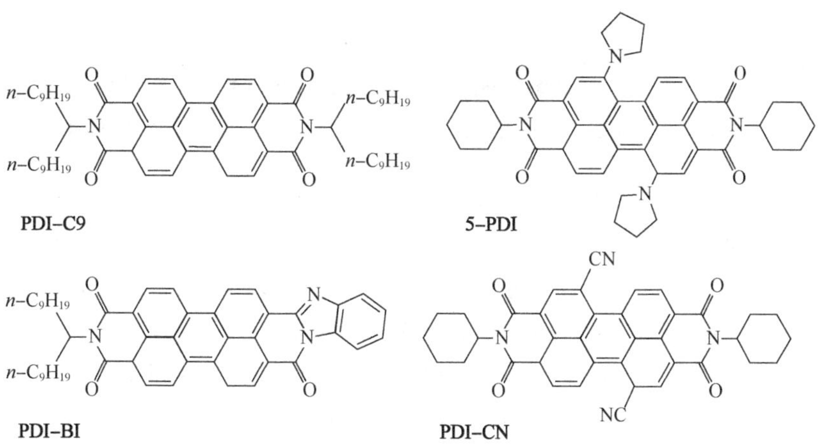

图7-23　基于苝二酰亚胺的小分子受体PDI-C9、PDI-BI、5-PDI和PDI-CN分子结构式

为了提升基于 PDI 衍生物的器件的光伏性能，研究者不断尝试对其结构进行修饰更新。比如在侧链上引入并三噻吩或者正己基、苄基或苯基，以及使用 C—C 键相连的联二 PDI 体系等，虽然取得的光电转换效率不甚理想，但为 PDI 的结构修饰以及发展奠定了坚实的基础。

随后，王朝晖和孙艳明合作，在联二 PBI 上引入了两个硫原子，形成了噻吩环，合成了 s-diPBI-S（图7-24）。研究表明，s-diPBI-S 在氯仿中的吸光范围覆盖 400~600nm，且吸光强度较高，最大吸收峰出现在 523nm 处。LUMO 能级约为−3.85eV，与不含硫的联二 PBI 相比，其 LUMO 能级有所提高。基于 s-diPBI-S，以 PDBT-T1 为给体材料（结构式如图 7-24 所示）组装的光伏器件，添加 0.75%的 DIO 后，光电转换效率可达 7.16%，尤其是开路电压高达 0.90V。而与硫元素处于同一主族的硒元素，原子体积更大、最外层电子云离域性更好，可提高分子轨道的重叠度，有利于电荷迁移率的提升。于是他们又利用硒原子取代硫原子合成了 s-diPBI-Se（见图 7-24）。由于硒原子上的空轨道可以提高分子接受电子的能力，在不加任何添加剂的情况下，基于 PDBT-T1：s-diPBI-Se 的光伏器件的光电转换效率为 7.55%；当加入 0.25%的 DIO 后，其光电转换效率可提升至 8.47%（V_{oc} = 0.91V，J_{sc} = 12.75mA / cm^2，FF = 0.731）。

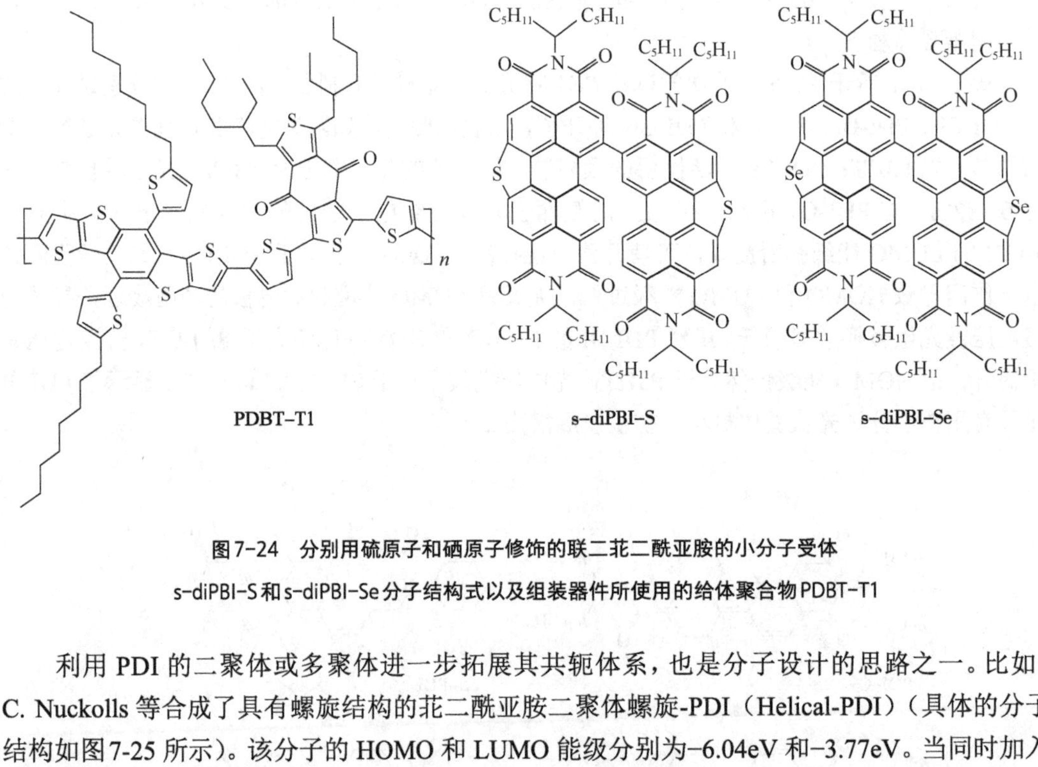

图7-24　分别用硫原子和硒原子修饰的联二苝二酰亚胺的小分子受体 s-diPBI-S和s-diPBI-Se分子结构式以及组装器件所使用的给体聚合物PDBT-T1

利用 PDI 的二聚体或多聚体进一步拓展其共轭体系，也是分子设计的思路之一。比如，C. Nuckolls 等合成了具有螺旋结构的苝二酰亚胺二聚体螺旋-PDI（Helical-PDI）（具体的分子结构如图7-25 所示）。该分子的 HOMO 和 LUMO 能级分别为−6.04eV 和−3.77eV。当同时加入 1%的 DIO 和 1%的氯萘时，分别以 PTB7 和 PTB7-Th（图 7-25）为给体材料，可得到的最佳光电转换效率分别为 5.21%和 6.05%。研究表明，与 PTB7 相比，以 PTB7-Th 为给体材料与螺旋-PDI 共混，空穴和电子迁移率分别从 $6.7 \times 10^{-5}cm^2 / (V \cdot s)$和 $2.2 \times 10^{-4}cm^2 / (V \cdot s)$提高至 $2.9 \times 10^{-4}cm^2 / (V \cdot s)$和 $3.4 \times 10^{-4}cm^2 / (V \cdot s)$。迁移率的提高主要可归因于 PTB7-Th 上二维的苯并二噻吩单元有利于提高分子链间的 π - π 堆积作用。为了进一步提升器件的光伏性能，他们又合成了具有螺旋结构的 PDI 三聚体 hPDI3 和四聚体 hPDI4。研究发现，结合二聚体螺旋-PDI，随着寡聚苝二酰亚胺单元数量的增加，分子的 HOMO 和 LUMO 能级均依次降低，紫外-可见吸收光谱拓宽。其中，hPDI3 的 HOMO 和 LUMO 能级分别为−6.23eV 和−3.86eV，而 hPDI4 的 HOMO 和 LUMO 能级分别是−6.26eV 和−3.91eV。并且，以 PTB7 或 PTB7-Th 为受体材料时，由于PDI单元之间存在一定的扭曲，削弱了受体分子间的聚集，也阻止了两种材料共混制备时的相分离。两受体均得到超过6%的光电转换效率。尤其是基于PTB7-Th：hPDI4反式结构的太阳能电池器件的光电转换效率高达8.3%。

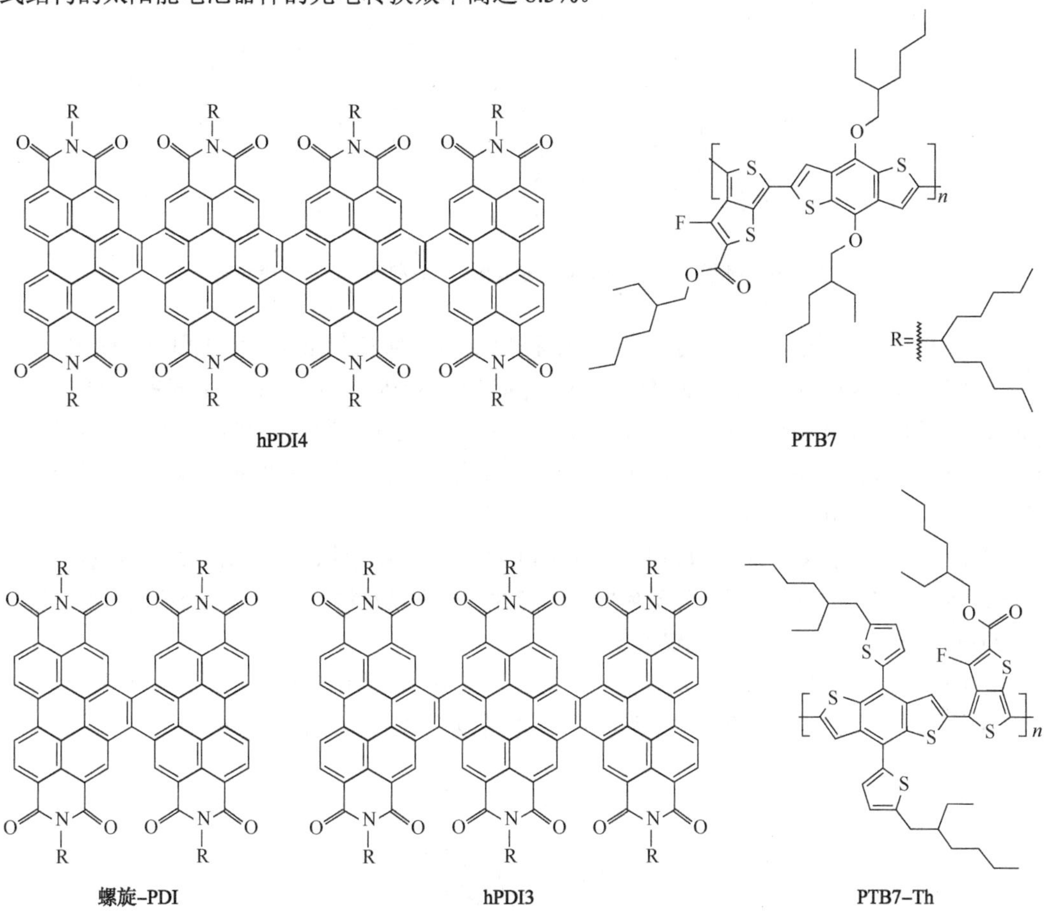

hPDI4

PTB7

螺旋-PDI

hPDI3

PTB7-Th

图7-25　基于苝二酰亚胺的小分子受体螺旋-PDI、hPDI3和hPDI4以及常用的给体材料PTB7和PTB7-Th分子结构式

另外，选择芳香核心单元，辐射状分布PDI单元，也是构建高效受体材料的有效手段。截至目前，所研究的核心单元有三苯胺、四苯基甲烷、四苯乙烯和三嗪。前两者由于空间扭曲结构破坏了分子间的堆积，光电转换效率仅为3%左右。直到四苯乙烯的引入，乙烯的刚性结构提高了分子的共平面性，才使光电转换效率提升到5.53%。而缺电子的三嗪单元，使得分子有更强、更宽的吸收，更好的平面性，更强的分子间堆积，从而有利于电荷的传输。因此，以PTB7-Th为电子给体材料，所组装的光伏器件的光电转换效率高达9.15%。

（2）基于罗丹宁端基的小分子光伏受体材料

罗丹宁功能基团曾用于A-D-A型小分子给体材料的端基并表现出很好的光伏性能。E. Lim等以给电子能力较弱的芴和咔唑单元为中间核、噻吩为桥，首次以罗丹宁为末端拉电子单元合成了小分子受体材料Cz-RH和Flu-RH（如图7-26所示）。

在薄膜状态下，这两个分子的最大吸收峰分别出现在525nm和510nm处，并且还伴有肩峰出现，可归因为分子间的π-π堆积作用，表明两个分子在薄膜状态下具有良好的堆积作用。

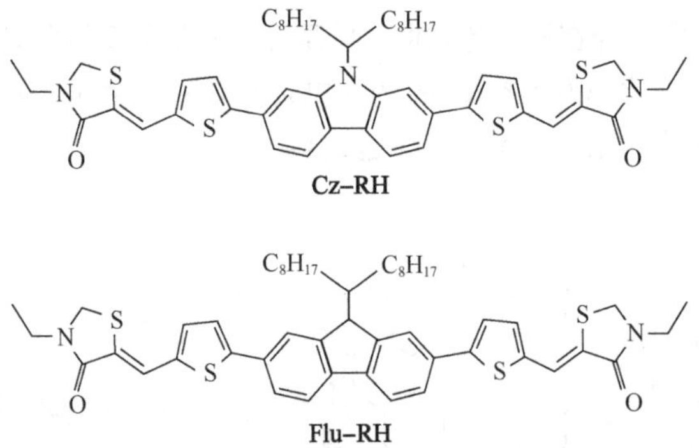

图7-26 基于罗丹宁端基的小分子受体Cz-RH和Flu-RH分子结构式

仅以碳原子取代氮原子，两个分子的 HOMO 和 LUMO 能级相差无几。其中以咔唑为中间单元的 Cz-RH 的 HOMO 和 LUMO 能级分别为−5.53eV 和−3.50eV，而以芴为中间单元的 Flu-RH 的 HOMO 和 LUMO 能级分别为−5.58eV 和−3.53eV。其较高的 LUMO 能级，可使所制备的光伏器件获得较高的开路电压。初步测试，基于两个小分子受体材料，光电转换效率分别为 2.56% 和 3.08%，而开路电压均超过 1V。

随后研究者又在 Cz-RH 和 Flu-RH 的基础上继续进行结构修饰，比如将桥连噻吩替换成苯并噻二唑、将 Flu-RH 的中间单元芴换成引达省并二噻吩以及将苯并噻二唑替换成苯并三唑，后者的光电转换效率最高，但也仅为 5.24%。

直到 I. McCulloch 等以烷基取代的引达省并二噻吩单元为中间核，合成了小分子受体材料 O-IDTBR 和 EH-IDTBR（如图7-27 所示），光电转换效率才得到显著提升。

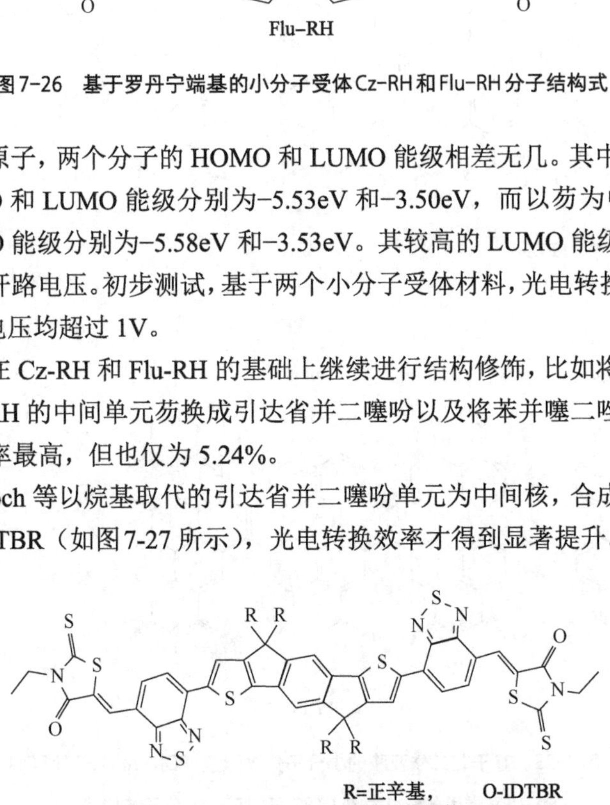

R=正辛基，　O-IDTBR
R=2-乙基己基，EH-IDTBR

图7-27 基于罗丹宁端基的小分子受体O-IDTBR和EH-IDTBR分子结构式

由于饱和烷基正辛基和 2-乙基己基的使用对分子的吸收光谱影响不大，吸收峰均出现在 650nm；而聚集态（薄膜状态）下，由于空间位阻较大，带有支链结构的 2-乙基己基较直链取代基正辛基，吸收光谱从 690nm 蓝移至 673nm。结合掠入射 X 射线衍射（grazing incidence XRD，GIXRD）的测试结果，表明 O-IDTBR 具有良好的 π - π 堆积效果。此外，经过 130℃热退火处理的 O-IDTBR 薄膜和 EH-IDTBR 薄膜的最大吸收峰分别红移至 731nm 和 675nm。同时，该结果也进一步表明，引达省并二噻吩单元上烷基侧链对于分子的聚集和结晶特性有着显著的影响。比如，以聚合物 P3HT 为给体材料，分子 O-IDTBR 和 EH-IDTBR 为受体材料制备的光伏器件的光电转换效率分别可达 6.30%和 6.00%。若以聚合物 Pff4TBT-2DT 为给体材料，则光电转换效率可接近 10%，达到 9.95%，而开路电压更是高达 1.07V。

随后，他们以 PBDTTT-EFT 为给体材料，O-IDTBR 和 IDFBR 共同为受体材料（图7-28），控制三者比例为 1∶0.7∶0.3（PBDTTT-EFT∶O-IDTBR∶IDFBR），组装基于三元共混体系的光伏器件，使得光电转换效率进一步提升至 11%。第三组分的引入，可在一定程度上抑制具有强结晶性的 O-IDTBR 分子的聚集，改善活性层的形貌，进而提升了器件的电子传输性能，抑制了电荷的双分子复合，提高了电荷收集效率，实现了开路电压、短路电流密度和填充因子的提升，最终获得高的光电转换效率。

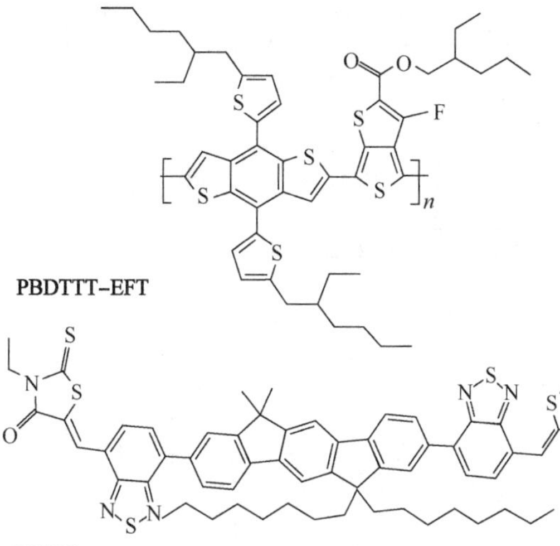

PBDTTT-EFT

IDFBR

图7-28 给体聚合物PBDTTT-EFT以及基于罗丹宁端基的小分子受体IDFBR分子结构式

（3）基于茚满二酮端基的小分子受体材料

与罗丹宁相比，由于茚满二酮具有更强的吸电子能力，S. E. Watkins 等合成了以辛基或异辛基取代的芴作为核心单元、茚满二酮作为端基、噻吩作为共轭桥的小分子受体 F8IDT 和 FEHIDT（分子结构如图7-29 所示）。能级的匹配性与给体间的分子作用力差等因素，导致光电转换效率未超过 3%。而陈永胜教授课题组尝试将其中一个羰基氧以二氰基取代，合成了小分子 DICTF（其结构式如图 7-29 所示）。由于氰基的引入，增强了端基的拉电子作用，其 HOMO 和 LUMO 能级分别为−5.67eV 和−3.79eV。光学带隙为 1.82eV，表现出很好的紫外-可见吸收光

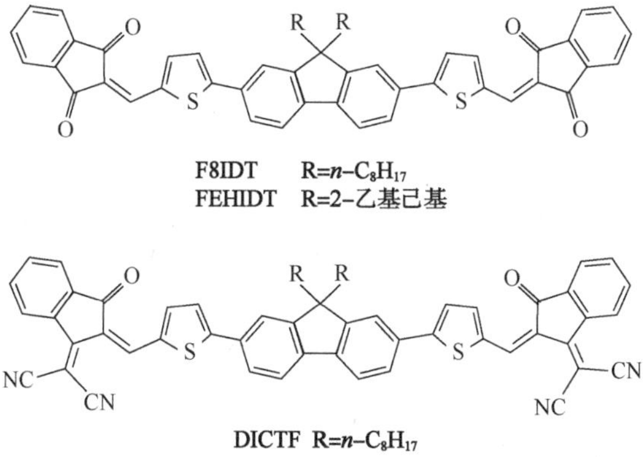

F8IDT R=n–C_8H_{17}
FEHIDT R=2–乙基己基

DICTF R=n–C_8H_{17}

图7-29 F8IDT、FEHIDT、DICTF分子结构式

谱。以PTB7-Th为给体材料，光电转换效率可达到7.93%（$V_{oc}=0.86V$，$J_{sc}=16.61mA/cm^2$，FF = 0.56）。

在罗丹宁端基的研究基础上，占肖卫教授等使用引达省并二噻吩作为中间核、双氰基茚满二酮作为端基以及噻吩为共轭桥合成了小分子DC-IDT2T（图7-30）。

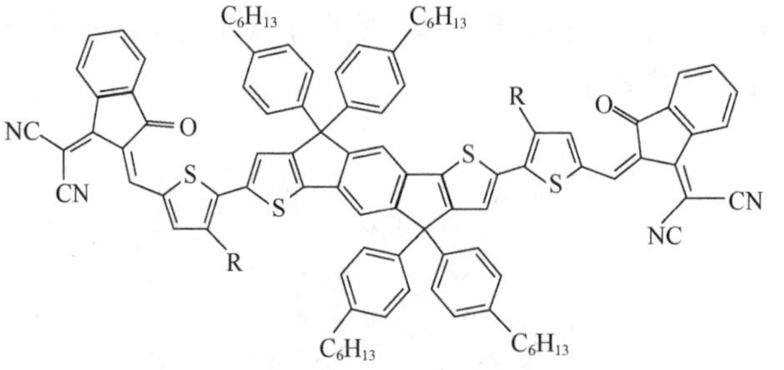

DC-IDT2T　R=H
IEIC　R=2-乙基己基

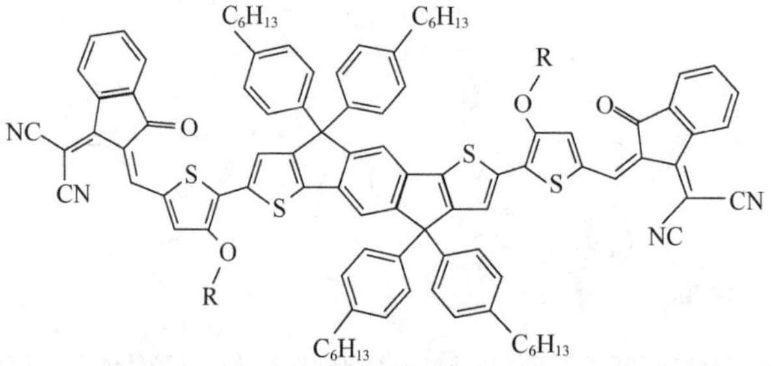

IEICO　R=2-乙基己氧基

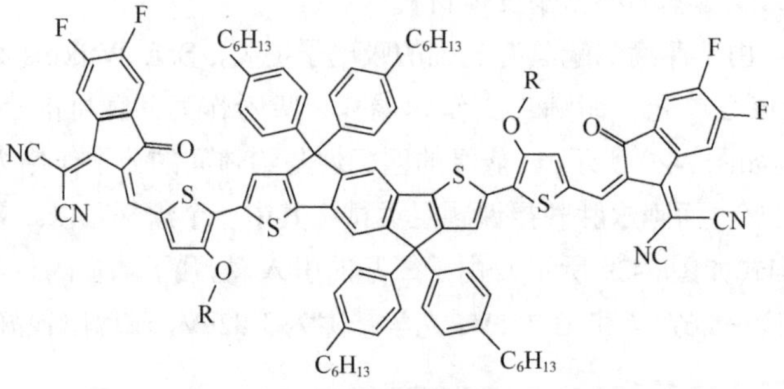

IEICO-4F　R=2-乙基己氧基

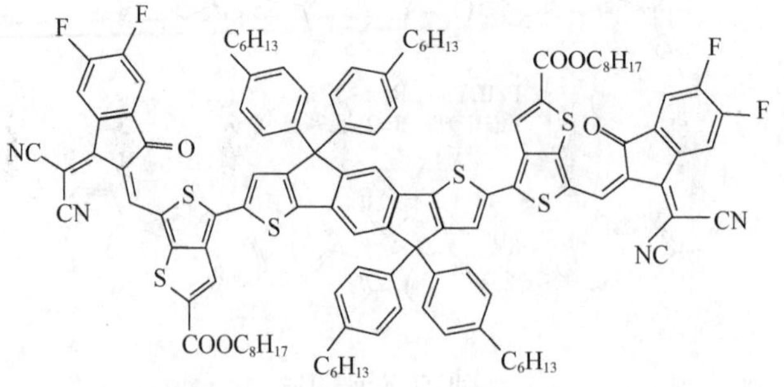

ATT-2

图7-30　以双氰基茚满二酮为端基的小分子给体DC-IDT2T、IEICO、IEICO-4F和ATT-2分子结构式

DC-IDT2T 分子由于引入强吸电子能力的双氰基茚满二酮，可使最大吸收峰红移至700nm，以 D-A 共轭聚合物 PBDTTT-C-T 为给体材料，光电转换效率仅为 3.93%。随后，在 DC-IDT2T 的桥连噻吩单元上引入 2-乙基己基，合成了分子 IEIC，不仅改善了分子的溶解性能，其电子迁移率也达到 $1.0 \times 10^{-4}cm^2/(V \cdot s)$。以 PTB7-Th 为给体，其光电转换效率可提升至6.31%。

基于 IEIC，侯建辉教授课题组将其 2-乙基己基替换成 2-乙基己氧基，设计合成了分子 IEICO（图 7-30）。由于 2-乙基己氧基与引达省并二噻吩中的硫原子具有一定的偶极作用，增强了分子的平面性，固态薄膜的最大吸收可拓展至 805nm。以聚合物 PBDTTT-E-T 为给体，可得到 $17.7mA/cm^2$ 的短路电流密度和 8.4%的光电转换效率。随后，他们又在窄带隙分子 IEICO 的端基双氰基茚满二酮苯环上引入两个氟原子，制备了光学带隙更窄的分子 IEICO-4F（图 7-30）。氟原子的引入加强了末端基团的拉电子能力，其截止波长竟高达 1000nm，但是其相应的 LUMO 能级升至−4.19eV，极大地限制了开路电压的提高（小分子有机太阳能电池的开路电压取决于给体的 HOMO 和受体的 LUMO 能级差）。以 PBDTTT-EFT 为给体，其开路电压只有0.739V，但由于其短路电流密度高达 $22.8mA/cm^2$，也可使器件的最佳光电转换效率达到10.0%。朱晓张课题组将 IEICO 中的烷氧基噻吩替换成并噻吩甲酸辛酯，设计合成了分子 ATT-2（图 7-30）。以 PTB7-Th 为受体，其短路电流密度和光电转换效率分别达到 $20.75mA/cm^2$ 和 9.58%。同时也证明了该结构的优越性。詹传郎教授课题组以 3,4-二甲氧基噻吩（DMOT）取代 IEICO-4F 的 3-（2-乙基己氧基）噻吩，合成了稠环电子受体（FREA）IEICF-DMOT，与 IEICO-4F 相比，桥连单元侧链缩短，LUMO 轨道提升至−3.85eV，并使其吸收光谱拓宽，提高了摩尔消光系数，具有更大的带隙（1.38eV），而且面内（100）和面外（010）方向的结晶度降低，因此开路电压（V_{oc}）增大了 0.13V，外量子效率（EQE）和填充因子（FF）分别提高了10%和 9%，最终，光电转换效率（PCE）从 IEICO-4F 的 10%提高至 13%。另外，由于 IEICO-4F 带隙较窄，吸收光谱红移，利用三元共混物（PBDB-T∶IEICF-DMOT∶IEICO-4F = 1∶1∶0.1）将光电转换效率提高至 14%。这不仅因为 IEICO-4F 弥补了体系的光吸收范围，三元体系也改善了供体和受体的结晶度。

基于引达省并二噻吩的优越特性，占肖卫教授课题组将中间单元拓展为引达省并二并噻吩，端基还是双氰基茚满二酮，合成了分子 ITIC（如图 7-31 所示）。更大稠环的使用，使 ITIC 的电子迁移率提升至 $3.0 \times 10^{-4}cm^2/(V \cdot s)$，吸收光谱明显红移，以 PTB7-Th 为给体材料，得到的光电转换效率为 6.80%（$V_{oc} = 0.81V$，$J_{sc} = 14.21mA/cm^2$，FF = 0.591）。侯剑辉教授等以 ITIC 为受体材料、宽带隙聚合物 PBDB-T 为给体材料组装制备了有机太阳能电池。由于 PBDB-T 与 ITIC 的吸收光谱互补性强，其光电转换效率高达 11.21%（$V_{oc} = 0.899V$，$J_{sc} = 16.81mA/cm^2$，FF = 0.742）。另外，该光伏器件表现出良好的热稳定性，100℃热退火处理 250h 之后，其光电转换效率依然可保持在 10.8%。而较大面积（$1cm^2$）的有机太阳能电池，其光伏器件的光电转换效率可以达到 10.78%。这一结果也说明了非富勒烯体系的有机太阳能电池在商业化大面积生产时具有很大的潜力。

随后，占肖卫教授等又将 ITIC 分子侧链上的苯基替换为噻吩基，合成了小分子受体材料 ITIC-Th（图 7-31）。ITIC-Th 的 HOMO 和 LUMO 能级从 ITIC 的−5.48eV 和−3.83eV 降低至−5.66eV 和−3.93eV，使得受体分子的能级可以与更多的给体材料相匹配。比如，分别以聚合物 PTB7-Th 和 PDBT-T1 为给体材料，ITIC-Th 为受体，其光电转换效率均为 7.5%，而分别添加

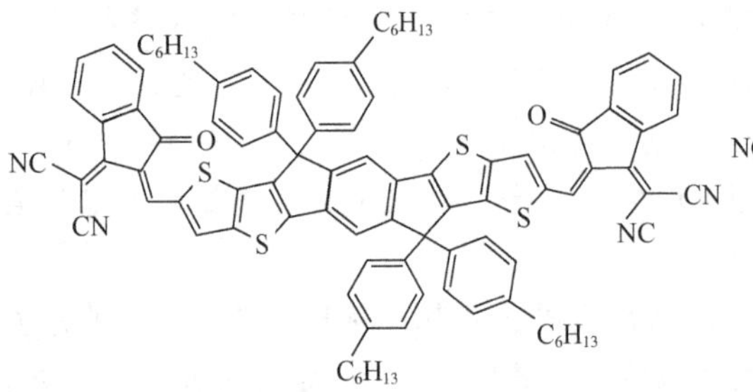

ITIC

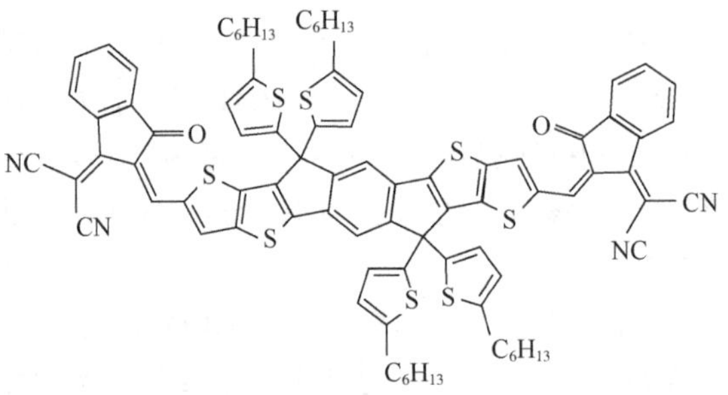

ITIC–Th

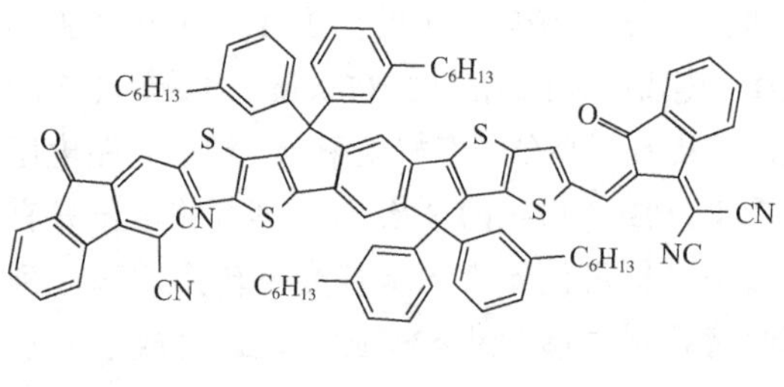

M–ITIC

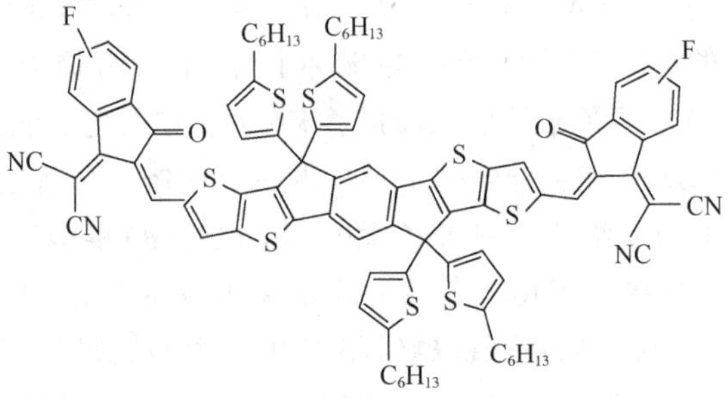

ITIC–Th1

图7-31　以双氰基茚满二酮为端基的小分子给体ITIC、ITIC-Th、M-ITIC和ITIC-Th1分子结构式

3%和1%的氯萘后，器件的光电转换效率分别提高到8.7%和9.6%。而基于ITIC-Th，在其端基引入一个氟原子，合成了受体材料ITIC-Th1（图7-31）。氟原子的引入使得ITIC-Th1分子的LUMO能级略微降低，吸收光谱红移，并改善了分子的堆积状态，以FTAZ为给体材料，其光电转换效率更是高达12.1%。

李永舫院士课题组将ITIC分子引达省并二噻吩侧链苯环上对位的正己基移至间位，设计合成了分子M-ITIC（图7-31），分子的微小改变，进一步改善了分子的膜吸收常数、堆积性能以及电子迁移率。以M-ITIC作为受体材料，聚合物J61为给体材料，组装的器件的光电转换效率高达11.77%，其中短路电流密度为18.31mA / cm^2。

由于ITIC出色的表现，结合现有的研究基础，拓展中间核的共轭体系，引入新的侧链，是非常有效的设计策略。比如詹传郎教授课题组设计的分子IN-4F（图7-32），在BDT内核的苯环上，引出两个3-正丙基硅基噻吩侧链，将ITIC侧链苯环上的烷基链改为辛烷基，在其中间核心单元两边再各并一个噻吩环，并在两边的端基上引入4个氟原子。而分子IT-4F则在ITIC的端基引入4个氟原子（图7-32）。与IT-4F相比，IN-4F具有更小的带隙和更高的LUMO能级，以IT-4F为受体客体，J_{sc}和V_{oc}可以同时增加。而硅烷链的引入，可降低其HOMO能级，提升与聚合物给体PM6的能级匹配性。同时，由于IN-4F保留了IT-4F和ITIC的基本结构，维持了薄膜的均匀性和π-π堆积模式。基于IN-4F和PM6二元体系的太阳能电池光电转换效率达到13.1%，而引入IT-4F制备三元体系，效率可提升至14.9%。另外，使用IN-4F作为PM6:Y6系统的宾客受体，其较高的LUMO能级使V_{oc}升高，电荷迁移率的提高使J_{sc}提高，FF维持不变，光电转换效率更是提高至16.3%。这项工作表明π系统扩展和三烷基甲硅烷基噻吩链取代是合成非富勒烯受体以实现三元材料体系的有效策略。

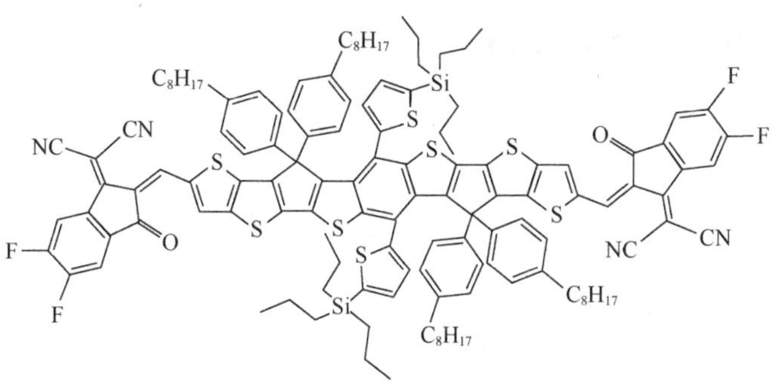

IN-4F

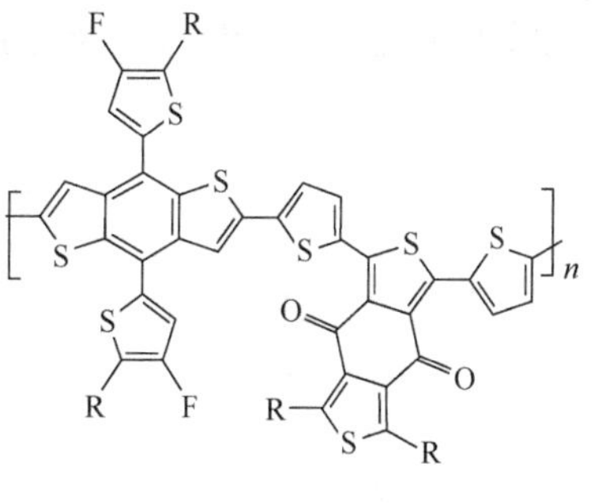

PM6

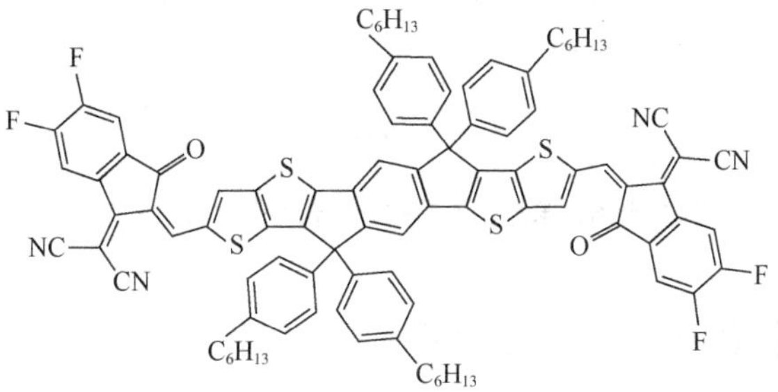

IT-4F

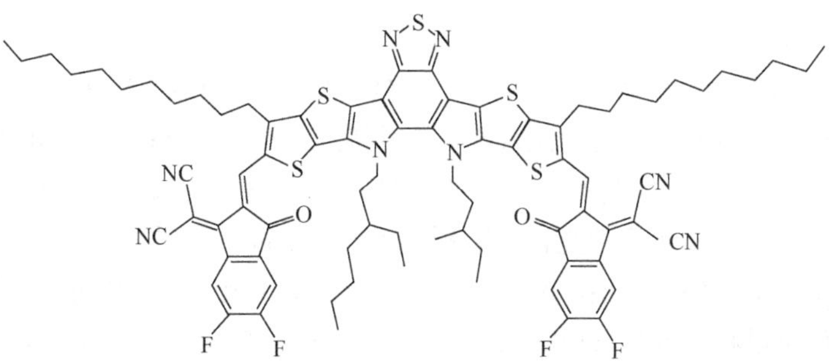

N3

图7-32　基于稠环BDT的小分子IN-4F和IT-4F以及N3受体材料和给体聚合物PM6分子结构式

2019年，邹应萍教授课题组又在Y6的基础上，在保持其基本结构的同时，调整其侧链的分支位置，设计了分子N3（见图7-32）。与Y6相比，不仅将溶解度从40mg / mL提升至64mg / mL，而且也表现出最佳的区域尺度、结晶度和π-π堆积状态等。基于PM6：N3的二元组分，可得到16%的光电转换效率，通过引入少量的$PC_{71}BM$受体，使用三元策略进一步优化器件，可使光电转换效率高达16.74%（Newport的认证效率为16.42%）。

为了减少由于能量损失造成的器件光伏性能的损失，邹应萍课题组利用二吡咯并苯并三唑，对ITIC结构进一步修饰，合成了高性能小分子受体Y11（其具体的结构如图7-33所示）。由于能量损耗仅为0.17eV，光电转换效率高达16.54%（国家可再生能源实验室认证为15.89%）。这一发现使有机光伏的研究深入到一个新的领域。

除了上述工作，基于茚满二酮端基的小分子受体材料，人们也尝试利用芴为中心单元与桥连噻吩稠合、将噻吩桥连用五元环并在中间单元苯并二噻吩（BDT）上、在ITIC的中间单元两边再并两个噻吩等，也取得了超过10%的光电转换效率。

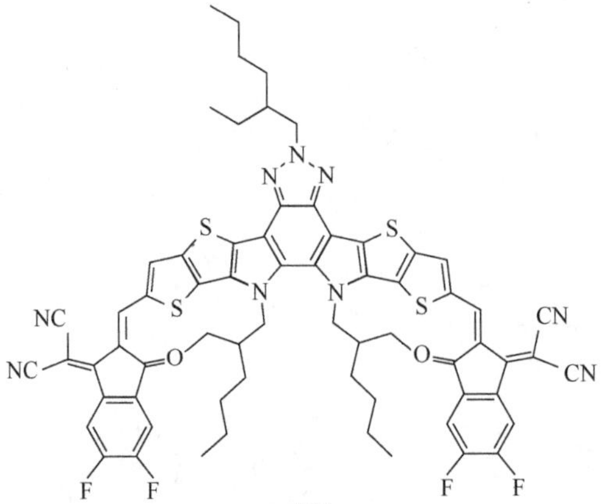

Y11

图7-33　以二吡咯并苯并三唑为核心单元的受体材料Y11分子结构式

7.3.3　染料敏化太阳能电池材料

（1）染料敏化太阳能电池的基本结构

染料敏化太阳能电池，英文名称为dye-sensitized solar cells，简称DSSC，主要由三部分组成，包括光阳极、对电极和电解质（图7-34）。光阳极是一种负载染料敏化剂的多孔纳米晶氧化物半导体膜，而敏化剂通常使用钌配合物、具有特定结构的纯有机分子和卟啉衍生物等，作为器件光激发电子的源泉，也是器件的核心组件。而最常用的氧化物半导体是纳米晶介孔TiO_2；包含氧化还原对的电解质填充在光阳极和对电极之间，最常用的氧化还原对为I^-/I_3^-的乙腈溶液。为了提高器件的稳定性，还使用了一些准固态和全固态电解质；而对电极是镀铂的导电玻璃。铂不仅可以将透过光阳极的入射光反射回去以提高光阳极的光捕获效率，而且还可以催化电解质从对电极获得电子，实现其氧化组分I_3^-的还原。

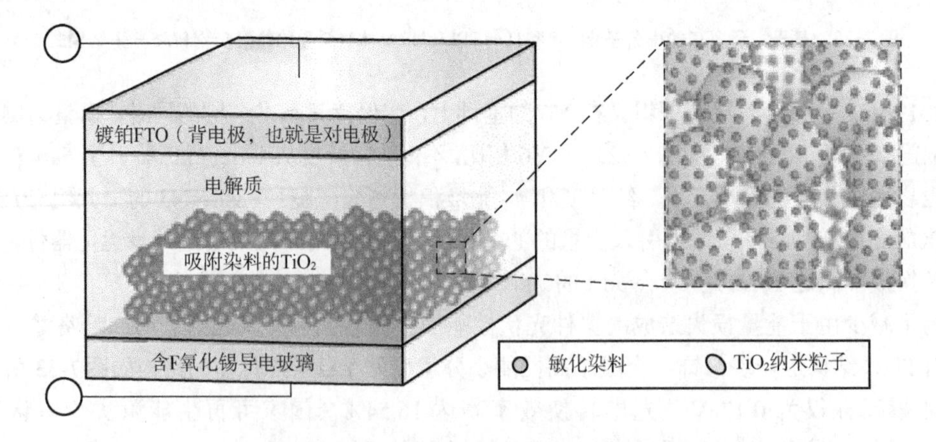

图7-34　染料敏化太阳能电池基本结构示意图

（2）染料敏化太阳能电池的工作机制

基于上述 DSSC 的基本结构，在光激发下，其光电流的产生机制涉及 7 个具体的过程，分别描述如下（图7-35）：

① 敏化剂在光激发下，从基态（S）跃迁至激发态（S^*）

$$S + h\nu \longrightarrow S^*$$

② 激发态电子从敏化剂 S^*态注入半导体的导带（conduction band，CB），形成敏化剂氧化态 S^+

$$S^* \longrightarrow S^+ + e^-(CB)$$

③ 氧化态敏化剂 S^+ 与半导体导带电子之间的复合

$$S^+ + e^-(CB) \longrightarrow S$$

④ I_3^-与 CB 中电子间的复合

$$I_3^- + 2e^-(CB) \longrightarrow 3I^-$$

⑤ 半导体导带电子扩散到玻璃基底并通过外电路到达对电极

$$e^-(CB) \longrightarrow e^-(BC)$$

⑥ 过程②中氧化态染料从 I^-得到电子而再生

$$3I^- + 2S^+ \longrightarrow I_3^- + 2S$$

⑦ 过程⑥中 I_3^- 从对电极得到电子使 I^-还原

$$I_3^- + 2e^-(CE) \longrightarrow 3I^-$$

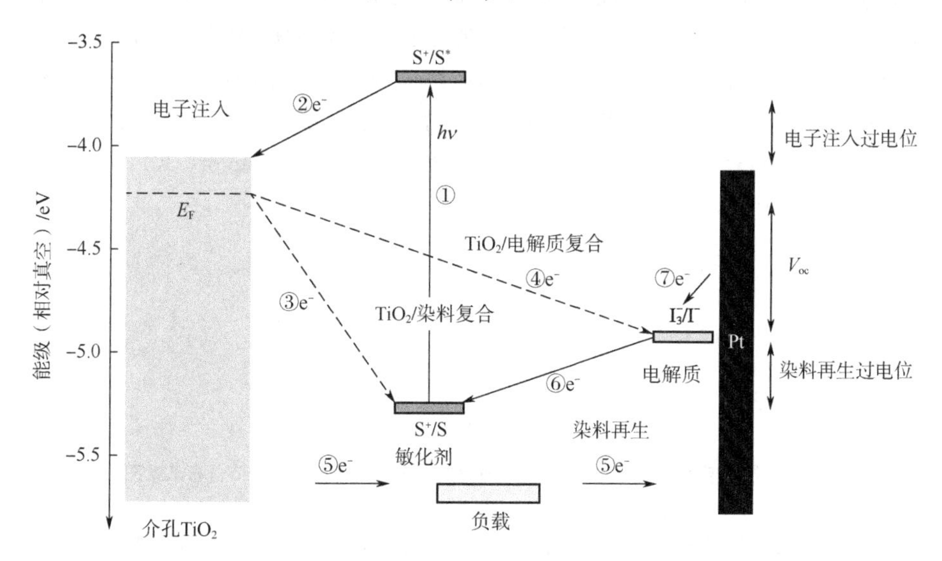

图7-35　染料敏化太阳能电池电荷转移机制示意图

其中，过程③和④的电荷复合对电子到外电路的输出是不利的。但是，复合的电子数还是一少部分，因而才可实现有效的光电转换过程。

（3）用于DSSC的敏化剂的基本特性

对于负载到介孔纳米TiO_2薄膜上的敏化剂分子，作为DSSC的光捕获天线，其性能（包括结构特性）决定了器件的光伏性能。目前，性能比较突出的光敏染料主要有三大类，包括钌配合物、卟啉衍生物和纯有机功能分子。从分子工程学的角度来看，理想的敏化剂分子需要满足以下要求：

① 理想的敏化剂应吸收波长小于920nm的所有光。

② 染料分子必须带有连接基团，例如羧酸基，以确保可接枝到半导体氧化物表面上。

③ 染料敏化剂的激发态能级（LUMO）（S^*）比半导体的导带（CB）至少高0.2V，使电子转移过程中的能量损失最小，量子效率接近1。

④ 染料敏化剂的基态能级（HOMO）（S）应至少比电解液（例如I_3^-/I^-）的氧化还原电位低0.3V，以提供足够的驱动力使染料再生。

⑤ 染料分子应足够稳定，以维持约10^8个转换周期，相当于自然光照射约20年。

（4）D-π-A基本构型敏化剂分子的设计

钌配合物和卟啉衍生物，都属于金属配合物类敏化剂。研究发现，纯有机敏化剂主要表现出以下优势：

① 可见光区的摩尔消光系数高，可节约敏化剂的用量。

② 分子结构的可调性好，吸收光谱和能带结构的可控性高。

③ 与贵金属相比，成本低且资源丰富。

④ 负载敏化剂的半导体可通过烧结回收，不会造成环境污染。

⑤ 易实现计算机辅助的分子结构的理论评估和设计。

基于不同结构的有机光敏剂，其光伏性能参差不齐。目前主要发展了D-π-A、D_2-π-A和D-A-π-A三大体系。如果要实现DSSC器件的高光伏性能，所使用的有机敏化剂需具有强而宽的紫外-可见吸收、高的光收集效率和优越的分子内电荷转移（ICT）特性。依据有机分子设计的基本原则，为了拓宽其吸收光谱，可以通过添加亚甲基单元（—CH═CH—）引入新的π共轭链段；而为了改善其ICT过程，也需考虑官能团间的推拉电子特性。因此，研究者提出了基于电子给体（donor，D）、共轭链（π体系）和电子受体（acceptor，A）的三模块基本分子构型（如图7-36所示）。

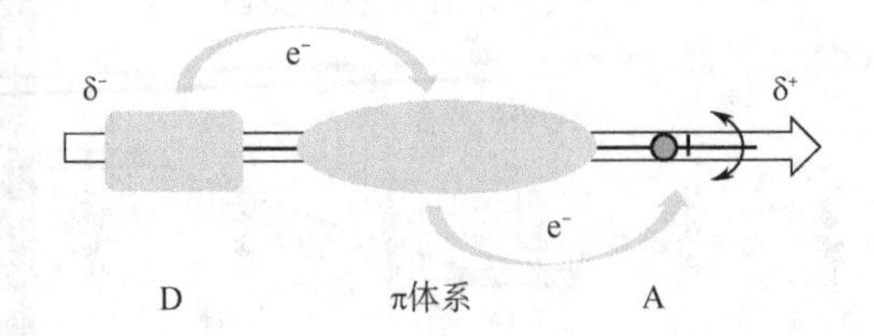

图7-36 典型的三模块D-π-A有机敏化剂分子构型及其表面电荷分布示意图

借助这种D-π-A模块化的分子结构，可实现激发态电子从电子给体到受体的顺利转移，并且已经成为高效有机敏化剂设计的基本原则。首先，需要分别考虑给体、π体系和受体的化学和物理性质。其次，如图7-36所示，其表面电荷的分布（富电子端电子给体的负电特性δ^-和缺电子端电子受体的正电特性 δ^+）所形成的表面偶极矩也需要考虑。

电子给体（donor）作为末端富电子单元，它是染料敏化太阳能电池中光激发电子的来源。供体的选择对器件的光伏性能具有决定性的影响。

① 电子给体模块的给电子能力对光伏性能的影响。如果基于相同的 π 体系和电子受体，给体模块的给电子能力在一定程度上直接决定了敏化剂的光电性能。例如，以 2-乙烯基噻吩为基本分子骨架，以氰基乙酸为受体，分别使用吩噻嗪、三苯胺和四氢喹啉基团为电子给体，设计了三种敏化剂分子 WZ-1、WZ-2 和 WZ-3（图 7-37）。对于电子给体给电子能力的判断，可参考其电负性的大小。对于基团电负性的大小，如果检索不到相关数据，可参考下述方法进行预估：

对于上述三个给体，首先，构建一个电子给体连接到甲基上的分子，然后利用 Chemdraw 软件预测该甲基上氢原子的化学位移并计算其电负性。比如，其甲基质子核磁共振的化学位移值为 τ，有机官能团电负性设为 X，则判断其电负性的经验公式为：$X=6.0-0.41\tau$。借助 Chemdraw，吩噻嗪、三苯胺和四氢喹啉连接甲基后，其甲基氢质子的化学位移分别为 2.36、2.32 和 2.31，其电负性分别为 5.0342、5.0488 和 5.0529。故而，吩噻嗪的电负性最小，给电子能力最强。同时，该结果在光伏性能方面也得到了印证，以 WZ-1、WZ-2 和 WZ-3 作为敏化剂组装的 DSSC 光电器件，其光电转换效率（PCE）分别为 5.6%、4.8%和 4.4%。显然，基于吩噻嗪的 WZ-1 的最佳光电性能可归因于其电子给体较高的供电子能力。

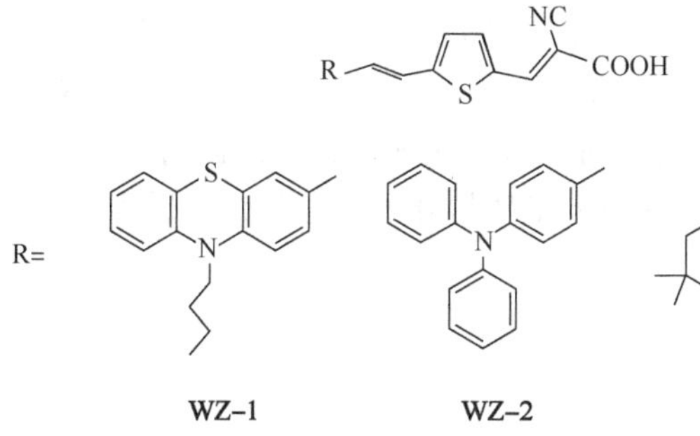

图 7-37　分别以吩噻嗪、三苯胺、四氢喹啉为电子给体的 D-π-A 三模块结构敏化剂分子 WZ-1、WZ-2 和 WZ-3

② 电子给体的三维结构对器件光伏性能的影响。研究发现，除了电子给体的给电子能力外，由于其内部 σ 键的自由旋转，所形成的三维立体结构同样可引起光伏性能的改变。这是由于 σ 键旋转所形成的二面角，降低了电子给体的芳环之间相邻的平行 p 轨道间的重叠程度，进而降低了其共轭度。就像任何事物都有两面性一样，即使所形成的二面角非常小，完美的共面性可提升其共轭性，但易发生分子间的 π-π 堆积而形成聚集（通常为 H 聚集或 J 聚集，如图 7-38 所示）。

如图 7-38 所示，在 H 聚集中，分子主要发生面对面的堆叠，而在 J 聚集中，其分子主要以头尾交替排列。其中，H 聚集更可能发生在平面分子中。分子的聚集增加了激发态电子和敏化剂阳离子之间电子复合的可能性，这对于注入半导体导带中的电子相当于分流作用，因而，限制了光电流密度的提升。降低其分子间聚集的有效方法包括：①在保证足够负载量的情况下，最小化敏化剂溶液的浓度并尽量缩短其吸附时间；②利用共吸附剂的抗聚集作用，例如鹅去氧胆酸（CDCA）。

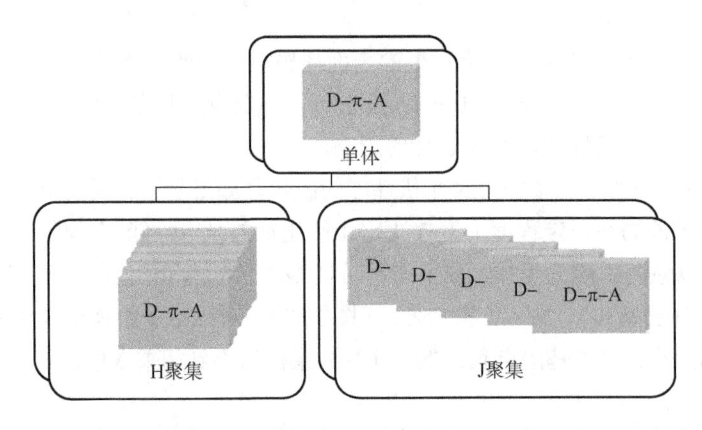

图7-38 染料敏化剂（例如D–π–A结构分子）不同方式的π–π堆积所形成的H聚集和J聚集

（5）基于星射状电子给体的 D_2-π-A 模块分子的光伏应用

随着敏化剂分子模块化设计的发展，田禾院士课题组提出的基于星射状电子给体的 D_2-π-A（Y 型）构型为有机敏化剂的设计开辟了新途径。例如，将 2-（5, 5-二甲基-3-乙烯基环己基-2-烯-1-基）氰基乙酸用作 π 桥 + 受体来设计敏化剂分子，在这里分别编号为 WZ-4、WZ-5、WZ-6 和 WZ-7（图 7-39）。对于参比染料 WZ-4，其电子给体为常用的功能基团三苯胺。如图 7-39 的插图所示，三苯胺具有特殊的螺旋桨结构，为提高其供电子能力，仅通过扩展其分支结构的共轭度往往收效甚微。这是由于其螺旋扭曲结构抑制了相邻芳环间 p 轨道的重叠程度，进而降低了给体的共轭度。研究表明，与 WZ-4 相比，WZ-5 和 WZ-6 的 PCE 分别从 5.77%降低到 2.79%和 2.87%。为了抑制其螺旋结构对敏化剂光伏性能的影响，在 WZ-7 中使用了刚性芳环咔唑来抑制 σ 键的旋转，从而提高了供体芳环之间的共轭程度，进而提升给体的给电子能力，有利于器件的分子内电荷转移过程，从而使其光电转换效率提高到 6.02%。

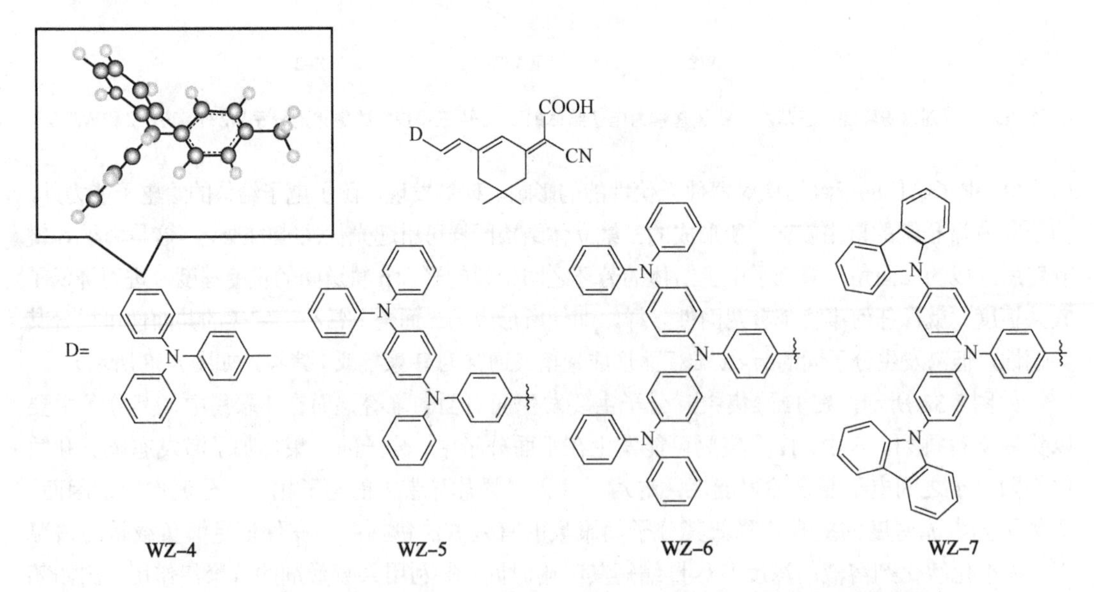

图7-39 基于星射状给体的 D_2–π–A构型分子WZ-4~7（插图为三苯胺的空间螺旋结构）

另外，碳碳双键也具有刚性的平面结构（可以用于抑制电子给体的结构扭曲）。基于碳碳双键，进行给体结构的拓展，也可以设计和合成全新的 D_2-π-A（Y 型电子供体）结构敏化剂。例如，以吲哚啉为电子给体、取代的喹喔啉为π桥的敏化剂 WZ-8，以己氧基苯衍生出单支链结构的敏化剂 WZ-9。而刚性结构则先在吲哚啉上引出双键，然后构建己氧基苯的双支结构 WZ-10（图 7-40）。双键的引入确保了与双键相连的苯环与吲哚啉的共平面性，从而增强了其供电子能力。使用 $Co^{2+/3+}$ 氧化还原对，以 WZ-8、WZ-9 和 WZ-10 为敏化剂，其光电转换效率分别达到 7.79%、9.00%和 9.22%。而在给体上引入的正己氧基单元，主要抑制了电解质中氧化组分（Co^{3+}）向光阳极的扩散和与导带中光电子的复合，并且在一定程度上提升了给体的给电子能力，从而提高了敏化剂的光电性能。

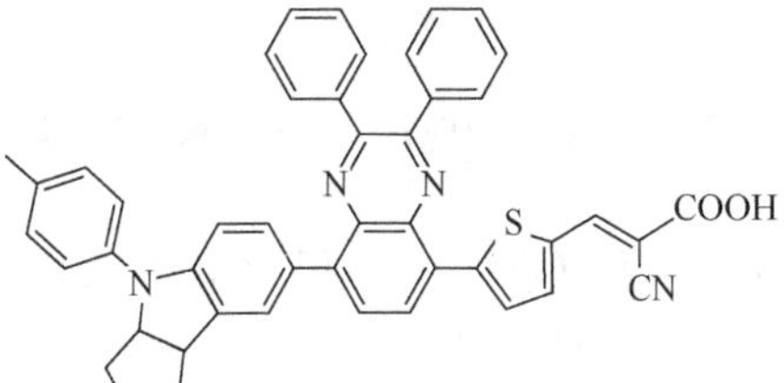

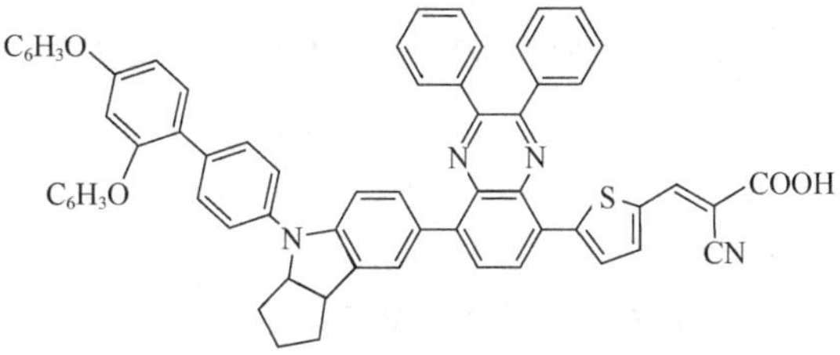

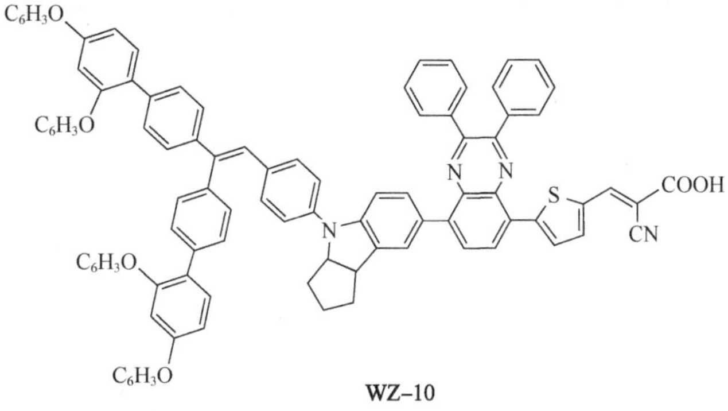

图 7-40 利用双键刚性化进行星射状 D_2-π-A 模型分子设计的系列分子 WZ-8~10

（6）基于辅助受体的四模块 D-A-π-A 结构敏化剂的开发

朱为宏教授课题组提出了一种基于传统 D-π-A 结构的新型四模块“D-A-π-A”有机敏化剂（图 7-41）。也就是在π桥和给体之间引入了一种吸电子能力较弱的功能基团（其吸电子能力要求小于图 7-41 分子最右端的电子受体，防止电子集中于分子中部而无法进行分子内电子的传输过程），称为辅助受体（常用的有苯并噻二唑、苯并三唑、喹喔啉、邻苯二甲酰亚胺、二酮吡咯并吡咯等)。研究证明，引入的辅助受体可以作为“电子陷阱”，显示出多种优势，例如：促进激发态电子从给体向受体 / 锚固基团的转移；易于通过改变结构来调节光电性能；引入含氮杂环（氮杂环)，有利于增加器件的开路电压；易于调节分子能隙及其吸收光谱；最重要的是，极大地提高了敏化剂的光稳定性。也就是说，辅助受体的作用就是负责将给体的激发态电子更加高效地向π桥以及电子受体（锚定基团）传输。

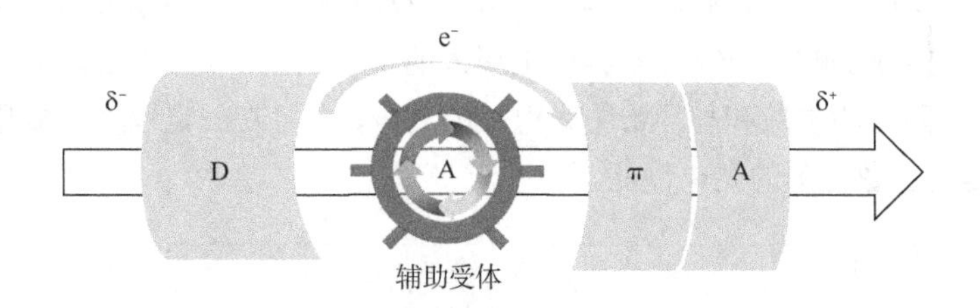

图7-41　四模块D-A-π-A分子构型示意图

分别引入吲哚啉、二噻吩并吡咯（DTP）和氰基乙酸作为电子给体、π桥和电子受体，以形成 WZ-11 分子。然后，在 WZ-11 的基础上，引入 3，4-乙二氧基噻吩（EDOT)、苯并噻二唑（BTD）和苯并噁二唑（BOD）作为辅助受体，设计 D-A-π-A 四模块敏化剂分子 WZ-12、WZ-13 和 WZ-14（图7-42)。EDOT 由于其富电子特性，具有一定的供电子性，而 BOD 的吸电子能力大于 BTD，则作为缺电子基。研究发现，从 WZ-11 到 WZ-14，随着其辅助受体拉电子能力的提高，其 LUMO 能级分别为−1.27eV、−1.32eV、−1.02eV 和−0.87eV，相应的光电流密度分别为 7.88mA / cm^2、1.22 mA / cm^2、15.84 mA / cm^2、19.66mA / cm^2。对于具有吸电子能力的辅助受体，由于其分子内电荷转移过程的增强以及 LUMO 能级的降低的协同作用，光电流密度显著提高。而 WZ-12 的富电子辅助受体 EDOT 对光电效应产生了负面影响，也进一步证实了上述结论。最终，在标准 AM 1.5a 模拟太阳光下，基于四个敏化剂分子的 DSSC 的 PCE 分别为 3.44%、0.24%、7.14%和 9.46%。

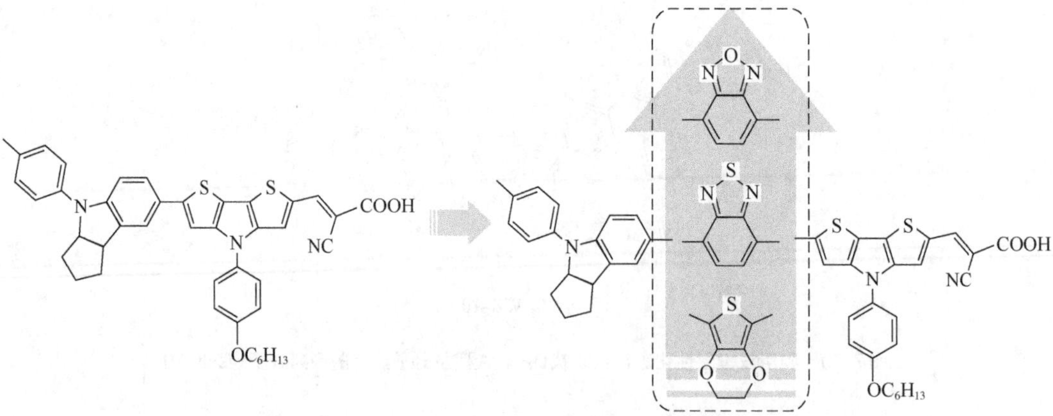

图7-42　分别以EDOT（WZ-12）、BTD（WZ-13）和BOD（WZ-14）为辅助受体设计的D-A-π-A构型的敏化剂分子

D-A-π-A 四模块分子构型的提出，为染料敏化太阳能电池中有机敏化剂的结构设计提供了新的思路。随着全新结构的高性能分子的不断提出，目前，D-A-π-A 已经成为开发新型有机染料敏化剂的基本结构。

（7）π 桥和电子受体的选择对敏化剂光伏性能的影响

对于模块化的分子设计，除了考虑电子给体的性质和空间结构以外，介于分子中间的 π 桥对敏化剂分子光伏性能的影响也不容忽视。那么，更长的 π 桥和更宽的吸收光谱会有利于 PCE 的提高吗？

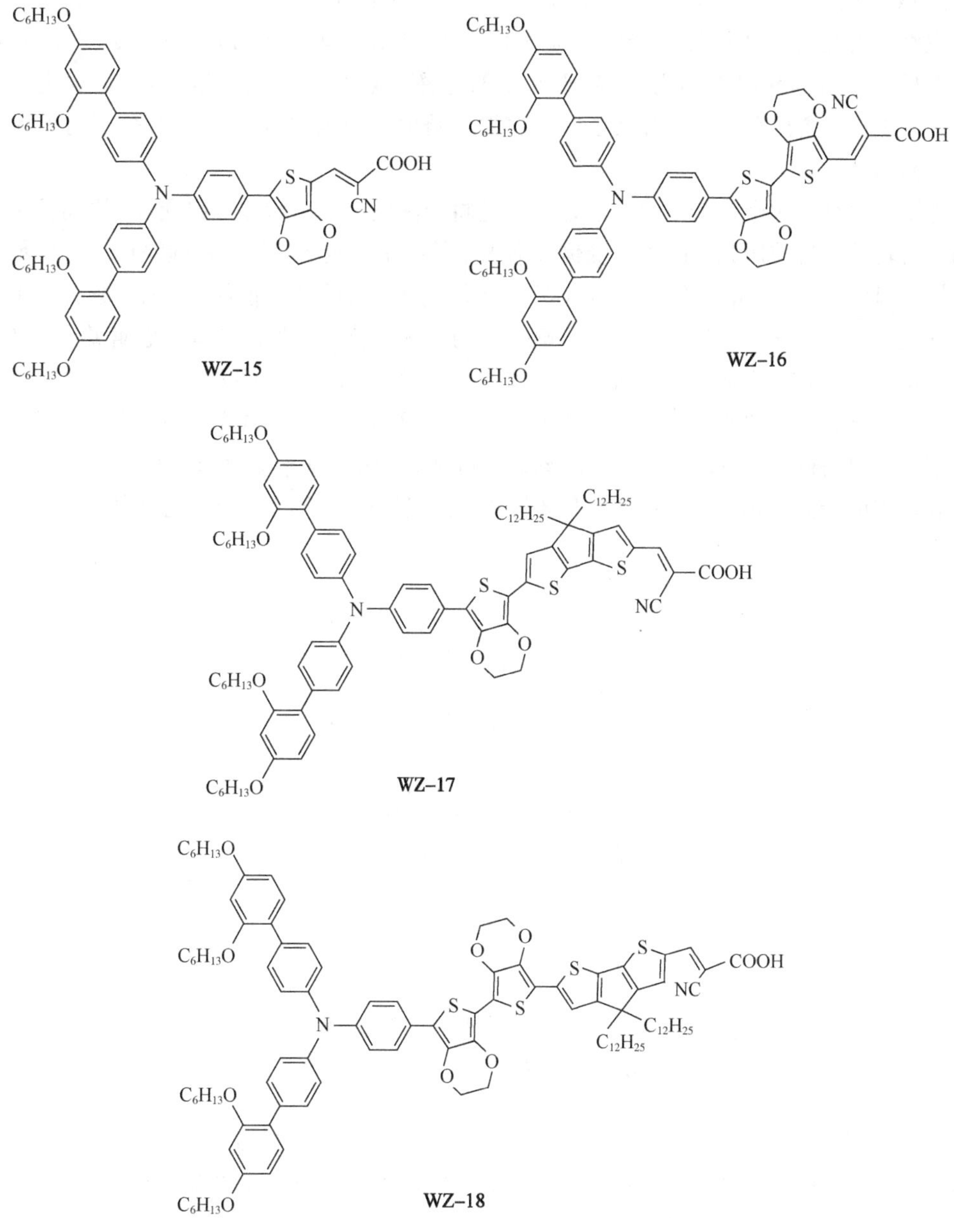

WZ-15 WZ-16 WZ-17 WZ-18

图 7-43 通过引入 EDOT 基团扩展 π 桥设计的敏化剂分子 WZ-15~18

研究发现，敏化剂 π 桥的延伸有利于拓展其在可见光区域的吸收范围，但是无限制的延伸却不利于其光电性能的提升。如图 7-43 所示，设计了一系列基于三苯胺衍生物 WZ-15、

WZ-16、WZ-17和WZ-18的大给体D_2-π-A结构的敏化剂。如前所述，WZ-12的富电子基团EDOT的使用显著降低了分子的表观偶极矩(进而影响到分子内电荷转移过程)。因而，从WZ-15到WZ-18，加上具有一定供电子特性的己氧基苯氧基单元，在π桥中引入双EDOT单元，可导致偶极矩减小和HOMO能级上移。尽管双EDOT的加入拓宽了WZ-16和WZ-18的吸收光谱，但与WZ-15和WZ-17相比，其光电转换效率还是有所降低的。特别是对于WZ-18，其PCE仅为2.12%。与双EDOT相比，引入二噻吩并环戊烷（CPDT），可引起吸收光谱发生红移并增加吸收强度。最终，π桥含一个EDOT和一个CPDT的WZ-17的光电转换效率最佳，达到9.24%。因此，对于π桥的选择和修饰，在考虑其吸收光谱宽度和强度的同时，还必须考虑分子偶极矩（也就是表面电势的分布情况），以改善其分子内电荷转移（ICT）过程。

光敏染料分子中受体的重要功能之一就是将光激发电子从给体拉向受体，进而促进分子内的电荷转移。目前研究过的电子受体（锚固基团）中，羧基和氰基乙酸是已证实的最佳电子受体。例如，氰基乙酸受体中的氰基有助于增强羧基的吸电子能力，从而改善分子中的电荷转移性能，并且它已成为设计纯有机敏化剂的首选受体。此外，受体与金属氧化物（半导体）之间的结合方式决定了电子从敏化剂到半导体导带（CB）的注入过程。如图7-44所示，羧基主要与金属氧化物表面上的羟基相互作用。其可能的结合方式有六种，包括单齿螯合、双齿螯合、双齿桥接、单齿氢键、双齿氢键和羰基氧的单齿螯合。尤其是前三种化学吸附模式具有很强的相互作用力，金属原子直接与羧基的氧原子键合，对有机-无机电子转移过程非常有利。

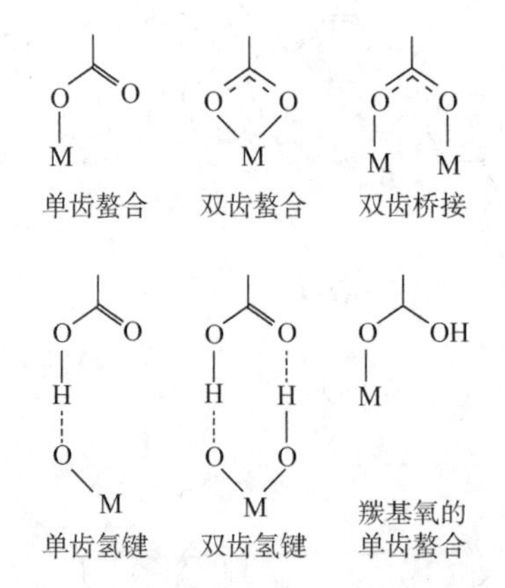

图7-44 羧基与金属氧化物可能的结合方式

（除了金属Ti和Sn，也包括非金属Si）

对于电子受体（锚固基团）的未来发展，除了考虑其吸电子能力以及与金属氧化物的结合方式外，还必须考虑对敏化剂分子的吸收光谱和能级分布的影响。如图7-45所示，研究人员以三氮杂三并茚（也叫三并咔唑）为电子给体，噻吩为π桥，设计了四个全新的电子给体（A），并分别与氰基丙烯酸和苯甲酸进行比较。而其光学和光伏性质以及不同受体对分子性能的影响主要通过密度泛函理论（DFT）和随时间变化的DFT来评估。理论计算结果表明，所设计的杂原子取代的电子受体，可有效提升敏化剂分子在可见光区域的光吸收、DSSC器件的光收集效率、开路电压和电子注入驱动力。更重要的是，在锚固基团中引入杂原子（例如氮、氟和氰

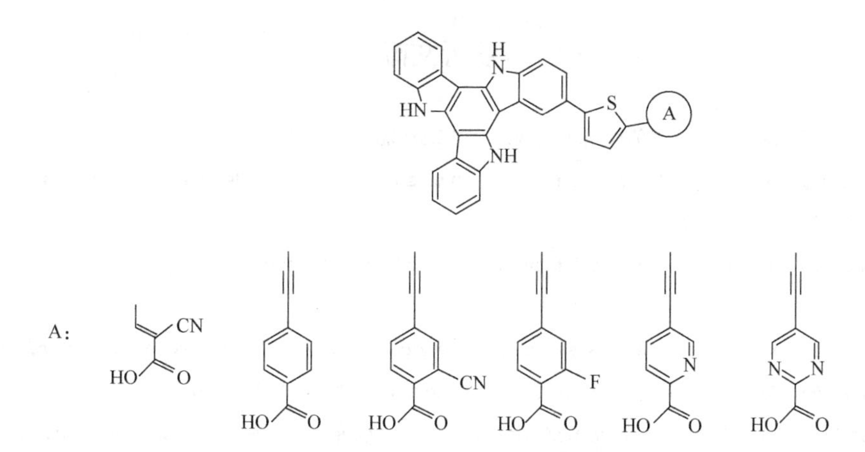

图7-45 全新的含杂原子的锚固基团的理论设计

基）会使分子的LUMO轨道（主要位于锚固基团上）的分布状态更致密，改善与半导体的表面的耦合状态，进而有利于电子的快速注入。它为敏化剂受体模块的分子设计指明了新的方向。

（8）模块化设计理念的全面应用

20世纪70年代，麻省理工学院的Hobel教授提出了分子设计的概念，即从分子和电子水平，依据大量的实验数据，例如数据库，借助计算机图形技术设计全新的有机分子。除了此处提到的用于染料敏化太阳能电池的敏化剂外，还包括用于药物、材料、复合物或催化剂等分子的设计。分子设计概念的提出，使新材料合成、药物设计和催化剂筛选等得到快速发展。分子设计的目的是有效地发现具有特定性质的分子。由于材料的功能源自分子的结构特性，因而，分子设计的基础是构效关系的解析。也就是说，要依据现有功能分子构效关系的研究成果和对分子功能的现有要求，展开分子的结构设计。那么，如果将模块化的设计理念应用到分子设计领域，将更加简洁高效，节省工作时间，并使构效关系的解析变得非常容易。

思考题

1. 依据性质的不同可将电荷传输材料分为哪两类？
2. 可应用于光导体的HTM应具备哪些特点？
3. 通常电子传输材料应具备哪些性质？
4. 应用于有机光导体的空穴传输材料主要有哪些？
5. 简述太阳能电池发电的原理。
6. 在静电复印技术中，有机功能材料主要应用于哪个过程？
7. 对于光伏有机材料组装的器件，其IPCE和PCE的主要区别是什么？
8. 对于有机太阳能电池和染料敏化太阳能电池，其光电功能材料分别有哪几类？
9. 有机敏化剂分子设计的基本原则是什么？D-A-π-A结构分子具有哪些优势？

参考文献

[1] 李祥高，王世荣. 有机光电功能材料[M]. 北京：化学工业出版社，2012：1-2.

[2] Cui Y，Yao H F，Zhang J Q，et al. Single-junction organic photovoltaic cells with approaching 18% efficiency[J]. Adv Mater，2020，32：1908205.

[3] Zhang Q，Kan B，Liu F，et al. Small-molecule solar cells with efficiency over 9%[J]. Nature Photonics，2015，9：35.

[4] Kan B，Li M M，Zhang Q，et al. A series of simple oligomer-like small molecules based on oligothiophenes for solution-processed solar cells with high efficiency[J]. J Am Chem Soc，2015，137：3886.

[5] Shen S L，Jiang P，He C，et al. Solution-processable organic molecule photovoltaic materials with bithienyl-benzodithiophene central unit and indenedione end groups[J]. Chem Mater，2013，25：2274-2281.

[6] Yue Q H，Wu H，Zhou Z C，et al. 13.7% efficiency small-molecule solar cells enabled by a combination of material and morphology optimization[J]. Adv Mater，2019，31：1904283.

[7] van der Poll T S，Love J A，Nguyen T Q，et al. Non-basic high-performance molecules for solution-processed organic solar cells[J]. Adv Mater，2012，24：3646-3649.

[8] Wang J L，Xiao F，Yan J，et al. Difluorobenzothiadiazole-based small-molecule organic solar cells with 8.7% efficiency by tuning of *π*-conjugated spacers and solvent vapor annealing[J]. Adv Funct Mater，2016，26：1803-1812.

[9] Walker B，Liu J H，Kim C，et al. Optimization of energy levels by molecular design：Evaluation of bis-diketopyrrolopyrrole molecular donor materials for bulk heterojunction solar cells[J]. Energy Environ Sci，2013，6：952-962.

[10] Shin W S，Jeong H H，Kim M K，et al. Effects of functional groups at perylene diimide derivatives on organic photovoltaic device application[J]. J Mater Chem，2006，16（4）：384.

[11] Zhong Y，Trinh M T，Chen R S，et al. Efficient organic solar cells with helical perylene diimide electron acceptors[J]. J Am Chem Soc，2014，136（43）：15215.

[12] Baran D，Ashraf R S，Hanifi D A，et al. Reducing the efficiency-stability-cost gap of organic photovoltaics with highly efficient and stable small molecule acceptor ternary solar cells[J]. Nat Mater，2017，16（3）：363.

[13] Winzenberg K N，Kemppinen P，Scholes F H，et al. Indan-1, 3-dione electron-acceptor small molecules for solution-processable solar cells：A structure-property correlation[J]. Chem Commun，2013，49（56）：6307.

[14] Zhao F W，Dai S X，Wu Y，et al. Single-junction binary-blend nonfullerene polymer solar cells with 12.1% efficiency[J]. Adv Mater，2017：1700144.

[15] Jiang K，Wei Q Y，Lai J Y L，et al. Alkyl chain tuning of small molecule acceptors for efficient organic solar cells[J]. Joule, 2019，3：3020-3033.

[16] Liu S，Yuan J，Deng W Y，et al. High-efficiency organic solar cells with low non-radiative recombination loss and low energetic disorder[J]. Nat Photonics，2020，14：300.

[17] Xie Y S，Tang Y Y，Wu W J，et al. Porphyrin cosensitization for a photovoltaic efficiency of 11.5%：a record for non-ruthenium solar cells based on iodine electrolyte[J]. J Am Chem Soc，2015，137（44）：14055.

[18] Ning Z J，Zhang Q，Wu W J，et al. Starburst triarylamine based dyes for efficient dye-sensitized solar cells[J]. J Org Chem，2008，73：3791.

[19] Yang J B，Ganesan P，Teuscher J，et al. Influence of the donor size in D-π-A organic dyes for dye-sensitized

solar cells[J]. J Am Chem Soc，2014，136（15）：5722.

[20] Xie Y S，Wu W J，Zhu H，et al. Unprecedentedly targeted customization of molecular energy levels with auxiliary-groups in organic solar cell sensitizers[J]. Chem Sci，2016，7（1）：544-549.

[21] Gao P，Tsao H N，Yi C Y，et al. Extended π-bridge in organic dye-sensitized solar cells：the longer，the better[J]. Adv Energy Mater，2014，4：1301485.

[22] Ghosh N N，Habib M，Pramanik A，et al. Molecular engineering of anchoring groups for designing efficient triazatruxene-based organic dye-sensitized solar cells[J]. New J Chem，2019，43（17）：6480.